U0332731

中文版 **AutoCAD 2014** 机械设计经典 **228** 例

麓山文化　编著

机械工业出版社

本书根据中文版 AutoCAD 2014 软件功能和机械设计行业特点,精心设计了 228 个经典实例,循序渐进地讲解了使用 AutoCAD 2014 进行机械设计所需的全部知识和常用机械图形的绘制方法。使读者迅速积累实战经验,提高技术水平,从新手成长为设计高手。

　　本书共 17 章,分为 4 大篇,第 1 篇为 AutoCAD 基础篇,从 AutoCAD 基本功能出发,分别讲解了基本图形绘制、快速编辑、高效绘制与编辑、管理、共享、创建文字、字符与表格、尺寸的标注、协调与管理等功能,使读者快速熟悉并掌握 AutoCAD 的基本功能和操作,为后续学习打下坚实的基础;第 2 篇为零件视图篇,介绍了轴、套、杆、盘、盖、座等不同零件类型的基本视图、剖面图、断面图、局部放大等不同表达方式的零件视图的绘制方法和技巧;第 3 篇为零件装配和轴测图篇,介绍了零件图的装配、分解、标注与输出,零件轴测图的绘制方法和技巧;第 4 篇为三维机械篇,介绍了零件网格模型绘制、实心体模型绘制、曲面模型与工业产品设计、零件模型的装配、分解与标注等内容。

　　本书附赠 1 张 DVD 光盘,包含了书中 228 个经典实例、长达 920 分钟的高清语音视频教学,以及实例文件、素材文件,读者可以书盘结合,轻松学习。

　　本书内容丰富、结构清晰、技术全面、通俗易懂,适用于机械设计相关专业大中专院校师生,机械设计相关行业的工程技术员,参加相关机械设计培训的学员,也可作为各类相关专业培训机构和学校的教学参考书。

图书在版编目（CIP）数据

AutoCAD 2014 中文版机械设计经典 228 例/麓山文化编著. —4 版. —北京：机械工业出版社，2013.8（2014.9 重印）
ISBN 978-7-111- 43771-0

Ⅰ.①A… Ⅱ.①麓… Ⅲ.①机械设计—计算机辅助设计—AutoCAD 软件—教材 Ⅳ.①TP391.72

中国版本图书馆 CIP 数据核字（2013）第 197950 号

机械工业出版社（北京市百万庄大街 22 号　邮政编码 100037）
策划编辑：曲彩云　责任编辑：曲彩云
责任印制：刘　岚
北京中兴印刷有限公司印刷
2014 年 9 月第 4 版第 2 次印刷
184mm×260mm　·26.75 印张·658 千字
3 001—4 500 册
标准书号：ISBN 978-7-111- 43771-0
　　　　　ISBN 978-7-89405- 058-8（光盘）
定价：66.00 元（含 1DVD）

凡购本书，如有缺页、倒页、脱页，由本社发行部调换

策划编辑:(010)88379782

电话服务　　　　　　　　网络服务
社 服 务 中 心:(010)88361066　教 材 网:http://www.cmpedu.com
销 售 一 部:(010)68326294　机工官网:http://www.cmpbook.com
销 售 二 部:(010)88379649　机工官博:http://weibo.com/cmp1952
读者购书热线:(010)88379203　**封面无防伪标均为盗版**

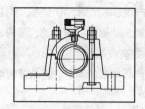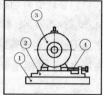

前 言

◉ 本书内容

AutoCAD 是美国 Autodesk 公司开发的专门用于计算机绘图和设计工作的软件。自 20 世纪 80 年代 Autodesk 公司推出 AutoCAD R1.0 以来，由于其具有简便易学、精确高效等优点，一直深受广大工程设计人员的青睐。迄今为止，AutoCAD 历经了十余次的扩充与完善，如今它已经在航空航天、造船、建筑、机械、电子、化工、美工、轻纺等很多领域得到了广泛应用。

本书是一本 AutoCAD 2014 的机械绘图实例教程，通过将软件功能融入实际应用，使读者在学习软件操作的同时，还能够掌握机械设计的精髓和积累行业工作经验，为用而学，学以致用。

本书共 17 章，分为 4 大篇，第 1 篇为 AutoCAD 基础篇，从 AutoCAD 基本功能出发，分别讲解了基本图形绘制、快速编辑、高效绘制与编辑、管理、共享、创建文字、字符与表格、尺寸的标注、协调与管理等功能，使读者快速熟悉并掌握 AutoCAD 的基本功能和操作，为后续学习打下坚实的基础；第 2 篇为零件视图篇，介绍了轴、套、杆、盘、盖、座等不同零件类型的基本视图、剖面图、断面图、局部放大等不同表达方式的零件视图的绘制方法和技巧；第 3 篇为零件装配和轴测图篇，介绍了零件图的装配、分解、标注与输出，零件轴测图的绘制方法和技巧；第 4 篇为三维机械篇，介绍了零件网格模型绘制、实心体模型绘制、曲面模型与工业产品设计、零件模型的装配、分解与标注等内容。

本书附赠 DVD 学习光盘，配备了多媒体教学视频，可以在家享受专家课堂式的讲解，成倍提高学习兴趣和效率。

◉ 本书特点

本书专门为机械设计初学者细心安排、精心打造，总的来说，具有如下特点：

1. 循序渐进 通俗易懂	2. 案例丰富 技术全面
全书完全按照初学者的学习规律，精心安排各章内容，由浅到深、由易到难，可以让初学者在实战中逐步学习到机械绘图的所有知识和操作技巧，成长为一个机械绘图的高手	本书的每一章都是一个小专题，每一个案例都是一个知识点，涵盖了机械绘图的绝大部分技术。读者在掌握这些知识点和操作方法的同时，还可以举一反三，掌握实现同样图形绘制的更多方法
3. 技巧提示 融会贯通	4. 视频教学 学习轻松
本书在讲解基本知识和操作方法的同时，还穿插了很多的技巧提示，及时、准确地为您释疑解惑、点拨提高，使读者能够融会贯通，掌握机械绘图的精髓	本书配备了 22 小时的高清语音视频教学，老师手把手地细心讲解，可使读者领悟到更多的方法和技巧，感受到学习效率的成倍提升

◉ 本书作者

本书由麓山文化编著，具体参加图书编写和资料整理的有：陈志民、陈运炳、申玉秀、李红萍、李红艺、李红术、陈云香、陈文香、陈军云、彭斌全、林小群、刘清平、钟睦、刘里锋、朱海涛、廖博、喻文明、易盛、陈晶、张绍华、黄柯、何凯、黄华、陈文轶、杨少波、杨芳、刘有良等。

由于作者水平有限，书中错误、疏漏之处在所难免。在感谢您选择本书的同时，也希望您能够把对本书的意见和建议告诉我们。

售后服务 E-mail:lushanbook@gmail.com

麓山文化

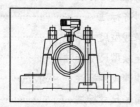

目　录

前　言

第1篇　AutoCAD 基础篇

第1章　二维基本图形的绘制 ················ 1

001 绝对直角坐标绘图 ···················· 1

002 绝对极坐标绘图 ······················ 2

003 相对直角坐标绘图 ···················· 3

004 相对极坐标绘图 ······················ 4

005 对象捕捉辅助绘图 ···················· 5

006 对象捕捉追踪辅助绘图 ················ 7

007 正交模式辅助绘图 ···················· 8

008 极轴追踪辅助绘图 ···················· 9

009 临时追踪点辅助绘图 ················· 11

010 绘制圆结构 ························· 13

011 绘制弧结构 ························· 15

012 绘制椭圆结构 ······················· 17

013 绘制多线结构 ······················· 18

014 绘制正多边形结构 ··················· 20

015 绘制矩形结构 ······················· 22

016 绘制样条曲线结构 ··················· 24

017 绘制闭合边界 ······················· 25

018 绘制多段线 ························· 27

019 绘制螺旋线 ························· 29

020 绘制等分点 ························· 30

021 图案填充 ·························· 31

第2章　二维图形快速编辑 ················ 33

022 修剪图形 ·························· 33

023 延伸图形 ·························· 35

024 打断图形 ·························· 36

025 合并图形 ·························· 38

026 拉长图形 ·························· 38

027 拉伸图形 ·························· 39

028 旋转图形 ·························· 40

029 缩放图形 ·························· 41

030 倒角图形 ·························· 42

031 圆角图形 ·························· 44

032 对齐图形 ·························· 46

第3章　图形的高效绘制与编辑 ············ 48

033 偏移图形 ·························· 48

034 复制图形 ·························· 49

035 镜像图形 ·························· 50

036 矩形阵列图形 ······················· 51

037 环形阵列图形 ······················· 52

038 路径阵列图形 ······················· 53

039 夹点编辑图形 ······················· 54

040 创建表面粗糙度图块 ················· 57

041 高效绘制倾斜结构 ··················· 59

042 高效绘制相切结构 ··················· 61

043 绘制面域造型 ······················· 64

第4章　图形的管理、共享与高效组合 ·· 66

044 应用编组管理复杂零件图 ············· 66

045 创建外部资源块 ···················· 68

046 应用插入块组装零件图·············69
047 应用设计中心管理与共享零件图······70
048 应用特性管理与修改零件图·········73
049 应用选项板高效引用外部资源·······74
050 应用图层管理与控制零件图·········76
051 创建机械绘图样板文件·············79
052 创建动态块·····················82

第5章 快速创建文字、字符与表格·····87
053 为零件图标注文字注释·············87
054 在单行注释中添加特殊字符·········90
055 在多行注释中添加特殊字符·········92
056 为零件图标注引线注释·············94
057 文字注释的修改编辑·············96
058 表格的创建与填充·············97
059 绘制标题栏·····················99
060 填写标题栏文字··············101
061 应用属性块编写零件序号·········102

第6章 尺寸的标注、协调与管理········105
062 线性尺寸标注···················105
063 对齐标注······················106
064 基线型尺寸标注·················109
065 连续型尺寸标注·················111
066 快速尺寸标注···················113
067 弧长尺寸标注···················115
068 角度尺寸标注···················116
069 直径和半径标注·················117
070 尺寸公差标注···················119
071 形位公差标注···················120
072 尺寸样式更新···················122
073 协调尺寸外观···················125
074 标注间距与打断标注·············126
075 使用几何约束绘制图形···········127
076 使用尺寸约束绘制图形···········128
077 对象的测量·····················130

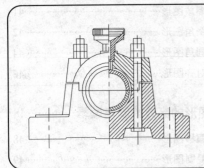
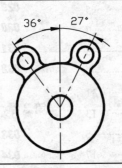
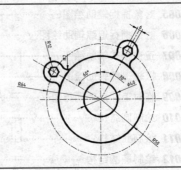

第2篇 零件视图篇

第7章 零件轮廓图综合练习·············131
078 绘制手柄······················131
079 绘制吊钩······················133
080 绘制锁钩······················136
081 绘制连杆······················138
082 绘制摇柄······················140
083 绘制椭圆压盖···················142
084 绘制起重钩·····················144

085 绘制齿轮架·····················145
086 绘制拨叉轮·····················148
087 绘制曲柄······················150
088 绘制滑杆······················151
089 绘制量规支座···················153

第8章 常用件与标准件绘制············155
090 绘制螺母······················155

091 绘制螺钉 ·· 156

092 绘制花键 ·· 158

093 绘制平键 ·· 159

094 绘制开口销 ····································· 160

095 绘制圆柱销 ····································· 162

096 绘制 O 形圈 ··································· 163

097 绘制圆形垫圈 ································· 164

098 绘制齿轮 ·· 165

099 绘制轴承 ·· 167

100 绘制蜗轮 ·· 169

101 绘制止动垫圈 ································· 172

102 绘制蝶形螺母 ································· 173

103 绘制轴承挡环 ································· 174

104 绘制连接盘 ····································· 176

105 绘制型钢 ·· 179

106 绘制链轮 ·· 180

107 绘制螺杆 ·· 182

108 绘制碟形弹簧 ································· 184

109 绘制螺栓 ·· 185

110 绘制压缩弹簧 ································· 186

111 绘制轴类零件 ································· 188

112 绘制杆类零件 ································· 191

113 绘制紧固件类零件 ·························· 192

114 绘制弹簧类零件 ····························· 193

115 绘制钣金类零件 ····························· 195

116 绘制夹钳类零件 ····························· 198

117 绘制齿轮类零件 ····························· 202

118 绘制盘类零件 ································· 204

119 绘制盖类零件 ································· 206

120 绘制座体类零件 ····························· 208

121 绘制阀体类零件 ····························· 210

122 绘制壳体类零件 ····························· 212

123 绘制棘轮零件 ································· 216

124 绘制导向块 ····································· 218

125 绘制基板 ·· 220

126 绘制球轴承 ····································· 223

127 绘制断面图 ····································· 226

128 绘制局部放大图 ····························· 228

129 绘制锥齿轮 ····································· 230

130 绘制剖视图 ····································· 232

131 绘制方块螺母 ································· 234

132 绘制轴承座 ····································· 236

第 9 章 零件视图与辅助视图绘制 ······· 188

第 3 篇　零件装配和轴测图篇

第 10 章 零件图的装配、分解、标注

与输出 ······································· 239

133 二维零件图的装配 ······················· 239

134 二维零件图的分解 ························· 241

135 为二维零件图标注尺寸 ················· 242

136 为二维零件图标注公差 ················· 245

137 为二维零件图标注表面粗糙度 ······· 248

138 零件图的快速打印 ························· 250

139 零件图的布局打印·············· 253

140 涡轮蜗杆传动原理图·············· 255

第 11 章 零件轴测图绘制·············· 258

141 在等轴测面内画平行线·············· 258

142 在等轴测面内画圆和弧·············· 259

143 绘制正等测图·············· 261

144 根据二视图绘制轴测图·············· 263

145 根据三视图绘制轴测图·············· 264

146 绘制端盖斜二测图·············· 266

147 绘制复杂零件轴测图（一）·········· 268

148 绘制复杂零件轴测图（二）·········· 270

149 绘制简单轴测剖视图·············· 273

150 绘制复杂轴测剖视图（一）·········· 275

151 绘制复杂轴测剖视图（二）·········· 277

152 为轴测图标注尺寸·············· 280

153 为轴测图标注文字·············· 281

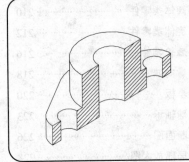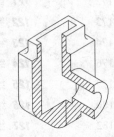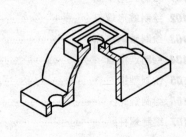

第 4 篇　三维机械篇

第 12 章 零件网格模型绘制·············· 284

154 视图的切换与坐标系的定义·········· 284

155 ViewCube 工具·············· 286

156 绘制三维面网格模型·············· 288

157 绘制基本三维网格·············· 290

158 绘制旋转网格·············· 291

159 绘制平移网格·············· 293

160 绘制边界网格·············· 295

161 绘制直纹网格·············· 296

162 创建底座网格模型·············· 298

163 创建斜齿轮网格模型·············· 300

第 13 章 零件实心体模型创建·············· 303

164 绘制基本实心体·············· 303

165 绘制拉伸实体·············· 304

166 按住并拖动·············· 306

167 绘制放样实体·············· 307

168 绘制旋转实体·············· 308

169 绘制剖切实体·············· 309

170 绘制实体剖面·············· 311

171 绘制干涉实体·············· 312

172 绘制扫掠实体·············· 314

173 绘制抽壳实体·············· 315

174 绘制加厚实体·············· 316

175 绘制三维弹簧·············· 317

第 14 章 零件实心体模型编辑·············· 319

176 实体环形阵列·············· 319

177 实体矩形阵列·············· 320

178 实体三维镜像·············· 321

179 实体三维旋转·············· 323

180 实体圆角边·············· 324

181 实体综合建模·············· 325

182 拉伸实体面·············· 326

183 移动实体面 ┈┈┈┈┈┈┈ 327

184 偏移实体面 ┈┈┈┈┈┈┈ 328

185 旋转实体面 ┈┈┈┈┈┈┈ 329

186 倾斜实体面 ┈┈┈┈┈┈┈ 330

187 删除实体面 ┈┈┈┈┈┈┈ 331

188 编辑实体历史记录 ┈┈┈┈ 332

189 布尔运算 ┈┈┈┈┈┈┈┈ 334

190 倒角实体边 ┈┈┈┈┈┈┈ 336

191 实体三维对齐 ┈┈┈┈┈┈ 337

第 15 章 各类零件模型创建 ┈┈┈┈┈ 339

192 绘制平键模型 ┈┈┈┈┈┈ 339

193 绘制转轴模型 ┈┈┈┈┈┈ 340

194 绘制吊环螺钉模型 ┈┈┈┈ 341

195 绘制锥齿轮模型 ┈┈┈┈┈ 343

196 盘形凸轮建模 ┈┈┈┈┈┈ 345

197 绘制曲杆模型 ┈┈┈┈┈┈ 346

198 创建支架模型 ┈┈┈┈┈┈ 348

199 绘制连杆模型 ┈┈┈┈┈┈ 350

200 绘制底座模型 ┈┈┈┈┈┈ 352

201 绘制轴承圈模型 ┈┈┈┈┈ 353

202 创建法兰轴模型 ┈┈┈┈┈ 354

203 创建密封盖模型 ┈┈┈┈┈ 356

204 创建螺栓模型 ┈┈┈┈┈┈ 358

205 绘制箱体模型 ┈┈┈┈┈┈ 359

206 绘制弯管模型 ┈┈┈┈┈┈ 361

207 创建定位支座 ┈┈┈┈┈┈ 363

208 绘制泵体模型 ┈┈┈┈┈┈ 366

209 创建管接头模型 ┈┈┈┈┈ 368

210 创建风扇叶片模型 ┈┈┈┈ 371

211 创建螺钉旋具柄模型 ┈┈┈ 373

212 创建手轮模型 ┈┈┈┈┈┈ 375

第 16 章 零件模型的装配、分解与标注 ┈┈┈ 378

213 齿轮泵模型的装配 ┈┈┈┈ 378

214 轴承模型的装配 ┈┈┈┈┈ 380

215 零件模型的分解 ┈┈┈┈┈ 382

216 零件模型的标注 ┈┈┈┈┈ 383

217 零件模型的剖视图 ┈┈┈┈ 384

第 17 章 曲面模型与工业产品设计 ┈┈┈ 389

218 创建手柄网络曲面 ┈┈┈┈ 389

219 创建圆锥过渡曲面 ┈┈┈┈ 390

220 创建音箱面板修剪曲面 ┈┈ 392

221 创建雨伞模型 ┈┈┈┈┈┈ 393

222 创建花瓶模型 ┈┈┈┈┈┈ 395

223 创建扣盖修补曲面 ┈┈┈┈ 397

224 创建笔筒圆角曲面 ┈┈┈┈ 399

225 创建灯罩偏移曲面 ┈┈┈┈ 401

226 创建耳机曲面模型 ┈┈┈┈ 404

227 创建照相机外壳模型 ┈┈┈ 408

228 创建轿车转向盘曲面模型 ┈ 413

第 *1* 章
二维基本图形的绘制

　　在 AutoCAD 中，任何一个复杂的图形，都可以分解成点、直线、圆、圆弧、多边形等基本的二维图形，也就是说一个复杂的图形都是由点、线、圆、弧等一些基本图元拼接和组合而成的。万丈高楼平地起，只有熟练掌握它们的绘制方法和技巧，才能够更好地绘制复杂的图形。

　　本章将通过 21 个典型实例，学习 AutoCAD 点的定位、辅助精确绘图工具以及常用图形结构的绘制方法，为后续章节的学习奠定坚实的基础。

001 绝对直角坐标绘图 ↙

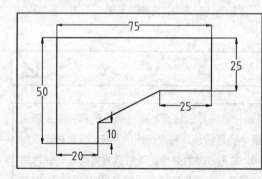

　　绝对直角坐标是指相对于坐标原点的坐标，可以使用分数、小数或科学计数等形式表示点的 X、Y、Z 坐标值，坐标中间用逗号隔开。本实例使用绝对直角坐标绘制图形，学习掌握其定位方法和技巧。

	文件路径：	DVD\实例文件\第 01 章\实例 001.dwg
	视频文件：	DVD\MP4\第 01 章\实例 001.MP4
	播放时长：	0:01:50

01 双击桌面 AutoCAD 快捷方式图标，或选择桌面菜单【开始】【所有程序】【Autodesk】【AutoCAD2014–Simplified Chinese】中的 AutoCAD 2014 选项，启动 AutoCAD 2014 软件。

02 启动 AutoCAD 2014 软件后，选择 "AutoCAD 经典" 作为初始工作空间，即可进入如图 1-1 所示的空间界面。

提示

　　AutoCAD 2014 提供了【草图与注释】、【三维基础】、【三维建模】和【AutoCAD 经典】共 4 种工作空间模式。展开快速访问工具栏工作空间列表、单击状态栏切换工作空间按钮或选择【工具】|【工作空间】菜单项，在弹出的列表中可以选择所需的工作空间。为了方便读者使用其他版本学习本书，这里以 "AutoCAD 经典" 绘图空间进行讲解。

03 单击【工具选项板】窗口上的【关闭】按钮，将工具选项板窗口关闭，以增大绘图空间。

04 单击状态栏上的 按钮，或按 F12 键，关闭【动态输入】功能。

05 绘制图形。选择菜单【绘图】|【直线】命令，或单击【绘图】工具栏中的 按钮，启动【直线】命令，配合绝对直角坐标点的输入功能绘图。命令行操作过程如下：

```
命令：_line
```

指定第一个点: 0,0↙	//指定坐标原点为第 1 点
指定下一点或 [放弃(U)]: 0,50↙	//输入绝对直角坐标定位第 2 点
指定下一点或 [放弃(U)]: 75,50↙	//输入绝对直角坐标定位第 3 点
指定下一点或 [闭合(C)/放弃(U)]: 75,25↙	//输入绝对直角坐标定位第 4 点
指定下一点或 [闭合(C)/放弃(U)]: 50,25↙	//输入绝对直角坐标定位第 5 点
指定下一点或 [闭合(C)/放弃(U)]: 20,10↙	//输入绝对直角坐标定位第 6 点
指定下一点或 [闭合(C)/放弃(U)]: 20,0↙	//输入绝对直角坐标定位第 7 点
指定下一点或 [闭合(C)/放弃(U)]:C↙	//闭合图形,如图 1-2 所示

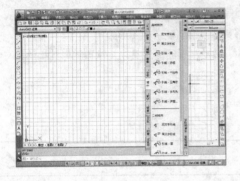

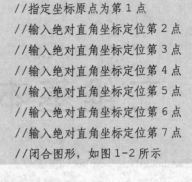

图 1-1 AutoCAD 2014 经典工作界面   图 1-2   绘制的图形

002 绝对极坐标绘图

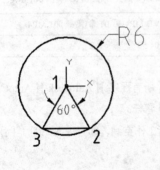

绝对极坐标以原点为极点,通过极半径和极角来确定点的位置。极半径是指该点与原点间的距离,极角是该点与极点连线与 X 轴正方向的夹角,逆时针方向为正,输入格式:极半径<极角。本实例通过使用绝对极坐标绘图,以掌握其表示方法和定位技巧。

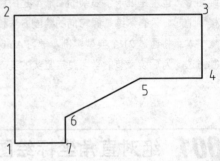 文件路径:	DVD\实例文件\第 01 章\实例 002.dwg
视频文件:	DVD\MP4\第 01 章\实例 002.MP4
播放时长:	0:01:12

01 选择菜单【文件】|【新建】命令,新建一个空白文件。

02 单击【绘图】工具栏中的◎按钮,激活【圆】命令,以原点为圆心绘制一个圆,命令行操作过程如下:

```
命令: _circle
指定圆的圆心或 [三点(3P)/两点(2P)/切点、切点、半径(T)]: 0,0↙   //指定原点为圆心
指定圆的半径或 [直径(D)]: 6↙                //指定圆的半径,绘制的圆如图 1-3 所示
```

03 单击【绘图】工具栏中 按钮,激活【直线】命令,利用绝对极坐标绘制图形。命令行操作过程如下:

```
命令: _line
指定第一点: 0, 0↙              //指定原点位置为第 1 点
```

指定下一点或 [放弃(U)]: 6<-60✓	//输入绝对极坐标定位第2点。
指定下一点或 [放弃(U)]: 6<-120✓	//输入绝对极坐标定位第3点
指定下一点或 [闭合(C)/放弃(U)]:c✓	//闭合图形，如图1-4所示

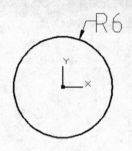

图1-3　绘制的圆

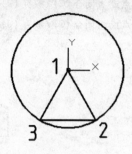

图1-4　最终结果

技 巧

　　当结束某个命令时，按回车键可以重复执行该命令。另外用户也可以在绘图区单击右键，从弹出的右键快捷菜单中选择刚执行过的命令。

003　相对直角坐标绘图

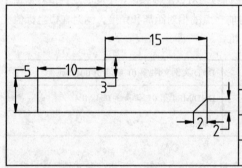

　　在机械绘图过程中，绝对坐标不易确定，这时使用相对直角坐标比较方便。相对直角坐标以上一点为参考点，以 X、Y 两个方向的相对坐标位移来确定输入点的坐标，它与坐标的原点位置无关。

	文件路径:	DVD\实例文件\第01章\实例003.dwg
	视频文件:	DVD\MP4\第01章\实例003.MP4
	播放时长:	0:01:33

01 选择菜单【文件】|【新建】命令，或单击"快速访问"工具栏中的 □ 按钮，新建空白文件。

02 使用快捷键"Z"激活视窗的缩放功能，将当前视口放大5倍显示。命令行操作过程如下：

命令：z✓　　　　ZOOM	//调用【缩放】命令
指定窗口的角点，输入比例因子 (nX 或 nXP)，或者	
[全部(A)/中心(C)/动态(D)/范围(E)/上一个(P)/比例(S)/窗口(W)/对象(O)] <实时>:S✓	
输入比例因子 (nX 或 nXP)：5x✓	//输入缩放比例

03 单击【绘图】工具栏中的 ⁄ 按钮，激活【直线】命令，利用相对直角坐标定位功能绘制图形。命令行操作过程如下：

命令：_line	
指定第一个点：	//在绘图区任意位置单击，定位第1点
指定下一点或 [放弃(U)]: @0,5✓	//输入相对直角坐标，定位第2点
指定下一点或 [放弃(U)]: @10,0✓	//输入相对直角坐标，定位第3点

指定下一点或 [闭合(C)/放弃(U)]:@0,3↙   //输入相对直角坐标，定位第 4 点
指定下一点或 [闭合(C)/放弃(U)]:@15,0↙   //输入相对直角坐标，定位第 5 点
指定下一点或 [闭合(C)/放弃(U)]:@0,-6↙   //输入相对直角坐标，定位第 6 点
指定下一点或 [闭合(C)/放弃(U)]:@-2,-2↙   //输入相对直角坐标，定位第 7 点
指定下一点或 [闭合(C)/放弃(U)]:C↙   //闭合图形，如图 1-5 所示。

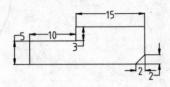

图 1-5 最终结果

004 相对极坐标绘图

相对极坐标与绝对极坐标类似，不同的是，相对极坐标是输入点与前一点的相对距离和角度，同时在极坐标值前加上 "@" 符号。

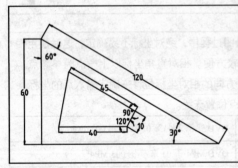

文件路径:	DVD\实例文件\第 01 章\实例 004.dwg	
视频文件:	DVD\MP4\第 01 章\实例 004.MP4	
播放时长:	0:01:55	

01 选择菜单【文件】|【新建】命令，或单击 "快速访问" 工具栏中的 按钮，新建空白文件。

02 单击【绘图】工具栏中的 按钮，激活【直线】命令，使用相对极坐标定位功能绘制外框三角形。命令行操作过程如下：

命令：_line
指定第一个点：   //在绘图区任意拾取一点作为第 1 点
指定下一点或 [放弃(U)]：@60<90↙   //输入相对极坐标定位第 2 点
指定下一点或 [放弃(U)]：@120<-30↙   //输入相对极坐标定位第 3 点
指定下一点或 [闭合(C)/放弃(U)]:C↙   //选择闭合图形，绘制的三角形如图 1-6 所示

03 在命令行中输入 "UCS" 后按回车键，定义用户坐标系。命令行操作过程如下：

命令：UCS↙
当前 UCS 名称：世界
指定 UCS 的原点或 [面(F)/命名(NA)/对象(OB)/上一个(P)/视图(V)/世界(W)/X/Y/Z/Z 轴
(ZA)] <世界>：ob↙   //选择 "对象(OB)" 选项

选择对齐 UCS 的对象：   //在下侧水平线上单击左键，创建如图 1-7 所示的用户坐标系统

（技 巧）

　　利用 AutoCAD 2014 UCS 坐标夹点功能，选择 UCS 坐标图标，单击坐标原点夹点并移动鼠标，即可将 UCS 坐标定位到需要的位置。

04 单击【绘图】工具栏中的 ╱ 按钮，激活【直线】命令，使用相对极坐标定位功能绘制内部四边形。命令行操作过程如下：

```
命令：_line
指定第一个点：10,10↙                    //输入第 4 点的绝对坐标（对于当前 UCS）
指定下一点或 [放弃(U)]:@40<0↙            //输入相对极坐标定位第 5 点
指定下一点或 [放弃(U)]:@10<60↙           //输入相对极坐标定位第 6 点
指定下一点或 [闭合(C)/放弃(U)]:@45<150↙   //输入相对极坐标定位第 7 点
指定下一点或 [闭合(C)/放弃(U)]:C↙         //选择闭合图形，绘制的四边形如图 1-8 所示
```

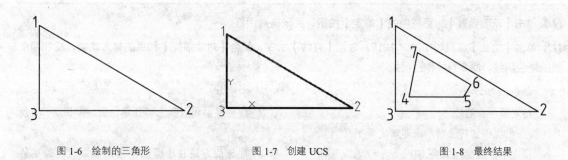

图 1-6　绘制的三角形　　　　　　图 1-7　创建 UCS　　　　　　图 1-8　最终结果

005 对象捕捉辅助绘图

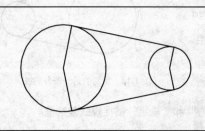

使用对象捕捉可以精确定位现有图形对象的特征点，例如直线的中点、圆的圆心等，从而为精确绘图提供了条件。

文件路径：	DVD\实例文件\第 01 章\实例 005.dwg
视频文件：	DVD\MP4\第 01 章\实例 005.MP4
播放时长：	0:01:18

01 选择菜单【文件】|【打开】命令，或单击"快速访问"工具栏中的 ⬚ 按钮，激活【打开】命令，打开随书光盘中的"\素材文件\第 1 章\实例 005.dwg"文件，如图 1-9 所示。

02 在状态栏 ⬚ 按钮上单击右键，从弹出的按钮菜单中选择"设置（S）"选项，如图 1-10 所示。

03 在系统弹出的【草图设置】对话框中，勾选"启用对象捕捉"复选框，同时捕捉模式设置为"切点"捕捉，如图 1-11 所示。

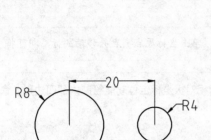

图 1-9 素材文件　　　　　图 1-10 对象捕捉按钮菜单　　　　　图 1-11 设置对象捕捉模式

　　在设置了对象捕捉模式之后，不要忘记勾选"启用对象捕捉"复选框，以打开对象捕捉功能。如果忘记勾选此功能，可以直接按 F3 功能键开启。在命令行直接输入 OSNAP 或 OS 命令，也可以直接打开【草图设置】对话框。

04 单击【草图设置】对话框中的【确定】按钮，关闭该对话框。

05 单击【绘图】工具栏中的 ∕ 按钮，激活【直线】命令，配合【对象捕捉】和点的输入功能，绘制两个圆的外公切线。命令行操作过程如下：

　　命令：_line
　　指定第一点：　　　　　　　　　　　　　//指针移动到大圆上部任意位置，如图 1-12 所示，圆上出现相切符号时单击即确定第一点
　　指定下一点或 [放弃(U)]：　　　　　　　//同样的方法在小圆上半确定第二点，绘制的公切线如图 1-13 所示。同样的方法，在大圆和小圆的下侧绘制另外一条公切线，如图 1-14 所示。

 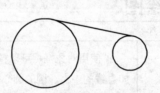 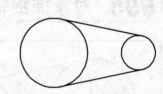

图 1-12 捕捉切点　　　　图 1-13 绘制的一条公切线　　　　图 1-14 绘制的另一条公切线

06 在命令行输入"OS"，打开【草图设置】对话框，勾选"圆心"和"垂足"捕捉模式复选框。

07 单击绘图工具栏【直线】按钮，绘制经过大圆圆心，且垂直于公切线一条直线，命令行操作过程如下：

　　命令：_line
　　指定第一个点：　　　　　　　　　　　//将指针移动到大圆圆心附近，出现捕捉到圆心的标记，如图 1-15 所示，单击确定直线第一点
　　指定下一点或 [放弃(U)]：　　　　　　//将指针移动到切线端点附近，出现捕捉到垂足的标记，如图 1-16 所示，单击确定直线第二点
　　指定下一点或 [放弃(U)]：∕　　　　　//按 Enter 键结束【直线】命令

08 同样的方法绘制其他 3 条垂线，如图 1-17 所示。

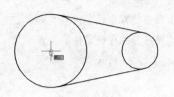

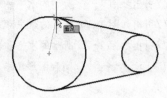

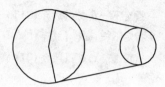

图 1-15 捕捉圆心　　　　　　　图 1-16 捕捉垂足　　　　　　　图 1-17 最终结果

006 对象捕捉追踪辅助绘图

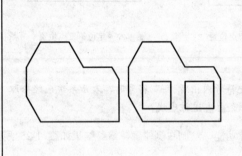

对象捕捉追踪是在对象捕捉功能基础上发展起来的，该功能可以使光标从对象捕捉点开始，沿着对齐路径进行追踪，并找到需要的精确位置。对象捕捉追踪应与对象捕捉功能配合使用。使用对象捕捉追踪功能之前，必须先设置好对象捕捉点。

	文件路径:	DVD\实例文件\第 01 章\实例 006.dwg
	视频文件:	DVD\MP4\第 01 章\实例 006.MP4
	播放时长:	0:01:38

01 单击"快速访问"工具栏上的 🗁 按钮，打开"选择文件"对话框。

02 在对话框中选择随书光盘中的"\素材文件\第 1 章\实例 006.dwg"文件，然后单击【打开】按钮，即可将选择的图形文件打开，如图 1-18 所示。

03 在状态栏的 □ 按钮上单击右键，从弹出的按钮菜单中选择"设置（S）"选项，打开【草图设置】对话框，分别勾选"启用对象捕捉"和"启用对象捕捉追踪"功能选项，并设置捕捉模式，如图 1-19 所示。

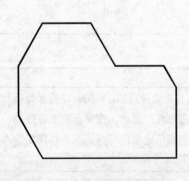

图 1-18 打开的图形　　　　　　　　　　　图 1-19 设置捕捉追踪参数

04 单击【绘图】工具栏中的 ✏ 按钮，激活【直线】命令，配合端点捕捉和对象追踪功能，绘制内轮廓。命令行操作过程如下：

```
命令：_line
指定第一点：//通过图形左下角点和左边中点引出如图 1-20 所示追踪虚线，定位交点为第 1 点
```

指定下一点或 [放弃(U)]:   //引出如图 1-21 所示的水平和垂直两条追踪虚线定位第 2 点
指定下一点或 [放弃(U)]:   //引出如图 1-22 所示的水平和垂直两条追踪虚线定位第 3 点
指定下一点或 [放弃(U)]:   //引出如图 1-23 所示的水平和垂直两条追踪虚线定位第 4 点
指定下一点或 [闭合(C)/放弃(U)]:c✓   //闭合图形，结果如图 1-24 所示

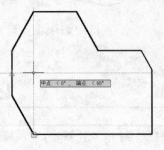
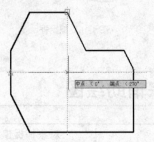
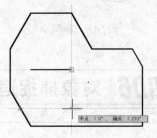

图 1-20　定位第一点位置　　　　图 1-21　定位第二点位置　　　　图 1-22　定位第三点位置

（提）（示）

将光标放在如图 1-20 所示的点上稍停留，至端点标记符号内出现"+"符号时，表示系统已经拾取到该端点作为对象追踪点，此时垂直移动光标，即可引出一条垂直追踪虚线。

05 参照以上步骤操作，配合端点、交点、中点和对象追踪功能，绘制右侧轮廓，最终结果如图 1-25 所示。

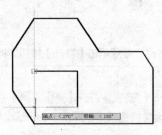
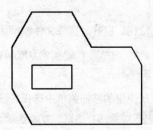
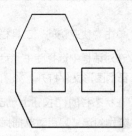

图 1-23　定位第四点位置　　　　图 1-24　绘制结果　　　　图 1-25　最终结果

007 正交模式辅助绘图

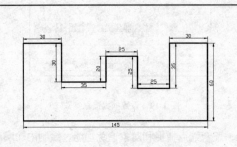

正交模式功能开启后，系统自动将光标强制性地定位在水平或垂直位置上，在引出的追踪线上，直接输入一个数值即可定位目标点，而不再需要输入完整的相对坐标了。

文件路径:	DVD\实例文件\第 01 章\实例 007.dwg
视频文件:	DVD\MP4\第 01 章\实例 007.MP4
播放时长:	0:01:39

01 执行【新建】命令，新建空白文件。

02 单击状态栏中的└按钮，或按 F8 功能键，激活【正交】功能。

03 单击【绘图】工具栏中的 ╱ 按钮，激活【直线】命令，配合【正交】功能，绘制图形。命令行操作过程如下：

```
命令: _line
指定第一点:                    //在适当位置单击左键，拾取一点作为起点
指定下一点或 [放弃(U)]:60↙//向上移动光标，引出 90° 的正交追踪线，如图 1-26 所示，此时
输入 60，定位第 2 点
指定下一点或 [放弃(U)]:30↙//向右移动光标，引出 0° 正交追踪线，如图 1-27 所示，输入
30，定位第 3 点
指定下一点或 [放弃(U)]:30↙//向下移动光标，引出 270° 正交追踪线，输入 30，定位第 4 点
指定下一点或 [放弃(U)]:35↙//向右移动光标，引出 0° 正交追踪线，输入 35，定位第 5 点
指定下一点或 [放弃(U)]:20↙//向上移动光标，引出 90° 正交追踪线，输入 20，定位第 6 点
指定下一点或 [放弃(U)]:25↙//向右移动光标，引出 0° 正交追踪线，输入 25，定位第 7 点
```

04 根据以上方法，配合【正交】功能绘制其他线段，最终的结果如图 1-28 所示。

图 1-26 引出 90° 正交追踪线　　　图 1-27 引出 0° 正交追踪线　　　图 1-28 最终结果

008 极轴追踪辅助绘图

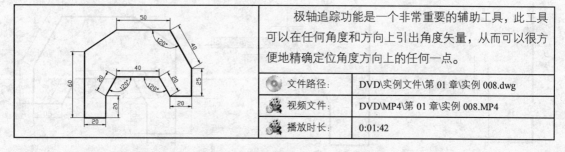

极轴追踪功能是一个非常重要的辅助工具，此工具可以在任何角度和方向上引出角度矢量，从而可以很方便地精确定位角度方向上的任何一点。

文件路径：	DVD\实例文件\第 01 章\实例 008.dwg	
视频文件：	DVD\MP4\第 01 章\实例 008.MP4	
播放时长：	0:01:42	

01 执行【文件】|【新建】命令，创建空白文件。

02 使用快捷键 Z 激活视窗的缩放功能，将当前视口放大 5 倍显示。

03 选择【工具】|【绘图设置】命令，在打开的对话框中勾选"启用极轴追踪"复选框，并将当前的增量角设置为 60，如图 1-29 所示。

04 单击【绘图】工具栏中的 ╱ 按钮，激活【直线】命令，配合【极轴追踪】功能，绘制外框轮廓线。命令行操作过程如下：

```
命令: _line
指定第一点:                          //在适当位置单击左键，拾取一点作为起点
指定下一点或 [放弃(U)]:60↙        //垂直向下移动光标，引出 90° 的极轴追踪虚线，如图 1-30
所示，此时输入 60，定位第 2 点
指定下一点或 [放弃(U)]:20↙        //水平向右移动光标，引出 0° 的极轴追踪虚线，如图 1-31 所
示，输入 20，定位第 3 点
```

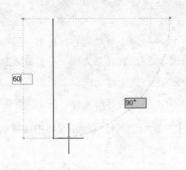
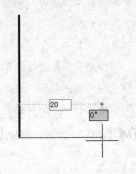

图 1-29 设置极轴追踪参数   图 1-30 引出 90° 的极轴追踪虚线   图 1-31 引出 0° 的极轴追踪虚线

(技)(巧)

　　【草图与注释】、【三维建模】等工作空间默认状态下不会显示菜单栏，单击快速访问工具栏右侧下拉按钮▼，在下拉菜单中选择【显示菜单栏】/【隐藏菜单栏】，可以控制菜单栏的显示和隐藏。

```
指定下一点或 [放弃(U)]:20↙                        //垂直向上移动光标，引出
90° 的极轴追踪线，如图 1-32 示，输入 20，定位第 4 点
指定下一点或 [放弃(U)]:20↙                        //移动光标，在 60° 方向上引
出极轴追踪虚线，如图 1-33 所示，输入 20，定位定第 5 点
```

05 根据以上方法，配合【极轴追踪】功能绘制其他线段，绘制结果如图 1-34 所示。

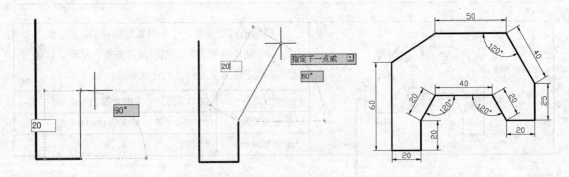

图 1-32 引出 90° 的极轴追踪虚线   图 1-33 60° 的极轴追踪虚线   图 1-34 最终结果

(技)(巧)

　　当设置了极轴角（即增量角）并启用极轴追踪功能后，随着光标的移动，系统将在极轴角或其倍数方向上自动出现极轴追踪虚线，定位角度矢量。

009 临时追踪点辅助绘图

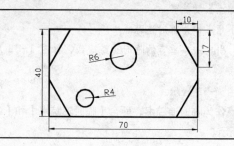

临时追踪点并非真正确定一个点的位置，而是先临时追踪到该点的坐标，然后在该点基础上再确定其他点的位置。当命令结束时，临时追踪点也随之消失。

文件路径：	DVD\实例文件\第 01 章\实例 009.dwg	
视频文件：	DVD\MP4\第 01 章\实例 009.MP4	
播放时长：	0:03:13	

01 选择菜单【文件】|【新建】命令，新建空白文件。

02 选择菜单【工具】|【绘图设置】命令，在弹出的【草图设置】对话框中设置捕捉模式。

03 单击【绘图】工具栏中的 ✎ 按钮，激活【直线】命令，配合点的精确输入功能，绘制外轮廓线。命令行操作过程如下：

```
命令：_line
指定第一点：                          //在绘图区单击左键，任意拾取一点作为起点
指定下一点或 [放弃(U)]:@70,0✓          //输入第 2 点的相对直角坐标
指定下一点或 [放弃(U)]: @0,40✓         //输入第 3 点的相对直角坐标
指定下一点或 [放弃(U)]:@-70,0✓         //输入第 4 点的相对直角坐标
指定下一点或 [闭合(C)/放弃(U)]:c✓       //闭合图形，如图 1-35 所示
```

04 按 F12 功能键，关闭状态栏上的【动态输入】功能。

图 1-35 绘制外轮廓线

图 1-36 激活"临时追踪点"功能

05 按回车键，重复执行【直线】命令，配合【端点捕捉】和【临时追踪点】功能，绘制倾斜轮廓线。命令行操作过程如下：

```
命令：_line
指定第一点：              //按住 Ctrl 键单击右键，选择右键快捷菜单中的【临时追踪点】功
```

能，如图 1-36 所示。

> _tt 指定临时对象追踪点：　　//捕捉外轮廓线的左下角点作为临时追踪点
>
> 指定第一点：　　//向右移动光标，引出如图 1-37 所示的临时追踪虚线，然后输入 10，定位起点
>
> 指定下一点或 [放弃(U)]：　　//再次激活【临时追踪点】功能
>
> _tt 指定临时对象追踪点：　　//再次捕捉轮廓线左下角点作为临时追踪点
>
> 指定下一点或 [放弃(U)]：　　//垂直向上移动光标，引出一条垂直的临时追踪虚线，如图 1-38 所示，然后输入 17，定位第二点
>
> 指定下一点或 [放弃(U)]：↙ //结束命令，结果如图 1-39 所示。

06 重复执行第 5 步操作，分别以外轮廓图的其他三个角点作为临时追踪点，配合【临时追踪点】和【端点捕捉】功能，绘制其他三条倾斜轮廓线，结果如图 1-40 所示。

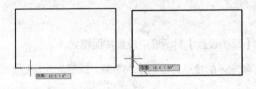  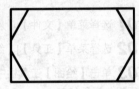

图 1-37　引出水平追踪虚线　　　图 1-38　垂直追踪虚线　　　图 1-39　绘制结果　　　图 1-40　绘制倾斜轮廓线

07 单击【绘图】工具栏上的⊙按钮，激活【圆】命令，配合【临时追踪点】和【中点捕捉】功能，绘制内部的大圆。命令行操作过程如下：

> 命令：circle
>
> 指定圆的圆心或 [三点(3P)/两点(2P)/切点、切点、半径(T)]：
>
> 　　　　　　　　　　　　　　　　　　//单击【对象捕捉】工具栏上的╱按钮
>
> _tt 指定临时对象追踪点：　　　　　　//捕捉如图 1-41 所示的中点
>
> 指定圆的圆心或 [三点(3P)/两点(2P)/切点、切点、半径(T)]：12↙ //垂直向下移动光标，引出如图 1-42 所示的垂直追踪虚线，然后输入 12，定位圆心
>
> 指定圆的半径或 [直径(D)]：D↙　　　//输入 d，激活"直径"选项
>
> 指定圆的直径：12↙　　　　　　　　//输入圆的直径 12，绘制结果如图 1-43 所示

08 按回车键，重复执行【圆】命令，配合【临时追踪点】和【中点捕捉】功能，绘制如图 1-44 所示的小圆。命令行操作过程如下：

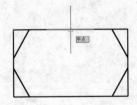 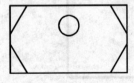 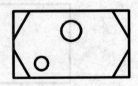

图 1-41　捕捉中点　　　图 1-42　引出临时追踪虚线　　　图 1-43　绘制大圆　　　图 1-44　绘制小圆

> 命令：circle
>
> 指定圆的圆心或 [三点(3P)/两点(2P)/切点、切点、半径(T)]：　//单击【对象捕捉】工具栏上的╱按钮
>
> _tt 指定临时对象追踪点：　//捕捉如图 1-45 所示的中点作为临时追踪点
>
> 指定圆的圆心或 [三点(3P)/两点(2P)/切点、切点、半径(T)]：　//水平向右移动光标，引出如

图 1-46 所示的临时追踪虚线，输入 12，定位圆心。

　　指定圆的半径或 [直径(D)]4✓　　　//输入半径 4，结束命令，结果如图 1-47 所示

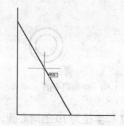 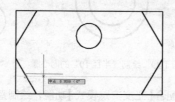 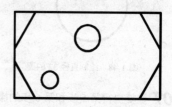

图 1-45　捕捉斜边中点作为临时追踪点　　　图 1-46　引出水平的临时追踪虚线　　　图 1-47　最终结果

（技）（巧）

　　当引出临时追踪虚线时，一定要注意当前光标的位置，它决定了目标点的位置。如果光标位于临时追踪点的下端，那么所定位的目标点也位于追踪点的下端，反之，目标点会位于临时追踪点的上端。

010 绘制圆结构

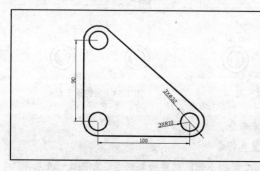

圆在 AutoCAD 中的使用与直线一样，非常频繁，在工程制图中常用来表示柱、孔、轴等基本构件。所以掌握圆的绘制方法是非常必要的。

文件路径：	DVD\实例文件\第 01 章\实例 010.dwg	
视频文件：	DVD\MP4\第 01 章\实例 010.MP4	
播放时长：	0:03:29	

01 选择菜单【文件】|【新建】命令，新建空白文件。

02 选择菜单【工具】|【绘图设置】命令，在打开的对话框中设置捕捉模式。

03 单击【绘图】工具栏中的 按钮，激活画圆命令，绘制直径为 32 的圆。命令行操作过程如下：

```
命令: circle                                          //调用【圆】命令
指定圆的圆心或 [三点(3P)/两点(2P)/切点、切点、半径(T)]://在适当位置选择一点作为圆心
指定圆的半径或 [直径(D)]:D✓                            //激活直径选项
指定圆的直径:32✓                                       //输入直径 32，如图 1-48 所示
```

04 按回车键，重复执行【圆】的命令，绘制半径为 10 的同心圆。命令行操作过程如下：

```
命令: ✓                                               //按回车键，重复【圆】命令
Circle
指定圆的圆心或 [三点(3P)/两点(2P)/切点、切点、半径(T)]: //捕捉到刚绘制的圆的圆心
指定圆的半径或 [直径(D)]:10✓                           //输入半径 10，如图 1-49 所示
```

05 单击状态栏中的 └ 按钮，打开"正交模式"开关。

06 单击【绘图】工具栏中的 ◎ 按钮，激活画圆命令，配合【正交追踪模式】功能，绘制直径为 32 和半径

为 10 的同心圆，两同心圆之间的水平距离为 100，结果如图 1-50 所示。

图 1-48 绘制直径 32 的圆

图 1-49 绘制"半径 10"的同心圆

图 1-50 绘制同心圆

07 重复执行第 5 步和第 6 步的操作，配合【正交追踪模式】功能，绘制直径为 32 和半径为 10 的同心圆，两同心圆的垂直距离为 90，结果如图 1-51 所示。

08 关闭【圆心捕捉】功能，然后选择菜单【绘图】|【直线】命令，配合【捕捉切点】功能，绘制圆的外公切线。命令行操作过程如下：

```
命令: _line
指定第一点:              //放置光标在左侧同心圆的左边，然后拾取切点，如图 1-52 所示
指定下一点或 [放弃(U)]:  //放置光标至另一同心圆的左侧，拾取切点，如图 1-53 所示
```

图 1-51 绘制圆   图 1-52 定位第一点   图 1-53 定位第二点

```
指定下一点或 [放弃(U)]:↙    //按回车键结束命令
命令: ↙                      //按回车键重复执行命令
指定第一点:                  //把光标放在左侧同心圆的下侧，然后拾取切点，如图 1-54 所示
指定下一点或 [放弃(U)]:      //放置光标在右侧同心圆的下侧，拾取切点如图 1-55 所示
指定下一点或 [放弃(U)]:      //结束命令，绘制结果如图 1-56 所示
```

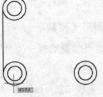
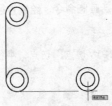
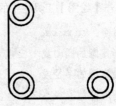

图 1-54 定位第一点   图 1-55 定位第二点   图 1-56 绘制切线

09 按回车键，重复执行【直线】命令，配合【捕捉切点】功能，绘制右侧的外公切线，结果如图 1-57 所示。

10 选择菜单【修改】|【修剪】命令，以 4 条公切线作为边界，对两端的圆图形进行修剪，命令行操作过程如下：

```
命令: _trim
当前设置:投影=UCS，边=无
```

选择剪切边...

选择对象或 <全部选择>   //依次选择 3 条公切线，如图 1-58 所示

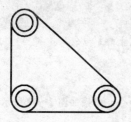
图 1-57 绘制切线

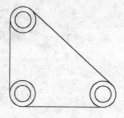
图 1-58 选择修剪边界

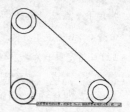
图 1-59 指定修剪位置

选择要修剪的对象，或按住 Shift 键选择要延伸的对象，或

[栏选 (F)/窗交 (C)/投影 (P)/边 (E)/删除 (R)/放弃 (U)]:   //指定修剪位置，如图 1-59 所示

选择要修剪的对象，或按住 Shift 键选择要延伸的对象，或

[栏选 (F)/窗交 (C)/投影 (P)/边 (E)/删除 (R)/放弃 (U)]:   //指定修剪位置，如图 1-60 所示

选择要修剪的对象，或按住 Shift 键选择要延伸的对象，或

[栏选 (F)/窗交 (C)/投影 (P)/边 (E)/删除 (R)/放弃 (U)]:   //指定修剪位置，如图 1-61 所示

选择要修剪的对象，或按住 Shift 键选择要延伸的对象，或 [栏选 (F)/窗交 (C)/投影 (P)/边
(E)/删除 (R)/放弃 (U)]:↵   //按回车键结束命令，修剪结果如图 1-62 所示

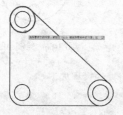
图 1-60 指定修剪位置

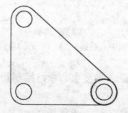
图 1-61 指定修剪位置

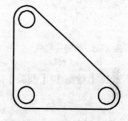
图 1-62 修剪结果

011 绘制弧结构

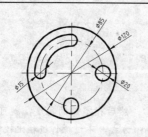

圆弧即圆的一部分曲线，是与其半径相等的圆周
的一部分。本实例介绍圆弧的绘制方法。

文件路径：	DVD\实例文件\第 01 章\实例 011.dwg	
视频文件：	DVD\MP4\第 01 章\实例 011.MP4	
播放时长：	0:04:03	

01 选择菜单【文件】|【新建】命令，创建空白文件。

02 单击【绘图】工具栏中的 ✏ 按钮，激活【直线】命令，绘制中心线。命令行操作过程如下：

```
命令:_line
指定第一点:150,120↙
指定下一点或 [放弃(U)]:@0,130↙
指定下一点或 [放弃(U)]:↙                    //按回车键结束命令
命令: ↙                                      //按回车键重复【直线】命令
line 指定第一点: 82, 185↙
指定下一点或 [放弃(U)]:@130, 0↙
指定下一点或 [放弃(U)]:↙                    //按回车键结束命令,结果如图 1-63 所示
```

提 示

　　AutoCAD 一共有 4 种常用的命令调用方式:菜单调用、工具栏调用、功能区面板和命令行输入,其中命令行输入是普通 Windows 程序所不具备的。

03 单击【绘图】工具栏中的 ⊙ 按钮,激活画圆命令,捕捉中心线交点为圆心,绘制半径为 42.5 的圆,结果如图 1-64 所示。

04 单击【绘图】工具栏中的 ⊙ 按钮,激活画圆命令,绘制半径为 60 的大圆,结果如图 1-65 所示。

05 捕捉交点绘制半径为 10 的两个小圆,如图 1-66 所示。

图 1-63　绘制中心线　　　图 1-64　绘制中心线圆　　　图 1-65　绘制大圆　　　图 1-66　绘制小圆

06 选择【绘图】|【圆弧】|【圆心、起点、角度】命令,绘制圆弧。命令行操作过程如下:

```
命令:_arc
指定圆弧的起点或 [圆心(C)]: _c 指定圆弧的圆心:          //捕捉垂直中心线与中心
线圆在上侧的交点
指定圆弧的起点:@7.5<-90↙
指定圆弧的端点或 [角度(A)/弦长(L)]:_a 指定包含角:180↙     //结果如图 1-67 所示
命令: ↙                                                   //重复圆弧命令
_arc 指定圆弧的起点或 [圆心(C)]: _c 指定圆弧的圆心:       //捕捉水平中心线与中心
圆在左侧的交点
指定圆弧的起点:@7.5<180↙
指定圆弧的端点或 [角度(A)/弦长(L)]:_a 指定包含角:180       //结果如图 1-68 所示
```

技 巧

　　"起点、圆心、角度"画弧方式需要定位出弧的起点和圆心,然后指定弧的角度,就可以精确画弧。另外用户也可以使用快捷键或单击工具栏上的按钮激活此种画弧方式,不过操作过程比较繁琐。

07 选择【绘图】|【圆弧】|【起点、圆心、端点】命令,绘制圆弧。命令行操作过程如下:

```
命令:_arc
指定圆弧的起点或 [圆心(C)]:                              //捕捉位于上侧的半圆的上端点
```

指定圆弧的第二个点或 ［圆心(C)/端点(E)］: _c 指定圆弧的圆心:　　　//捕捉大圆的圆心

指定圆弧的端点或 ［角度(A)/弦长(L)］://捕捉位于左侧的半圆左端点，结果如图1-69所示

命令:✓　　　　　　　　　　　　　　　//重复圆弧命令

指定圆弧的起点或 ［圆心(C)］:　　　　//捕捉位于上侧的半圆的下端点

指定圆弧的第二个点或 ［圆心(C)/端点(E)］: _c 指定圆弧的圆心: //捕捉大圆的圆心

指定圆弧的端点或 ［角度(A)/弦长(L)］:　//捕捉位于左侧的半圆右端点，结果如图1-70所示

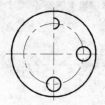 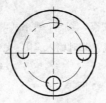 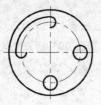 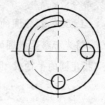

图 1-67　绘制圆弧 1　　　　图 1-68　绘制圆弧 2　　　　图 1-69　绘制圆弧 3　　　　图 1-70　绘制圆弧 4

012 绘制椭圆结构

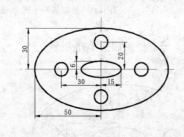

椭圆是特殊样式的圆，与圆相比，椭圆的半径长度不一，其形状由定义其长度和宽度的两条轴决定，较长的轴称为长轴，较短的轴称为短轴。

	文件路径:	DVD\实例文件\第 01 章\实例 012.dwg
	视频文件:	DVD\MP4\第 01 章\实例 012.MP4
	播放时长:	0:02:45

01 选择菜单【文件】|【新建】命令，创建空白文件。

02 使用快捷键 Z 激活视窗的缩放功能，将当前视口放大 6 倍显示。

03 单击【绘图】工具栏上的 按钮，或选择菜单【绘图】|【椭圆】|【轴、端点】命令，绘制长轴为 100，短轴为 60 的椭圆。命令行操作过程如下:

命令:_ellipse

指定椭圆的轴端点或 ［圆弧(A)/中心点(C)］:　　　//拾取一点作为轴的端点

指定轴的另一个端点: @100, 0✓　　　　　　　　//输入相对直角坐标，定位轴的另一侧端点

指定另一条半轴长度或 ［旋转(R)］: 30✓　　　//输入半轴长度，绘制结果如图1-71所示

04 选择菜单【绘图】|【椭圆】|【圆心】命令，以刚绘制的椭圆中心点为中心，绘制长轴为 30、短轴为 12 的同心椭圆，绘制结果如图 1-72 所示。

　⊙技⊙巧

　　"轴端点"方式是默认画椭圆的方式，通过指定一条轴的两个端点，然后输入另一条轴的半长，就可以精确绘制所需的椭圆。另外，用户也可以在命令行输入"Ellipse"或使用快捷键 EL，快速激活【椭圆】命令。

05 单击【绘图】工具栏中的 ⊘ 按钮，激活画圆命令，配合【正交追踪】功能，绘制半径为 5 的圆。命令行操作过程如下：

命令：_circle

　　指定圆的圆心或 [三点(3P)/两点(2P)/切点、切点、半径(T)]：　//将光标移至椭圆的圆心，引出 180° 的正交追踪虚线，此时输入 30，定位圆心

　　指定圆的半径或 [直径(D)]:5✓　　　　　　　　　　　　　//结果如图 1-73 所示

　　命令：✓　　　　　　　　　　　　　　　　　　　　　　//按回车键重复圆命令

　　circle 指定圆的圆心或 [三点(3P)/两点(2P)/切点、切点、半径(T)]：

　　/将光标移至椭圆的圆心，引出 90° 的正交追踪虚线，此时输入 20，定位圆心/

　　指定圆的半径或 [直径(D)]:5✓　　　　　　　　　　　　//绘制结果如图 1-74 所示

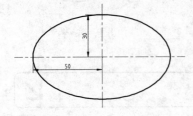

图 1-71 "轴端点"绘制椭圆

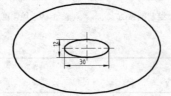

图 1-72 绘制内部椭圆

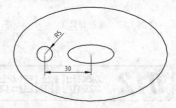

图 1-73 绘制第一个圆

06 根据第 5 步的方法，配合【正交追踪模式】功能绘制其他的圆。绘制结果如图 1-75 所示。

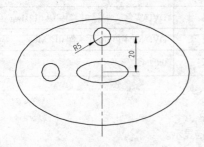

图 1-74 绘制第二个圆

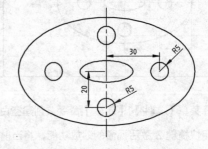

图 1-75 绘制结果

013 绘制多线结构

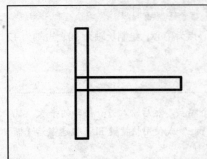

　　多线是一种由多条平行线组成的组合图形对象。它可以有 1~16 条平行直线组成，每一条直线都称为多线的一个元素。使用多线可以轻松绘制平行线结构。

文件路径：	DVD\实例文件\第 01 章\实例 013.dwg
视频文件：	DVD\MP4\第 01 章\实例 013.MP4
播放时长：	0:02:19

01 执行【文件】|【新建】命令，创建空白文件。

02 按 F8 功能键，打开状态栏上的【正交】功能。

03 选择菜单【格式】|【多线样式】命令，打开【多线样式】对话框。

04 单击对话框中的 ▭新建(N)… 按钮，在【名称】文本中输入"样式 1"文字，作为新的名称，结果如图 1-76 所示。

05 单击对话框中的 ▭继续 按钮，打开【新建多样式：样式 1】对话框。

06 在【封口】选项组中，勾选【直线】右侧的"起点"和"端点"两个复选项，使用线段将多段线两端封闭，如图 1-77 所示。

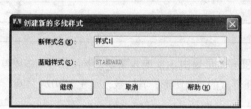

图 1-76　新建样式

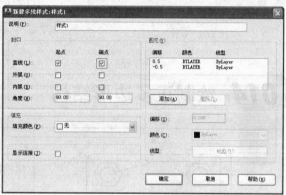

图 1-77　设置封口形式

07 单击【新建多样式：样式 1】对话框中的 ▭确定 按钮，返回【多线样式】对话框，并将"样式 1"设置为当前，完成新样式参数设置，结果如图 1-78 所示。

08 选择【绘图】|【多线】命令，或使用快捷键 ML 激活【多线】命令，绘制图形的轮廓线。命令行操作过程如下：

```
命令: ml MLINE
当前设置: 对正 = 上, 比例 = 20.00, 样式 = 样式一
指定起点或 [对正(J)/比例(S)/样式(ST)]:J↙              //输入 J，激活【对正】选项
输入对正类型 [上(T)/无(Z)/下(B)] <上>:Z↙              //输入 Z，设置对正方式
当前设置: 对正 = 无, 比例 = 20.00, 样式 = 样式一
指定起点或 [对正(J)/比例(S)/样式(ST)]:S↙              //输入 S，激活【比例】选项
输入多线比例 <20.00>:2.5↙                             //设置多线比例
当前设置: 对正 = 无, 比例 = 2.50, 样式 = 样式一
指定起点或 [对正(J)/比例(S)/样式(ST)]:                 //在绘图区拾取一点
指定下一点:  <正交 开>@0, 21.5↙
指定下一点或 [放弃(U)]: ↙                             //按回车键，结束命令，结果如图 1-79 所示
```

09 重复【多线】命令，配合【捕捉中点】捕捉功能绘制如图 1-80 所示的多线。

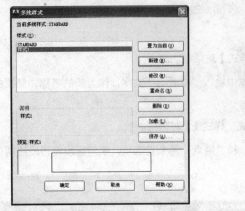

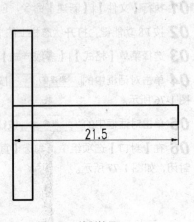

图 1-78　设置当前样式　　　　　　　　图 1-79　绘制多线　　　　　　　　图 1-80　绘制结果

014　绘制正多边形结构

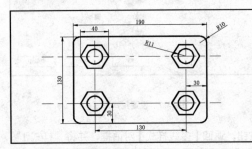

正多边形是由 3 条或 3 条以上长度相等的线段首尾相接形成的闭合图形，其边数范围在 3~1024 之间。

文件路径：	DVD\实例文件\第 01 章\实例 014.dwg	
视频文件：	DVD\MP4\第 01 章\实例 014.MP4	
播放时长：	0:04:54	

01 单击"快速访问"工具栏中的□按钮，创建空白文件。

02 使用快捷键 Z 激活视窗的缩放功能，将当前视口放大 6 倍显示。

03 单击【绘图】工具栏中的╱按钮，激活【直线】命令，绘制图形外轮廓，结果如图 1-81 所示。

04 单击修改工具栏中的□按钮，启动【圆角】命令，绘制外轮廓圆角。命令行操作过程如下：

命令：_fillet
当前设置：模式 = 修剪，半径 = 10.0000
选择第一个对象或 [放弃(U)/多段线(P)/半径(R)/修剪(T)/多个(M)]:R↙//激活"半径"选项
指定圆角半径 <10.0000>:10↙
选择第一个对象或 [放弃(U)/多段线(P)/半径(R)/修剪(T)/多个(M)]: //分别选择四条边，绘
制结果如图 1-82 所示

05 单击【绘图】工具栏中的╱按钮，激活【直线】命令，配合【正交追踪模式】功能，绘制内轮廓辅助线。命令行操作过程如下：

命令：_line
指定第一点： //以外轮廓左边线上的端点为参照点，向右移动光标，引出 0° 的正交追踪虚线，输
入 30，定位第一点，如图 1-83 所示

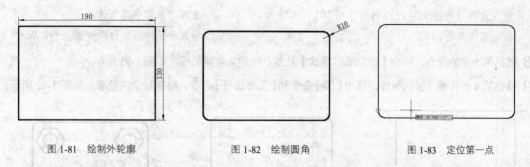

图 1-81 绘制外轮廓　　　　　图 1-82 绘制圆角　　　　　图 1-83 定位第一点

　　指定下一点或 [放弃(U)]：　//向上移动光标，引出 90° 的正交追踪虚线，适当拾取一点，定位第二点，如图 1-84 所示

　　指定下一点或 [放弃(U)]：↙　　　　//按回车键结束命令，绘制结果如图 1-85 所示。

　　命令：↙　　　　　　　　　　　　//按回车键，重复画线命令

　　_line 定第一点：　　　　　　　　//以外轮廓下边线上的端点为参照点，向上移动光标，引出 90° 的正交追踪虚线，输入 30，定位第 1 点，如图 1-86 所示

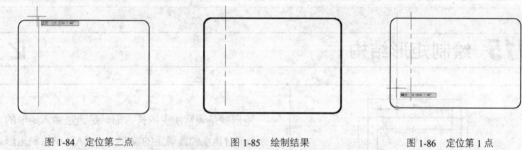

图 1-84 定位第二点　　　　　图 1-85 绘制结果　　　　　图 1-86 定位第 1 点

　　指定下一点或 [放弃(U)]：　　　　//向右移动光标，引出 0° 的正交追踪虚线，适当拾取一点，定位第二点，如图 1-87 所示

　　指定下一点或 [放弃(U)]：↙　　　　//按回车键结束命令，绘制结果如图 1-88 所示

06 单击【绘图】工具栏上的 ⊘ 按钮，激活【圆】命令，捕捉辅助线交点为圆心，绘制半径为 11 的圆，绘制结果如图 1-89 所示。

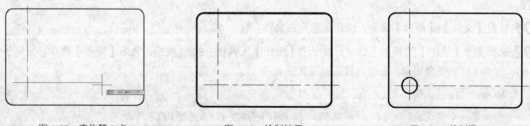

图 1-87 定位第 2 点　　　　　图 1-88 绘制结果　　　　　图 1-89 绘制圆

07 选择菜单【绘图】|【正多边形】命令，或单击【绘图】工具栏中的 ⬠ 按钮，激活【正多边形】命令，绘制边长为 20 的正六边形。命令行操作过程如下：

　　命令：_polygon

　　输入边的数目 <4>:6↙

　　指定正多边形的中心点或 [边(E)]：　　　　//选择圆的圆心

| 输入选项［内接于圆(I)/外切于圆(C)］＜I＞:c✓ | //激活"外切于圆"选项 |
| 指定圆的半径:20✓ | //输入半径,绘制结果如图1-90所示 |

08 根据第5步的操作,配合【正交追踪模式】功能,绘制其余辅助线,如图1-91所示。

09 根据第6步和第7步的操作,调用【圆】命令和【正多边行】命令,绘制其余内轮廓,如图1-92所示。

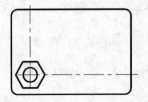
图 1-90　绘制正六边形

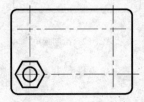
图 1-91　绘制辅助线

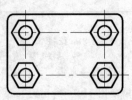
图 1-92　绘制内轮廓

技 巧

　　正多边形也是基本的图元之一,它是由多条直线元素组合而成的单个封闭图形,除了本步骤中的两种命令执行方式之外,还有另外两种方式,即快捷键"POL"和命令"polygon"。

015　绘制矩形结构

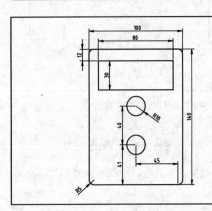

　　矩形就是通常所说的长方形,是通过输入矩形的任意两个对角点位置确定的。在 AutoCAD 中绘制矩形可以分别为其设置倒角、圆角,以及宽度和厚度值。

	文件路径:	DVD\实例文件\第 01 章\实例 015.dwg
	视频文件:	DVD\MP4\第 01 章\实例 015.MP4
	播放时长:	0:02:40

01 执行【文件】|【新建】命令,快速创建空白文件。

02 选择菜单【绘图】|【矩形】命令,或单击【绘图】工具栏中的□按钮,激活【矩形】命令,绘制长为100、宽为140的圆角矩形。命令行操作过程如下:

```
命令: _rectang
指定第一个角点或[倒角(C)/标高(E)/圆角(F)/厚度(T)/宽度(W)]:F✓
指定矩形的圆角半径 <0.0000>:5✓              //设置圆角半径为5
指定另一个角点或[面积(A)/尺寸(D)/旋转(R)]:D✓   //选择"尺寸(D)"选项
指定矩形的长度<10.0000>:100✓
指定矩形的宽度<10.0000>:140✓                //圆角矩形绘制结果如图1-93所示。
```

技 巧

　　用户也可以使用快捷键"REC"或在命令行输入"Rectangle",按回车键,快速激活【矩形】命令。

03 选择菜单【视图】|【缩放】|【窗口】命令，将刚绘制的矩形放大显示。

04 选择【绘图】工具栏中的▢按钮，激活【矩形】命令，配合【捕捉自】功能，绘制长为 80、宽为 30 的矩形。命令行操作过程如下：

```
命令：_rectang
当前矩形模式：圆角=5.0000
指定第一个角点或 [倒角(C)/标高(E)/圆角(F)/厚度(T)/宽度(W)]：F↵
指定矩形的圆角半径 <0.0000>:0↵              //恢复默认的圆角半径 0
指定第一个角点或 [面积(A)/尺寸(D)/旋转(R)]：    //按住 Shift 键并单击鼠标右键，激活
【自】选项
_from 基点：                              //选择左上角圆角与直线的交点，如图 1-94 所示
<偏移>:@5,-12↵
指定另一个角点或 [面积(A)/尺寸(D)/旋转(R)]:D↵
指定矩形的长度 <100.0000>:80↵
指定矩形的宽度 <140.0000>:30↵              //绘制结果如图 1-95 所示
```

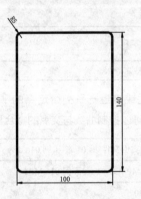

图 1-93 绘制圆角矩形

图 1-94 捕捉参照基点

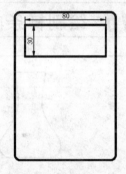

图 1-95 绘制矩形

(技)(巧)

在完成了某一项操作以后，如果希望将该步操作取消，就要用撤销命令。在命令行输入 UNDO 或者其简写形式 U 后回车，可以撤销刚刚执行的操作。另外，单击"标准"工具栏的"放弃"工具按钮⟲，也可以启动 UNDO 命令。如果单击该工具按钮右侧下拉箭头，还可以选择撤销的步骤。

05 单击【绘图】工具栏上的⊘按钮，激活【圆】命令，绘制圆。命令行操作过程如下：

```
命令：_circle
指定圆的圆心或 [三点(3P)/两点(2P)/切点、切点、半径(T)]：  //激活【捕捉自】功能
_from 基点：                              //选择右下角圆与直线的交点，如图 1-96 所示
<偏移>：@-50,36                           //输入相对直角坐标
指定圆的半径或 [直径(D)] <1.0000>:10↵       //绘制结果如图 1-97 所示
命令：↵                                  //按回车键，重复画圆命令
circle 指定圆的圆心或 [三点(3P)/两点(2P)/切点、切点、半径(T)]：  //单击鼠标右键，激活
【捕捉自】功能
_from 基点：                              //选择第一个圆的圆心，如图 1-98 所示
```

<偏移>:@0, 40↙

指定圆的半径或［直径(D)］<1.0000>:10↙   //最终结果如图 1-99 所示

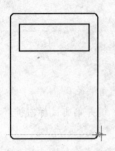
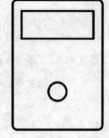
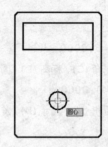
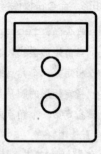

图 1-96 捕捉参照基点   图 1-97 绘制圆   图 1-98 捕捉参照基点   图 1-99 最终结果

技 巧

撤销操作是在命令结束之后进行的操作，如果在命令执行过程当中需要终止该命令的执行，按Esc键即可。

016 绘制样条曲线结构

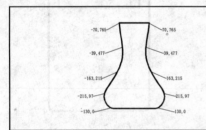

样条曲线是经过或接近一系列给定点的平滑曲线，它能够自由编辑，可以控制曲线与交点的拟合程度。

文件路径:	DVD\实例文件\第 01 章\实例 016.dwg
视频文件:	DVD\MP4\第 01 章\实例 016.MP4
播放时长:	0:02:30

01 选择菜单【文件】|【新建】命令，创建空白文件。

02 单击 "标准" 工具栏中的按钮，按住左键不放，将坐标系图标移至窗口中央。

03 按下 F12 功能键，关闭状态栏上的【动态输入】功能。

04 选择【绘图】|【样条曲线】命令，或者单击 "绘图" 工具栏中的 按钮，激活【样条曲线】命令，绘制图形。命令行操作过程如下：

```
命令: _spline
指定第一个点或[方式(M)/节点(K)/对象(O)]: -130, 0↙          //输入第 1 点坐标
指定下一点[起点切向(T)/公差(L)]: -215, 97↙                  //输入第 2 点坐标
指定下一点或[端点相切(T)/公差(L)/放弃(U)]<起点切向>:-163, 215↙   //输入第 3 点坐标
指定下一点或[端点相切(T)/公差(L)/放弃(U)/闭合(C)]<起点切向>:-39, 477↙
                                                          //输入第 4 点坐标
指定下一点或[端点相切(T)/公差(L)/放弃(U)/闭合(C)]<起点切向>:-70, 765↙
                                                          //输入第 5 点坐标
指定下一点或［端点相切(T)/公差(L)/放弃(U)/闭合(C)］<起点切向>:↙
                                                          //按回车键，完成坐标的输入
```

> 技 巧
>
> 样条曲线有拟合点和控制点两种绘制方式，其中拟合点通过样条曲线，控制点不通过样条曲线，在【绘图】|【样条曲线】子菜单，或在命令行选择"方式(M)"选项，可选择这两种绘制方式。

05 根据第 4 步的操作方法，重复执行【样条曲线】命令，绘制图形的另一半，各点的坐标分别为（130，0）、（215，97）、（163、215）、（39，477）、（70，765），结果如图 1-100 所示。

06 单击【绘图】工具栏中的 ⌇ 按钮，激活【直线】命令，绘制两条直线，结果如图 1-101 和图 1-102 所示。

图 1-100 绘制另一样条线　　　　图 1-101 绘制一条直线　　　　图 1-102 最终结果

> 技 巧
>
> 样条曲线绘制完成后，可通过 SPLINEDIT 编辑样条曲线命令或使用夹点编辑的方式调整曲线的形状。

017 绘制闭合边界

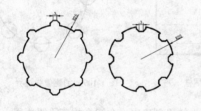

	边界命令是用于从多个相交对象中提取一个或多个闭合的多段线边界，也可提取面域。
文件路径：	DVD\实例文件\第 01 章\实例 017.dwg
视频文件：	DVD\MP4\第 01 章\实例 017.MP4
播放时长：	0:03:21

01 选择菜单【文件】|【新建】命令，创建空白文件。

02 右键单击状态栏的 ▭ 按钮，选择【设置】命令选项，设置捕捉模式为"圆心捕捉"和"象限点捕捉"。

03 选择【绘图】工具栏上的 ⊙ 按钮，激活【圆】命令，绘制半径为 25 的圆，绘制结果如图 1-103 所示。

04 选择菜单【绘图】|【正多边形】命令，或单击【绘图】工具栏中的 ⬡ 按钮，激活【正多边形】命令，以圆的上侧象限点为中心，绘制外接圆半径为 4 的正八边形，绘制结果如图 1-104 所示。

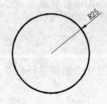　　　　　　　　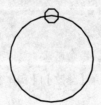

图 1-103 绘制圆　　　　　　　　　　　　图 1-104 绘制正八边形

05 选择菜单【修改】|【阵列】命令，使用环形阵列方式复制 8 个多边形：

```
命令：AR↙    ARRAY
选择对象：找到 1 个                                    //选择绘制的多边形
选择对象： 输入阵列类型 [矩形(R)/路径(PA)/极轴(PO)] <矩形>:PO↙   //选择环形阵列方式
类型 = 极轴  关联 = 是
指定阵列的中心点或 [基点(B)/旋转轴(A)]:                //捕捉圆心为阵列中心点
输入项目数或 [项目间角度(A)/表达式(E)]<4>:8↙          //设置阵列数量为 8
指定填充角度(+=逆时针、-=顺时针)或 [表达式(EX)] <360>:↙ //默认阵列总角度为 360°
按 Enter 键接受或 [关联(AS)/基点(B)/项目(I)/项目间角度(A)/填充角度(F)/行(ROW)/层
(L)/旋转项目(ROT)/退出(X)]<退出>: AS↙                 //选择"关联(AS)"选项
创建关联阵列 [是(Y)/否(N)] <是>:N↙                   //使阵列对象不关联
```

06 环形阵列结果如图 1-105 所示。

07 选择菜单【绘图】|【边界】命令，打开如图 1-106 所示的【边界创建】对话框。

08 对话框中的设置采用默认的设置，单击左上角的"拾取点"按钮，返回绘图区，在命令行"拾取内部点的："的提示下，在圆的内部拾取一点，此时系统自动分析出一个闭合的虚线边界，如图 1-107 所示。

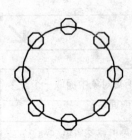

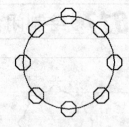

图 1-105　阵列结果　　　　图 1-106　【边界创建】对话框　　　　图 1-107　创建虚线边界

09 在命令行"拾取内部点："的提示下，按回车键结束命令，结果创建出一个闭合的多段线边界。

10 使用快捷键 M 激活【移动】命令，使用"点选"的方式选择刚创建的闭合边界，将其外移，结果如图 1-108 所示。

11 选择菜单【绘图】|【面域】命令，或单击【绘图】工具栏上的 按钮，激活【面域】命令，将 9 个图形转换为 7 个面域。命令行操作过程如下：

```
命令：_region
选择对象：                  //选择如图 1-109 所示的 9 个图形
选择对象：                  //按回车键，结果选择的 9 个图形被转换为 9 个面域
已提取 9 个环
已创建 9 个面域
```

12 选择菜单【修改】|【实体编辑】|【并集】命令，将刚刚创建的 9 个面域进行合并。命令行操作过程如下：

```
命令：_union
选择对象：                  //使用框选选择 9 个面域
```

选择对象：✓　　　　　　　　　//按回车键，结束命令，合并结果如图 1-110 所示

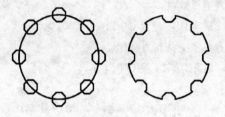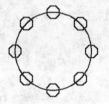

图 1-108　移出边界　　　　　　　图 1-109　框选结果　　　　　图 1-110　并集结果

 提 示

　　【边界】命令是用于从多个相交对象中提取一个或多个闭合的多段线边界，也可以提取面域。此命令的快捷键为"BO"。

018 绘制多段线

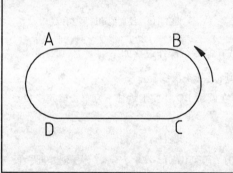

　　多段线是指首尾相接的多条线段和圆弧构成的组合曲线。多段线可以进行整体偏移、复制和删除等操作，在三维建模中，多段线还是创建实体的前提，因此掌握多段线的绘制和编辑方法是十分重要的。

文件路径：	DVD\实例文件\第 01 章\实例 018.dwg
视频文件：	DVD\MP4\第 01 章\实例 018.MP4
播放时长：	0:02:55

01 执行【文件】|【新建】命令，快速创建空白文件。

02 选择菜单【绘图】|【多段线】命令，绘制多段线，命令行操作过程如下：

```
命令: _pline
指定起点:                              //在绘图区任意单击一点，确定多段线起点 A
当前线宽为 0.0000
指定下一个点或 [圆弧(A)/半宽(H)/长度(L)/放弃(U)/宽度(W)]: @100,0✓
                                       //输入线段终点 B 的相对坐标
指定下一点或 [圆弧(A)/闭合(C)/半宽(H)/长度(L)/放弃(U)/宽度(W)]: A✓
                                       //选择创建圆弧段
指定圆弧的端点或[角度(A)/圆心(CE)/闭合(CL)/方向(D)/半宽(H)/直线(L)/半径(R)/第二个点
(S)/放弃(U)/宽度(W)]: D✓                //选择编辑圆弧的方向
指定圆弧的起点切向:                     //捕捉到如图 1-111 所示的直线方向，单击确定相
切方向
指定圆弧的端点: @0,-64✓                 //输入圆弧的终点 C 的相对坐标
指定圆弧的端点或
```

[角度 (A) / 圆心 (CE) / 闭合 (CL) / 方向 (D) / 半宽 (H) / 直线 (L) / 半径 (R) / 第二个点 (S) / 放弃 (U) / 宽度
(W)]: L↙   //选择创建直线线段

　指定下一点或 [圆弧 (A) / 闭合 (C) / 半宽 (H) / 长度 (L) / 放弃 (U) / 宽度 (W)]: @-100,0↙
                                     //输入直线终点 D 的相对坐标

　指定下一点或 [圆弧 (A) / 闭合 (C) / 半宽 (H) / 长度 (L) / 放弃 (U) / 宽度 (W)]: A↙

　指定圆弧的端点或

[角度 (A) / 圆心 (CE) / 闭合 (CL) / 方向 (D) / 半宽 (H) / 直线 (L) / 半径 (R) / 第二个点 (S) / 放弃 (U) / 宽度
(W)]:   //在绘图区选择多段线起点 A 作为圆弧端点

　　指定圆弧的端点或

　　[角度 (A) / 圆心 (CE) / 闭合 (CL) / 方向 (D) / 半宽 (H) / 直线 (L) / 半径 (R) / 第二个点 (S) / 放弃 (U) /
宽度 (W)]: ↙   //按 Enter 键结束多段线，结果如图 1-112 所示。

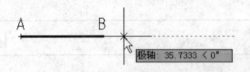

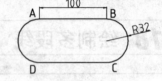

图 1-111　捕捉圆弧切线方向　　　　　　　　　图 1-112　绘制的跑道形多段线

03 选择菜单【绘图】|【多段线】命令，绘制另一条多段线，命令行操作过程如下：

　　命令: _pline   //调用【多段线】命令

　　指定起点: //在圆弧 BC 外侧附近任一点单击确定多段线起
点，如图 1-113 所示

　　当前线宽为 0.0000

　　指定下一个点或 [圆弧 (A) / 半宽 (H) / 长度 (L) / 放弃 (U) / 宽度 (W)]: A↙　　//选择创建圆弧段

　　指定圆弧的端点或 [角度 (A) / 圆心 (CE) / 方向 (D) / 半宽 (H) / 直线 (L) / 半径 (R) / 第二个点 (S) / 放弃
(U) / 宽度 (W)]: CE↙   //选择由圆心定义圆弧

　　指定圆弧的圆心: //捕捉到如图 1-114 所示的圆心位置，单击确定圆心

　　指定圆弧的端点或 [角度 (A) / 长度 (L)]: A↙   //选择由角度定义圆弧范围

　　指定包含角: 35↙   //输入圆弧包含的圆心角度，完成第一段圆弧

　　指定圆弧的端点或   //系统默认下一段线条仍为圆弧

　　[角度 (A) / 圆心 (CE) / 闭合 (CL) / 方向 (D) / 半宽 (H) / 直线 (L) / 半径 (R) / 第二个点 (S) / 放弃 (U) /
宽度 (W)]: H↙   //选择【半宽】选项，调整多段线的宽度值

　　　指定起点半宽 <0.0000>: 2↙   //输入圆弧起点的半宽度

　　　指定端点半宽 <2.0000>: 0↙   //输入圆弧终点的半宽度

　　　指定圆弧的端点或

　　　[角度 (A) / 圆心 (CE) / 闭合 (CL) / 方向 (D) / 半宽 (H) / 直线 (L) / 半径 (R) / 第二个点 (S) / 放弃 (U) /
宽度 (W)]: CE↙

　　　指定圆弧的圆心: //捕捉圆弧 BC 的圆心作为圆心

　　　指定圆弧的端点或 [角度 (A) / 长度 (L)]: A↙

　　　指定包含角: 15↙   //输入圆弧包含的圆心角度，完成第二段线
条。最终结果如图 1-115 所示。

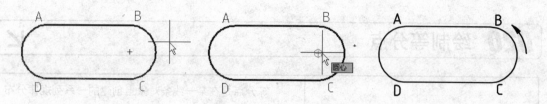

图 1-113 指定多段线起点   图 1-114 定义圆弧的圆心   图 1-115 绘制的箭头形多段线

提 示

多段线与普通的线条可以相互转化：选择菜单【修改】|【分解】命令，可以将多段线分解为普通线条；选择菜单【修改】|【合并】命令可以将首尾相接的多个线条合并为多段线。

019 绘制螺旋线

螺旋线是点沿圆柱或圆锥表面作螺旋运动的轨迹，该点的轴向位移与转角位移成正比。螺旋线在实际中应用广泛，如机械上的螺纹、涡壳，生活中的旋梯等。本实例通过螺旋线命令绘制平面内的二维螺旋线，也可称为涡状线。

	文件路径：	DVD\实例文件\第 01 章\实例 019.dwg
	视频文件：	DVD\MP4\第 01 章\实例 019.MP4
	播放时长：	0:00:52

01 执行【文件】|【新建】命令，新建 AutoCAD 文件。

02 选择菜单【绘图】|【螺旋】命令，绘制螺旋线如图 1-116 所示，命令行操作过程如下：

```
命令：_Helix                        //调用【螺旋】命令
圈数 = 3.0000      扭曲=CCW
指定底面的中心点：                    //在绘图区任意位置单击
确定底面中心
指定底面半径或 [直径(D)] <1.0000>: 30✓ //输入螺旋线底面半径值
指定顶面半径或 [直径(D)] <30.0000>: 0✓ //输入螺旋线顶面半径值
指定螺旋高度或 [轴端点(A)/圈数(T)/圈高(H)/扭曲(W)] <1.0000>: T
✓                                  //选择修改螺旋线圈数
输入圈数 <3.0000>: 4✓                //输入圈数数值
指定螺旋高度或 [轴端点(A)/圈数(T)/圈高(H)/扭曲(W)] <1.0000>: 0✓
                                   //输入螺旋高度为 0，即创建平面螺旋线
```

图 1-116 绘制的螺旋线

020 绘制等分点

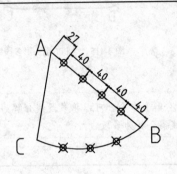

等分点是在某一线条对象上创建的一系列规律分布的点，有定距等分和定数等分两种方式：定距等分创建的点间距为指定值，定数等分点将线段分为相等的多个区间。需要说明的是，等分点只是在线段上创建的辅助参考对象，并不分割线段。

文件路径：	DVD\实例文件\第 01 章\实例 020.dwg	
视频文件：	DVD\MP4\第 01 章\实例 020.MP4	
播放时长：	0:01:16	

01 打开随书光盘中的 "\素材文件\第 1 章\实例 020.dwg" 文件，如图 1-117 所示。

02 选择菜单【绘图】|【点】|【定距等分】命令，在直线 AB 上创建距离为 40 的等分点，命令行操作过程如下：

```
命令：_measure
选择要定距等分的对象：              //选择线段 AB 为等分的对象
指定线段长度或 [块(B)]：40↙        //指定两等分点间距为 40
```

03 选择菜单【格式】|【点样式】命令，系统弹出点样式对话框，设置点样式和大小如图 1-118 所示，然后关闭对话框，直线 AB 上的等分点按指定样式显示，如图 1-119 所示。

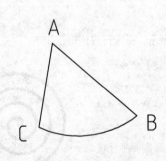

图 1-117 素材文件

图 1-118 【点样式】对话框

04 选择菜单【绘图】|【点】|【定数等分】命令，在圆弧 BC 上创建 3 个等分点，命令行操作过程如下：

```
命令：_divide
选择要定数等分的对象：              //选择圆弧 BC 作为等分的对象
输入线段数目或 [块(B)]：4↙         //将该圆弧 4 等分，创建 3 个等分点如图 1-120 所示
```

> (提)(示)
>
> 创建定距等分时，第一个等距距离是从单击点较近的端点开始，例如本例中单击点靠近 B 点，所以第一点离 B 点 40 单位，其余点依次间隔 40 分布，在剩余距离不足 40 的位置结束。

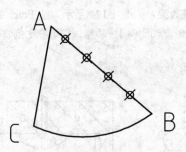

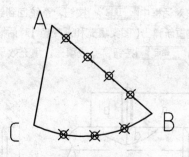

图 1-119 AB 上的定距等分点   图 1-120 BC 上的定数等分点

021 图案填充

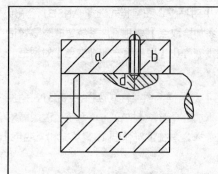

在机械制图中，图案填充多用于剖面的填充，以突出剖切的层次。AutoCAD 提供多种不同的图案类型供选择，填充的边界可以是直线、圆弧、多段线、样条曲线等，但必须是封闭的区域才能被填充。

文件路径：	DVD\实例文件\第 01 章\实例 021.dwg
视频文件：	DVD\MP4\第 01 章\实例 021.MP4
播放时长：	0:02:21

01 打光盘素材中的 "\素材文件\第 1 章\实例 021.dwg" 文件，如图 1-121 所示。

02 选择菜单【绘图】|【图案填充】命令，或单击【绘图】工具栏上的按钮，系统弹出【图案填充和渐变色】对话框，如图 1-122 所示。

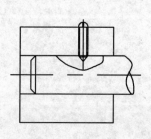

图 1-121 素材文件   图 1-122 【图案填充和渐变色】对话框

03 展开 "图案" 列表框，在列表中选择 ANSI31 图案，然后单击 "边界" 选项组中【添加拾取点】按钮，系统暂时隐藏对话框，返回绘图界面，分别在如图 1-123 所示的 a、b 和 c 区域内单击，按 Enter 键完成选择，系统重新弹出【图案填充和渐变色】对话框。

04 单击对话框中 预览 按钮，系统回到绘图界面显示预览效果，如图 1-124 所示。按 Enter 键结束预览，系统重新弹出【图案填充和渐变色】对话框，在对话框中【角度和比例】选项组，将填充比例修改为 2，然后单击 确定 按钮，完成填充，填充效果如图 1-125 所示。

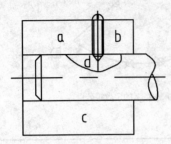
图 1-123 填充区域

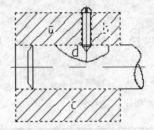
图 1-124 填充预览

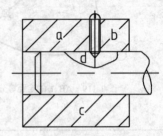
图 1-125 填充结果

05 在命令行输入 "H" 快捷命令，系统弹出【图案填充和渐变色】对话框，图案样式选择 ANSI31，角度修改为 90°，填充比例修改为 0.5，然后单击 "边界" 选项组中【添加拾取点】按钮，系统暂时隐藏对话框，返回绘图界面，在 d 区域内单击，按 Enter 键完成选择，系统重新弹出【图案填充和渐变色】对话框。单击 确定 按钮，完成填充，结果如图 1-126 所示。

06 在命令行输入 "H" 快捷命令，系统弹出【图案填充和渐变色】对话框，图案样式选择 ANSI31，角度修改为 90°，填充比例修改为 0.5，然后单击 "边界" 选项组中【添加选择对象】按钮，系统暂时隐藏对话框，返回绘图界面，单击选择轴端的样条曲线，按 Enter 键完成选择，系统重新弹出【图案填充和渐变色】对话框。单击 确定 按钮，完成填充，结果如图 1-127 所示。

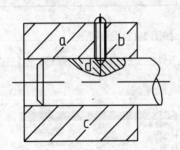
图 1-126 填充区域 d 的结果

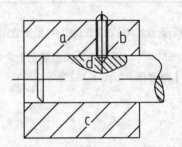
图 1-127 填充样条曲线的结果

第 2 章
二维图形快速编辑

　　任何一个符合尺寸和结构要求的零件图，都不可能通过一些点、线、圆等基本图元简单地拼接组合而成，而是在这些基本图元的基础上，经过众多修改编辑工具的编辑细化，进一步处理为符合设计意图和现场加工要求的图样。

　　本章通过 11 个典型实例，介绍修剪、延伸、打断、连接、拉长、拉伸、旋转、缩放、倒角、圆角、对齐等常用编辑工具的用法和使用技巧。

022　修剪图形

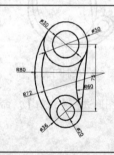

修剪工具是将超出边界的多余部分修剪删除掉。使用该工具时，需要首先选择修剪边界，修剪的对象必须与修剪边界相交，才可以进行修剪。

文件路径：	DVD\实例文件\第 02 章\实例 022.dwg
视频文件：	DVD\MP4\第 02 章\实例 022.MP4
播放时长：	0:04:26

01 选择菜单【文件】|【新建】命令，创建一张空白文件。

02 打开状态栏上【对象捕捉】功能，将捕捉模式设置为"捕捉圆心"。

03 单击【绘图】工具栏中的 ⊙，激活【圆】命令，绘制直径分别为 50 和 30 的同心圆，如图 2-1 所示。

04 重复执行【圆】命令，配合【对象追踪】功能，绘制直径分别为 36 和 20 的同心圆。命令行操作过程如下：

```
命令: _circle
    指定圆的圆心或 [三点(3P)/两点(2P)/切点、切点、半径(T)]:75↙    //以刚绘制的同心圆为参
照基点，引出垂直追踪虚线，输入 75，定位圆心，结果如图 2-2 所示
    指定圆的半径或 [直径(D)]: D↙        //激活直径选项
    指定圆的直径:36↙                    //输入圆的直径按回车键，绘制结果如图 2-3 所示
    命令:↙                              //按回车键重复画圆命令
    CIRCLE 指定圆的圆心或 [三点(3P)/两点(2P)/切点、切点、半径(T)]:
                                        //捕捉绘制的直径为 36 的圆的圆心为圆心
    指定圆的半径或 [直径(D)]: D↙
```

指定圆的直径:20↙   //输入圆的直径,结果如图 2-4 所示

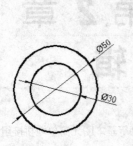

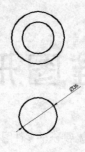

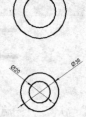

图 2-1 绘制同心圆   图 2-2 定位圆心   图 2-3 绘制直径为 36 的圆   图 2-4 绘制同心圆

05 使用同样的方法,绘制各辅助圆,如图 2-5 所示。半径为 60 和 80 的 2 个圆应通过选择圆命令的 "相切、相切、半径" 选项绘制,半径为 72 的圆则通过指定圆心与半径的方法绘制。

06 绘制切线。执行【直线】命令,配合【捕捉切点】功能,绘制在右侧与直径 50 和 36 的圆相切的公切线,如图 2-6 所示。

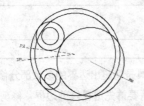

图 2-5 绘制辅助圆   图 2-6 绘制切线

07 单击【修改】工具栏中的 ⊬ 按钮,或选择【修改】|【修剪】命令,对图形进行【修剪】。命令行操作过程如下:

    命令: _trim
    当前设置:投影=UCS,边=无
    选择剪切边...
    选择对象或 <全部选择>:   //选择直径为 50 和 36 的两个圆
    选择要修剪的对象,或按住 Shift 键选择要延伸的对象,或[栏选(F)/窗交(C)/投影(P)/边
(E)/删除(R)/放弃(U)]:   //选择半径为 80 圆(在右侧拾取该圆)作
为被修剪对象,修剪结果如图 2-7 所示

08 重复【修剪】命令,对图形进行进一步的修剪。命令行操作过程如下:

    命令: trim
    当前设置:投影=UCS,边=无
    选择剪切边...
    选择对象或 <全部选择>:   //选择直径为 50 和 20 的圆
    选择要修剪的对象,或按住 Shift 键选择要延伸的对象,或[栏选(F)/窗交(C)/投影(P)/边
(E)/删除(R)/放弃(U)]:   //在右侧拾取半径为 72 的圆作为被修剪
对象,结果如图 2-8 所示

09 以同样类似的方法,对图形进行修剪,得到如图 2-9 所示的结果。

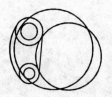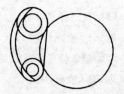

图 2-7　修剪 1　　　　　图 2-8　修剪 2　　　　　图 2-9　最终结果

【修剪】命令是以指定的修剪边界作为剪切边，将对象位于剪切边一侧的部分修剪掉，此命令快捷键为 "TR"。

023　延伸图形

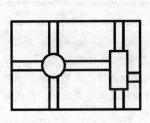

延伸命令是将没有和边界相交的部分延伸补齐，它和修剪命令是一组相对的命令。在命令执行过程中，需要设置的参数有延伸边界和延伸对象两类。

文件路径：	DVD\实例文件\第 02 章\实例 023.dwg
视频文件：	DVD\MP4\第 02 章\实例 023.MP4
播放时长：	0:01:06

01 打开随书光盘中的 "实例文件\第 2 章\实例 023.dwg" 文件，如图 2-10 所示。

02 选择菜单【修改】|【延伸】命令，或单击【修改】工具栏中的 按钮，激活【延伸】命令，对图形进行延伸。命令行操作过程如下：

```
命令：_extend
当前设置：投影=UCS，边=无
选择边界的边...
选择对象或 <全部选择>：              //选择如图 2-11 所示的线段作为延伸边界
选择对象：                         //按回车键，结束边界的选择
选择要延伸的对象，或按住 Shift 键选择要修剪的对象，或
[栏选(F)/窗交(C)/投影(P)/边(E)/放弃(U)]：   //在如图 2-12 所示的位置单击左键
选择要延伸的对象，或按住 Shift 键选择要修剪的对象，或
[栏选(F)/窗交(C)/投影(P)/边(E)/放弃(U)]：   //在如图 2-13 所示的位置单击左键
```

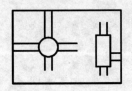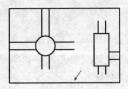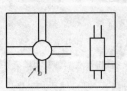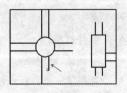

图 2-10　素材文件　　图 2-11　选择延伸边界　　图 2-12　指定延伸对象 1　　图 2-13　指定延伸对象 2

选择要延伸的对象，或按住 Shift 键选择要修剪的对象，或

[栏选(F)/窗交(C)/投影(P)/边(E)/放弃(U)]：　　　//在如图 2-14 所示的位置单击左键

选择要延伸的对象，或按住 Shift 键选择要修剪的对象，或

[栏选(F)/窗交(C)/投影(P)/边(E)/放弃(U)]：　　　//在如图 2-15 所示的位置单击左键

选择要延伸的对象，或按住 Shift 键选择要修剪的对象，或[栏选(F)/窗交(C)/投影(P)/边
(E)/放弃(U)]：✓　　　//按回车键结束延伸对象选择，延伸结果
如图 2-16 所示

03 重复执行【延伸】命令，用同样的方法完成其他线段的延伸，最终结果如图 2-17 所示。

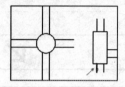 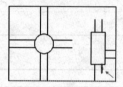 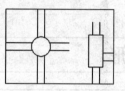 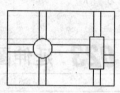

图 2-14 指定延伸对象　　图 2-15 指定延伸对象　　图 2-16 延伸结果　　图 2-17 最终结果

（技）（巧）

　　【延伸】命令是用于将选择的对象延伸到指定的边界上。此命令的快捷键为 "EX"。自 AutoCAD
2002 开始，修剪和延伸功能已经可以联用。在修剪命令中可以完成延伸操作，在延伸命令中也可以完成
修剪操作。在修剪命令中，选择修剪对象时按住 Shift 键，可以将该对象向边界延伸；在延伸命令中，
选择延伸对象时按住 Shift 键，可以将该对象超过边界的部分修剪删除。

024 打断图形

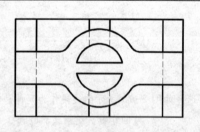

打断命令用于将直线或弧段分解成多个部分，或者删除直线或弧段的某个部分。被打断的线条只能是单独的线条，不能打断组合形体，如图块等。

文件路径：	DVD\实例文件\第 02 章\实例 024.dwg	
视频文件：	DVD\MP4\第 02 章\实例 024.MP4	
播放时长：	0:01:38	

01 打开随书光盘中的 "\素材文件\第 2 章\实例 024.dwg" 文件，如图 2-18 所示。

02 选择菜单【修改】|【打断】命令，或单击【修改】工具栏中的按钮，激活【打断】命令，删除圆上的部分轮廓。命令行操作过程如下：

```
命令：_break
选择对象：                         //选择圆作为打断对象
指定第二个打断点 或 [第一点(F)]：F✓  //激活 "第一点" 选项
指定第一个打断点：                 //捕捉如图 2-19 所示的交点作为打断第一点
指定第二个打断点：                 //捕捉如图 2-20 所示的交点作为打断第二点，位于
```
两个交点之间的圆弧部分被删除，结果如图 2-21 所示

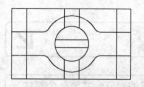 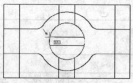 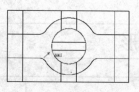 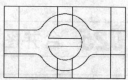

图 2-18　素材文件　　图 2-19　捕捉第一个断点　　图 2-20　捕捉第二个断点　　图 2-21　打断结果

 提　示

　　AutoCAD 将按逆时针方向删除圆上第一点到第二点之间的部分。

03 重复执行【打断】命令，使用同样的方法，继续删除右侧的圆弧，结果如图 2-22 所示。

04 单击【修改】工具栏中的 ⊏（打断于点）按钮，将线段打断。命令行操作过程如下：

```
命令: _break
选择对象:                                //选择如图 2-23 所示的直线
指定第二个打断点 或 [第一点(F)]:F↙        //激活"第一点"选项
指定第一个打断点:                          //捕捉如图 2-24 所示的交点作为打断第一点
指定第二个打断点:                          //按回车键结束命令，直线从交点处被分为两部分，
此时可以单独选择下侧线段，如图 2-25 所示
```

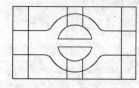　　　　　　　　　　　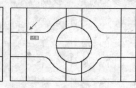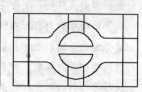

图 2-22　最后结果　　　　图 2-23　选择打断对象　　　　图 2-24　定位断点　　　　图 2-25　选择对象

注　意

　　【打断于点】命令是用于将单个对象从某点位置打断为两个相连的对象，它不能删除对象上的一部分，只能将对象打断为两部分。

05 再次单击【修改】工具栏中的 ⊏ 按钮，将打断后的下侧垂直线段截为两部分。命令行操作过程如下：

```
指定第二个打断点 或 [第一点(F)]: _f
指定第一个打断点:                          //捕捉如图 2-26 所示的交点
指定第二个打断点:
指定第二个打断点: @                        //系统自动结束命令，直线从交点处被分为两部分
```

06 使用相同的方法，将其他线段打断，选择打断后的线段，使其夹点显示，如图 2-27 所示。

07 打开【图层】下拉列表，将当前图层切换为"中心线"层，最终效果如图 2-28 所示

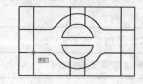　　　　　　　　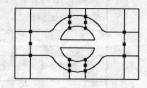　　　　　　　　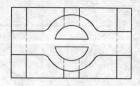

图 2-26　定位断点　　　　　　图 2-27　对象夹点显示　　　　　　图 2-28　设置线型

025 合并图形

合并命令可以将多个相连的对象合并为一个整体，可以合并的对象包括圆弧、椭圆弧、直线、多段线和样条曲线等，如果这些线条中只包含直线和圆弧对象，则合并的结果是一条多段线，如果线条中包含样条曲线或椭圆弧，则合并的结果是一条样条曲线

📀 文件路径：	DVD\实例文件\第 02 章\实例 025.dwg
🎞 视频文件：	DVD\MP4\第 02 章\实例 025.MP4
🎞 播放时长：	0:00:45

01 打开随书光盘中的 "\素材文件\第 2 章\实例 025.dwg" 文件。

02 选择菜单【修改】|【合并】命令，将图形的外轮廓合并为一条多段线，命令行操作如下：

```
命令: _join
选择源对象或要一次合并的多个对象：找到 1 个
选择要合并的对象：找到 1 个，总计 2 个
选择要合并的对象：找到 1 个，总计 3 个
选择要合并的对象：找到 1 个，总计 4 个
选择要合并的对象：找到 1 个，总计 5 个
选择要合并的对象：找到 1 个，总计 6 个        //依次选择外轮廓的所有线段
选择要合并的对象：↙                           //按 Enter 键完成选择
6 个对象已转换为 1 条多段线                    //完成合并
```

技 巧

　【合并】命令就是用于将直线或圆弧等对象进行合并，以形成一个多段线的对象。其命令表达式为 "Join"，快捷键为 J。

026 拉长图形

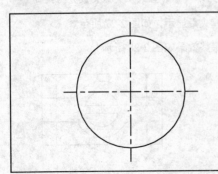

使用拉长命令可以拉长或缩短线段以及改变圆弧的圆心角。在绘制圆的中心线的时候，通常需要将中心线延长至圆外，且长度相等，本实例即利用拉长命令，实现这种效果。

📀 文件路径：	DVD\实例文件\第 02 章\实例 026.dwg
🎞 视频文件：	DVD\MP4\第 02 章\实例 026.MP4
🎞 播放时长：	0:00:43

01 打开随书光盘中的 "\素材文件\第 2 章\实例 026.dwg" 文件，如图 2-29 所示。

02 选择菜单【修改】|【拉长】命令，将 2 条中心线的每个端点，向圆外拉长 0.8 个单位，命令行操作如下：

```
命令：_lengthen
选择对象或 [增量(DE)/百分数(P)/全部(T)/动态(DY)]:DE↙          //选择【增量】选项
输入长度增量或 [角度(A)] <0.5000>: 0.8↙                      //输入每次拉长增量
选择要修改的对象或 [放弃(U)]:
选择要修改的对象或 [放弃(U)]:
选择要修改的对象或 [放弃(U)]:
选择要修改的对象或 [放弃(U)]:         //依次在两中心线 4 个端点附近单击，完成拉长
选择要修改的对象或 [放弃(U)]:↙       //按回车键结束拉长命令，拉长结果如图 2-30 所示。
```

图 2-29   素材文件　　　　　　　　　　　　　　　图 2-30   拉长结果

027 拉伸图形

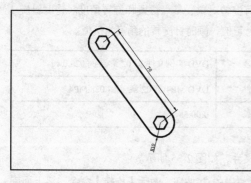

拉伸命令 STRETCH 通过沿拉伸路径平移图形夹点的位置，使图形产生拉伸变形的效果。所谓夹点指的是图形对象上的一些特征点，如端点、顶点、中点、中心点等，图形的位置和形状通常是由夹点的位置决定的。

文件路径：	DVD\实例文件\第 02 章\实例 027.dwg	
视频文件：	DVD\MP4\第 02 章\实例 027.MP4	
播放时长：	0:00:43	

01 打开随书光盘中的 "\素材文件\第 2 章\实例 027.dwg" 文件，如图 2-31 所示。

02 选择菜单【修改】|【拉伸】命令，或单击【修改】工具栏中的 按钮，激活【拉伸】命令，将图形拉伸。命令行操作过程如下：

```
命令：_stretch
以交叉窗口或交叉多边形选择要拉伸的对象...
选择对象：                    //从如图 2-32 所示的第一点向左下拉出矩形选择
框，然后在第二点位置单击左键，以交叉窗口选择的方式选择拉伸的对象
选择对象：↙                  //按回车键，结束选择
```

指定基点或 [位移(D)] <位移>:　　　　//任意拾取一点作为拉伸基点

指定第二个点或 <使用第一个点作为位移>:20✓　　//如图 2-33 所示向下拉出追踪虚线，然后输入20 并按回车键，结果如图 2-34 所示

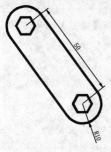 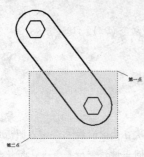 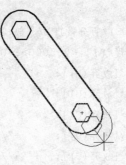 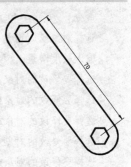

图 2-31　素材文件　　　　图 2-32　拉出窗交选择框　　　图 2-33　引出追踪虚线　　　图 2-34　最终结果

技 巧

　　拉伸遵循以下原则：通过单击选择和窗口选择获得的拉伸对象将只被平移，不被拉伸；通过交叉选择获得的拉伸对象，如果所有夹点都落入选择框内，图形将发生平移；如果只有部分夹点落入选择框，图形将沿拉伸位移拉伸；如果没有夹点落入选择窗口，图形将保持不变。

028　旋转图形

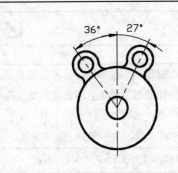

旋转命令 ROTATE 是将图形对象围绕着一个固定的点(基点)旋转一定的角度。在命令执行过程中，需要确定的参数有旋转对象、基点位置和旋转角度。逆时针旋转的角度为正值，顺时针旋转的角度为负值。

文件路径：	DVD\实例文件\第 02 章\实例 028.dwg
视频文件：	DVD\MP4\第 02 章\实例 028.MP4
播放时长：	0:00:56

01 打开随书光盘中的 "\素材文件\第 2 章\实例 028.dwg" 文件，如图 2-35 所示。

02 选择菜单【修改】|【旋转】命令，或单击【修改】工具栏中的 按钮，激活【旋转】命令，将上面同心圆部分旋转复制63°。命令行操作过程如下：

命令：_rotate

UCS 当前的正角方向：ANGDIR=逆时针　ANGBASE=0

选择对象：　　　　　　　　　　　　　//选择上面同心圆部分和中心线

指定基点：　　　　　　　　　　　　　//使用 "圆心" 捕捉功能，选择大圆圆

心，作为旋转基点，如图 2-36 所示

指定旋转角度，或 [复制(C)/参照(R)] <0>:C✓　//激活 "复制" 选项

指定旋转角度，或 [复制(C)/参照(R)] <0>:63✓　//输入旋转角度，结果如图 2-37 所示

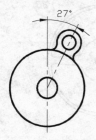　　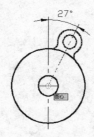　　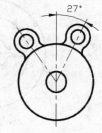

图 2-35　素材文件　　　　　　图 2-36　选择旋转基点　　　　　　图 2-37　旋转结果

029　缩放图形

缩放命令是将已有图形对象以基点为参照，进行等比缩放，它可以调整对象的大小，使其在一个方向上按要求增大和缩小一定的比例。

文件路径：	DVD\实例文件\第 02 章\实例 029.dwg	
视频文件：	DVD\MP4\第 02 章\实例 029.MP4	
播放时长：	0:01:05	

01 打开光盘中的 "\素材文件\第 2 章\实例 029.dwg"，如图 2-38 所示。

　　　　　　　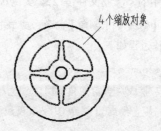

4 个缩放对象

图 2-38　素材文件　　　　　　　　图 2-39　选择缩放对象

02 选择菜单【修改】|【缩放】命令，或单击【修改】工具栏中的 按钮，激活【缩放】命令，对图形中的内轮廓缩放，命令行操作过程如下：

命令：_scale

选择对象： //选择如图 2-39 所示图形对象

指定基点： //捕捉圆的圆心，如图 2-40 所示

指定比例因子或 [复制(C)/参照(R)] <0>:1.4↙ //输入比例因子，缩放结果如图 2-41 所示。

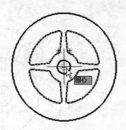

图 2-40　拾取基点

图 2-41　缩放结果

(技)(巧)

　　【缩放命令】不仅能够缩放图形，还能够缩放文字、标注等，因此如果文字太小，可通过缩放来修改文字高度，这种方法比修改文字特性更方便。

030 倒角图形

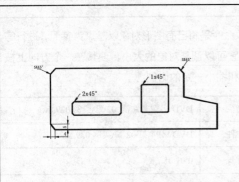

倒角与圆角是机械设计中常用的工艺，可使工件相邻两表面在相交处以斜面或圆弧面过渡。以斜面形式过渡的称为倒角，以圆弧面形式过渡的称为圆角。

　　倒角命令用于将两条非平行直线或多段线做出有斜度的倒角。

文件路径：	DVD\实例文件\第 02 章\实例 030.dwg
视频文件：	DVD\MP4\第 02 章\实例 030.MP4
播放时长：	0:03:23

01 打开光盘中的 "\素材文件\第 2 章\实例 030.dwg" 文件，如图 2-42 所示。

02 选择菜单【修改】|【倒角】命令，或单击【修改】工具栏中的□按钮，激活【倒角】命令，对图形倒角。命令行操作过程如下：

命令：_chamfer

("修剪"模式) 当前倒角长度 = 1.0，角度 = 45

选择第一条直线或 [放弃(U)/多段线(P)/距离(D)/角度(A)/修剪(T)/方式(E)/多个(M)]:D↙

//激活 "距离" 选项

指定第一个倒角距离：5↙ //设置第一个倒角长度为 5

指定第二个倒角距离 <3.0>:4↙ //设置第二个倒角长度为 4

选择第一条直线或 [放弃(U)/多段线(P)/距离(D)/角度(A)/修剪(T)/方式(E)/多个(M)]:

//选择如图 2-43 所示的边

选择第二条直线，或按住 Shift 键选择要应用角点的直线：　//选择如图 2-44 所示的边，结果如图 2-45 所示

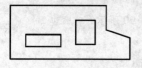　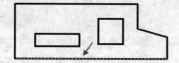　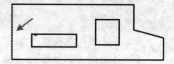

图 2-42　素材文件　　　　图 2-43　选择第一条直线　　　　图 2-44　选择第二条直线

03 按回车键，重复执行【倒角】命令，对其他轮廓进行倒角。命令行操作过程如下：

```
命令: _chamfer
("修剪"模式) 当前倒角距离 1 = 5.0, 距离 2 = 4.0
选择第一条直线或[放弃(U)/多段线(P)/距离(D)/角度(A)/修剪(T)/方式(E)/多个(M)]:A✓
                                            //激活"角度"选项
指定第一条直线的倒角长度 <0.0>:5✓          //指定倒角长度为 5
指定第一条直线的倒角角度 <0>:45✓           //指定倒角角度为 45
选择第一条直线或 [放弃(U)/多段线(P)/距离(D)/角度(A)/修剪(T)/方式(E)/多个(M)]:
                                            //选择如图 2-46 所示的边
选择第二条直线，或按住 Shift 键选择要应用角点的直线：  //选择如图 2-47 所示的边，结果如
图 2-48 所示
```

　　　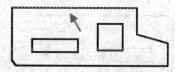

图 2-45　倒角结果　　　　图 2-46　选择第一条直线　　　　图 2-47　选择第二条直线

04 根据第 3 步的操作，重复执行【倒角】命令，设置倒角参数不变，继续对其他外轮廓边进行倒角，结果如图 2-49 所示。

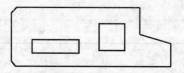　　　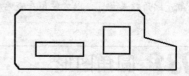

图 2-48　倒角结果　　　　　　　　图 2-49　倒角结果

05 按回车键，继续重复【倒角】命令，对内轮廓边倒角，命令行操作过程如下：

```
命令: _chamfer
("修剪"模式) 当前倒角距离 1 = 5.0, 距离 2 = 4.0
选择第一条直线或 [放弃(U)/多段线(P)/距离(D)/角度(A)/修剪(T)/方式(E)/多个(M)]:A✓
                                            //激活"角度"选项
a 指定第一条直线的倒角长度 <0.0>:2✓         //指定倒角长度为 2
指定第一条直线的倒角角度 <0>:45✓            //指定倒角角度为 45
```

选择第一条直线或 [放弃(U)/多段线(P)/距离(D)/角度(A)/修剪(T)/方式(E)/多个(M)]:M↙
　　　　　　　　　　　　　　　　　　　　　//输入 m，激活 "多个" 选项

第一条直线或 [放弃(U)/多段线(P)/距离(D)/角度(A)/修剪(T)/方式(E)/多个(M)]:
　　　　　　　　　　　　　　　　　　　　　//选择如图 2-50 所示的轮廓边 1

第二条直线，或按住 Shift 键选择要应用角点的直线: //选择轮廓边 2

第一条直线或 [放弃(U)/多段线(P)/距离(D)/角度(A)/修剪(T)/方式(E)/多个(M)]:
　　　　　　　　　　　　　　　　　　　　　//选择如图 2-50 所示的轮廓边 2

第二条直线，或按住 Shift 键选择要应用角点的直线: //选择轮廓边 3

第一条直线或 [放弃(U)/多段线(P)/距离(D)/角度(A)/修剪(T)/方式(E)/多个(M)]:
　　　　　　　　　　　　　　　　　　　　　//选择如图 2-50 所示的轮廓边 3

第二条直线，或按住 Shift 键选择要应用角点的直线: //选择轮廓边 4

第一条直线或 [放弃(U)/多段线(P)/距离(D)/角度(A)/修剪(T)/方式(E)/多个(M)]:
　　　　　　　　　　　　　　　　　　　　　//选择如图 2-50 所示的轮廓边 3

第二条直线，或按住 Shift 键选择要应用角点的直线: //选择轮廓边 4

第一条直线或 [放弃(U)/多段线(P)/距离(D)/角度(A)/修剪(T)/方式(E)/多个(M)]:
　　　　　　　　　　　　　　　　　　　　　//选择如图 2-50 所示的轮廓边 4

第二条直线，或按住 Shift 键选择要应用角点的直线: //选择轮廓边 1，结果如图 2-51 所示

06 根据第 5 步的操作，重复【倒角】命令，对其他内轮廓倒角，设置倒角长度为 1，倒角角度为 45，结果如图 2-52 所示。

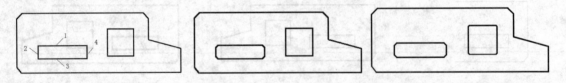

图 2-50　定位倒角边　　　　　图 2-51　倒角结果　　　　　图 2-52　最终结果

(注)(意)
　　AutoCAD 2014 有倒角和圆角预览功能，在分别选择了倒角或圆角边后，倒角位置会出现相应的最终倒角或圆角效果预览，以方便用户查看操作结果。

031 圆角图形　　↙

	圆角与倒角类似，它是将两条相交的直线通过一个圆弧连接起来。	
文件路径:	DVD\实例文件\第 02 章\实例 031.dwg	
视频文件:	DVD\MP4\第 02 章\实例 031.MP4	
播放时长:	0:01:54	

01 打开随书光盘中的 "\素材文件\第 2 章\实例 031.dwg" 文件，如图 2-53 所示。选择菜单【修改】|【圆

角】命令，或单击【修改】工具栏中的 ⬜ 按钮，激活【圆角】命令，对图形的外轮廓圆角。命令行操作过程如下：

```
命令: _fillet
当前设置: 模式 = 修剪, 半径 = 0.5
选择第一个对象或 [放弃(U)/多段线(P)/半径(R)/修剪(T)/多个(M)]:R↙    //输入半径选项
指定圆角半径 <0.5>:1↙                                      //设置圆角半径为1
选择第一个对象或 [放弃(U)/多段线(P)/半径(R)/修剪(T)/多个(M)]:       //选择如图 2-54 所
示的轮廓边 1
选择第二个对象，或按住 Shift 键选择要应用角点的对象：              //选择如图 2-54 所
示的轮廓边 2，结果如图 2-55 所示
```

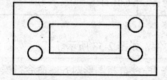

图 2-53　素材文件

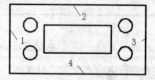

图 2-54　选择圆角边

02 按回车键，重复执行【圆角】命令，设置圆角半径保持不变，分别对其他外轮廓边圆角。命令行操作过程如下：

```
命令: FILLET
当前设置: 模式 = 修剪, 半径 = 1.0
选择第一个对象或 [放弃(U)/多段线(P)/半径(R)/修剪(T)/多个(M)]:m↙   //输入 m，激活 "多
个" 选项
选择第一个对象或 [放弃(U)/多段线(P)/半径(R)/修剪(T)/多个(M)]:      //选择轮廓边 2
选择第二个对象，或按住 Shift 键选择要应用角点的对象：             //选择轮廓边 3
选择第一个对象或 [放弃(U)/多段线(P)/半径(R)/修剪(T)/多个(M)]:      //选择轮廓边 3
选择第二个对象，或按住 Shift 键选择要应用角点的对象：             //选择外轮廓 4
选择第一个对象或 [放弃(U)/多段线(P)/半径(R)/修剪(T)/多个(M)]:      //选择轮廓边 4
选择第二个对象，或按住 Shift 键选择要应用角点的对象：             //选择外轮廓 1
```

03 圆角结果如图 2-56 所示。重复执行【圆角】命令，设置圆角半径为 0.5，对内轮廓进行圆角，结果如图 2-57 所示。

图 2-55　圆角结果

图 2-56　圆角结果

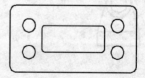

图 2-57　圆角结果

技 巧

巧妙使用 "多个" 选项，可以一次为多个对象圆角。

032 对齐图形

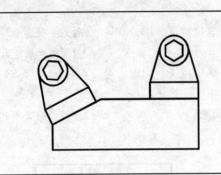

对齐命令在操作的过程中，需要在源对象上拾取 3 个用于对齐的源点，在目标对象上拾取相应的 3 个对齐目标点，另外对齐命令不仅适应与二维平面图形对齐，同样也适应于三维对齐。

文件路径：	DVD\实例文件\第 02 章\实例 032.dwg	
视频文件：	DVD\MP4\第 02 章\实例 032.MP4	
播放时长：	0:01:14	

01 打开随书光盘中的 "\素材文件\第 2 章\实例 032.dwg" 文件，如图 2-58 所示。

02 在命令行中输入命令 "ALIGN" 并按回车键，激活【对齐】命令，将图形对齐。命令行操作过程如下：

命令: align	//启动【对齐】命令
选择对象：	//选择如图 2-59 所示的图形
指定第一个源点：	//捕捉如图 2-60 所示的端点作为对齐的第一个源点

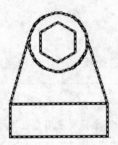

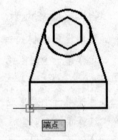

图 2-58　素材文件　　　　　　图 2-59　选择对象　　　　　　图 2-60　定位第一个源点

指定第一个目标点：	//捕捉如图 2-61 所示的端点作为第一个目标点
指定第二个源点：	//捕捉如图 2-62 所示的端点作为对齐的第二个源点
指定第二个目标点：	//捕捉如图 2-63 所示的端点作为对齐的第二个目标点

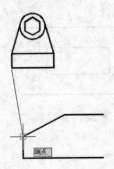

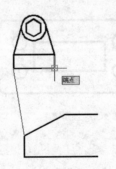

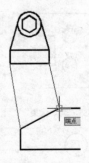

图 2-61　定位第一个目标点　　　図 2-62　定位第二个源点　　　图 2-63　定位第二个目标点

指定第三个源点或 <继续>:↵   //按回车键结束选择

是否基于对齐点缩放对象? [是(Y)/否(N)] <否>:↵   //对齐结果如图 2-64 所示

03 根据第 2 步的操作,重复【对齐】命令,将另一个图形对齐,结果如图 2-65 所示。

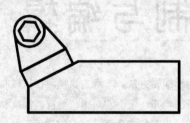

图 2-64 对齐结果

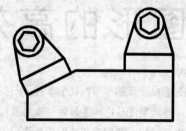

图 2-65 最后结果

对齐对象时,用于对齐的 3 个源点或 3 个目标点不能处在同一水平或垂直位置上。

第 3 章
图形的高效绘制与编辑

通过前面两章的学习，我们掌握了一些基本图元的绘制和编辑方法。本章主要学习在机械制图领域内，一些典型图形结构的具体创建方法和技巧。例如平行、均布、聚心、对称、垂直、锥度和斜度等常见图形结构。掌握这些典型图形结构的创建方法和技巧，是我们高质量绘制机械零件图的关键，不仅能大大减少绘图时间，还能提高绘图的效率和质量。

033 偏移图形

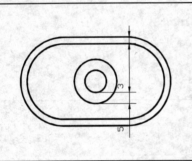

偏移命令是一种特殊的复制对象的方法，它是根据指定的距离或通过点，建立一个与所选对象平行的形体，从而使对象数量得到增加。可以进行偏移的图形对象包括直线、曲线、多边形、圆、弧等。

文件路径：	DVD\实例文件\第 03 章\实例 033.dwg	
视频文件：	DVD\MP4\第 03 章\实例 033.MP4	
播放时长：	0:01:15	

01 打开随书光盘中的"素材文件\第 3 章\实例 033.dwg"文件，如图 3-1 所示。

02 选择菜单【修改】|【偏移】命令，或单击【修改】工具栏中的【偏移】 按钮，激活【偏移】命令，将外轮廓向内偏移 3 个绘图单位。命令行操作过程如下：

```
命令：OFFSET✓
当前设置：删除源=否    图层=源    OFFSETGAPTYPE=0
指定偏移距离或 [通过(T)/删除(E)/图层(L)] <5.0>:3✓        //输入 3，指定偏移的距离
选择要偏移的对象，或 [退出(E)/放弃(U)] <退出>:           //选择如图 3-2 所示的一条边
指定要偏移的那一侧上的点，或 [退出(E)/多个(M)/放弃(U)] <退出>:    //在选择的边的左侧
                                                              单击左键
选择要偏移的对象，或 [退出(E)/放弃(U)] <退出>:✓          //偏移结果如图 3-3 所示
```

技 巧

偏移命令需要输入的参数有需要偏移的源对象、偏移距离和偏移方向。偏移时，可以向源对象的左侧或右侧、上方或下方、外部或内部偏移。只要在需要偏移的一侧的任意位置单击即可确定偏移方向，也可以指定偏移对象通过已知的点。

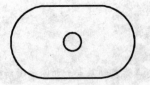
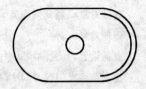

图 3-1　素材文件　　　　　　　图 3-2　选择偏移的对象　　　　　　图 3-3　偏移结果

03 根据第 2 步操作，重复执行【偏移】命令，偏移距离不变，对其他外轮廓进行偏移，结果如图 3-4 所示。

04 按回车键，重复执行【偏移】命令，使用距离偏移功能将圆向外偏移 5 个绘图单位。命令行操作过程如下：

```
命令：OFFSET↙
当前设置：删除源=否　　图层=源　　OFFSETGAPTYPE=0
指定偏移距离或〔通过(T)/删除(E)/图层(L)〕<3.0>:5↙          //输入偏移的距离
选择要偏移的对象，或〔退出(E)/放弃(U)〕<退出>：              //选择圆，如图 3-5 所示
指定要偏移的那一侧上的点，或〔退出(E)/多个(M)/放弃(U)〕<退出>://在圆外侧单击左键
选择要偏移的对象，或〔退出(E)/放弃(U)〕<退出>:↙            //偏移结果如图 3-6 所示
```

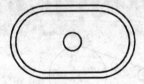
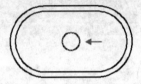
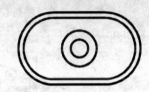

图 3-4　偏移结果　　　　　　　图 3-5　选择偏移对象　　　　　　　图 3-6　偏移结果

提 示

　　【偏移】命令用于将对象按照指定的间距或通过点进行偏移。此命令还有另外两种启动方式，即输入命令 "OFFSET" 和快捷键 "O"。

034 复制图形

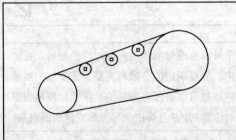

　　复制命令是指在不改变图形大小和方向的前提下，重新生成一个或多个与原对象一模一样的图形。在命令执行过程中，需要确定的参数有复制对象、基点和第二点。

文件路径：	DVD\实例文件\第 03 章\实例 034.dwg
视频文件：	DVD\MP4\第 03 章\实例 034.MP4
播放时长：	0:01:14

01 打开随书光盘中的 "\素材文件\第 3 章\实例 034.dwg." 文件，如图 3-7 所示。

02 选择菜单【修改】|【复制】命令，或者在命令行输入快捷命令 "CO"，激活复制命令，将托辊沿传动带复制三个相同的对象，命令行操作如下：

```
命令：_copy
```

选择对象：指定对角点：找到 2 个 　　　　　//选择托辊为复制的对象

选择对象：✓ 　　　　　　　　　　　　　　//按回车键结束对象选择

当前设置：复制模式 = 多个

指定基点或 [位移(D)/模式(O)] <位移>： 　　//捕捉托辊与V带的交点为复制基点，如图3-8所示

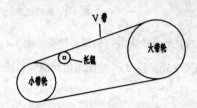

图 3-7　素材文件

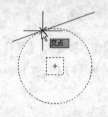

图 3-8　选择复制基点

指定第二个点或 [阵列(A)] <使用第一个点作为位移>：A✓ 　　//选择复制方式为阵列

输入要进行阵列的项目数：3✓ 　　　　　　　//输入阵列的项目数为3

指定第二个点或 [布满(F)]： 　　　　　　　//捕捉皮带的中点为第二个

点，如图3-9所示

指定第二个点或 [阵列(A)/退出(E)/放弃(U)] <退出>：✓ 　　//按回车键结束复制，复制结

果如图3-10所示

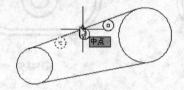

图 3-9　选择复制第二点

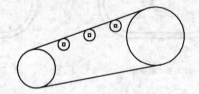

图 3-10　复制的结果

技 巧

AutoCAD 2014 为复制命令增加了"[阵列(A)]"选项，在"指定第二个点或[阵列(A)]"命令行提示下输入"A"，即可以线性阵列的方式快速大量复制对象，从而大大提高效率。

035 镜像图形

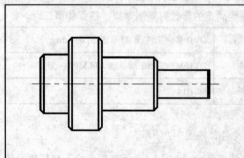

　　镜像命令可以生成与所选对象相对称的图形。在命令执行过程中，需要确定的参数有需要镜像复制的对象及对称轴。对称轴可以是任意方向的，所选对象将根据该轴线进行对称复制，并且可以选择删除或保留源对象。

文件路径：	DVD\实例文件\第 03 章\实例 035.dwg
视频文件：	DVD\MP4\第 03 章\实例 035.MP4
播放时长：	0:00:46

01 打开随书光盘中的 "\素材文件\第 3 章\实例 035.dwg." 文件，如图 3-11 所示。

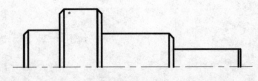

图 3-11　素材文件

02 选择菜单【修改】|【镜像】命令，或单击【修改】工具栏中的【镜像】🔺 按钮，激活【镜像】命令，将图形进行镜像。命令行操作过程如下：

```
命令: _mirror
选择对象:                          //拉出如图 3-12 所示的窗交选择框
选择对象: ↵                        //按回车键，结束选择
指定镜像线的第一点:                  //捕捉如图 3-13 所示的端点
```

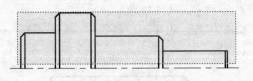

图 3-12　拉出窗交选择框

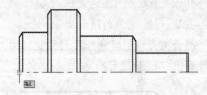

图 3-13　定位第一点

```
指定镜像线的第二点:                  //捕捉如图 3-14 所示端点
要删除源对象吗？[是(Y)/否(N)] <N>: ↵   //镜像结果如图 3-15 所示
```

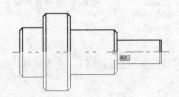

图 3-14　定位镜像轴上的第二点

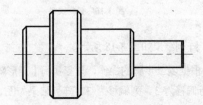

图 3-15　镜像结果

036　矩形阵列图形

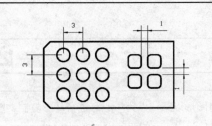

矩形阵列就是将图形呈矩形一样地进行排列，用于多重复制呈行列状排列的图形。

💿	文件路径:	DVD\实例文件\第 03 章\实例 036.dwg
🎬	视频文件:	DVD\MP4\第 03 章\实例 036.MP4
🎬	播放时长:	0:01:44

01 打开随书光盘中的 "\素材文件\第 3 章\实例 036.dwg." 文件，如图 3-16 所示。

02 选择菜单【修改】|【阵列】|【矩形阵列】命令，或单击【修改】工具栏中的【矩形阵列】🔠 按钮，激活【矩形阵列】命令，命令行操作如下：

```
命令: _arrayrect
选择对象: 找到 1 个                          //如图 3-17 所示选择圆作为阵列对象
选择对象: ✓
类型 = 矩形  关联 = 否
选择夹点以编辑阵列或 ［关联(AS)/基点(B)/计数(COU)/间距(S)/列数(COL)/行数(R)/层数
(L)/退出(X)] <退出>: R✓                     //选择【行数】选项
输入行数数或 ［表达式(E)］ <3>: 3✓
指定 行数 之间的距离或 ［总计(T)/表达式(E)］ <11.0866>: -3✓
指定 行数 之间的标高增量或 ［表达式(E)］ <0>: ✓
选择夹点以编辑阵列或 ［关联(AS)/基点(B)/计数(COU)/间距(S)/列数(COL)/行数(R)/层数
(L)/退出(X)] <退出>: COL✓                    //选择【列数】选项
输入列数数或 ［表达式(E)］ <4>: 3✓
指定 列数 之间的距离或 ［总计(T)/表达式(E)］ <11.0866>: 3✓
选择夹点以编辑阵列或 ［关联(AS)/基点(B)/计数(COU)/间距(S)/列数(COL)/行数(R)/层数
(L)/退出(X)] <退出>: ✓
```

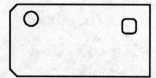

图 3-16　素材文件

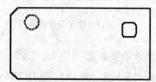

图 3-17　选择阵列对象

03 阵列结果如图 3-18 所示。

04 根据以上步骤的操作，重复执行【矩形阵列】命令，对其他图形进行阵列，设置阵列行数为 2，列数为 2，行偏移为-3，列偏移为-3，阵列结果如图 3-19 所示。

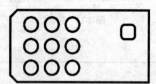

图 3-18　阵列结果

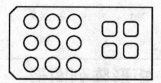

图 3-19　阵列结果

037 环形阵列图形

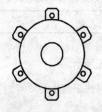

环形阵列可将图形以某一点为中心点进行环形复制，阵列结果是使阵列对象沿中心点的四周均匀排列成环形。

文件路径：	DVD\实例文件\第 03 章\实例 037.dwg	
视频文件：	DVD\MP4\第 03 章\实例 037.MP4	
播放时长：	0:00:49	

01 打开随书光盘中的"\素材文件\第 3 章\实例 037.dwg"文件，如图 3-20 所示。

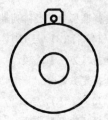
图 3-20 素材文件

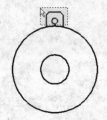
图 3-21 选择阵列对象

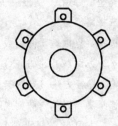
图 3-22 环形阵列结果

02 单击【修改】工具栏中的【环形阵列】按钮，在命令行进行如下操作：

```
命令: _arraypolar
选择对象: 指定对角点: 找到 1 个                          //框选如图 3-21 所示的图形
选择对象: ✓
类型 = 极轴  关联 = 否
指定阵列的中心点或 [基点(B)/旋转轴(A)]:              //捕捉同心圆圆心为阵列中心点
选择夹点以编辑阵列或 [关联(AS)/基点(B)/项目(I)/项目间角度(A)/填充角度(F)/行(ROW)/
层(L)/旋转项目(ROT)/退出(X)] <退出>: I✓
输入阵列中的项目数或 [表达式(E)] <6>: 6✓              //设置阵列数量为 6
选择夹点以编辑阵列或 [关联(AS)/基点(B)/项目(I)/项目间角度(A)/填充角度(F)/行(ROW)/
层(L)/旋转项目(ROT)/退出(X)] <退出>: ✓                //阵列结果如图 3-22 所示
```

提 示

在 AutoCAD 2014 中，通过命令行【关联（AS）】选项，可以将阵列后的所有图形设置为一个整体对象，关联的阵列具有夹点编辑功能，可使用 ARRAYEDIT、"特性"选项板或夹点等方式编辑阵列的数量、间距、源对象等。

038 路径阵列图形

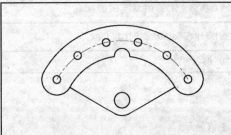

路径阵列可沿曲线阵列复制图形，通过设置不同的基点，能得到不同的阵列结果。

文件路径：	DVD\实例文件\第 03 章\实例 038.dwg	
视频文件：	DVD\MP4\第 03 章\实例 038.MP4	
播放时长：	0:01:00	

01 打开随书光盘中的"\素材文件\第 3 章\实例 038.dwg"文件，如图 3-23 所示。

02 单击【修改】工具栏中的【路径阵列】按钮，在命令行进行如下操作：

```
命令: _arraypath                                   //调用【路径阵列】命令
选择对象: 找到 1 个                                  //选择如图 3-24 所示的圆形
```

选择对象：↙

类型 = 路径　关联 = 否

选择路径曲线：　　　　　　　　　　　　　　　　　　//选择圆弧为路径阵列曲线

选择夹点以编辑阵列或 [关联(AS)/方法(M)/基点(B)/切向(T)/项目(I)/行(R)/层(L)/对齐项

目(A)/Z 方向(Z)/退出(X)] <退出>: M↙　　　　　　//选择【方法】选项

输入路径方法 [定数等分(D)/定距等分(M)] <定距等分>: D↙　//选择定数等分

选择夹点以编辑阵列或 [关联(AS)/方法(M)/基点(B)/切向(T)/项目(I)/行(R)/层(L)/对齐项

目(A)/Z 方向(Z)/退出(X)] <退出>: I↙　　　　　　//选择【项目】选项

输入沿路径的项目数或 [表达式(E)] <5>: 6↙　　　　//输入项目数量为 6

选择夹点以编辑阵列或 [关联(AS)/方法(M)/基点(B)/切向(T)/项目(I)/行(R)/层(L)/对齐项

目(A)/Z 方向(Z)/退出(X)] <退出>:↙　　　　　　//按回车键结束路径阵列，得

到如图 3-25 所示的结果

图 3-23　素材文件

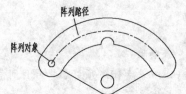
图 3-24　选择阵列对象

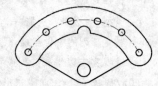
图 3-25　路径阵列结果

039　夹点编辑图形

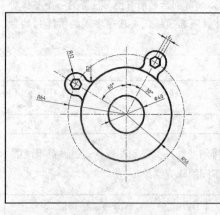

当选择一个对象后，即可进入夹点编辑模式。在夹点编辑模式下，图形对象以虚线显示，图形上的特征点(如端点、圆心、象限点等)将显示为蓝色的小方框，这样的小方框称为夹点。使用夹点，可以对图形对象进行拉伸、平移、复制、缩放和镜像等操作。

文件路径：	DVD\实例文件\第 03 章\实例 039.dwg	
视频文件：	DVD\MP4\第 03 章\实例 039.MP4	
播放时长：	0:05:08	

01 选择菜单【文件】|【新建】命令，创建空白文件。

02 使用快捷键 "Z" 激活视窗的缩放功能，将当前视口放大 5 倍显示。

03 单击【绘图】工具栏中的【圆】⊙ 按钮，激活【圆】命令，绘制半径分别为 50、64 和 20 的三个同心圆，如图 3-26 所示。选择菜单【绘图】|【直线】命令，配合 "象限点" 自动捕捉功能，绘制圆的中心线。命令行操作过程如下：

```
命令: _line
指定第一点:　　　　　　//按住 Shift 键单击右键，从弹出的临时捕捉菜单中选择 "象限点" 选项
```

```
_qua 于                        //在图 3-27 所示的圆的位置单击左键，拾取象限点
指定下一点或 [放弃(U)]:         //按住 Shift 键单击右键，从临时捕捉菜单中选择"象限点"
_qua 于                        //在如图 3-28 所示的圆的位置单击左键，拾取象限点
指定下一点或 [放弃(U)]: ↙       //按回车键结束命令，绘制直线如图 3-29 所示
```

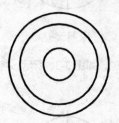
图 3-26　绘制同心圆

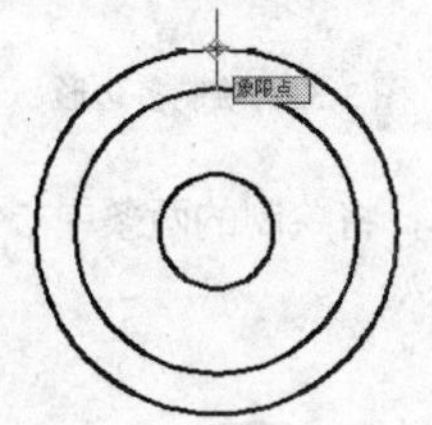

　　　图 3-27　捕捉象限点

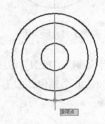
图 3-28　捕捉象限点

04 使用同样的方法捕捉象限点绘制水平中心线，如图 3-30 所示。

05 选择菜单【修改】|【旋转】命令，将垂直中心线旋转复制 60°，绘制辅助线。命令行操作过程如下：

```
命令: _rotate
UCS 当前的正角方向： ANGDIR=逆时针  ANGBASE=0
选择对象:                          //选择垂直中心线
选择对象: ↙                        //按回车键，结束对象的选择
指定基点:                          //指定圆的圆心为旋转基点
指定旋转角度，或 [复制(C)/参照(R)] <0>:C↙   //输入 c，激活"复制"选项
指定旋转角度，或 [复制(C)/参照(R)] <0>:60↙  //输入旋转角度，结果如图 3-31 所示
```

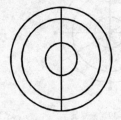
图 3-29　绘制垂直中心线

图 3-30　绘制水平中心线

图 3-31　绘制辅助线

06 选择菜单【绘图】|【圆】命令，绘制半径为 12 的圆，结果如图 3-32 所示。选择菜单【绘图】|【多边形】命令，绘制正 6 边形。命令行操作过程如下：

```
命令: _polygon
输入边的数目 <4>:6↙                //输入多边形的边数
指定正多边形的中心点或 [边(E)]:     //指定刚才绘制的小圆的圆心为中心点
输入选项 [内接于圆(I)/外切于圆(C)] <I>:↙  //按回车键，选择默认的"内接于圆"选项
指定圆的半径:6↙                    //绘制结果如图 3-33 所示
```

07 选择菜单【修改】|【圆角】命令，对半径为 12 和 50 的圆圆角，圆角半径为 7，如图 3-34 所示。

08 选择菜单【修改】|【修剪】命令，修剪半径为 12 的圆，如图 3-35 所示。

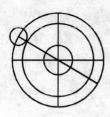

图 3-32 绘制圆

图 3-33 绘制多边形

图 3-34 圆角

09 使用快捷键 "LEN" 激活【拉长】命令，将绘制的两条中心线拉长 4 个单位，如图 3-36 所示，将辅助线两端拉长 20 个单位，如图 3-37 所示。

图 3-35 修剪图形

图 3-36 拉长中心线

图 3-37 拉长辅助线

10 选择菜单【格式】|【线型】命令，加载名为 "CENTER" 的线型，并设置线型比例为 0.25，如图 3-38 所示。

11 在无命令执行的前提下，选择两条中心线、辅助线和半径为 64 的圆，使其呈现夹点显示，如图 3-39 所示。

图 3-38 加载线型并设置比例

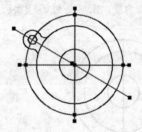

图 3-39 夹点显示

12 单击【对象特性】工具栏上的【线型控制】列表框，在展开的下拉列表内选择加载的线型，如图 3-40 所示。

13 按下 Esc 键取消对象的夹点显示，结果如图 3-41 所示。

图 3-40 更改中心线线型

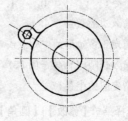

图 3-41 对象的最终显示

14 在无命令执行的情况下，选择如图 3-42 所示的对象，作为夹点编辑的对象。

15 单击其中的一个夹点，进入夹点编辑模式。

16 单击右键，打开如图 3-43 所示的夹点编辑菜单，选择"旋转"命令，激活夹点旋转功能。

17 打开夹点编辑菜单，选择快捷菜单中的"基点"选项，然后在命令行"指定基点："提示下，捕捉同心圆的圆心作为旋转基点，如图 3-44 所示。

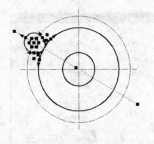

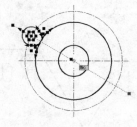

图 3-42　选择对象　　　　　图 3-43　夹点编辑菜单　　　　　图 3-44　重新定位基点

18 再单击右键打开夹点编辑菜单，选择菜单中的"复制"选项，此时在命令行"** 旋转 (多重) ** 指定旋转角度或 [基点(B)/复制(C)/放弃(U)/参照(R)/退出(X)]:"提示下，输入-90 并按回车键，将对象旋转复制，如图 3-45 所示。

19 继续在命令行"** 旋转 (多重) ** 指定旋转角度或 [基点(B)/复制(C)/放弃(U)/参照(R)/退出(X)]:"提示下，按回车键退出夹点编辑模式。

20 按下 Esc 键，取消对象的夹点显示，结果如图 3-46 所示。

21 选择菜单【修改】|【修剪】命令，对图形进行修剪，修剪结果如图 3-47 所示。

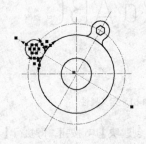
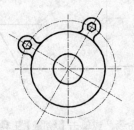
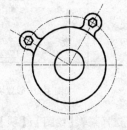

图 3-45　夹点旋转　　　　　　图 3-46　退出夹点显示　　　　　图 3-47　修剪结果

040　创建表面粗糙度图块

块是一个或多个图形元素的集合，是 AutoCAD 图形设计中的一个重要概念，常用于绘制复杂、重复的图形。可以根据需要为块创建属性和各种信息，也可以使用外部参照功能，把已有的图形文件以外部参照的形式插入到当前图形中。

文件路径：	DVD\实例文件\第 03 章\实例 040.dwg	
视频文件：	DVD\MP4\第 03 章\实例 040.MP4	
播放时长：	0:01:55	

01 打开随书光盘中的 "\素材文件\第 3 章\实例 040.dwg" 文件，如图 3-48 所示。

02 选择菜单【格式】|【文字样式】命令，将文字样式 "工程字-35" 设置为当前样式，将文字图层设置为当前层，如图 3-49 所示。

03 选择菜单【绘图】|【块】|【定义属性】命令，弹出 "属性定义" 对话框，在对话框中进行对应的属性设置，如图 3-50 所示。

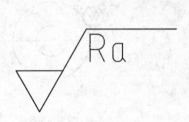

图 3-48　素材文件

图 3-49　设置【文字样式】参数

04 单击图 3-50 所示对话框中的 确定 按钮，在要标注表面粗糙度的对应位置拾取一点，插入块属性，如图 3-51 所示。

图 3-50　设置块的属性

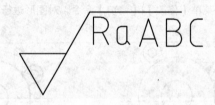

图 3-51　定义属性

05 选择菜单【绘图】|【块】|【创建】命令，或单击【绘图】工具栏中的【创建块】 按钮，即执行【创建块】命令，弹出 "块定义" 对话框，在该对话框中进行相关设置，如图 3-52 所示。

06 将图块名称设置为 "CCD"，单击如图 3-52 所示中的【拾取点】 按钮，拾取下端点为块基点，如图 3-53 所示。

图 3-52　定义块

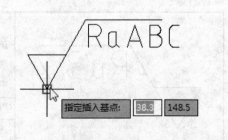

图 3-53　指点基点

07 单击图 3-52 中的【拾取对象】按钮，选择所有块对象，如图 3-54 所示。

08 单击如图 3-52 所示上的 确定 按钮，完成块的定义，同时弹出如图 3-55 所示的"编辑属性"对话框。

09 在如图 3-55 所示的"编辑属性"对话框中单击 确定 按钮，属性块创建完成，如图 3-56 所示。

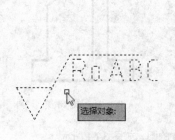

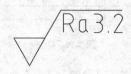

图 3-54　选择对象　　　　图 3-55　"编辑属性"对话框　　　　图 3-56　最终结果

041　高效绘制倾斜结构

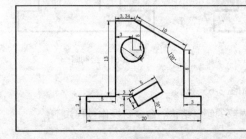

在绘制倾斜结构时，我们可以通过极轴追踪和对象捕捉功能来绘制。

文件路径：	DVD\实例文件\第 03 章\实例 041.dwg	
视频文件：	DVD\MP4\第 03 章\实例 041.MP4	
播放时长：	0:03:25	

01 选择菜单【文件】|【新建】命令，创建空白文件。

02 选择菜单【工具】|【绘图设置】命令，设置当前的极轴追踪功能以及增量角参数，如图 3-57 所示。

03 激活【对象捕捉】选项卡，打开对象捕捉功能，并设置对象捕捉模式，如图 3-58 所示。

图 3-57　设置极轴追踪参数　　　　图 3-58　设置对象捕捉参数

04 选择菜单【绘图】|【直线】命令，配合正交或极轴追踪功能，绘制外侧的垂直结构轮廓图，如图 3-59 所示。

05 选择菜单【修改】|【偏移】命令，选择如图 3-60 所示的边，将其向右偏移 3 个单位，如图 3-61 所示。使用同样的方法，选择如图 3-62 所示的边，将其向下偏移 5 个单位，如图 3-63 所示。

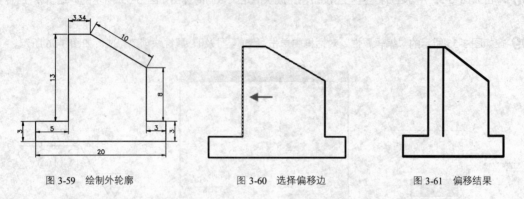

图 3-59　绘制外轮廓　　　　　图 3-60　选择偏移边　　　　　图 3-61　偏移结果

06 选择【绘图】|【圆】命令，捕捉偏移线段交点为圆心，绘制半径为 2 的圆，如图 3-64 所示。

图 3-62　选择偏移边　　　　　图 3-63　偏移结果　　　　　图 3-64　绘制圆

07 选择菜单【修改】|【删除】命令，删除两辅助线，结果如图 3-65 所示。

08 选择【绘图】|【直线】命令，配合极轴追踪功能，绘制内部的倾斜结构。命令行操作过程如下：

命令：_line

指定第一点：　　　　　　　　　　//将光标移至圆心处，然后垂直往下移动光标，出现如图 3-66
所示两追踪虚线的交点，定位第一点

指定下一点或 [放弃(U)]：　　　//打开【极轴追踪】功能

<极轴 开> 5✓　　　　　　　　　//引出如图 3-67 所示的极轴虚线，输入 5

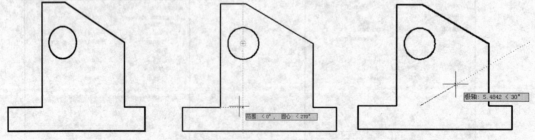

图 3-65　删除辅助线　　　　　图 3-66　指定第一点　　　　图 3-67　引出 30° 的极轴追踪虚线

指定下一点或 [放弃(U)]：2✓　　//引出如图 3-68 所示的极轴追踪虚线，输入 2

指定下一点或 [放弃(U)]：5✓　　//引出如图 3-69 所示的极轴追踪虚线，输入 5

指定下一点或 [放弃(U)]：C✓　　//输入 C，闭合图形，结果如图 3-70 所示

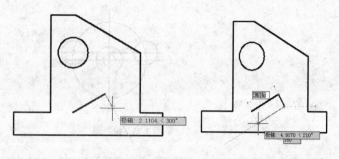 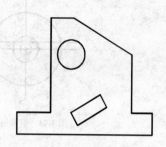

图 3-68 引出 300° 的极轴追踪虚线　　图 3-69 引出 210° 的极轴追踪虚线　　　　图 3-70 绘制结果

042 高效绘制相切结构

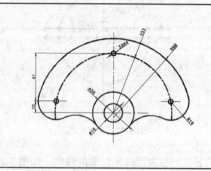

在绘制相切结构过程中，主要综合使用半径画圆、直径画圆、相切圆以及偏移和修剪等工具，创建出图形的内外切结构。

文件路径：	DVD\实例文件\第 03 章\实例 042.dwg
视频文件：	DVD\MP4\第 03 章\实例 042.MP4
播放时长：	0:06:12

01 选择菜单【文件】|【新建】命令，创建空白文件。

02 选择菜单【绘图】|【直线】命令，绘制长为 140 的两条中心线，结果如图 3-71 所示。

03 选择菜单【绘图】|【圆】命令，以中心线的交点为圆心，分别绘制半径为 18 和 8 的同心圆，结果如图 3-72 所示。

04 按回车键，重复执行【圆】命令，以同心圆的圆心为圆心绘制半径为 51 的辅助圆，结果如图 3-73 所示。

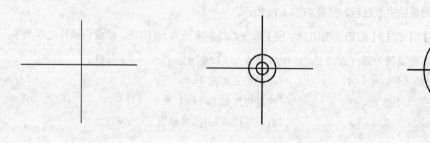

　　图 3-71 绘制中心线　　　　　　图 3-72 绘制同心圆　　　　　　图 3-73 绘制辅助圆

05 选择菜单【修改】|【偏移】命令，将水平中心线向上偏移 10 个绘图单位，创建辅助线，结果如图 3-74 所示。

06 选择菜单【绘图】|【圆】命令，以辅助线和辅助圆交点为圆心，在左、右两侧分别绘制半径为 16 和直径为 4 的圆共 4 个，并在半径为 51 的辅助圆上象限点绘制直径为 4 的圆，如图 3-75 所示。

图 3-74　偏移结果　　　　　　　　　　　　　图 3-75　绘制圆

07 选择菜单【格式】|【线型】命令，加载一种名为"CENTER"的线型，并设置线型比例为 0.25，如图 3-76 所示。

08 在无命令执行的前提下，选择两条中心线、辅助圆和辅助线，使其呈现夹点显示，如图 3-77 所示。

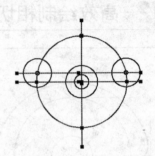

图 3-76　加载线型设置比例　　　　　　　　　图 3-77　夹点显示

09 单击【对象特性】工具栏上的【线型控制】列表框，在展开的下拉列表内选择刚加载的线型，如图 3-78 所示。

图 3-78　更改线型

10 按下 Esc 键取消对象的夹点显示，结果如图 3-79 所示。

11 选择菜单【绘图】|【圆】|【相切、相切、半径】命令，绘制半径为 68 的圆。命令行操作过程如下：

```
命令: _circle 指定圆的圆心或 [三点(3P)/两点(2P)/切点、切点、半径(T)]: _ttr
指定对象与圆的第一个切点:                //捕捉切点如图 3-80 所示
指定对象与圆的第二个切点:                //捕捉切点如图 3-81 所示
指定圆的半径 <2.0000>:68↙              //输入半径 68，结果如图 3-82 所示
```

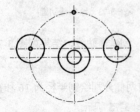

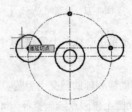

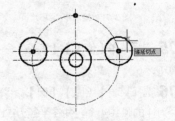

图 3-79　显示结果　　　图 3-80　选择第一个切点　　　图 3-81　选择第二个切点

12 选择菜单【修改】|【圆角】命令，为半径为 16 的圆和半径为 18 的圆圆角，设置圆角半径为 24，如图 3-83 所示。

13 使用同样的方法创建如图 3-84 所示的圆角。

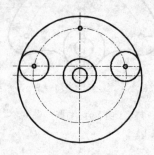 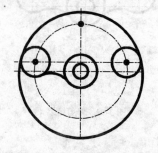 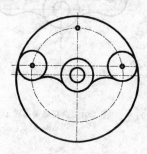

图 3-82　绘制相切圆　　　　　图 3-83　圆角结果　　　　　图 3-84　再次圆角

14 选择菜单【修改】|【修剪】命令，以如图 3-85 所示的两个圆作为边界，对半径为 68 的圆进行修剪，结果如图 3-86 所示。

15 重复执行【修剪】命令，以如图 3-87 所示的两个圆弧和半径为 68 的圆作为边界，对半径为 16 的圆进行修剪，结果如图 3-88 所示。

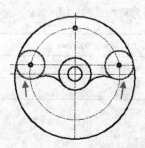 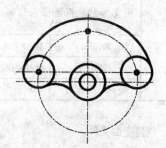 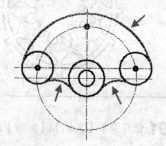

图 3-85　选择修剪边界 1　　　　图 3-86　修剪结果 1　　　　图 3-87　选择修剪边界 2

16 重复执行【修剪】命令，以如图 3-89 所示的圆作为边界，对辅助圆进行修剪，结果如图 3-90 所示。

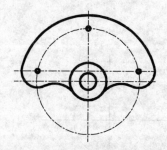 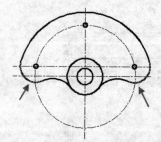 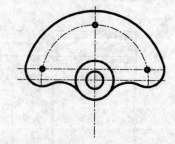

图 3-88　修剪结果 2　　　　　图 3-89　选择修剪边界 3　　　　图 3-90　修剪结果 3

17 重复执行【修剪】命令，以如图 3-91 所示的圆作为边界，对辅助线进行修剪，修剪结果如图 3-92 所示。

18 选择菜单【修改】|【打断】命令，将中心线和辅助线打断，结果如图 3-93 所示。

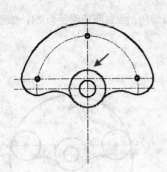

图 3-91　选择修剪边界 4

图 3-92　修剪结果 4

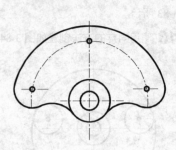

图 3-93　打断

043　绘制面域造型

在 AutoCAD 2014 中，可以将由某些对象围成的封闭区域转换为面域，这些封闭区域可以是圆、椭圆、封闭的二维多段线或封闭的样条曲线等对象，也可以是由圆弧、直线、二维多段线、椭圆弧、样条曲线等对象构成的封闭区域。

	文件路径：	DVD\实例文件\第 03 章\实例 043.dwg
	视频文件：	DVD\MP4\第 03 章\实例 043.MP4
	播放时长：	0:06:55

01 选择菜单【文件】|【新建】命令，创建空白文件。

02 单击【图层管理】按钮，打开【图层特性管理器】对话框，新建图层，结果如图 3-94 所示。

03 将"中心线"设置为当前图层，单击【绘图】工具栏上的【直线】按钮，绘制水平和垂直辅助线。

04 选择菜单【绘图】|【圆】命令，以辅助线的交点为圆心，绘制直径为 75 的辅助圆，结果如图 3-95 所示。

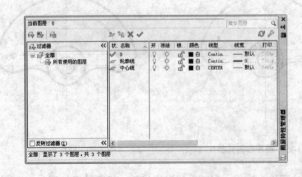

图 3-94　新建图层

图 3-95　绘制辅助圆

05 将"轮廓线"设置为当前图层，重复使用【圆】命令，以辅助线的交点为圆心，绘制直径分别为 110、100、80 和 70 的同心圆，结果如图 3-96 所示。

06 选择菜单【绘图】|【面域】命令，将刚创建的 4 个同心圆转换为面域。

07 选择菜单【修改】|【实体编辑】|【差集】命令，选择直径为 110 的圆作为要从中减去的面域，然后选择直径为 100 的圆作为被减去的面域，得到经过差集后的新面域。

08 根据上步操作，将直径为 80 的圆面域减去直径为 70 的圆面域。

09 使用快捷键 C，激活【圆】命令，以辅助圆与水平辅助线的交点为圆心，绘制直径为 16 的圆，结果如图 3-97 所示。

10 选择菜单【修改】|【偏移】命令，将垂直辅助线向右偏移 23 个绘图单位，将水平中心线向上偏移 2.5 个绘图单位，结果如图 3-98 所示。

图 3-96　绘制同心圆　　　　　图 3-97　绘制圆　　　　　图 3-98　偏移结果

11 单击【绘图】工具栏上的【矩形】□ 按钮，绘制以 A 点为第一对角点，长和宽分别为 37 和 5 的矩形，结果如图 3-99 所示。

12 使用【删除】命令，删除图中的辅助线。

13 单击【绘图】工具栏上的【面域】◎ 按钮，将刚绘制的圆和矩形创建为面域。

14 选择菜单【修改】|【阵列】|【环形阵列】命令，以直径为 100 的圆的圆心为阵列中心，设置阵列数目为 12，角度为 360°，对直径为 16 的圆和矩形进行环形阵列，结果如图 3-100 所示。

15 选择菜单【修改】|【实体编辑】|【并集】命令，选择所有的面域进行并集处理，结果如图 3-101 所示。

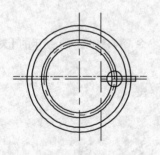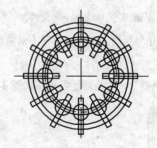

图 3-99　绘制矩形　　　　　图 3-100　阵列结果　　　　　图 3-101　最终结果

第 4 章
图形的管理、共享与高效组合

通过前几章的实例讲解，我们系统地学习了 AutoCAD 的基本绘图工具、基本修改工具、精确绘图功能和一些辅助绘图功能，本章主要学习图形的高级组织工具和 CAD 资源的高级管理工具。最后通过制作机械绘图样板，对所讲知识进行综合巩固和练习，也为以后绘制专业机械图形作好准备。

044 应用编组管理复杂零件图 ↙

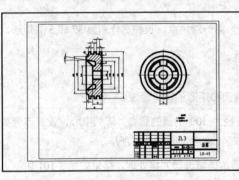

使用【对象编组】命令，可以将众多的图形对象进行分类编组，编辑成多个单一对象组，用户只需将光标放在对象组上，该对象组中的所有对象就会突出显示，单击左键，就可以完全选择该组中的所有图形对象。

	文件路径：	DVD\实例文件\第 04 章\实例 044.dwg
	视频文件：	DVD\MP4\第 04 章\实例 044.MP4
	播放时长：	0:02:38

01 打开随书光盘中的 "\素材文件\第 4 章\实例 044.dwg" 文件。

02 在命令行中输入 "CLASSICGROUP" 后按回车键，执行【对象编组】命令，打开如图 4-1 所示的【对象编组】对话框。

03 在 "编辑名" 文本框中输入 "图表框"，作为新组名称，如图 4-2 所示。

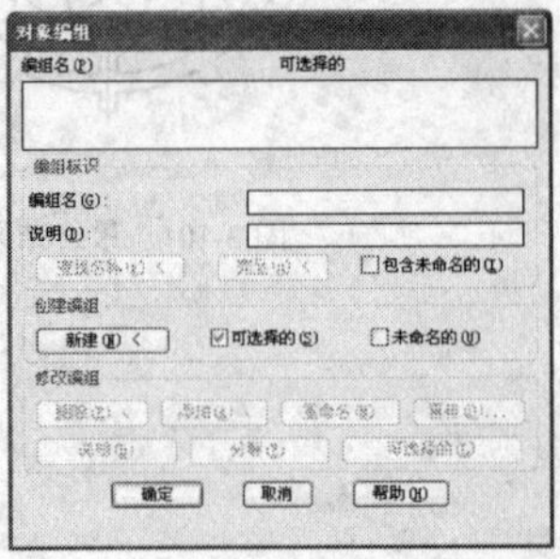

图 4-1 【对象编组】对话框

图 4-2 新组命名

04 单击 **新建(N)<** 按钮，返回绘图区，选择如图 4-3 所示的图框，作为编组对象。

05 按回车键，返回【对象编组】对话框，结果在对话框中创建一个名为"图表框"的对象组，如图 4-4 所示。

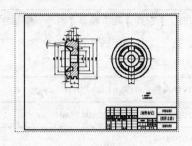

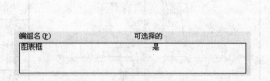

编组名 (P)	可选择的
图表框	是

图 4-3 选择图框   图 4-4 创建图表框对象组

06 在"编组名"文本框内输入"明细表"，然后单击 **新建(N)<** 按钮，返回绘图区，选择如图 4-5 所示的明细表，将其编辑成单一组。

07 按回车键返回对话框，创建结果如图 4-6 所示。

图 4-5 选择明细表   图 4-6 创建结果

08 在"编组名"文本框内输入"零件图"，然后单击 **新建(N)<** 按钮，返回绘图区，选择如图 4-7 所示的图形，将其编辑成单一对象组。

09 按回车键返回对话框，创建如图 4-8 所示的结果。

10 单击【对象编组】对话框中的 **确定** 按钮，结果在当前图形文件中，创建了 3 个对象组，如图 4-8 所示，从后可以通过鼠标单击，同时选择某组中的所有对象。

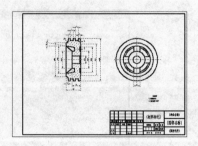

图 4-7 选择零件图   图 4-8 创建结果

选择【工具】|【组】命令，或直接在命令行输入 Group，可以无对话框方式快速创建和管理组。

045 创建外部资源块

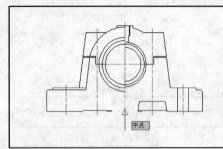

本例主要使用了【写块】和【基点】命令，采用写块、基点存盘两种操作方法，分别将各图形文件创建为高效的外部资源块，并进行存盘。

	文件路径：	DVD\实例文件\第 04 章\实例 045.dwg
	视频文件：	DVD\MP4\第 04 章\实例 045.MP4
	播放时长：	0:02:28

01 使用随书光盘中 "\素材文件\第 4 章" 目录下的 "螺栓.dwg"、"轴承.dwg" 和 "油杯.dwg" 3 个图形文件，如图 4-9 所示。

02 选择【选择文件】对话框中的 **打开(0)** 按钮，将 3 个文件打开。

03 选择菜单【窗口】|【层叠】命令，将 3 个文件进行层叠显示，结果如图 4-10 所示。

图 4-9 选择文件

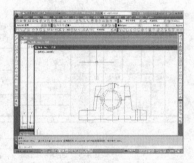

图 4-10 层叠文件

技 巧

在打开多个文件时，可配合 Ctrl 键逐个选择需要打开的图形文件。

04 选择菜单【窗口】|【垂直平铺】命令，将 3 个图形文件垂直平铺，结果如图 4-11 所示。

05 在命令行中输入 "WBLOCK" 或简写 "WBL"，激活【写块】命令，打开如图 4-12 所示的对话框。

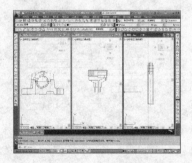

图 4-11 垂直平铺

图 4-12 【写块】对话框

06 单击对话框中的 按钮，拾取如图 4-13 所示的中点，作为基点。

07 返回【写块】对话框，设置参数和存储位置，如图 4-14 所示。

08 单击【对象】选项组中的🔲按钮，返回绘图区选择螺栓图形。

09 按回车键返回【写块】对话框，单击 确定 按钮，结果所选择的轴承图形被转化为一个高效的外部块，存储以 D 盘目录下。

10 根据以上步骤，将油杯和螺栓转化为高效外部块，保存在 D 盘下。

11 选择菜单【窗口】|【全部关闭】命令，将所有图形关闭。

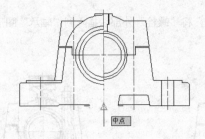

图 4-13　捕捉中点

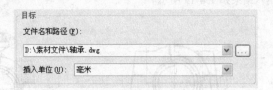

图 4-14　设置参数

046 应用插入块组装零件图

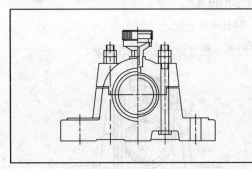

	【插入块】命令是用于对高效外部资源块和内部块进行引用的工具。执行该命令还有另外两种方式，即使用命令表达式"Insert"和命令快捷键"I"	
💿 文件路径：	DVD\实例文件\第 04 章\实例 046.dwg	
🎬 视频文件：	DVD\MP4\第 04 章\实例 046.MP4	
⏱ 播放时长：	0:02:33	

01 执行【文件】|【新建】命令，创建一个空白文件，并打开【对象捕捉】功能。

02 选择菜单【插入】|【块】命令，打开如图 4-15 所示的【插入】对话框。

03 单击 浏览(B)... 按钮，从弹出的【选择图形文件】对话框中，选择上例创建的"轴承.dwg"高效外部块，如图 4-16 所示。

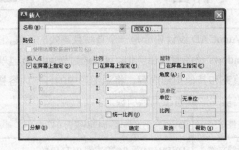

图 4-15　【插入】对话框

图 4-16　选择外部块

04 单击 打开(0) 按钮，结果所选的"轴承"被引用到【插入】对话框中，勾选对话框中的"分解"选项功能。

05 其他参数采用默认设置，单击 确定 按钮，在命令行"指定块的插入点："提示下，在绘图区单击左键，将"轴承"图形以一个外部块的方式，插入到当前文件中，如图 4-17 所示。重复使用【插入块】命令，在打开的【插入】对话框中，打开"油杯"外部块，并设置参数。

06 单击 确定 按钮，在命令行"指写插入点："提示下，将"油杯"图形组装到"轴承"图形上，结果如图 4-18 所示。

07 使用快捷键"I"激活【插入块】命令，采用默认参数，将"螺栓"外部块插入到"轴承"图形上，插入结果如图 4-19 所示。

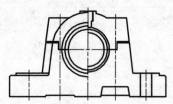 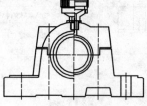 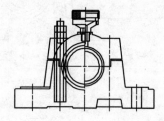

图 4-17 插入轴承块　　　　图 4-18 插入结果　　　　图 4-19 插入结果

08 激活【插入块】命令，将"螺栓"块插入到如图 4-20 所示的位置上。

09 选择菜单【修改】|【分解】命令，选择拼装后的图形，将其图块分解。

10 综合使用【修改】和【删除】命令，对分解的图形进行修剪，最终结果如图 4-21 所示。

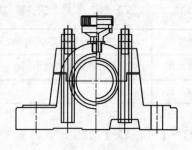 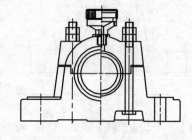

图 4-20 组装结果　　　　　　　　图 4-21 最终结果

047 应用设计中心管理与共享零件图 ↙

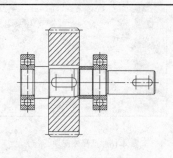

AutoCAD 设计中心是一个直观且高效的工具，它与 Windows 资源管理器类似。可以通过访问图形、块、图案填充和其他图形内容，将源图形中的任何内容拖动到当前图形或者工具选项板上。

文件路径：	DVD\实例文件\第 04 章\实例 047.dwg
视频文件：	DVD\MP4\第 04 章\实例 047.MP4
播放时长：	0:04:22

01 执行【文件】|【新建】命令，新建空白文件，并打开【对象捕捉】功能。

02 单击【标准】工具栏上的▦按钮，打开如图 4-22 所示的【设计中心】资源管理器。

03 在左侧树状窗口内，将光标定位在 "\素材文件\第 4 章\实例 047" 目录下，结果此文件夹下的所有图形文件都显示在右侧的文本框中。

04 在右侧窗口中找到 "阶梯轴.dwg" 文件，如图 4-23 所示。

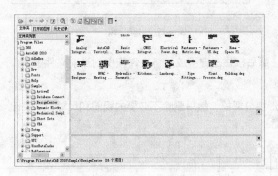

图 4-22　【设计中心】资源管理器　　　　　　　　　　　　图 4-23　定位文件

05 在该文件上单击右键，从弹出的右键快捷菜单上选择 "在应用程序窗口中打开" 选项，如图 4-24 所示，打开此文件。

06 在打开的阶梯轴文件中，使用【删除】命令删除下侧的两个视图，结果如图 4-25 所示。

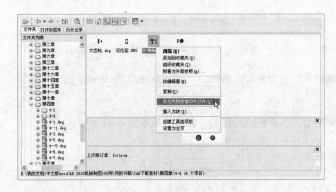
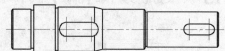

图 4-24　窗口文件右键菜单　　　　　　　　　　　　图 4-25　阶梯轴

(技)(巧)

　　【设计中心】类似 Windows 资源管理器，此工具能够管理和再利用 CAD 图形设计和图形标准，是一个直观的图形和文本管理工具。打开该对话框还有另外 3 种方式，即表达式 "ADCENTER"、快捷键 "ADC" 和组合键 Ctrl+2。

07 在右侧窗口中选择 "大齿轮.dwg" 文件，单击右键，选择右键快捷菜单上的 "复制" 选项，将此文件复制到剪切板上。

08 在当前图形文件中选择菜单【编辑】|【粘贴】命令，系统将自动以块的形式，将其共享到当前文件中，结果如图 4-26 所示。

09 在设计中心右侧窗口中定位 "球轴承.dwg" 文件，然后单击右键，选择 "插入块" 选项，将图形插入到当前图形文件中，结果如图 4-27 所示。

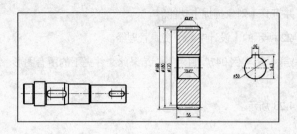

图 4-26　复制结果

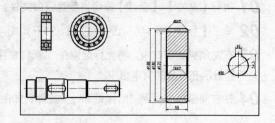

图 4-27　共享结果

10 在设计中心右侧窗口中定位"定位套.dwg"文件，然后按住左键不放，将文件拖曳到当前文件中，如图 4-28 所示。

11 使用快捷键"**X**"，激活【分解】命令，将 3 个图形块分解掉，然后删除不必要的视图和尺寸，并关闭状态栏上的【线宽】功能，结果如图 4-29 所示。

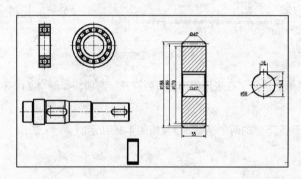

图 4-28　以"拖曳"功能共享图形资源

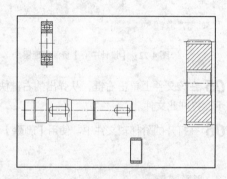

图 4-29　对图形进行完善

12 使用【移动】和【复制】命令，分别将球轴承、定位套和大齿轮 3 个图形组装到阶梯轴视图上，结果如图 4-30 所示。

13 综合使用【修剪】和【删除】命令，对装配后的各零件进行修剪，修剪结果如图 4-31 所示。

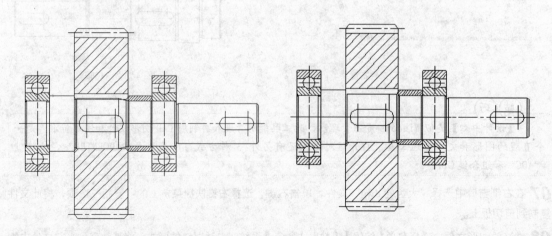

图 4-30　装配结果　　　　　　　　　　图 4-31　修剪结果

048 应用特性管理与修改零件图 ↙

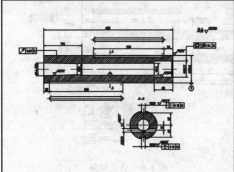

【特性】是一个管理与组织图形内部特性的高级工具。使用该命令还有以下几种快捷方式，即组合键 Ctrl+1、快捷键 "PR" 和菜单命令【修改】|【特性】。【特性匹配】命令用于将一个对象的内部特性复制给其他对象，使其拥有共同的内部特性。

文件路径：	DVD\实例文件\第 04 章\实例 048.dwg
视频文件：	DVD\MP4\第 04 章\实例 048.MP4
播放时长：	0:02:16

01 按 Ctrl + O 快捷键，打开随书光盘中的 "\素材文件\第 4 章\实例 048.dwg" 文件，如图 4-32 所示。

02 选择菜单【工具】|【选项板】|【特性】命令，或单击标准工具栏中的 📖 按钮激活【特性】命令，打开如图 4-33 所示的【特性】选项板。

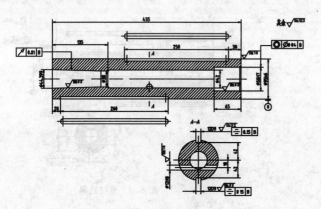

图 4-32　素材文件　　　　　　　　　　　　　　　图 4-33　【特性】选项板

03 单击选择标有长度为 455 的尺寸线，结果此对象内部特性显示在左侧的【特性】对话框内，如图 4-34 所示。

04 在【特性】选项板中单击 "图层" 右侧的文本框，此时文本框转化为下拉列表的形式，展开列表，然后选择 "尺寸线"，如图 4-35 所示。结果该对象的图层被更改为 "尺寸线"。

05 按下 Esc 键，取消对象的显示状态。

06 选择菜单【修改】|【特性匹配】命令，激活【特性匹配】命令，将标有长度为 455 的尺寸线对象的图层特性匹配给其他所有位置的尺寸线。命令行操作过程如下：

```
命令：'_matchprop
选择源对象：                              //选择长度为 455 的尺寸线
当前活动设置：颜色 图层 线型 线型比例 线宽 厚度 打印样式 标注 文字 填充图案 多段线 视口
表格材质 阴影显示 多重引线
选择目标对象或 [设置(S)]：                 //选择所有的尺寸线
```

选择目标对象或 [设置(S)]：✓   //按回车键，匹配效果如图 4-36 所示

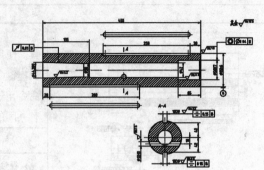

图 4-34 显示对象内部特征   图 4-35 更改对象图层   图 4-36 匹配效果

07 选择剖面线，使其夹点显示，然后在【特性】选项板中更改剖面线的颜色为蓝色，如图 4-37 所示。

08 按下 Esc 键，取消对象夹点显示，结果如图 4-38 所示。

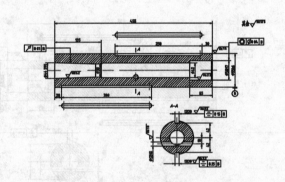

图 4-37 更改剖面线颜色   图 4-38 最终结果

技 巧

【特性匹配】命令用于将一个对象的内部特性复制给其他对象，使其拥有共同的内部特性。执行此命令还有另外两种方式，即表达式"Matchprop"和快捷键"MA"。

049 应用选项板高效引用外部资源 ↙

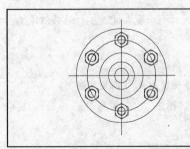

【工具选项板】也是一个图形资源的高效管理与共享工具。调用该选项板有 3 种快捷方式：即表达式"ToolPalettes"、快捷键 TP 和组合键 Ctrl+3。

文件路径：	DVD\实例文件\第 04 章\实例 049.dwg	
视频文件：	DVD\MP4\第 04 章\实例 049.MP4	
播放时长：	0:03:10	

01 打开随书光盘中的 "\素材文件\第 4 章\实例 049.dwg" 文件，如图 4-39 所示。

02 选择菜单【工具】|【选项板】|【工具选项板】命令，打开如图 4-40 所示的工具选项板窗口。

03 在【工具选项板】窗口中单击【机械】选项卡，使其展开，然后将光标定位到公制单位的 "六角螺母" 图例上，如图 4-41 所示。

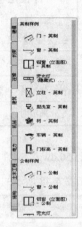

图 4-39　打开素材　　　　　　图 4-40　【工具选项板】窗口　　　　　图 4-41　定位 "机械" 选项卡

04 按住鼠标左键不放，向绘图区拖曳光标，然后捕捉如图 4-42 所示的象限点作为插入点，将此螺母图例插入到图形中，结果如图 4-43 所示。

05 单击刚插入的六角螺母图块，结果该图块显示出动态块三角编辑按钮，如图 4-44 所示。

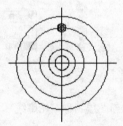

图 4-42　定位插入点　　　　　　图 4-43　插入结果　　　　　　图 4-44　选择动态块

06 在三角按钮上单击左键，系统将弹出如图 4-45 所示的菜单，然后选择 "M14"，更改动态块的尺寸，更改结果如图 4-46 所示。

07 选择菜单【修改】|【阵列】|【环形阵列】命令，打开环形阵列窗口，然后按照默认参数设置，以同心圆的圆心作为中心点，对六角螺母环形阵列，结果如图 4-47 所示。

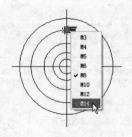

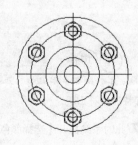

图 4-45　打开动态块按钮菜单　　　图 4-46　更改动态块尺寸　　　　图 4-47　阵列结果

050 应用图层管理与控制零件图

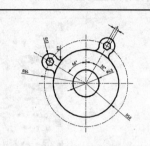

【图层】是用来组织与规划复杂图形的有效工具。执行该工具还有另外两种方式，即命令表达式"Layer"和命令快捷键"LA"。

	文件路径：	DVD\实例文件\第 04 章\实例 050.dwg
	视频文件：	DVD\MP4\第 04 章\实例 050.MP4
	播放时长：	0:03:10

01 打开随书光盘中"\素材文件\第 4 章\实例 050.dwg"文件。

02 选择菜单【格式】|【图层】命令，打开如图 4-48 所示的【图层特性管理器】对话框。

03 单击对话框上方的"新建图层"按钮 ，创建一个新图层，所创建的新图层以"图层 1"显示在图层列表中，如图 4-49 所示。

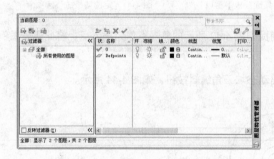

图 4-48 【图层特性管理器】对话框

图 4-49 新建图层

04 在呈黑白显示的"图层 1"位置上输入新图层名称"轮廓线"，如图 4-50 所示。

05 再次单击对话框中的 按钮，创建 2 个名为"尺寸线"和"中心线"图层，如图 4-51 所示。

06 确保"中心线"图层处于被选择状态，然后在中心线的颜色图标上单击左键。

图 4-50 创建"轮廓线"图层

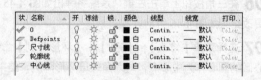

图 4-51 创建另外三个图层

技 巧

在创建多个图层时，要注意图层名称必须是唯一的，不能和其他任何图层重名。另外图层中不允许有特殊字符出现。

07 此时系统打开【选择颜色】对话框，选择"红色"后单击 确定 按钮，如图 4-52 所示。

08 【选择颜色】对话框关闭后，"中心线"图层的颜色被设置为"红色"。

09 参照以上步骤的操作方法，将"尺寸线"图层的颜色设置为"蓝色"，结果如图 4-53 所示。

图 4-52 【颜色选择】对话框

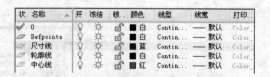

图 4-53 设置图层颜色

10 选择"中心线"图层，在线型位置上单击左键，从打开的【选择线型】对话框中选择"CENTER"线型，结果如图 4-54 所示。单击对话框中的 确定 按钮，返回【图层特性管理器】对话框，结果所选择的图层线型被更改，如图 4-55 所示。

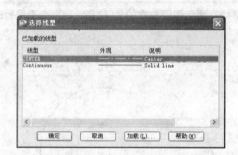

图 4-54 【选择线型】对话框

图 4-55 设置线型

11 选择"轮廓线"图层，然后在线宽上单击左键，打开【线宽】对话框。

12 从弹出的【线宽】对话框中选择如图 4-56 所示的线宽，为图层设置线宽。

13 在【线宽】对话框中单击 确定 按钮，结果图层的线宽被修改，如图 4-57 所示。

14 关闭【图层特性管理器】，结束【图层】命令。

图 4-56 选择线宽.

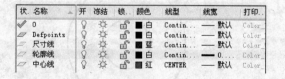

图 4-57 修改线宽

15 在无命令执行的前提下，选择所有的中心线，使其呈夹点显示，如图 4-58 所示。

16 单击【图层】工具栏上的【图层控制】列表，在展开的下拉列表内选择"中心线"图层，如图 4-59 所示，更改中心线图层为"中心线"层。

17 按 Esc 键取消对象的夹点显示，结果如图 4-60 所示。

图 4-58　选择中心线　　　　图 4-59　选择图层　　　　图 4-60　更改结果

18 选择所有位置的尺寸线，然后单击【图层控制】下拉列表中的"尺寸线"图层，将其放到尺寸线图层，更改结果如图 4-61 所示。

19 在【图层控制】列表内分别单击"中心线"和"尺寸线"两个图层左端的 💡 按钮，将两个图层暂时关闭，如图 4-62 所示。

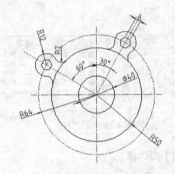
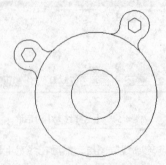

图 4-61　更改结果　　　　　　　　　图 4-62　关闭图层后显示

20 选择所有图形对象，然后单击【图层控制】列表，选择"轮廓线"层，将图形对象放到"轮廓线"图层上，单击状态栏上的 ＋ 按钮，打开线宽显示功能，显示出对象的线宽特性，结果如图 4-63 所示。

21 展开【图层控制】列表，打开被隐藏的图形对象，结果如图 4-64 所示。

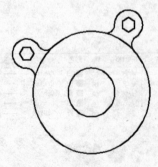
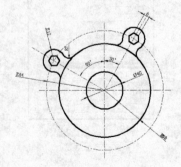

图 4-63　显示对象的线宽　　　　　　　图 4-64　最终结果

051 创建机械绘图样板文件

所谓的绘图样板，就是包含有一定绘图环境和专业参数的设置，但并未绘制图形对象的空白文件，当将此空白文件保存为 ".dwt" 格式后就称为样板文件。

	文件路径：	DVD\素材文件\机械绘图样板.dwt
	视频文件：	DVD\MP4\第 04 章\实例 051.MP4
	播放时长：	0:05:04

01 按 Ctrl+N 快捷键，新建空白文件。

02 选择菜单【格式】|【单位】命令，在打开的【图形单位】对话框中设置图形的单位和精度参数，如图 4-65 所示。

03 选择菜单【视图】|【缩放】|【全部】命令，将图形界限最大化显示在当前屏幕上。

04 单击【图层】工具栏 按钮，打开【图层特性管理器】对话框。

05 单击对话框上方的 "新建图层" 按钮，创建一个名为 "粗实线" 的图层，如图 4-66 所示。

图 4-65 【图形单位】对话框

图 4-66 新建图层

06 重复执行第 5 步操作，分别创建 "中心线"、"尺寸线"、"虚线"、"剖面线"、"文字层"、"其他层" 常用图层，结果如图 4-67 所示。

07 选择刚创建的 "尺寸线" 将其激活，在如图 4-68 所示的颜色图标上单击左键，打开【选择颜色】对话框。

图 4-67 创建新图层

图 4-68 修改图层颜色

08 在【选择颜色】对话框中选择"红色"作为此图层的颜色，如图 4-69 所示，单击 ⬚确定⬚ 按钮结束操作。

09 重复第 7 步操作，分别设置其他图层的颜色，最终设置结果如图 4-70 所示。

图 4-69 【选择颜色】对话框   图 4-70 设置图层颜色

10 将"中心线"图层激活，在"Continuous"位置上单击左键，打开如图 4-71 所示的【选择线型】对话框。

11 单击对话框中的 加载(L)... 按钮，在弹出的【加载或重载线型】对话框中选择"CENTER"线型进行加载，如图 4-72 所示。

图 4-71 【选择线型】对话框   图 4-72 【加载或重载线型】对话框

12 单击 ⬚确定⬚ 按钮，则此线型出现在【选择线型】对话框内，如图 4-73 所示。

13 选择所加载的线型，单击【选择线型】对话框中的 ⬚确定⬚ 按钮，将此线型赋予"中心线"图层，结果如图 4-74 所示。

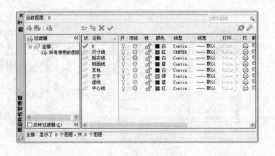

图 4-73 加载线型   图 4-74 设置图层线型

14 重复第 10 至第 13 步操作，分别为其他图层设置线型，最终结果如图 4-75 所示。

15 选择"粗实线"图层将其激活，在如图 4-76 所示的位置上单击左键，打开【线宽】对话框。

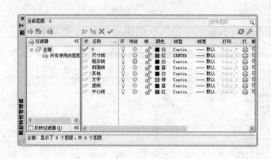

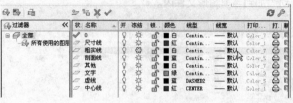

图 4-75 设置线型　　　　　　　　　　　　　　图 4-76 定位单击位置

16 在【线宽】对话框中选择 0.3mm 的线宽，如图 4-77 所示。

17 单击【线宽】对话框中的 ◯ 确定 ◯ 按钮，将此线宽赋予"粗实线"图层，结果如图 4-78 所示。

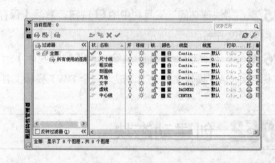

图 4-77 选择线宽　　　　　　　　　　　　　　图 4-78 设置线宽

18 重复第 15 至第 17 步操作，分别将"中心线"、"尺寸线"、"虚线"、"剖面线"、"文字层"和"其他层"线宽设置为 0.13mm，如图 4-79 所示。

19 单击"标准"工具栏中的▦按钮，激活【设计中心】命令，打开【设计中心】资源管理器窗口。

20 把光标定位在光盘目录下的"文字样式"文件夹上，单击左键，结果此文件夹下的图形文件显示在右侧的文本框中，如图 4-80 所示。

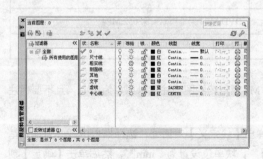

图 4-79 设置线宽　　　　　　　　　　　　　　图 4-80 展开目标文件夹

21 在右侧文本框中双击"文字式样.dwg",打开此文件的内部资源,如图 4-81 所示。

22 在如图 4-81 所示的"文字样式"图标上双击左键,打开此文件内部的所有文字样式,结果如图 4-82 所示。

23 选择"汉字"和"数字与字母"文字样式,按住左键不放将其拖到绘图区,结果系统将此文字样式自动添加到当前图形文件内。

图 4-81 展开文件内部资源

图 4-82 打开文件样式

24 重复第 20 至第 23 步操作,把"|尺寸样式|尺寸样式.dwg|机械标注"样式添加到当前图形文件中。

25 单击"快速访问"工具栏中的 🖫 按钮,激活【保存】命令,在弹出的【图形另存为】对话框中设置文件类型及文件名。

26 单击 保存(S) 按钮,在弹出的【样板说明】对话框中单击 确定 按钮,结果系统自动将此文件保存到 CAD 模板文件夹下,成为一个 DWT 模板文件。

052 创建动态块

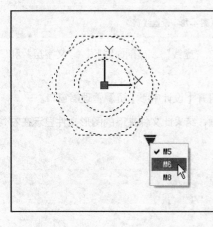

机械设计中的常用零件,将其制作成图块,在需要使用的时候直接插入,会节省大量的绘图时间。但对于系列化的零件(如螺栓、轴承),为每一种型号的零件创建一个块也不是高效的办法。AutoCAD 提供的动态块功能,创建可变参数的块,在一个块中就能选择系列零件的不同规格。本实例创建六角螺母的俯视图动态块,包含 M5、M6 和 M8 三种规格。

文件路径:	DVD\实例文件\第 4 章\实例 052.dwg	
视频文件:	DVD\MP4\第 04 章\实例 052.MP4	
播放时长:	0:08:28	

01 新建 AutoCAD 文件,在绘图区绘制如图 4-83 所示的 M5 螺母俯视图,注意以原点为中心,且不要标注尺寸。

02 选择菜单【绘图】|【块】|【创建】命令,系统弹出【块定义】对话框,选择螺母的圆心为插入基点,选择整个螺母为创建对象,输入块名称为"C 级螺母",块单位设置为"mm",然后单击【确定】创建此块。

03 选择菜单【工具】|【块编辑器】命令,系统弹出【编辑块定义】对话框,如图 4-84 所示。在列表中

选择 "C 级螺母" 为编辑对象，单击【确定】按钮，系统进入块编辑状态，并弹出块编写选项板，如图 4-85
所示。

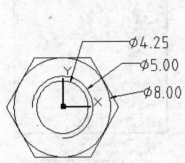
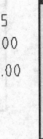

图 4-83 绘制螺母俯视图

图 4-84 【编辑块定义】对话框

图 4-85 块编写选项板

04 在块编写选项板中，展开【参数】选项卡，选择【线性】按钮，在螺母上添加一个线性参数，命令行
操作如下：

命令：_BParameter 线性	//调用【线性参数】命令
指定起点或 [名称(N)/标签(L)/链(C)/说明(D)/基点(B)/选项板(P)/值集(V)]：L	
	//选择【标签】选项
输入距离特性标签 <距离 1>：螺母外径	//将此标签重命名为 "螺母外径"
指定起点或 [名称(N)/标签(L)/链(C)/说明(D)/基点(B)/选项板(P)/值集(V)]：	
	//选择φ8 圆的左侧象限点
指定端点：	//选择φ8 圆的右侧象限点
指定标签位置：	//上下拖动标签至合适的位置，创建
	的参数标签如图 4-86 所示

05 单击选中该参数标签，按 Ctrl+1 组合键，弹出该线性参数的特性面板，在【值集】栏将距离类型设置
为 "列表"，在【其他】栏将夹点数修改为 0，如图 4-87 所示。

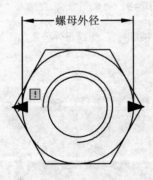

图 4-86 "螺母外径" 线性参数

图 4-87 编辑参数集值

06 单击距离数值右侧的 按钮，系统弹出【添加距离值】对话框，如图 4-88 所示。在 "要添加的距离"

文本框输入 10 和 13，并用逗号隔开，如图 4-89 所示。单击【添加】按钮，添加了两个距离参数，如图 4-90
所示。

图 4-88 【添加距离值】对话框　　　　　图 4-89 添加距离值　　　　　图 4-90 添加后的集值列表

07 单击【确定】关闭【添加距离】对话框，然后关闭特性面板。

08 重复步骤 4 到 7 的操作，创建第二个距离参数，命名为"螺纹内径"，如图 4-91 所示。并为此距离添
加 5 和 6.75 两个参数值。

09 重复步骤 4 到 7 的操作，创建第三个距离参数，命名为"螺母内径"，如图 4-92 所示。并为此距离添
加 6 和 8 两个参数值。

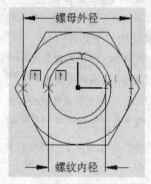

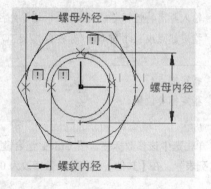

图 4-91 "螺纹内径"线性参数　　　　　　　　　图 4-92 "螺母内径"线性参数

10 在【块编写选项板】中，展开【动作】选项卡，单击【缩放】按钮，为螺母外径添加缩放动作，命
令行操作如下：

```
命令：_BActionTool 缩放
选择参数：                              //单击选择"螺母外径"参数
指定动作的选择集
选择对象：找到 1 个
选择对象：找到 1 个，总计 2 个          //选择正六边形和外圆为缩放的对象
选择对象：✓                           //按 Enter 键完成选择，完成创建。
```

11 将光标移动至缩放动作图标上，如图 4-93 所示，单击即可选中该动作，然后按 Ctrl+1 组合键，弹出该
缩放动作的特性面板，将缩放基准类型修改为"独立"，基准 X、Y 都设为 0，如图 4-94 所示。

12 重复步骤 10、11 的操作，为"螺纹内径"添加缩放动作，缩放的对象选择内圆。

13 重复步骤 10、11 的操作，为"螺母内径"添加缩放动作，缩放对象选择中间圆弧。

14 在【块编写选项板】中，展开【参数】选项卡，单击【查寻】按钮，在块中添加一个查询参数，命令行操作如下：

```
命令: _BParameter 查询
指定参数位置或 [名称(N)/标签(L)/说明(D)/选项板(P)]: L              //选择【标签】选项
输入查询特性标签 <查询1>: 选择螺母规格              //将参数标签修改为
"选择螺母规格"
    指定参数位置或 [名称(N)/标签(L)/说明(D)/选项板(P)]:              //在螺母附近任意空
白位置单击放置查询标签，如图 4-95 所示。
```

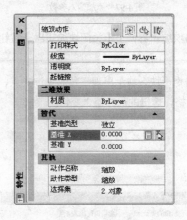

图 4-93 缩放动作标签

图 4-94 编辑缩放基准

15 在【块编写选项板】中，展开【动作】选项卡，单击【查询】按钮，命令行提示选择参数，单击"选择螺母规格"参数，弹出【特性查询表】对话框，如图 4-96 所示。单击【添加特性】按钮，弹出【添加多参数特性】对话框，如图 4-97 所示，将三个距离参数都添加到查询表中。

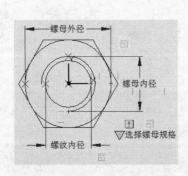

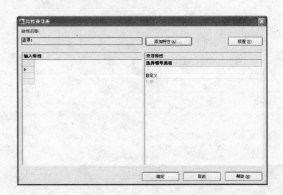

图 4-95 添加的查询参数

图 4-96 【特性查询表】对话框

16 回到【特性查询表】对话框，在【查询特性】栏输入螺母名称 M5、M6 和 M8，在【输入特性】栏选择各种规格对应的尺寸参数，填写完成的表格如图 4-98 所示，单击【确定】关闭【特性查询表】对话框。

图 4-97 添加输入参数   图 4-98 填写特性查询表

17 单击块编辑界面上【关闭块编辑器】按钮，系统弹出提示对话框如图 4-99 所示，选择保存更改，回到绘图界面。

18 单击螺母块，块上出现三角形查询夹点，单击该夹点，弹出螺母的规格列表，如图 4-100 所示，选择不同的规格，螺母的尺寸随之变化。

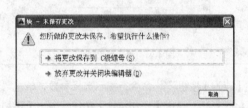

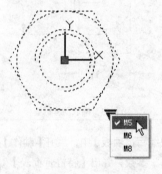

图 4-99 保存提示   图 4-100 完成的动态块

第 5 章
快速创建文字、字符与表格

文字注释也是机械图形的一个组成部分，用于表达几何图形无法表达的内容，比如零件加工要求、明细表以及一些特殊符号的注释等。AutoCAD 不仅为用户提供了一些基本的文字标注工具和修改编辑工具，还为用户提供了一些常用符号的转换及表格的创建功能。

本章通过 9 个典型实例，介绍机械制图中常见的文字、表格和注释等内容的创建方法。。

053 为零件图标注文字注释

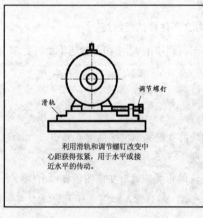

滑轨

调节螺钉

利用滑轨和调节螺钉改变中心距获得张紧，用于水平或接近水平的传动。

【文字样式】是用于设置与控制文字的字体、字号、文字效果等外观形式的工具。【单行文字】命令并不是只能创建一行文字对象，该工具也可以创建多行文字对象，只是系统将每行文字看作是一单独的对象。多行文字常用于标注图形的技术要求和说明等，与单行文字不同的是，多行文字整体是一个文字对象，每一单行不再是单独的文字对象，也不能单独编辑。

	文件路径：	DVD\实例文件\第 05 章\实例 053.dwg
	视频文件：	DVD\MP4\第 05 章\实例 053.MP4
	播放时长：	0:03:55

01 打开随书光盘中的 "\素材文件\第 5 章\实例 053.dwg" 文件，如图 5-1 所示。

02 选择菜单【格式】|【文字样式】命令，或单击【样式】工具栏中的 按钮，激活【文字样式】命令，打开如图 5-2 所示对话框。

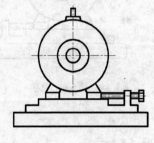

图 5-1　打开素材

图 5-2　【文字样式】对话框

03 单击 新建(N)... 按钮，在弹出的【新建文字样式】对话框中输入新样式的名称，如图 5-3 所示。

04 单击 确定 按钮返回【文字样式】对话框，分别设置字体以及宽度比例，如图 5-4 所示。

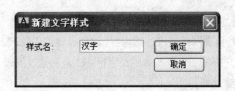

图 5-3 为新样式命名　　　　　　　　图 5-4 设置新样式的字体及效果

注　意

在设置新样式字体时，需要将"使用大字体"复选项取消。另外，国家标准规定工程图样中的汉字多采用仿宋体，且宽高比为 0.7。

05 单击 应用(A) 按钮，在当前文件中创建名为"汉字"的字体样式。

06 单击 关闭(C) 按钮，结束【文字样式】命令。

07 使用快捷键 L 激活【直线】命令，绘制如图 5-5 所示的线段作为文字注释的指示线。

08 选择菜单【绘图】|【文字】|【单行文字】命令，单击【文字】工具栏中的 **AI** 按钮，激活【单行文字】命令，标注单行文字。命令行操作过程如下：

```
命令: _dtext
当前文字样式: "汉字"  文字高度: 2.5  注释性: 否
指定文字的起点或 [对正(J)/样式(S)]:      //在左侧指示线的上端拾取文字的起点
指定高度 <2.5>:3.5↙                    //设置字体高度为3.5
指定文字的旋转角度 <0>:                 //采用系统默认的角度，此时在绘图区自动出现一个
                                       单行文字输入框，然后输入如图 5-6 所示的文字
```

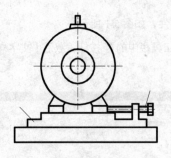

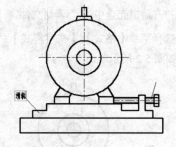

图 5-5 绘制文字指示线　　　　　　　图 5-6 输入单行文字

09 连续两次按回车键，结束【单行文字】命令，最终结果如图 5-7 所示。

10 根据第 8 步和第 9 步的操作步骤，标注右边单行文字，结果如图 5-8 所示。

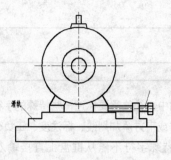

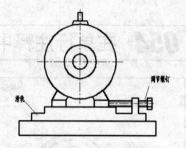

图 5-7　创建单行文字　　　　　　　　　　　图 5-8　创建单行文字

11 选择菜单【绘图】|【文字】|【多行文字】命令，或单击【绘图】工具栏上的 **A** 按钮，激活【多行文字】命令。

12 在命令行"指定第一角点："提示下，在如图 5-9 所示的位置单击左键，拾取矩形框的左上角点。

13 在命令行"指定对角点或："提示下，在如图 5-9 所示的适当位置单击左键，拾取矩形的右下角点。

14 在指定右下角点后，系统将弹出如图 5-10 所示的【文字格式】编辑器。

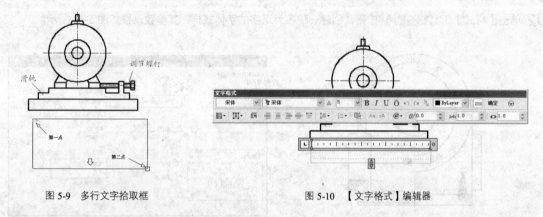

图 5-9　多行文字拾取框　　　　　　　　　　图 5-10　【文字格式】编辑器

15 在【文字格式】编辑器中，采用当前的文字样式、字体及字体高度等参数不变，在下侧的文字输入框内输入如图 5-11 所示的段落文字。

16 单击【文字格式】编辑器中的 确定 按钮，结束【多行文字】命令，标注结果如图 5-12 所示。

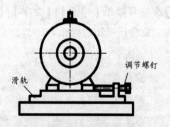

图 5-11　输入段落文字　　　　　　　　　　图 5-12　标注结果

技 巧

如果段落文字的位置不太合适，可以使用【移动】命令进行适当调整。

054 在单行注释中添加特殊字符

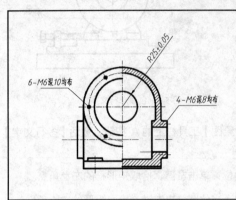

在实际绘图中，往往需要标注一些特殊的字符，如指数、在文字上方或下方添加划线、标注度、正负公差等特殊符号。这些特殊字符不能从键盘上直接输入，因此AutoCAD提供了相应的命令操作，以实现这些标注要求。

文件路径：	DVD\实例文件\第 05 章\实例 054.dwg	
视频文件：	DVD\MP4\第 05 章\实例 054.MP4	
播放时长：	0:03:11	

01 打开随书光盘中的 "\素材文件\第 5 章\实例 054.dwg" 文件，如图 5-13 所示。

02 单击【样式】工具栏中的 A 按钮，创建一种名为汉字的字体式样，其参数设置如图 5-14 所示。

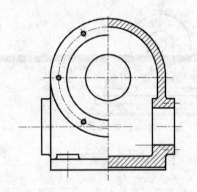

图 5-13 打开素材   图 5-14 设置新样式

03 选择菜单【绘图】|【直线】命令，绘制如图 5-15 所示的线段，作为文字注释的指示线。

04 选择菜单【绘图】|【文字】|【单行文字】命令，或单击【文字】工具栏中的 A 按钮，标注单行文字注释。命令行操作过程如下：

```
命令：_dtext
当前文字样式： "汉字"   文字高度： 4.1000  注释性： 否
指定文字的起点或 [对正(J)/样式(S)]：          //在左侧指示线的上端拾取一点
指定高度 <4.1000>:5✓                        //设置字体高度为5
指定文字的旋转角度 <0>:✓                     //按回车键，然后输入"6-M6 深 10
                                              均布"，如图 5-16 所示
```

05 连续按两次回车键，结束【单行文字】命令。

06 重复执行【单行文字】命令，标注右侧的单行文字注释对象，结果如图 5-17 所示。

07 选择菜单【标注】|【半径】命令，标注圆的注释对象。命令行操作过程如下：

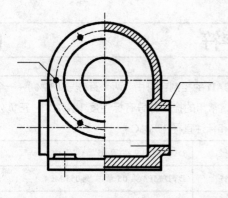

图 5-15　绘制指示线

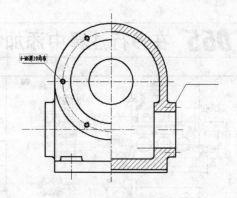

图 5-16　标注结果

```
命令: _dimradius
选择圆弧或圆:                                      //选择如图 5-18 所示的圆
标注文字 = 25
指定尺寸线位置或 [多行文字(M)/文字(T)/角度(A)]:T↙    //输入 t,激活"文字"选项
输入标注文字 <25>:R25%%P0.05↙
指定尺寸线位置或 [多行文字(M)/文字(T)/角度(A)]:      //在适当位置拾取一点,标注结果如
                                                图 5-19 所示
```

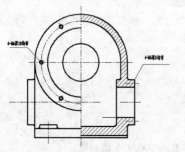

图 5-17　标注右侧文字

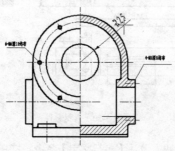

图 5-18　选择圆

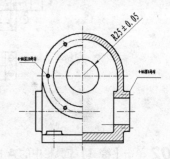

图 5-19　标注结果

技 巧

由于一些特需字符不能直接输入,所以在单行文字注释中标注特需字符时,需要手动输入特需字符的转换代码。常用的一些控制符见表 5-1。

表 5-1　特殊符号的代码及含义

控制符	含　义
%%C	φ 直径符号
%%P	± 正负公差符号
%%D	(°)度
%%O	上划线
%%U	下划线

055 在多行注释中添加特殊字符

AutoCAD 的控制字符由"两个百分号（%%）+一个字符"构成，常用的控制符号有标注度（%%D）、正负公差（%%P）和标注直径（%%C）。		
文件路径：	DVD\实例文件\第 05 章\实例 055.dwg	
视频文件：	DVD\MP4\第 05 章\实例 055.MP4	
播放时长：	0:03:36	

01 打开随书光盘中的"\素材文件\第 5 章\实例 055.dwg"文件，如图 5-20 所示。

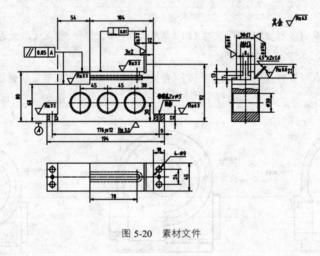

图 5-20　素材文件

02 单击【绘图】工具栏中的 **A** 按钮，激活【多行文字】命令，打开【文字格式】编辑器。

03 单击【字体】列表框，展开此下拉列表中的"宋体"作为当前字体，如图 5-21 所示。

04 在【文字高度】文本列表框内输入 10，设置当前的字体高度为 10。

05 在下侧的文字输入框内单击左键，指定文字的输入位置，然后输入段落标题"技术要求"，如图 5-22 所示。

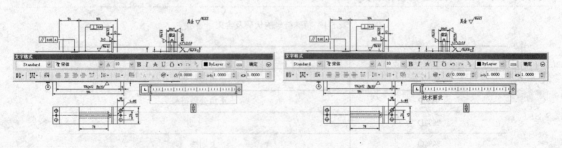

图 5-21　设置当前字体　　　　　　　图 5-22　输入段落标题

06 在【文字高度】文本列表框内，修改当前文字的高度为 6，然后按回车键，输入如图 5-23 所示的段落内容。

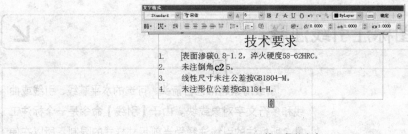

图 5-23　输入段落内容

07 将当前光标定位到"2×45"后，单击 @· 按钮，在打开的符号菜单中选择"度数"选项，如图 5-24 所示。

图 5-24　特殊符号列表

08 在文字输入框内，度数的代码选项被自动转化为度数符号，结果如图 5-25 所示。

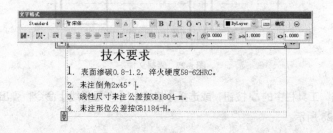

图 5-25　添加度数符号

09 单击 确定 按钮，结束【多行文字】命令，标注结果如图 5-26 所示。

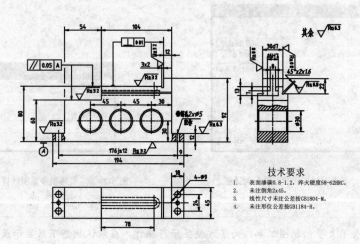

图 5-26　标注结果

056 为零件图标注引线注释

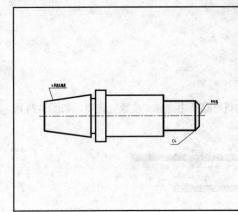

引线对象通常包含箭头、可选的水平基线、引线或曲线和多行文字对象或块。由于【引线】命令是一个标注工具，所标注的引线注释受当前尺寸样式的限制，所以在使用【引线】工具标注注释对象时，必须适当修改当前的尺寸标注样式。

	文件路径：	DVD\实例文件\第 05 章\实例 056.dwg
	视频文件：	DVD\MP4\第 05 章\实例 056.MP4
	播放时长：	0:02:52

01 打开随书光盘中的"\素材文件\第 5 章\实例 056.dwg"文件，打开结果如图 5-27 所示。

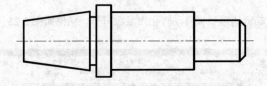

图 5-27　素材文件

02 单击"多重引线"工具栏中的 按钮，或选择【格式】|【多重引线】命令，弹出"多重引线样式管理器"对话框，如图 5-28 所示。

03 单击对话框中的 新建(N)... 按钮，在弹出的"创建新多重引线样式"对话框中的"新样式名"文本框中输入"样式 1"，其余采用默认设置，如图 5-29 所示。

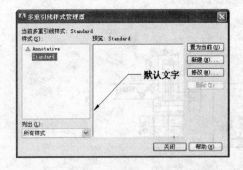

图 5-28　"多重引线样式管理器"对话框

图 5-29　"创建新多重引线样式"对话框

(技)(巧)
　　AutoCAD 包含了大量的制图工具，为了方便显示与操作，在默认状态下只显示最常用的几种工具栏，如绘图、修改等。如果"多重引线"工具栏当前未显示，可以在任一工具栏位置右击鼠标，在弹出的快捷菜单中进行相应的选择即可。

04 单击 继续(O) 按钮，在弹出对话框的"引线格式"选项卡中，将"箭头"中的"符号"项设置为"无"，如图 5-30 所示。

05 在"引线结构"选项卡中，将"最大引线点数"设置为 2，且不使用基线，如图 5-31 所示。

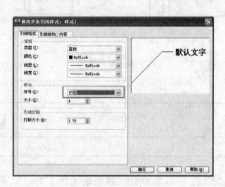

图 5-30　设置引线格式

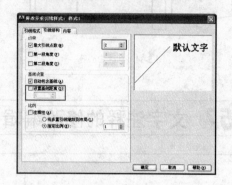

图 5-31　设置引线结构

06 在"内容"选项卡中，将"文字样式"设置为"工程字-35"，将"连接位置-左"和"连接位置-右"均设置为最后一行加下划线，如图 5-32 所示。

07 单击 确定 按钮，返回"多重引线样式管理器"对话框，单击 关闭 按钮，完成新多重引线标注样式"样式一"设置，并将其设置为当前样式。

08 标注"中心孔"，单击"多重引线"工具栏中的 按钮，或选择【标注】|【多重引线】命令。命令行操作过程如下：

```
命令: _mleader
指定引线箭头的位置或 [引线基线优先(L)/内容优先(C)/选项(O)] <选项>:    //确定引线的
                                                        引出点位置
指定引线基线的位置:    //确定引线的第二点，然后在弹出的文本框中输入"中心孔"，结果如
               图 5-33 所示
```

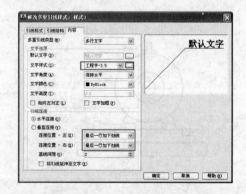

图 5-32　设置内容

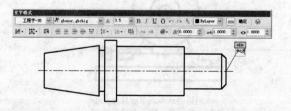

图 5-33　输入"中心孔"

09 单击"文字格式"工具栏中的 确定 按钮，即可标注出对应的文字，得到如图 5-34 所示的标注结果。

10 根据第 8 步和第 9 步的操作方法，进行引线标注，结果如图 5-35 所示。

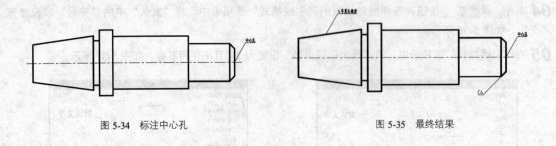

图 5-34　标注中心孔　　　　　　　图 5-35　最终结果

057 文字注释的修改编辑

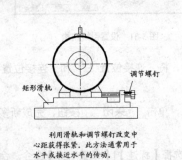

	在编辑文字时，如果修改的对象是使用【单行文字】工具创建的，那么系统将以单行文字输入框的形式，进行手动输入更改内容；如果修改的对象是使用【多行文字】创建的，系统将通过【文字格式】编辑器，更直观方便地更改文字内容。
文件路径：	DVD\实例文件\第 05 章\实例 057.dwg
视频文件：	DVD\MP4\第 05 章\实例 057.MP4
播放时长：	0:00:55

01 打开光盘中的"\实例文件\第 5 章\实例 053.dwg"文件，如图 5-36 所示。

02 选择菜单【修改】|【对象】|【文字】|【编辑】命令，或单击【文字】工具栏中的 按钮，激活【编辑文字】命令。

03 在命令行"选择注释对象或 [放弃(U)]:"提示下，选择多行文字，此时该文字反白显示，如图 5-37 所示。

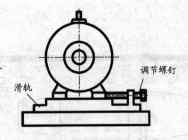

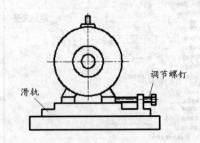

图 5-36　打开结果　　　　　　　图 5-37　选择需要编辑的对象

04 在反白显示的文本框内单击左键，此时文本转变为文字输入框状态，如图 5-38 所示。

05 将光标放在"用"字的前面，然后输入新的内容，结果如图 5-39 所示。

06 单击 确定 按钮，关闭【文字格式】编辑器。

07 在命令行"选择注释对象或 [放弃(U)]:"提示下，按回车键，结束命令。

08 使用【文件】|【另存为】命令，将当前图形另存储为"实例 054.dwg"。

图 5-38　将选择框变为输入框　　　　　　　　　　　　图 5-39　修改文字

058 表格的创建与填充

				在产品设计过程中，表格主要用来展示与图形相关的标准、数据信息、材料和装配信息等内容。	
序号	名称	数量	材料		
				文件路径:	DVD\实例文件\第 05 章\实例 058.dwg
				视频文件:	DVD\MP4\第 05 章\实例 058.MP4
				播放时长:	0:03:18

01 选择菜单【文件】|【新建】命令，新建空白文件。

02 选择菜单【格式】|【表格样式】命令，激活【表格样式】命令，打开如图 5-40 所示的【表格样式】对话框。

03 单击 新建(N)... 按钮，打开【创建新的表格样式】对话框，在【新样式名】文本框输入"表格 1"，作为新表格样式的名称，如图 5-41 所示。

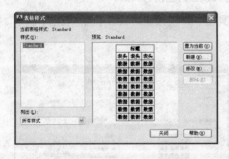

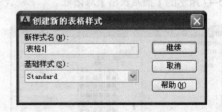

图 5-40　【表格样式】对话框　　　　　　　　　　图 5-41　为新样式命名

04 单击 继续 按钮，打开如图 5-42 所示的【新建表格样式：表格 1】对话框。

05 在【单元特性】选项组中，单击【文字样式】列表框右侧的按钮...，在打开的对话框中新建"汉字"样式，其参数设置如图 5-43 所示。

图 5-42　设置表格样式

图 5-43　设置文字样式

06 单击 应用(A) 按钮，返回【新建表格样式：表格1】对话框，单击【常规】选项卡，设置对齐方式，如图 5-44 所示。

07 单击【文字】选项卡，设置文字样式和高度，如图 5-45 所示。

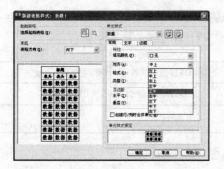

图 5-44　设置对齐方式

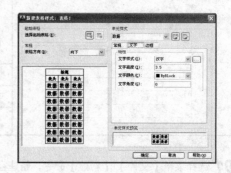

图 5-45　设置文字参数

08 单击【新建表格样式：表格 1】对话框中的 确定 按钮，返回【表格样式】对话框，结果设置的"表格 1"样式出现在此对话框内，如图 5-46 所示。

09 选择设置的"表格 1"样式，单击 置为当前(U) 按钮，将其设置为当前样式。

10 选择菜单【绘图】|【表格】命令，或单击【绘图】工具栏中的 按钮，激活【插入表格】命令，打开如图 5-47 所示的【插入表格】对话框。

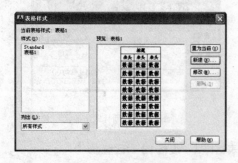

图 5-46　样式设置结果

图 5-47　【插入表格】对话框

11 在对话框中设置明细表的列数、行数以及宽和行高等参数，如图 5-48 所示。

12 单击 确定 按钮，在命令行"指定插入点："提示下，在绘图区拾取一点，插入表格。

13 此时系统打开如图 5-49 所示的【文字格式】编辑器，用于输入表格内容。

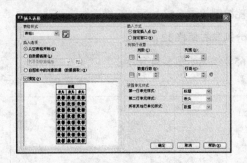

图 5-48　设置表格参数　　　　　　　　　　图 5-49　插入表格

14 在反白显示的表格内输入"序号"，如图 5-50 所示。

图 5-50　输入表格文字

15 通过按 Tab 键，分别在其他表格内输入文字，结果如图 5-51 所示。

16 单击确定按钮，关闭【文字格式】编辑器，结果如图 5-52 所示。

序号	名称	数量	材料

图 5-51　输入列表题内容　　　　　　　　　图 5-52　创建表格 1

059 绘制标题栏

国家标准规定机械图样中必须附带标题栏，标题栏的内容一般为图样的综合信息，如图样名称、图样代号、设计、材料标记、绘图日期等。

文件路径：	DVD\实例文件\第 05 章\实例 059.dwg
视频文件：	DVD\MP4\第 05 章\实例 059.MP4
播放时长：	0:03:33

01 选择菜单【文件】|【新建】命令，新建空白文件。

02 选择菜单【绘图】|【直线】命令，配合【正交】功能绘制如图 5-53 所示的连续直线。

03 选择菜单【修改】|【偏移】命令，将左侧边界线，分别向右偏移 12 和 40。

04 重复使用【偏移】命令，将右侧边界线向其左偏移 65，结果如图 5-54 所示。

图 5-53　标题栏边界

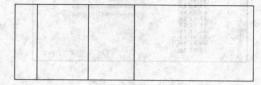

图 5-54　偏移操作

05 使用【偏移】命令，将下侧边界线向上分别偏移 8、16、24 个绘图单位，结果如图 5-55 所示。

06 单击【修改】工具栏上的 按钮，对所示的线 1、线 2 和线 3 进行修剪，结果如图 5-56 所示。

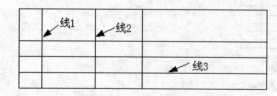

图 5-55　偏移结果

图 5-56　修剪线段

07 综合使用【直线】、【偏移】和【修剪】命令，按如图 5-57 所示的尺寸绘制标题栏剩余的线段。

08 在命令行输入 "wblock" 命令，弹出的如图 5-58 所示的【写块】对话框，单击 按钮，然后在绘图区选择标题栏的右下角点为基点，然后单击 按钮，在绘图区选择所有的标题栏图形，在 "文件名和路径" 下拉列表中输入块的名称为 "A4 图纸标题栏块"，然后单击 确定 按钮，完成块的创建。

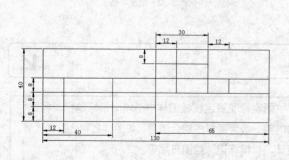

图 5-57　标题栏基本尺寸

图 5-58　【写块】对话框

060　填写标题栏文字　　↙

	AutoCAD 将【表格】命令与【多行文字】命令完美结合在一起，用户在插入表格后，即可按照表格样式中设置的文字样式和字体高度创建出相应的表格文字。

💿	文件路径：	DVD\实例文件\第 05 章\实例 060.dwg
🎞	视频文件：	DVD\MP4\第 05 章\实例 060.MP4
⏱	播放时长：	0:01:05

01 选择菜单【文件】|【新建】命令，创建一张空白文件。

02 参照如图 5-59 所示的尺寸绘制表格。

图 5-59　绘制表格

03 单击【绘图】工具栏中的 **A** 按钮，创建多行文字。命令行操作过程如下：

> 命令：_mtext 当前文字样式： "汉字"　文字高度： 2.5　注释性： 否
>
> 指定第一角点：　　　　　　　　　　　　　　//捕捉如图 5-59 所示的 1 点作为文字边界框的第一个角点。
>
> 指定对角点或 [高度(H)/对正(J)/行距(L)/旋转(R)/样式(S)/宽度(W)/栏(C)]:J✓
> 　　　　　　　　　　　　　　　　　　　　//输入 J，选择对正方式
>
> 输入对正方式 [左上(TL)/中上(TC)/右上(TR)/左中(ML)/正中(MC)/右中(MR)/左下(BL)/中下(BC)/右下(BR)]<左上(TL)>:Mc✓
> 　　　　　　　　　　　　　　　　　　　　//输入 MC，将文字的对正方式设置为"正中"
>
> 指定对角点或 [高度(H)/对正(J)/行距(L)/旋转(R)/样式(S)/宽度(W)/栏(C)]:
> 　　　　　　　　　　　　　　　　　　　　//拾取 2 点作为文字边界框的对角点

04 此时系统自动弹出【文字格式】编辑器，在此对话框中分别设置当前的字体和文字高度，如图 5-60 所示。

图 5-60　设置字体参数

05 此时输入"标记"字样，然后单击 确定 按钮，结果此方格内被填写上文字，如图 5-61 所示。

标记							

图 5-61　填写文字

06 根据第 3 步、第 4 步和第 5 步的操作，对其他方格输入文字，结果如图 5-62 所示。

			设计		图样标记		
			制图		材料	比例	
			描图				
			校对				
			工艺检查				
			标准检查				
标记	更改内容或依据	更改人	日期	审核			

图 5-62　填写结果

061 应用属性块编写零件序号

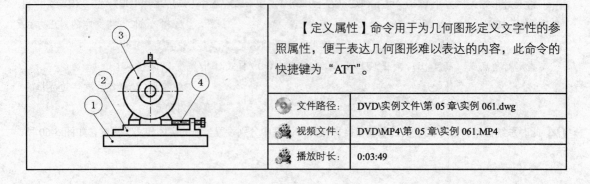

　　【定义属性】命令用于为几何图形定义文字性的参照属性，便于表达几何图形难以表达的内容，此命令的快捷键为"ATT"。

文件路径：	DVD\实例文件\第 05 章\实例 061.dwg
视频文件：	DVD\MP4\第 05 章\实例 061.MP4
播放时长：	0:03:49

01 打开随书光盘中的"\素材文件\第 5 章\实例 053.dwg"文件，如图 5-63 所示。

02 选择菜单【格式】|【文字样式】命令，在打开的对话框内设置新的文字样式，如图 5-64 所示。

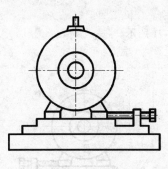

图 5-63　素材文件

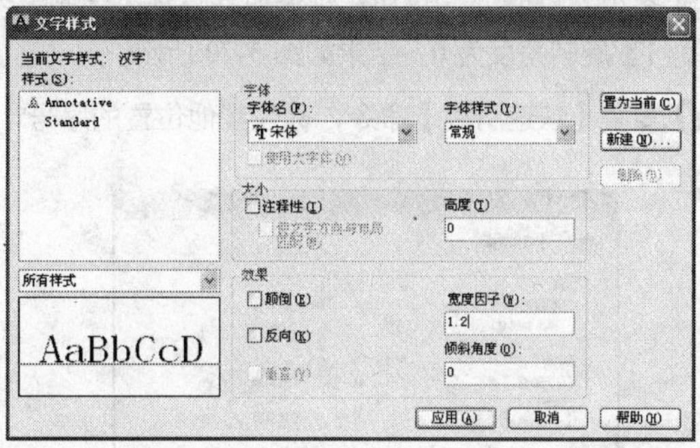

图 5-64　设置新文字样式

03 使用快捷键 LA 激活【图层】命令，在打开的【图层特性管理器】对话框中，将"0 图层"设置为当前图层。

04 使用快捷键 C 激活【圆】命令，绘制半径为 8 的圆图形作为序号圆。

05 选择【绘图】|【块】|【定义属性】命令，在打开的【属性定义】对话框中设置参数，如图 5-65 所示。

06 单击 确定 按钮，返回绘图区，捕捉圆的圆心作为属性插入点，结果如图 5-66 所示。

图 5-65　定义属性

图 5-66　定义属性

07 使用快捷键 B 激活【创建块】命令，将定义的属性和序号圆一起创建名为"零件序号"的图块，块的基点为圆下象限点，如图 5-67 所示。

图 5-67　创建图块

图 5-68　【注释】选项卡

08 使用快捷键 LE 激活【引线】命令，在命令行"指定第一个引线点或 [设置(S)] <设置>:"提示下，激活【设置】选项，在打开的对话框中分别设置引线参数，如图 5-68 和图 5-69 所示。

09 单击 确定 按钮，根据命令行提示绘制引线，并在引线的一端插入"零件编号"属性块，块的比例为 1，旋转角度为 0，结果如图 5-70 所示。

10 重复【快速引线】命令，标注其他位置的序号，结果如图 5-71 所示。

图 5-69 【引线和箭头】选项卡

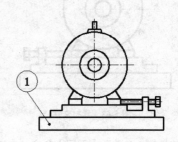

图 5-70 标注序号

11 选择菜单【修改】|【对象】|【属性】|【单个】命令，执行【编辑属性】命令，根据命令行的提示选择刚标注的第二个零件序号。

12 此时系统打开【增强属性编辑器】对话框，在【属性】选项卡内修改属性值为 2，单击 应用(A) 按钮，修改属性值后的结果如图 5-72 所示。

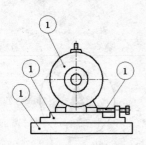

图 5-71 标注其他序号

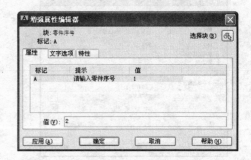

图 5-72 修改编号

13 单击 "选择块"按钮，返回绘图区，分别选择其他位置的零件序号，修改相应的编号，结果如图 5-73 所示。

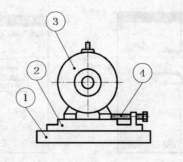

图 5-73 修改其他属性值

第 6 章
尺寸的标注、协调与管理

在机械设计中，图形用于表达机件的结构形状，而机件的真实大小则由尺寸确定。尺寸是工程图样中不可缺少的重要内容，是零部件加工生产的重要依据，必须满足正确、完整、清晰的基本要求。

AutoCAD 提供了一套完整、灵活、方便的尺寸标注系统，具有强大的尺寸标和尺寸编辑功能。可以创建多种标注类型，还可以通过设置标注样式，编辑单独的标注来控制尺寸标注的外观，以满足国家标准对尺寸标注的要求。

本章通过 16 个典型实例，介绍机械制图中各种标注的创建和编辑方法。

062 线性尺寸标注

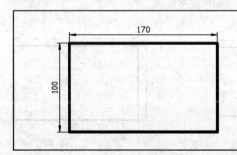

	【线性】命令用于标注两点之间的水平距离或者垂直距离。在标注水平距离时，可以上下移动光标，也可以使用命令中的"水平"选项。
文件路径：	DVD\实例文件\第 06 章\实例 062.dwg
视频文件：	DVD\MP4\第 06 章\实例 062.MP4
播放时长：	0:00:42

01 打开随书光盘中的 "\素材文件\第 6 章\实例 062.dwg" 文件如图 6-1 所示。

02 选择菜单【标注】|【线性】命令，或单击【标注】工具栏中的 ⊢ 按钮，激活【线性】命令，对图形进行标注。命令行操作过程如下：

```
命令：_dimlinear
指定第一条尺寸界线原点或 <选择对象>：        //捕捉如图 6-2 所示的端点
指定第二条尺寸界线原点：                      //捕捉如图 6-3 所示的端点
```

图 6-1 素材文件   图 6-2 定位第一个原点   图 6-3 定位第二原点

指定尺寸线位置或 [多行文字 (M)/文字 (T)/角度 (A)/水平 (H)/垂直 (V)/旋转 (R)]：   //向上移

动光标，系统自动测量出两点之间的水平距离，如图 6-4 所示，此时在适当位置拾取一点，定位尺寸位置，标注结果如图 6-5 所示

```
命令: ↙                                        //按回车键，重复线性标注命令
_dimlinear
指定第一条尺寸界线原点或 <选择对象>:            //捕捉如图 6-6 所示的端点
```

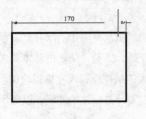
图 6-4 标注水平尺寸

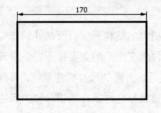
图 6-5 标注结果

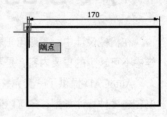
图 6-6 定位第一个原点

```
指定第二条尺寸界线原点:                         //选择如图 6-7 所示的端点
指定尺寸线位置或[多行文字(M)/文字(T)/角度(A)/水平(H)/垂直(V)/旋转(R)]:    //向左移
```
动光标，系统自动测量出两点之间的水平距离，如图 6-8 所示，此时在适当位置拾取一点，定位尺寸位置，标注结果如图 6-9 所示

03 综合使用【实时缩放】和【实时平移】工具，调整视图，使图形完整显示。

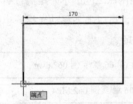

图 6-7 定位第二个原点

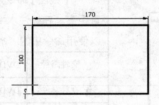
图 6-8 标注垂直尺寸

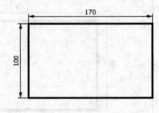
图 6-9 标注结果

技 巧

标注两点间的垂直尺寸时，只需左右移动光标，系统测量的即是两点之间的垂直距离。另外用户也可以使用命令中的"垂直"选项功能。

063 对齐标注 ↙

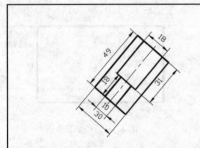

【对齐】命令用于标注对象或两点之间的距离，所标注出的尺寸线始终与对象平行。

文件路径:	DVD\实例文件\第 06 章\实例 063.dwg
视频文件:	DVD\MP4\第 06 章\实例 063.MP4
播放时长:	0:01:22

01 打开随书光盘中的"\素材文件\第 6 章\实例 063.dwg"文件，如图 6-10 所示。

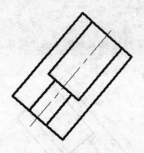

图 6-10　素材文件

02 在任意工具栏上单击右键，从弹出的工具栏菜单上选择"标注"选项，打开如图 6-11 所示的【标注】工具栏。

ISO-25

图 6-11　【标注】工具栏

技 巧

　　由于在系统默认的工作界面中，此工具栏是关闭的，所以在标注图形尺寸时，需要将其打开，以方便激活相应的尺寸标注工具。

03 选择菜单【标注】|【对齐】命令，或单击【标注】工具栏中的 ↖ 按钮，激活【对齐】命令，标注零件外部尺寸。命令行操作过程如下：

> 命令: _dimaligned
> 指定第一条尺寸界线原点或 <选择对象>:　　　　　　//捕捉如图 6-12 所示的端点
> 指定第二条尺寸界线原点:　　　　　　　　　　//捕捉如图 6-13 所示的端点
> 指定尺寸线位置或
> [多行文字(M)/文字(T)/角度(A)]:　　　　　　//向左上方移动光标，系统自动测量出两
> 端点之间的距离，此时在适当位置拾取一点，标注结果如图 6-14 所示

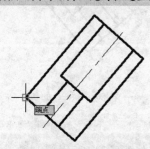

图 6-12　定位第一个原点

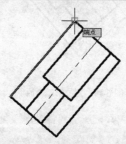

图 6-13　定位第二个原点

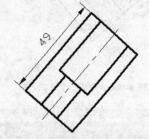

图 6-14　标注结果

04 单击【标注】工具栏中的 ↖ 按钮，重复执行【对齐】标注命令，标注零件外部尺寸。命令行操作过程如下：

> 命令: _dimaligned
> 指定第一条尺寸界线原点或 <选择对象>:　　　　　　//捕捉如图 6-15 所示的端点

指定第二条尺寸界线原点： //捕捉如图 6-16 所示的端点

指定尺寸线位置或

[多行文字(M)/文字(T)/角度(A)]： //向左下方移动光标，系统自动测量出两端点

之间的距离，此时在适当位置拾取一点，标注结果如图 6-17 所示

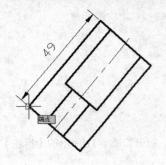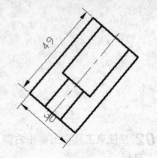

图 6-15　定位第一个原点　　　　　图 6-16　定位第二个原点　　　　　图 6-17　标注结果

05 单击【标注】工具栏中的 ↖ 按钮，重复执行【对齐】标注命令，标注零件内部尺寸。命令行操作过程
如下：

命令：_dimaligned

指定第一条尺寸界线原点或 <选择对象>： //捕捉如图 6-18 所示的交点

指定第二条尺寸界线原点： //捕捉如图 6-19 所示的端点

指定尺寸线位置或[多行文字(M)/文字(T)/角度(A)]： //向左上方移动光标，系统自

动测量出两端点之间的距离，此时在适当位置拾取一点，标注结果如图 6-20 所示

06 单击【标注】工具栏中的 ↖ 按钮，重复执行【对齐】标注命令，标注零件内部尺寸。命令行操作过程
如下：

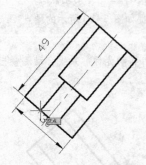

图 6-18　定位第一个原点　　　　　图 6-19　定位第二个原点　　　　　图 6-20.　标注结果

命令：_dimaligned

指定第一条尺寸界线原点或 <选择对象>： //捕捉如图 6-21 所示的端点

指定第二条尺寸界线原点： //捕捉如图 6-22 所示的端点

指定尺寸线位置或[多行文字(M)/文字(T)/角度(A)]： //向右下方移动光标，系统自动测量

出两端点之间的距离，此时在适当位置拾取一点，标注结果如图 6-23 所示

07 根据以上类似的方法，对其他内部尺寸进行标注，结果如图 6-24 所示。

图 6-21 定位第一个原点

图 6-22 定位第二个原点

图 6-23 标注结果

图 6-24 标注结果

064 基线型尺寸标注

	基线标注是多个线性尺寸的另一种组合。基线标注以某一基准尺寸界线为基准位置，按某一方向标注一系列尺寸，所有尺寸共用一条尺寸界线(基线)。
文件路径：	DVD\实例文件\第 06 章\实例 064.dwg
视频文件：	DVD\MP4\第 06 章\实例 064.MP4
播放时长：	0:01:32

01 打开随书光盘中的 "\素材文件\第 6 章\实例 064.dwg" 文件，如图 6-25 所示。

02 单击【样式】工具栏中的 按钮，或直接在命令行中输入 D 并回车，在打开的【标注样式管理器】对话框中单击 修改(M)... 按钮，打开【修改标注样式：尺寸-35】对话框。

03 在【线】选项卡内修改基线间距和起点偏移量，如图 6-26 所示。

04 展开【文字】选项卡，修改当前尺寸文字的样式，如图 6-27 所示。

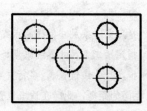
图 6-25 素材文件

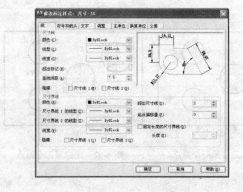
图 6-26 【线】选项卡

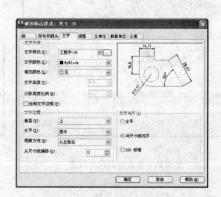
图 6-27 【文字】选项卡

05 在【修改标注样式：尺寸-35】对话框中单击【调整】选项卡，设置当前的尺寸标注比例，如图 6-28 所示。

06 在【修改标注样式：尺寸-35】对话框中单击【主单位】选项卡，设置当前的线性标注参数，如图 6-29 所示。

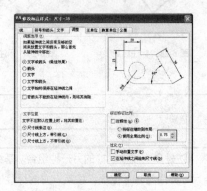

图 6-28 【调整】选项卡　　　　　　　　　　　　图 6-29 【主单位】选项卡

07 单击 确定 按钮返回【标注样式管理器】对话框，结果修改后的尺寸样式出现在预览框内，如图 6-30 所示。

08 关闭【标注样式管理器】对话框，然后单击【标注】工具栏中的 ⊢ 按钮，标注线性尺寸作为基准尺寸。命令行操作过程如下：

```
命令: _dimlinear
    指定第一条尺寸界线原点或 <选择对象>:              //选择如图 6-31 所示的圆心
    指定第二条尺寸界线原点:                          //选择如图 6-32 所示的圆心
    指定尺寸线位置或[多行文字(M)/文字(T)/角度(A)]:    //向下移动光标，系统自动测量出两
端点之间的距离，此时在适当位置拾取一点，标注结果如图 6-33 所示
```

09 选择菜单【标注】|【基线】命令，或单击【标注】工具栏中的 ⊢ 按钮，激活【基线】命令，标注基线尺寸。命令行操作过程如下：

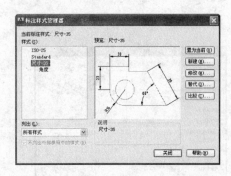

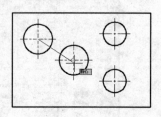

图 6-30 修改后的尺寸样式　　　　图 6-31 定位第一个原点　　　图 6-32 定位第二个原点

```
命令: _dimbaseline
    指定第二条尺寸界线原点或 [放弃(U)/选择(S)] <选择>:    //选择如图 6-34 所示的圆心
    标注文字 = 75
```

指定第二条尺寸界线原点或［放弃(U)/选择(S)］<选择>：↙　//按回车键，退出基线尺寸创建

选择基准标注：↙　　　　　　　　　　　　　//按回车键，结束命令，结果如图 6-35 所示

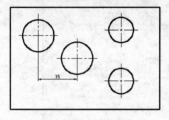

图 6-33　标注结果

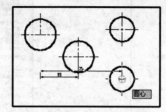

图 6-34　标注基线尺寸

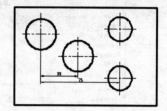

图 6-35　标注结果

> **技巧**
>
> 在激活【基线】命令后，系统自动以刚创建的线性尺寸作为基准尺寸，与其共用第一条尺寸界线。

065　连续型尺寸标注

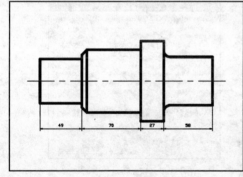

连续标注又称为链式标注或尺寸链，是多个线性尺寸的组合。连续标注从某一基准尺寸界线开始，按某一方向顺序标注一系列尺寸，相邻的尺寸共用一条尺寸界线，而且所有的尺寸线都在同一直线上。

文件路径：	DVD\实例文件\第 06 章\实例 065.dwg
视频文件：	DVD\MP4\第 06 章\实例 065.MP4
播放时长：	0:01:44

01 打开随书光盘中的 "\素材文件\第 6 章\实例 065.dwg" 文件，如图 6-36 所示。

02 选择菜单【格式】|【标注样式】命令，在打开的【标注样式管理器】对话框中单击 修改(M)... 按钮，打开【修改标注样式：ISO-25】对话框。

03 分别激活【线】选项卡和【符号和箭头】选项卡，修改尺寸参数，如图 6-37 和图 6-38 所示。

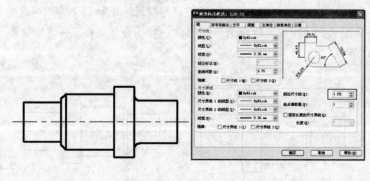

图 6-36　素材文件　　　　　图 6-37　【线】选项卡

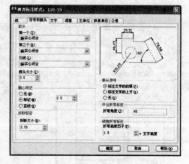

图 6-38　【符号和箭头】选项卡

04 分别展开【文字】选项卡和【调整】选项卡，修改尺寸参数，如图 6-39 所示和图 6-40 所示。

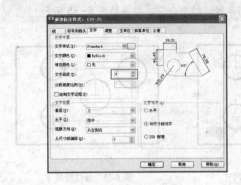
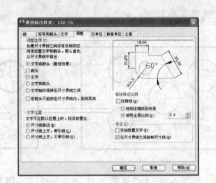

图 6-39 【文字】选项卡   图 6-40 【调整】选项卡

05 在【修改标注样式：ISO-25】对话框中单击【主单位】选项卡，修改当前的线性标注参数，如图 6-41 所示。

06 单击 确定 按钮返回【标注样式管理器】对话框，结束命令。

07 在命令行输入 SE 并回车，设置当前的捕捉模式，如图 6-42 所示。

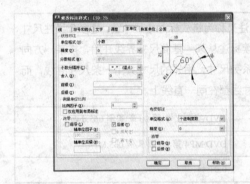

图 6-41 【主单位】选项卡   图 6-42 设置捕捉模式

08 单击【标注】工具栏中的 按钮，激活【线性】标注工具，创建线性尺寸作为基准尺寸。命令行操作过程如下：

```
命令: _dimlinear
指定第一条尺寸界线原点或 <选择对象>:                      //捕捉如图 6-43 所示的端点
指定第二条尺寸界线原点:                                  //捕捉如图 6-44 所示的端点
[多行文字(M)/文字(T)/角度(A)/水平(H)/垂直(V)/旋转(R)]: //向下移动光标，在适当位置
指定尺寸线位置，标注结果如图 6-45 所示
标注文字 = 49
```

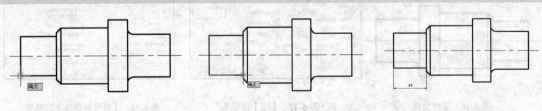

图 6-43 定位第一原点   图 6-44 定位第二原点   图 6-45 创建线性尺寸

09 选择菜单【标注】|【连续】命令，或单击【标注】工具栏中的 按钮，激活【连续】命令，标注图形的连续性尺寸。命令行操作过程如下：

```
命令: _dimcontinue
指定第二条尺寸界线原点或 [放弃(U)/选择(S)] <选择>:          //捕捉如图6-46所示的端点
标注文字 = 70
指定第二条尺寸界线原点或 [放弃(U)/选择(S)] <选择>:          //捕捉如图6-47所示的端点
标注文字 = 27
```

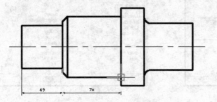

图 6-46　指定第二个原点

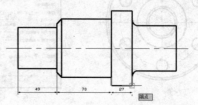

图 6-47　指定第二个原点

```
指定第二条尺寸界线原点或 [放弃(U)/选择(S)] <选择>:          //捕捉如图6-48所示的端点，
```
最终结果如图 6-49 所示
```
标注文字 = 58
```

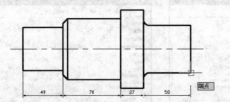

图 6-48　指定第二个原点

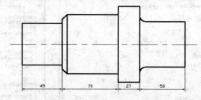

图 6-49　最终结果

> **提示**
>
> 在激活【连续】命令后，系统自动以刚创建的线性尺寸作为基准尺寸，以基准尺寸的第二条尺寸界线作为连续尺寸的第一条尺寸界线。

066 快速尺寸标注

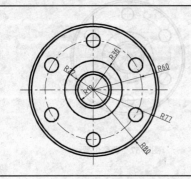

　　AutoCAD 将常用的标注综合成了一个方便的【快速标注】命令 QDIM。执行该命令时，只需要选择标注的图形对象，AutoCAD 就将针对不同的标注对象自动选择合适的标注类型，并快速标注。

文件路径：	DVD\实例文件\第 06 章\实例 066.dwg	
视频文件：	DVD\MP4\第 06 章\实例 066.MP4	
播放时长：	0:02:40	

01 打开随书光盘中的 "\素材文件\第 6 章\实例 066.dwg" 文件, 如图 6-50 所示。

02 选择菜单【格式】|【标注样式】命令, 在打开的【标注样式管理器】对话框中单击 修改 (M)... 按钮, 打开【修改标注样式: ISO-25】对话框。

03 分别激活【线】选项卡和【符号和箭头】选项卡, 修改尺寸参数, 如图 6-51 和图 6-52 所示。

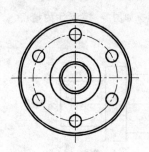

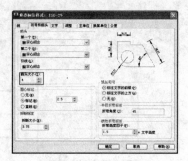

图 6-50 素材文件　　　　　　图 6-51 【线】选项卡　　　　　　图 6-52 【符号和箭头】选项卡

04 分别展开【文字】选项卡和【调整】选项卡, 修改尺寸参数, 如图 6-53 和图 6-54 所示。

05 在【修改标注样式: ISO-25】对话框中单击【主单位】选项卡, 修改当前的线性标注参数, 如图 6-55 所示。单击 确定 按钮返回【标注样式管理器】对话框, 结束命令。

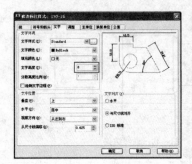
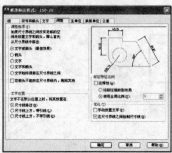
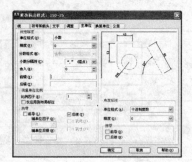

图 6-53 【文字】选项卡　　　　　　图 6-54 【调整】选项卡　　　　　　图 6-55 【主单位】选项卡

06 单击【标注】工具栏中的 按钮, 激活【快速标注】标注工具, 从内到外依次选择各个圆, 然后回车, 如图 6-56 所示。

07 调整好各个尺寸的位置, 如图 6-57 所示。

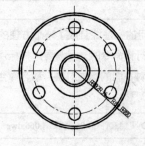
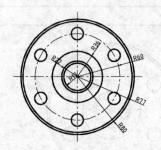

图 6-56 标注　　　　　　　　　　图 6-57 调整位置

067 弧长尺寸标注

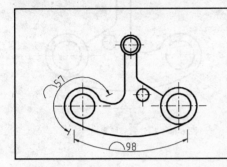

弧长标注用于测量圆弧或多段线圆弧上的距离。在标注文字上方或前面将显示圆弧符号。

	文件路径	DVD\实例文件\第 06 章\实例 067.dwg
	视频文件	DVD\MP4\第 06 章\实例 067.MP4
	播放时长	0:01:38

01 打开随书光盘中的 "\素材文件\第 6 章\实例 067.dwg" 文件, 如图 6-58 所示。

02 选择菜单【格式】|【标注样式】命令, 在打开的【标注样式管理器】对话框中单击 修改(M)… 按钮, 打开【修改标注样式: ISO-25】对话框。

03 分别激活【线】选项卡和【符号和箭头】选项卡, 修改尺寸参数, 如图 6-59 和图 6-60 所示。

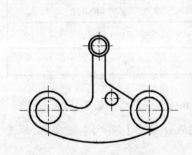

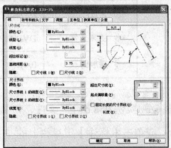

图 6-58 素材文件　　　　　图 6-59 【线】选项卡　　　　　图 6-60 【符号和箭头】选项卡

04 分别展开【文字】选项卡和【调整】选项卡, 修改尺寸参数, 如图 6-61 和图 6-62 所示。

图 6-61 【文字】选项卡　　　　　　　　图 6-62 【调整】选项卡

05 在【修改标注样式: ISO-25】对话框中单击【主单位】选项卡, 修改当前的线性标注参数, 如图 6-63 所示。

06 单击 确定 按钮返回【标注样式管理器】对话框, 结束标注样式修改。

07 单击【标注】工具栏中的⏜按钮，激活【弧长】标注工具，创建弧长尺寸，如图 6-64 所示。

图 6-63 【主单位】选项卡

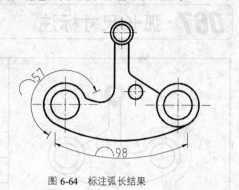

图 6-64 标注弧长结果

068 角度尺寸标注

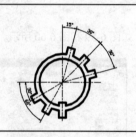

【角度】标注命令用于标注圆弧、圆或直线间的角度。执行此命令还有另外的方式，即表达式"DIMANGULAR"。

文件路径：	DVD\实例文件\第 06 章\实例 068.dwg
视频文件：	DVD\MP4\第 06 章\实例 068.MP4
播放时长：	0:01:20

01 打开随书光盘中的"\素材文件\第 6 章\实例 068.dwg"文件，如图 6-65 所示。

02 选择菜单【标注】|【角度】命令，或单击【标注】工具栏上的△按钮，激活【角度】标注命令，标注图形的角度尺寸。命令行操作过程如下：

```
命令： _dimangular
选择圆弧、圆、直线或 <指定顶点>：              //捕捉如图 6-66 所示的线段
选择第二条直线：                              //捕捉如图 6-67 所示的线段
```

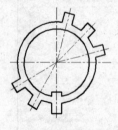

图 6-65 素材文件

图 6-66 选择对象

图 6-67 选择对象

```
指定标注弧线位置或 [多行文字(M)/文字(T)/角度(A)/象限点(Q)]：   //向上移动光标，系统自
动测量出两直线间的实际角度，如图 6-68 所示，在适当位置拾取一点定位角度尺寸的位置，结果如图
6-69 所示
命令： ↙                                      //按回车键，重复命令
_dimangular 选择圆弧、圆、直线或 <指定顶点>：   //选择如图 6-70 所示的线段
```

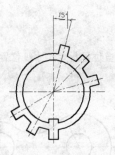

图 6-68　测量角度

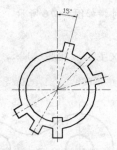

图 6-69　标注结果

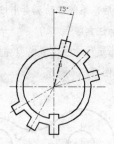

图 6-70　选择第一对象

选择第二条直线：	//选择如图 6-71 所示的线段
指定标注弧线位置或 [多行文字(M)/文字(T)/角度(A)/象限点(Q)]：	//在适当位置定位角度尺寸，标注结果如图 6-72 所示
标注文字 = 30	

03 根据第 2 步的操作命令对其他的角度进行角度尺寸标注，标注结果如图 6-73 所示。

图 6-71　选择第二对象

图 6-72　标注结果

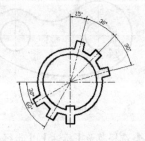

图 6-73　标注结果

069　直径和半径标注　

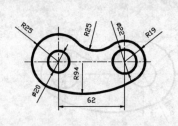

	【直径】命令是专用于标注圆或圆弧直径尺寸的工具；【半径】命令是用于标注圆或圆弧半径尺寸的工具。	
文件路径：	DVD\实例文件\第 06 章\实例 069.dwg	
视频文件：	DVD\MP4\第 06 章\实例 069.MP4	
播放时长：	0:01:04	

01 打开随书光盘中的 "\素材文件\第 6 章\实例 069.dwg" 文件，如图 6-74 所示。

02 选择菜单【标注】|【直径】命令，或单击【标注】工具栏中的 ◎ 按钮，激活【直径】标注命令，标注图形的直径尺寸。命令行操作过程如下：

命令：_dimdiameter

选择圆弧或圆：　　　　　　　　　　　　　　　　//单击如图 6-75 所示的圆图形，移

动光标后，系统自动测量出该圆的直径尺寸，如图 6-76 所示

标注文字 = 20

指定尺寸线位置或 [多行文字(M)/文字(T)/角度(A)]:   //在适当位置指定尺寸线位置，标注

结果如图 6-77 所示

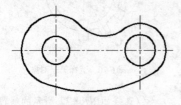

图 6-74 素材文件

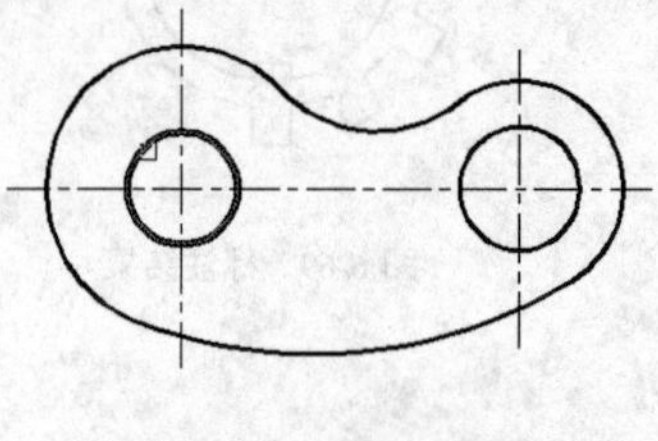

图 6-75 选择标注圆

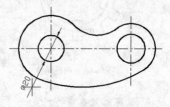

图 6-76 拉出圆的直径尺寸

03 单击右键，从弹出的右键快捷菜单中选择"重复直径"选项，标注如图 6-78 所示的圆的直径尺寸，标注结果如图 6-79 所示

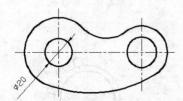

图 6-77 标注结果

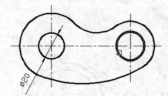

图 6-78 选择标注圆

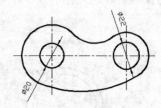

图 6-79 标注结果

04 选择菜单【标注】|【半径】命令，或单击【标注】工具栏中的 ⊚ 按钮，激活【半径】命令，标注图形的半径尺寸。命令行操作过程如下:

命令: _dimradius

选择圆弧或圆: //单击如图 6-80 所示圆弧

标注文字 = 25

指定尺寸线位置或 [多行文字(M)/文字(T)/角度(A)]: //指定半径尺寸的位置，标注结果如图

6-81 所示

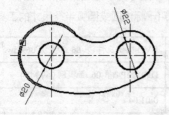

图 6-80 选择圆弧

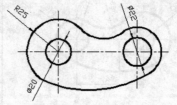

图 6-81 标注结果

05 根据第 4 步的操作，对其他圆弧进行半径尺寸标注，结果如图 6-82 所示。

06 单击【标注】工具栏中的 ⊢ 按钮，激活【线性】命令，分别标注两个圆心之间的水平距离。命令行操作过程如下:

命令: _dimlinear

指定第一条延伸线原点或 <选择对象>:   //捕捉左侧同心圆的圆心

指定第二条尺寸界线原点：　　　　　　　　　//捕捉右侧同心圆的圆心

指定尺寸线位置或[多行文字(M)/文字(T)/角度(A)/水平(H)/垂直(V)/旋转(R)]：

　　　　　　　　　　　　　　　　　//在适当位置指定尺寸线位置，结果如图 6-83 所示

标注文字 = 62

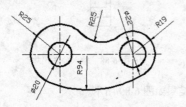
图 6-82　标注结果

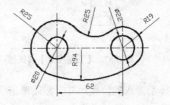
图 6-83　标注水平尺寸

070 尺寸公差标注

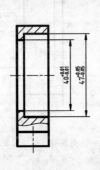

标注尺寸公差有两种方式，一种方式是先标注出基本尺寸，然后使用【编辑文字】命令为其尺寸添加公差后缀，将其快速转化为尺寸公差；另一种方式是直接使用【线性】标注命令中的"多行文字"功能，在标注基本尺寸的同时，为其添加公差后缀。

文件路径：	DVD\实例文件\第 06 章\实例 070.dwg
视频文件：	DVD\MP4\第 06 章\实例 070.MP4
播放时长：	0:01:42

01 打开随书光盘中的 "\素材文件\第 6 章\实例 070.dwg"，如图 6-84 所示。

02 单击【标注】工具栏中的□按钮，激活【线性】命令，标注图形的尺寸。命令行操作过程如下：

命令：_dimlinear

指定第一条尺寸界线原点或 <选择对象>：　　　　　　//捕捉如图 6-85 所示的端点

指定第二条尺寸界线原点：　　　　　　　　　//捕捉如图 6-86 所示的端点

指定尺寸线位置或[多行文字(M)/文字(T)/角度(A)/水平(H)/垂直(V)/旋转(R)]：M↙　//输入 m

后按回车键，打开如图 6-87 所示的【文字格式】编辑器

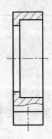
图 6-84　素材文件

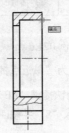
图 6-85　定位第一原点

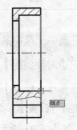
图 6-86　定位第二原点

03 在多行文字输入框中的文字后输入"+0.05^-0.08",如图 6-88 所示。

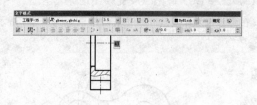 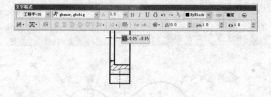

图 6-87 【文字格式】编辑器　　　　　　图 6-88 输入公差尺寸

04 选择刚输入的公差尺寸,然后单击 "堆叠"按钮,结果如图 6-89 所示。

05 单击 确定 按钮,在命令行"指定尺寸线位置或[多行文字(M)/文字(T)/角度(A)/水平(H)/垂直(V)/旋转(R)]:"提示下,在适当位置拾取一点,标注结果如图 6-90 所示。

06 根据第 2 步到第 5 步的操作,对图形其他尺寸进行公差尺寸标注,结果如图 6-91 所示。

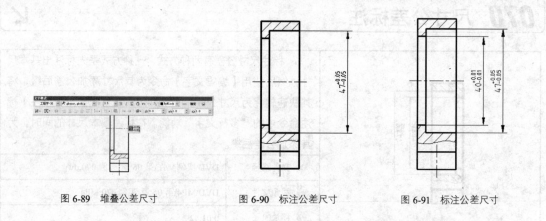

图 6-89 堆叠公差尺寸　　　图 6-90 标注公差尺寸　　　图 6-91 标注公差尺寸

071 形位公差标注

标注形位公差,主要使用【引线】命令中的"公差"注释功能标注零件图的形位公差。	
文件路径:	DVD\实例文件\第 06 章\实例 071.dwg
视频文件:	DVD\MP4\第 06 章\实例 071.MP4
播放时长:	0:02:06

01 打开随书光盘中的"\素材文件\第 6 章\实例 071.dwg"文件,如图 6-92 所示。

02 开启【对象捕捉】功能,并设置捕捉模式为"最近点捕捉"。

03 选择菜单【标注】|【引线】命令。或使用快捷键"LE"激活【快速引线】命令,在命令行"指定第一个引线点或 [设置(S)]<设置>:"提示下,输入"S"并按回车键,在打开的【引线】对话框内设置引线的注释类型,如图 6-93 所示。

04 单击【引线和箭头】选项卡,使其展开,设置引线参数,如图 6-94 所示。

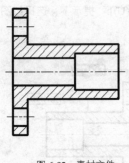

图 6-92　素材文件　　　　　　图 6-93　设置引线注释　　　　　图 6-94　设置引线参数

05 关闭【引线设置】对话框，继续在命令行"指定第一个引线点或 [设置(S)] <设置>:"提示下，配合最近点捕捉功能，在如图 6-95 所示的位置拾取第一个引线点。

06 在命令行"指定下一点："提示下，向上移动光标，在适当位置拾取第二个引线点。

07 在命令行"指点下一点："提示下，向右移动光标，在适当位置拾取第三个引线点，此时系统自动弹出【形位公差】对话框，如图 6-96 所示。

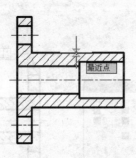

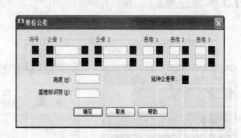

图 6-95　指定第一个引线点　　　　　　　　　图 6-96　【形位公差】对话框

08 在【符号】颜色块上单击左键，弹出【符号】对话框，选择如图 6-97 所示的公差符号。

09 此时被选择的公差符号出现在【形位公差】对话框内，在此对话框内设置公差参数，如图 6-98 所示。

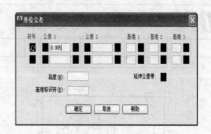

图 6-97　选择公差符号　　　　　　　　　　图 6-98　形位公差 1

> **提 示**
>
> 【引线和箭头】选项卡主要用于设置引线样式、引线点数、引线箭头以及引线放置角度参数。

10 单击【形位公差】对话框中的　确定　按钮，结果所标注的形位公差如图 6-99 所示。

11 按回车键，重复【引线】命令，分别在其他轮廓边上拾取引线点，系统自动标注相同的形位公差，结果如图 6-100 所示。

12 使用快捷键 ED 激活【编辑文字】命令，在命令行"选择注释对象或 [放弃(U)]:"提示下，选择如图 6-101 所示的形位公差，系统将打开【形位公差】对话框。

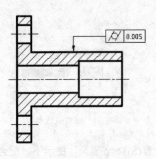

图 6-99　标注形位公差 1

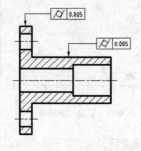

图 6-100　标注形位公差 2

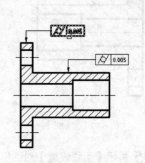

图 6-101　选择形位公差

13 在【形位公差】对话框中的【符号】颜色块上单击左键，从弹出【符号】对话框中选择如图 6-102 所示的公差符号。

14 此时被选择的公差符号出现在【形位公差】对话框内，并在对话框内设置公差参数，如图 6-103 所示。

15 单击 确定 按钮，修改后的形位公差如图 6-104 所示。

图 6-102　选择公差符号

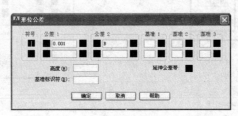

图 6-103　形位公差 2

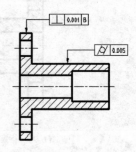

图 6-104　修改形位公差

072 尺寸样式更新

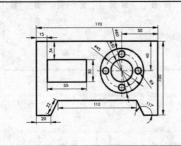

尺寸更新是一个尺寸的整体修改命令。使用更新命令，可以将已经创建好的尺寸对象由创建时所使用的样式迅速更新为当前尺寸样式。

	文件路径：	DVD\实例文件\第 06 章\实例 072.dwg
	视频文件：	DVD\MP4\第 06 章\实例 072.MP4
	播放时长：	0:01:34

01 打开随书光盘中的"\素材文件\第 6 章\实例 072.dwg"文件，如图 6-105 所示。

02 单击【标注】工具栏中的 按钮，或使用快捷键 D，打开【标注样式管理器】对话框。

03 单击 新建(N)... 按钮，在弹出的【创建新标注样式】对话框中，为新样式命名，如图 6-106 所示。

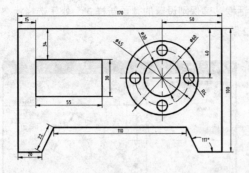

图 6-105 素材文件

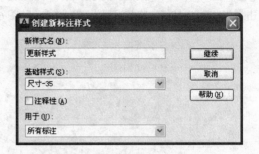

图 6-106 【创建新标注样式】对话框

04 单击 继续 按钮，打开【新建标注样式：更新样式】对话框，然后在【线】选项卡中设置参数，如图 6-107 所示。

05 在【新建标注样式：更新样式】对话框中单击【文字】选项卡，使其展开，如图 6-108 所示。

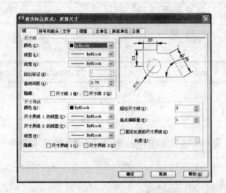

图 6-107 设置【线】参数

图 6-108 【文字】选项卡

06 单击"文字样式"列表右端的 ... 按钮，在打开的【文字样式】对话框中设置一种新的文字样式，参数设置如图 6-109 所示。单击 应用(A) 按钮，返回【新建标注样式：更新样式】对话框，设置尺寸文字的参数，如图 6-110 所示。

图 6-109 设置字体样式

图 6-110 设置尺寸文字参数

07 展开【调整】选项卡，设置标注样式的全局比例参数，如图 6-111 所示。

08 单击 ┃ 确定 ┃ 按钮返回【标注样式管理器】对话框，确保刚设置的"更新样式"处于选择状态，单击 置为当前(U) 按钮，将其设置为当前样式，如图6-112所示。

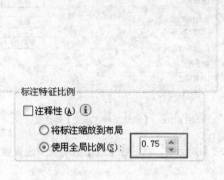

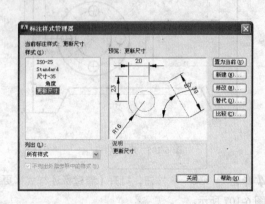

图 6-111　设置尺寸比例　　　　　　　　　　图 6-112　【标注样式管理器】对话框

09 单击 ┃ 关闭 ┃ 按钮，结果在当前文件中设置了一个名为"更新样式"的尺寸样式，同时此样式被设置为当前样式，如图6-113所示。

图 6-113　【样式】工具栏

10 选择菜单【标注】|【更新】命令，或单击【标注】工具栏中的 按钮，激活【标注更新】命令，对尺寸进行更新。命令行操作过程如下：

```
命令: _-dimstyle
当前标注样式: 更新尺寸　注释性: 否
输入标注样式选项
[注释性(AN)/保存(S)/恢复(R)/状态(ST)/变量(V)/应用(A)/?] <恢复>: _apply
选择对象:　　　　　　　　//选择如图6-114所示的尺寸对象
选择对象:↙　　　　　　　//按回车键，此尺寸继承了当前尺寸样式，如图6-115所示
```

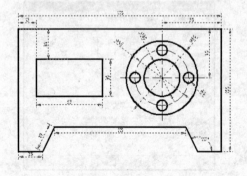

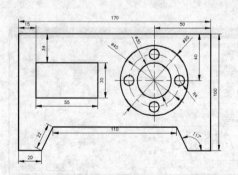

图 6-114　选择尺寸对象　　　　　　　　　　图 6-115　最终结果

073 协调尺寸外观

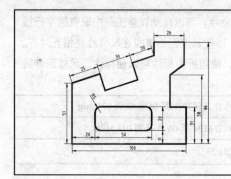

【编辑标注文字】命令是专用于调整尺寸文字的位置及放置角度的工具，以协调尺寸标注的外观。

	文件路径	DVD\实例文件\第 06 章\实例 073.dwg
	视频文件	DVD\MP4\第 06 章\实例 073.MP4
	播放时长	0:00:46

01 打开随书光盘中的 "\素材文件\第 6 章\实例 073.dwg" 文件，如图 6-116 所示。

02 单击【标注】工具栏中的 按钮，激活【编辑标注文字】命令，将尺寸对象进行调整，命令行操作过程如下：

```
命令: _dimtedit
选择标注: //选择尺寸文字为 86 的尺寸对象，此时该尺寸对象处于浮动状态下，如图 6-117 所示
为标注文字指定新位置或 [左对齐(L)/右对齐(R)/居中(C)/默认(H)/角度(A)]: //移动尺寸线
至如图 6-118 所示的位置，单击左键，结果如图 6-119 所示
```

图 6-116 素材文件　　　　　图 6-117 选择尺寸对象　　　　　图 6-118 移动尺寸线位置

03 根据第二步的操作，对其他尺寸进行调整，其结果如图 6-120 所示。

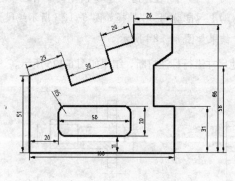

图 6-119 调整尺寸线位置

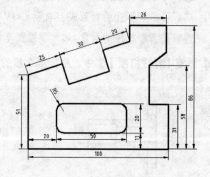

图 6-120 调整结果

074 标注间距与打断标注

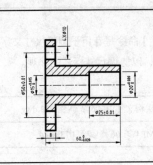

【标注间距】命令，可以自动调整图形中现有的平行线性标注和角度标注，以使其间距相等或在尺寸线处相互对齐。

【打断标注】命令，使用折断标注可以使标注、尺寸延伸线或引线不显示。

文件路径：	DVD\实例文件\第 06 章\实例 074.dwg	
视频文件：	DVD\MP4\第 06 章\实例 074.MP4	
播放时长：	0:01:53	

01 打开随书光盘中的"\素材文件\第 6 章\实例 074.dwg"文件，结果如图 6-121 所示。

02 选择菜单【标注】|【标注间距】命令，对图 6-121 所示的 1、2 尺寸调整间距。命令行操作过程如下：

```
命令：_DIMSPACE
选择基准标注：                    //选择如图 6-121 所示的 1 标注线
选择要产生间距的标注：            //选择如图 6-121 所示的 2 标注线
选择要产生间距的标注：            //按回车键，结束标注的选择
输入值或 [自动(A)] <自动>:3.5↙    //定义间距为 3.5，结果如图 6-122 所示
```

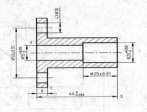

图 6-121　打开素材

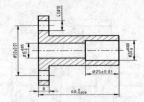

图 6-122　调整标注间距

03 选择菜单【标注】|【标注打断】命令，对图 6-121 所示的 3 尺寸进行打断。命令行操作过程如下：

```
命令：_DIMBREAK
选择要添加/删除折断的标注或 [多个(M)]:                    //选择图 6-121 所示的 3 标注
选择要折断标注的对象或 [自动(A)/手动(M)/删除(R)] <自动>: //选择如图 6-123 所示线段
选择要折断标注的对象:↙   //按回车键，结束命令，结果如图 6-124 所示
```

04 重复【标注打断】命令，根据第 3 步的操作方法对其他尺寸进行标注打断，结果如图 6-125 所示。

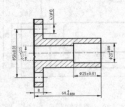

图 6-123　选择折断标注对象

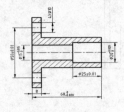

图 6-124　标注打断 1

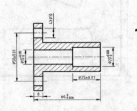

图 6-125　标注打断 2

075 使用几何约束绘制图形

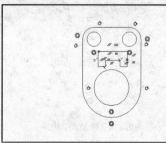

	几何约束用来定义图形元素和确定图形元素之间的关系。几何约束类型包括重合、共线、平行、垂直、同心、相切、相等、对称、水平和竖直等。	
文件路径:	DVD\实例文件\第 06 章\实例 075.dwg	
视频文件:	DVD\MP4\第 06 章\实例 075.MP4	
播放时长:	0:04:55	

01 设置图形界限。启动 AutoCAD 2014,输入 LIMITS 命令,设置图形界限为 420×297。

02 绘制草图。利用【矩形】和【圆】等命令绘制平面图形,如图 6-126 所示。然后利用【修剪】命令修剪多余的线条,结果如图 6-127 所示。

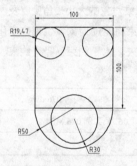

图 6-126　绘制图形

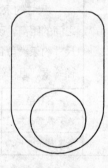

图 6-127　修剪操作

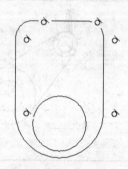

图 6-128　添加相切约束

03 为图形添加几何约束。单击【几何约束】工具栏上的相切按钮，为图形添加相切约束,结果如图 6-128 所示。然后单击【几何约束】工具栏上的同心按钮，为图形添加同心约束,结果如图 6-129 所示。

04 绘制圆及添加几何约束。利用【圆命】令绘制两个半径为 12 的圆,如图 6-130 所示。然后单击【几何约束】工具栏上的同心按钮，为图形添加同心约束,结果如图 6-131 所示。

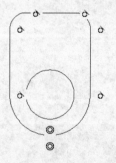

图 6-129　添加同心约束 1

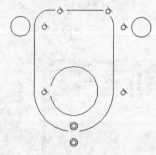

图 6-130　绘制圆

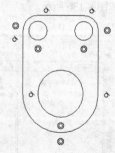

图 6-131　添加同心约束 2

05 绘制平面图形及添加几何约束。利用【多段线】命令,绘制如图 6-132 所示尺寸图形。然后选择【参数】|【自动约束】菜单命令,为图形添加自动约束,结果如图 6-133 所示。

06 为图形添加水平约束。单击【几何约束】工具栏上的水平按钮，为图形添加水平约束,结果如图

6-134 所示。

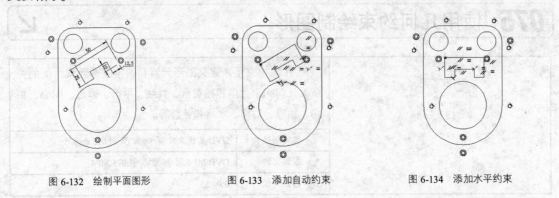

图 6-132　绘制平面图形　　　　图 6-133　添加自动约束　　　　图 6-134　添加水平约束

076 使用尺寸约束绘制图形

尺寸约束用于控制二维对象的大小、角度以及两点之间的距离，改变尺寸约束将驱动对象发生相应变化。尺寸约束类型包括对齐约束、水平约束、竖直约束、半径约束、直径约束以及角度约束等。

文件路径：	DVD\实例文件\第 06 章\实例 076.dwg	
视频文件：	DVD\MP4\第 06 章\实例 076.MP4	
播放时长：	0:03:33	

01 设置图形界限。启动 AutoCAD 2014，调用 LIMITS 命令，设置图形界限为 420×297。

02 设置图层。单击【图层】工具栏上的图层特性管理器按钮，打开【图层特性管理器】对话框。单击新建图层按钮，新建 3 个图层，分别命名为"轮廓线"层、"中心线"层和"标注线"层。将"轮廓线"层线宽设置为 0.3，将"中心线"层线型设置为 CENTER，如图 6-135 所示。

03 绘制中心线。将"中心线"图层置为当前图层，使用 LINE 命令在绘图区域绘制两条相互垂直的直线，如图 6-136 所示。

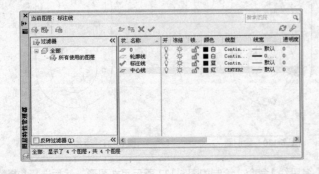

图 6-135　设置图层　　　　　　　　　　　　　　图 6-136　绘制中心线

04 绘制草图。利用【直线】和【圆】等命令绘制图形，结果如图 6-137 所示。

05 修剪图形。利用【修剪】工具修剪图形，结果如图 6-138 所示。

06 创建自动约束。选择【参数】|【自动约束】菜单命令，建立自动约束，结果如图 6-139 所示。

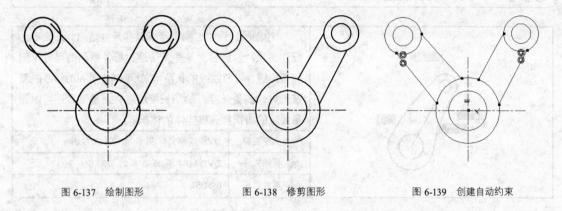

图 6-137　绘制图形　　　　　　　　图 6-138　修剪图形　　　　　　　　图 6-139　创建自动约束

07 创建相等约束。利用【相等约束】命令，为图形创建相等约束，结果如图 6-140 所示。

08 创建相切约束。利用【相切约束】命令，为图形创建相切约束，结果如图 6-141 所示。

09 创建对称约束。利用【对称约束】命令，为图形创建对称约束，结果如图 6-142 所示。

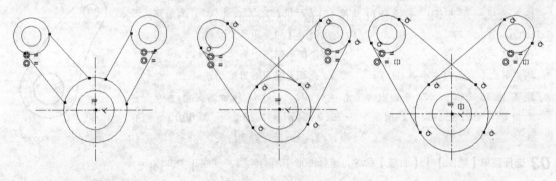

图 6-140　创建相等约束　　　　　　图 6-141　创建相切约束　　　　　　图 6-142　创建对称约束

10 创建标注约束。利用【标注约束】命令为图形创建标注约束，结果如图 6-143 所示。

11 修改标注约束。修改图形的角度以及圆的直径。修改直径 1 时，直径 2 和直径 3 都会跟着变化，结果如图 6-144 所示。

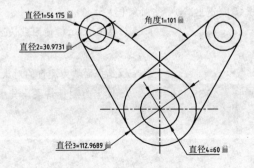

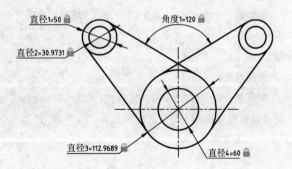

图 6-143　创建标注约束　　　　　　　　　　图 6-144　修改标注约束

077 对象的测量

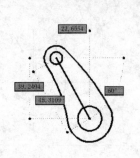

绘图的过程中，需要了解某些尺寸信息，却又不必标注该尺寸，或者对某些无法通过标注得到的尺寸（例如多段线、样条曲线的长度），就可以使用 AutoCAD 的测量工具，测量长度。除了长度信息，测量工具还可以测量面域的面积和三维实体的体积。

文件路径：	DVD\实例文件\第 06 章\实例 077.dwg	
视频文件：	DVD\MP4\第 06 章\实例 077.MP4	
播放时长：	0:01:51	

01 打开随书光盘中的 "\素材文件\第 6 章\实例 077.dwg" 文件，如图 6-145 所示。

02 选择菜单【工具】|【查询】|【距离】命令，查询两圆心的距离信息，命令行操作如下：

```
命令： _MEASUREGEOM
输入选项 [距离(D)/半径(R)/角度(A)/面积(AR)/体积(V)] <距离>:
_distance                      //调用【测量距离】命令
指定第一点：                    //选择小圆圆心为第一点
指定第二个点或 [多个点(M)]：     //选择大圆圆心为第二点
距离 = 45.3109，XY 平面中的倾角 = 300，  与 XY 平面的夹角 = 0
X 增量 = 22.6554，  Y 增量 = -39.2404，   Z 增量 = 0.0000
                               //以上两行为测量结果
```

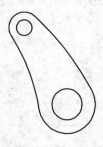

图 6-145 素材文件

03 选择菜单【绘图】|【面域】命令，选择图形中所有轮廓，创建 3 个面域。

04 选择菜单【修改】|【实体编辑】|【差集】命令，从外轮廓面域中减去两个圆形面域。

05 选择菜单【工具】|【查询】|【面积】命令，查询轮廓包含的面积，命令行操作如下：

```
命令： _MEASUREGEOM
输入选项 [距离(D)/半径(R)/角度(A)/面积(AR)/体积(V)] <距离>: _area
                               //调用【测量面积】命令
指定第一个角点或 [对象(O)/增加面积(A)/减少面积(S)/退出(X)] <对象(O)>:↙
                               //按 Enter 键使用默认选项
选择对象：                      //选择面域为测量的对象
    区域 = 1249.5504，修剪的区域 = 0.0000，周长 = 239.8640   //以上为测量结果，其中
周长包括内部边界（两个圆的周长）
```

第 7 章
零件轮廓图综合练习

　　"轮廓图"是一种用于表达零件平面结构的图形，在绘制此类图形结构时，一般需要注意零件各轮廓之间的结构形态和相互衔接关系，以便采用相对应的制图工具和绘制技巧。

　　本章通过 12 个典型实例，介绍了常见零件轮廓图的绘制方法。

078 绘制手柄

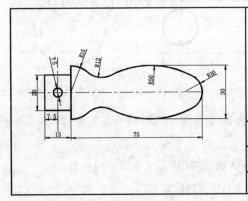

通过绘制手柄轮廓图，主要综合练习了【圆】【直线】、【复制】【镜像】和【修剪】命令，其中，【复制】【修剪】和【镜像】3 个修改命令的综合运用，是快速绘制手柄图形的关键。

	文件路径：	DVD\实例文件\第 07 章\实例 078.dwg
	视频文件：	DVD\MP4\第 07 章\实例 078.MP4
	播放时长：	0:04:59

01 以"无样板打开—公制"方式快速创建空白文件。

02 单击 按钮，激活【图层特性管理器】命令，新建图层，结果如图 7-1 所示。

03 单击【图层】工具栏 下拉按钮，选择"中心线"作为当前图层。

04 选择菜单【绘图】|【直线】命令，绘制一条长约 100 的水平中心线，结果如图 7-2 所示。

图 7-1　新建图层　　　　　　　　　　　　　　　图 7-2　绘制水平中心线

05 使用同样方法绘制一条垂直中心线，如图 7-3 所示

06 单击【修改】工具栏 按钮，将垂直中心线向左偏移 7.5，并向右分别偏移 7.5 和 82.5 个绘图单位，偏移结果如图 7-4 所示。

07 重复【偏移】命令，将最右端的垂直中心线向左偏移 10 个绘图单位，结果如图 7-5 所示。

图 7-3　绘制垂直中心线　　　　　　图 7-4　偏移 1　　　　　　图 7-5　偏移 2

08 单击【图层】工具栏 下拉按钮，选择"粗实线"图层为当前图层。

09 单击【绘图】工具栏 按钮，捕捉中心线的交点，绘制半径为 10 和 15 的圆，如图 7-6 所示。

10 单击【修改】工具栏 按钮，将水平中心线分别向上和向下偏移 15 个绘图单位，如图 7-7 所示。

11 选择菜单【绘图】|【圆】|【相切、相切、半径】命令，以半径为 10 的圆和上侧水平中心线为相切对象，绘制半径为 50 的相切圆，如图 7-8 所示。

图 7-6　绘制圆　　　　　　图 7-7　偏移水平中心线　　　　　　图 7-8　绘制相切圆

12 单击【修改】工具栏 按钮，对半径为 15 的圆和半径为 50 的圆圆角，圆角半径设置为 12，如图 7-9 所示。

13 单击【修改】工具栏 按钮，将中间水平中心线向上偏移 10 个绘图单位，如图 7-10 所示。

14 选择菜单【绘图】|【直线】命令，绘制左侧轮廓线，命令行操作过程如下：

命令: l LINE

指定第一点:　　　　　　　　　　//捕捉如图 7-11 所示的交点

　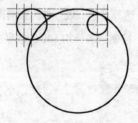　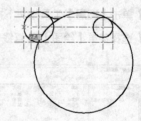

图 7-9　倒圆角　　　　　　图 7-10　偏移中心线　　　　　　图 7-11　指定第一点

指定下一点或 [放弃(U)]: @0, 10↙　　　//输入相对直角坐标@0, 10

指定下一点或 [放弃(U)]: @15, 0↙　　　//输入相对直角坐标@15, 0

指定下一点或 [闭合(C)/放弃(U)]:↙　　　//按回车键结束绘制，绘制结果如图 7-12 所示

15 重复【直线】命令，绘制轮廓线，结果如图 7-13 所示。

16 单击【绘图】工具栏 ⊙ 按钮，绘制直径为 5 的圆，绘制结果如图 7-14 所示。

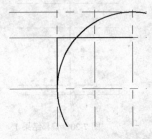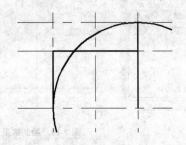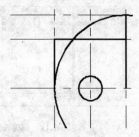

图 7-12　绘制轮廓线 1　　　　图 7-13　绘制轮廓线 2　　　　图 7-14　绘制直径为 5 的圆

17 选择菜单【修改】|【修剪】命令，将图形修改成如图 7-15 所示的形状。

18 选择菜单【修改】|【删除】命令，将如图 7-16 所示的虚线显示的中心线删除。

19 选择菜单【修改】|【镜像】命令，将水平中心线上侧的轮廓线进行镜像，手柄绘制完成，最终效果如图 7-17 所示。

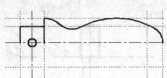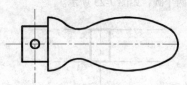

图 7-15　修剪结果　　　　图 7-16　删除中心线　　　　图 7-17　镜像结果

079　绘制吊钩

绘制吊钩轮廓图，主要综合练习【直线】、【圆】、【修剪】和【偏移】命令。

	文件路径：	DVD\实例文件\第 07 章\实例 079.dwg
	视频文件：	DVD\MP4\第 07 章\实例 079.vi
	播放时长：	0:05:45

01 按 Ctrl+N 键，创建新图形。

02 单击 按钮，激活【图层特性管理器】命令，新建图层，结果如图 7-18 所示。

03 单击【图层】工具栏 下拉按钮，选择"中心线"作为当前图层。

04 单击【绘图】工具栏 按钮，绘制如图 7-19 所示的中心线，作为辅助线。

05 选择菜单【修改】|【偏移】命令，将水平中心线向上偏移 90 和 128 个绘图单位，向下偏移 15 个绘图单位，如图 7-20 所示。

06 单击【图层】工具栏 下拉按钮，选择"粗实线"作为当前图层。

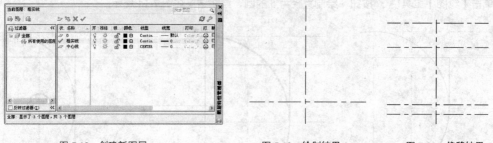

图 7-18　创建新图层　　　　图 7-19　绘制结果 1　　　　图 7-20　偏移结果 1

07 选择菜单【绘图】|【直线】命令，绘制吊钩柄部的矩形轮廓线，该矩形在垂直中心线两侧左右对称，大小为 23×38，绘制结果如图 7-21 所示。

08 单击【修改】工具栏 按钮，激活【偏移】命令，将垂直中心线向右偏移 9 个绘图单位，如图 7-22 所示。

09 单击【绘图】工具栏 按钮，激活【圆】命令，捕捉中心线交点为圆心，绘制半径分别为 20 和 48 的两个圆，如图 7-23 所示。

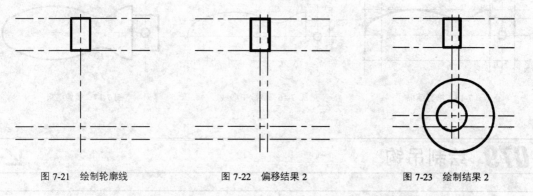

图 7-21　绘制轮廓线　　　　图 7-22　偏移结果 2　　　　图 7-23　绘制结果 2

10 选择菜单【修改】|【偏移】命令，设置偏移距离为 15，将垂直中心线向两侧偏移，结果如图 7-24 所示。

11 单击【修改】工具栏 按钮，设置圆角半径为 40，选择半径为 48 的圆和最右端的垂直中心线为圆角对象，圆角结果如图 7-25 所示。

12 按回车键再次调用圆角命令，设置圆角半径为 60，选择半径为 20 的圆和最左端的垂直中心线为圆角对象，圆角结果如图 7-26 所示。

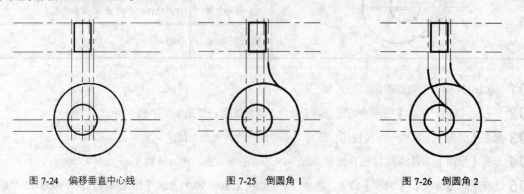

图 7-24　偏移垂直中心线　　　　图 7-25　倒圆角 1　　　　图 7-26　倒圆角 2

13 执行【偏移】命令，将半径为 20 的圆向外偏移 40 个绘图单位，创建辅助圆，如图 7-27 所示。

14 执行【圆】命令，以刚偏移的圆和最下端的水平中心线的交点为圆心，绘制半径为 40 的圆，如图 7-28 所示。

15 使用快捷键 E，激活【删除】命令，删除最下端中心线和创建的辅助圆，如图 7-29 所示。

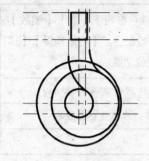 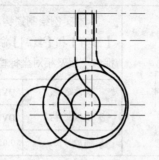 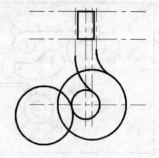

图 7-27 创建辅助圆 　　　　图 7-28 绘制结果 　　　　图 7-29 删除结果

16 重复执行【偏移】命令，设置偏移距离为 23，将半径为 48 的圆向外偏移复制，偏移结果如图 7-30 所示。

17 以上步偏移出的辅助圆和水平中心线的左交点作为圆心，绘制半径为 23 的圆，如图 7-31 所示。

18 执行【删除】命令，删除水平中心线和辅助圆，结果如图 7-32 所示。

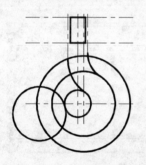 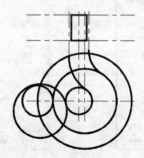 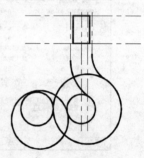

图 7-30 偏移圆 　　　　图 7-31 绘制圆 　　　　图 7-32 删除

19 选择菜单【绘图】|【圆】|【相切、相切、相切】命令，绘制如图 7-33 所示的相切圆，

20 执行【修剪】命令，对各图线进行修剪，并删除多余的图线，结果如图 7-34 所示。

21 单击【标准】工具栏中的 ⎙ 按钮，选择带有线宽的轮廓线作为源对象，将其线宽特性赋予上部的轮廓线，最终绘制完成的吊钩如图 7-35 所示。

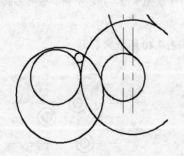  

图 7-33 绘制相切圆 　　　　图 7-34 修剪图形 　　　　图 7-35 特性匹配

080 绘制锁钩

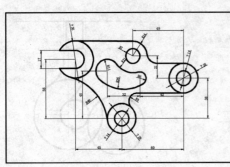

本实例绘制锁钩，主要综合练习了【圆】、【缩放】、【修剪】和【复制】命令，巧妙配合了【对象捕捉】、【捕捉自】以及相对坐标输入等定位功能。

	文件路径：	DVD\实例文件\第 07 章\实例 080.dwg
	视频文件：	DVD\MP4\第 07 章\实例 080.MP4
	播放时长：	0:05:59

01 新建空白文件，并设置当前的对象捕捉模式，如图 7-36 所示。

02 单击 按钮，打开【图层特性管理器】对话框，新建图层并设置线型，如图 7-37 所示。

03 将"中心线"层设置为当前层。

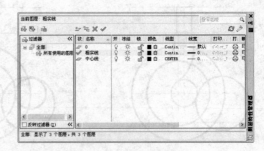

图 7-36　设置捕捉参数　　　　　　　　　　　　　　　　图 7-37　新建图层

04 使用快捷键 L 激活【直线】命令，绘制中心线，如图 7-38 所示。

05 将当前图层设置为"粗实线"层。

06 使用快捷键 C 激活【圆】命令，绘制直径分别为 14 和 28 的同心圆。

07 单击【修改】工具栏 按钮，将垂直中心线向左偏移 49 和 60 个绘图单位，将水平辅助线向上偏移 21 个单位、向下偏移 38 个单位，创建辅助线如图 7-39 所示。

08 选择菜单【修改】|【复制】命令，将同心圆多重复制，结果如图 7-40 所示。

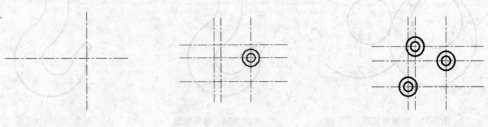

图 7-38　绘制中心线　　　　　　　　　图 7-39　创建辅助线　　　　　　　　　图 7-40　复制同心圆

09 使用快捷键 E 激活【删除】命令，删除如图 7-41 所示的辅助线。

10 执行【偏移】命令，将水平中心线向上偏移 18，将垂直中心线向左偏移 105，创建辅助线如图 7-42 所示。

11 使用快捷键 C 激活【圆】命令，绘制直径分别为 17 和 35 的同心圆，如图 7-43 所示。

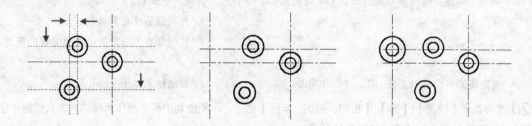

图 7-41　选择删除辅助线　　　　　图 7-42　偏移辅助线　　　　　图 7-43　绘制同心圆

12 使用快捷键 E 激活【删除】命令，删除刚创建的辅助线。

13 单击【修改】工具栏 按钮，对图形进行圆角，设置圆角半径为 49，如图 7-44 所示。

14 使用快捷键 XL 激活【构造线】命令，分别通过圆的象限点绘制水平构造线作为辅助线，结果如图 7-45 所示。

15 使用快捷键 TR 激活【修剪】命令，修剪不需要的图线，结果如图 7-46 所示。

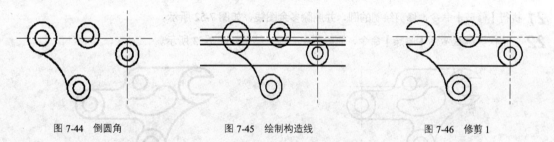

图 7-44　倒圆角　　　　　　　图 7-45　绘制构造线　　　　　　图 7-46　修剪 1

16 使用快捷键 L 激活【直线】命令，配合【捕捉切点】功能，绘制如图 7-47 所示的外公切线。

17 单击【修改】工具栏 按钮，对图形进行圆角，圆角半径分别为 10 和 8，如图 7-48 所示。

18 执行【修剪】命令，对相切圆和线段进行修剪，如图 7-49 所示。

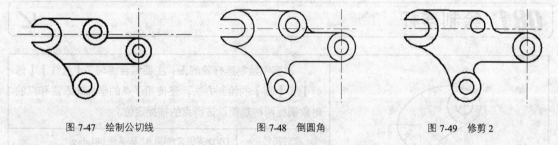

图 7-47　绘制公切线　　　　　　图 7-48　倒圆角　　　　　　　图 7-49　修剪 2

19 选择菜单【绘图】|【圆】|【圆心、半径】命令，分别绘制半径为 6 和 11 的圆。命令行操作过程如下：

```
命令: C✓    CIRCLE
    指定圆的圆心或 [三点(3P)/两点(2P)/切点、切点、半径(T)]:  //按 Shift 键单击鼠标右键,
在快捷菜单中选择【自】选项
```

```
_from 基点:                               //捕捉最右侧圆的圆心
<偏移>:@-42,0↙
指定圆的半径或 [直径(D)]:6↙               //设置圆的半径为 6
命令: ↙                                   //按回车键，重复执行圆绘制命令
CIRCLE 指定圆的圆心或 [三点(3P)/两点(2P)/切点、切点、半径(T)]:
                                         //再次激活【自】功能
_from 基点:                               //捕捉最右侧圆的圆心作为偏移的基点
<偏移>:@-74,7↙
指定圆的半径或 [直径(D)] <6.0000>:11↙      //绘制结果如图 7-50 所示
```

20 选择菜单【绘图】|【圆】|【相切、相切、半径】命令，以刚绘制的两个圆作为相切对象，绘制半径分别为 21 和 36 的两个相切圆，如图 7-51 所示。

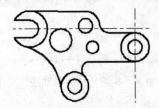

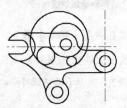

图 7-50　绘制定位圆　　　　　　　　　　　　　　图 7-51　绘制相切圆

21 执行【修剪】命令，修剪绘制的圆，并删除多余图线，如图 7-52 所示。

22 使用快捷键 E 激活【删除】命令，删除两中心线，结果如图 7-53 所示。

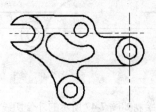

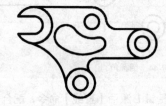

图 7-52　清理图形　　　　　　　　　　　　　　图 7-53　最终结果

081　绘制连杆

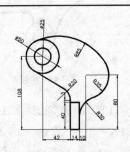

本实例绘制连杆轮廓图，主要综合练习了【直线】、【修剪】和【圆】的绘制方法，还使用了点的坐标输入法和点的对象捕捉两种功能，进行点的捕捉定位。

文件路径:	DVD\实例文件\第 07 章\实例 081.dwg	
视频文件:	DVD\MP4\第 07 章\实例 081.MP4	
播放时长:	0:04:22	

01 快速创建空白文件，并设置对象捕捉模式，如图 7-54 所示。

图 7-54 设置捕捉参数

02 使用【线宽】命令，设置线宽为 0.30mm，并打开线宽功能。

03 选择菜单【绘图】|【直线】命令，打开【正交】功能，绘制底部的轮廓线。命令行操作过程如下：

```
命令:L↙ LINE
指定第一点:                          //在绘图区拾取一点作为起点
指定下一点或 [放弃(U)]:43↙           //垂直向下移动光标，输入 43
指定下一点或 [放弃(U)]:14↙           //水平向右移动光标，输入 14
指定下一点或 [闭合(C)/放弃(U)]:40↙   //垂直向上移动光标，输入 40
指定下一点或 [闭合(C)/放弃(U)]:14↙   //水平向左移动光标，输入 14
指定下一点或 [闭合(C)/放弃(U)]:↙     //按回车键，结果如图 7-55 所示
```

04 选择菜单【绘图】|【圆】|【圆心、直径】命令，绘制半径为 35、直径分别为 25 和 50 的圆。命令行操作过程如下：

```
命令: c↙       CIRCLE
指定圆的圆心或 [三点(3P)/两点(2P)/切点、切点、半径(T)]:
                                    //激活捕捉【自】功能
_from 基点:                         //捕捉图形的左下角点
<偏移>:@-42,108↙                    //输入相对直角坐标
指定圆的半径或 [直径(D)] _d 指定圆的直径:25↙//设置圆的直径为 25，按回车键
命令: ↙                             //按回车键，重复执行绘制圆命令
_circle 指定圆的圆心或 [三点(3P)/两点(2P)/切点、切点、半径(T)]:
                                    //捕捉刚绘制的圆的圆心
指定圆的半径或 [直径(D)] <12.5>D↙    //输入 D，激活"直径"选项
d 指定圆的直径 <25>:50↙             //设置圆的直径为 50
命令: ↙                             //按回车键，重复执行命令
c CIRCLE 指定圆的圆心或 [三点(3P)/两点(2P)/切点、切点、半径(T)]:
                                    //再次激活捕捉【自】功能
_from 基点:                         //捕捉刚绘制的图形的右下角点
<偏移>:@10,80↙                      //输入相对直角坐标后按回车键
指定圆的半径或 [直径(D)] <25>35↙     //设置圆的半径为 35，结果如图 7-56 所示
```

05 重复【圆】命令，配合捕捉【自】功能，以图 7-56 所示的 B 点作为偏移基点，以 @-20，0 为圆心，绘制半径为 20 的圆，如图 7-57 所示。

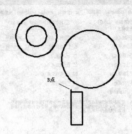

图 7-55　绘制底部轮廓　　　　　图 7-56　绘制圆 1　　　　　　图 7-57　绘制圆 2

技 巧

　用户也可以使用快捷键 DS 快速激活命令，进行捕捉、追踪参数的设置。

06 使用【直线】命令，配合【捕捉切点】功能，绘制圆的内公切线，如图 7-58 所示。

07 选择菜单【绘图】|【圆】|【相切、相切、半径】命令，分别绘制半径为 85 和半径为 30 的相切圆，如图 7-59 所示。

08 使用快捷键 TR 激活【修剪】命令，对各位置的圆进行修剪，最终绘制完成的连杆图形如图 7-60 所示。

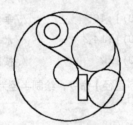

图 7-58　绘制公切线　　　　　　图 7-59　绘制相切圆　　　　　图 7-60　修剪图形

082 绘制摇柄

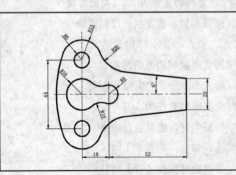

　　本实例绘制摇柄轮廓图，主要综合练习了【圆心、半径】和【相切、相切、半径】两种画圆方法以及【修剪】和【构造线】命令。

文件路径：	DVD\实例文件\第 07 章\实例 082.dwg
视频文件：	DVD\MP4\第 07 章\实例 082.MP4
播放时长：	0:04:26

01 按 Ctrl+N 快捷键，新建空白文件。

02 单击 按钮，打开【图层特性管理器】对话框，新建图层并设置线型和线宽，如图 7-61 所示。

03 打开【图层】工具栏图层下拉列表，选择"中心线"作为当前图层。

04 选择菜单【绘图】|【直线】命令，绘制如图 7-62 所示的中心线和辅助线，两垂直中心线的距离为 18。

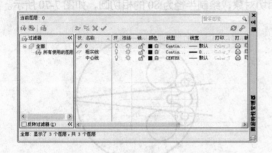

图 7-61 新建图层

图 7-62 绘制辅助线

05 设置"粗实线"为当前图层，单击状态栏上的【线宽】按钮 ，打开线宽显示功能。

06 单击【绘图】工具栏 按钮，激活【圆】命令，以辅助线的交点为圆心，分别绘制半径为 10 和 6 的两个圆，如图 7-63 所示。

07 选择菜单【绘图】|【圆】|【相切、相切、半径】命令，以刚绘制的圆作为相切对象，绘制半径为 10 的两个相切圆，如图 7-64 所示。

08 单击【修改】工具栏 按钮，激活【修剪】命令，对图形进行修剪，结果如图 7-65 所示。

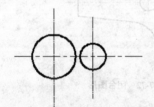

图 7-63 绘制圆

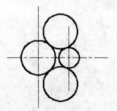

图 7-64 绘制相切圆

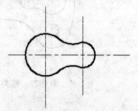

图 7-65 修剪

（技）（巧）

【修剪】命令是以指定的剪切边作为边界，修剪掉对象上的部分图线，在修剪时，需要事先选择边界。如果在命令行提示选择边界时直接按回车键，系统将会以所有图线作为边界。

09 使用快捷键 O 激活【偏移】命令，将水平辅助线上、下偏移复制，偏移距离为 22，如图 7-66 所示。

10 以偏移后的辅助线的交点为圆心，绘制半径分别为 5 和 13 的同心圆，如图 7-67 所示。

11 执行【偏移】命令，将左侧垂直中心线向右偏移 70 个单位，将水平中心线上下偏移 10 个单位，结果如图 7-68 所示。

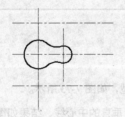

图 7-66 偏移辅助线

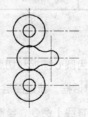

图 7-67 绘制结果

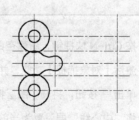

图 7-68 偏移结果

12 选择菜单【绘图】|【构造线】命令，配合捕捉功能，绘制如图 7-69 所示的两条构造线。

13 重复执行【相切、相切、半径】画圆命令，以刚绘制的构造线和半径为 13 的圆作为相切对象，绘制半径为 20 的相切圆，然后再以两个半径为 13 的圆作为相切对象，绘制半径为 80 的相切圆，如图 7-70 所示。

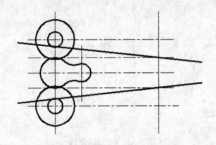
图 7-69　绘制构造线

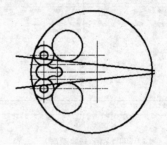
图 7-70　绘制相切圆

14 综合使用【修剪】和【删除】命令，对图形进行修剪和删除操作，结果如图 7-71 所示。

15 将当前图层设置为"粗实线"层，使用【直线】命令，将图形闭合，结果如图 7-72 所示。

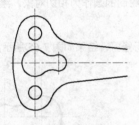
图 7-71　修剪和删除

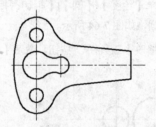
图 7-72　闭合图形

083 绘制椭圆压盖

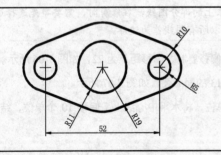

通过绘制压盖轮廓图，主要综合练习【圆】、【直线】和【圆心标记】绘制方法。

文件路径：	DVD\实例文件\第 07 章\实例 083.dwg
视频文件：	DVD\MP4\第 07 章\实例 083.MP4
播放时长：	0:02:39

01 按 Ctrl+N 快捷键，新建空白文件。

02 激活【对象捕捉】功能，并设置捕捉模式为圆心捕捉和切点捕捉。

03 单击按钮，打开【图层特性管理器】对话框，新建图层并设置线型，如图 7-73 所示。

04 将"中心线"层设置为当前图层，使用【直线】命令，绘制两条相互垂直的中心线，结果如图 7-74 所示。

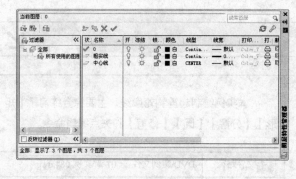

图 7-73　新建图层

图 7-74　绘制中心线

05 使用快捷键 O 激活【偏移】命令，将垂直中心线分别向左、右两侧偏移 26 个绘图单位，创建辅助线，结果如图 7-75 所示。

06 启用【线宽】功能，并将"粗实线"设置为当前图层。

07 单击【绘图】工具栏 ⊘ 按钮，绘制半径分别为 11 和 19 的同心圆，如图 7-76 所示。

图 7-75　创建辅助线

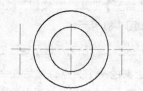

图 7-76　绘制同心圆

08 重复执行【圆】命令，以两辅助线的交点为圆心，在左右两边各绘制半径分别为 5 和 10 的同心圆，如图 7-77 所示。

09 使用快捷键　L　，激活【直线】命令，配合【捕捉切点】功能绘制圆的外公切线，如图 7-78 所示。

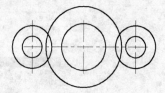

图 7-77　绘制同心圆

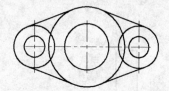

图 7-78　绘制公切线

10 单击【修改】工具栏中的 ⊬ 按钮，激活【修剪】命令，对图形进行修剪，结果如图 7-79 所示。

11 将中心线删除，并且设置"中心线"为当前层，然后选择菜单【标注】|【圆心标记】命令，选择要标记的圆，结果如图 7-80 所示。

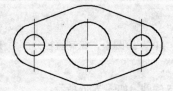

图 7-79　修剪图形

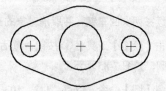

图 7-80　最终结果

084 绘制起重钩

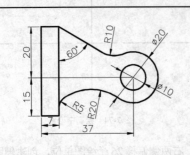

本实例绘制起重钩轮廓线，主要综合练习了【矩形】、【分解】、【圆】、【修剪】和夹点编辑命令。

文件路径：	DVD\实例文件\第 07 章\实例 084.dwg	
视频文件：	DVD\MP4\第 07 章\实例 084.MP4	
播放时长：	0:03:00	

01 执行【文件】|【新建】命令，新建空白文件。

02 新建"粗实线"图层。

03 单击【绘图】工具栏□按钮，以点"100，100"作为矩形的左下角点，绘制长度为 7，宽度为 35 的矩形，结果如图 7-81 所示。

04 将矩形分解，然后夹点显示矩形的右侧边，如图 7-82 所示。

05 单击上部的一个夹点，然后在命令行"** 拉伸 **指定拉伸点或 [基点(B)/复制(C)/放弃(U)/退出(X)]:"提示下，单击右键，在弹出的夹点编辑右键快捷菜单中选择【旋转】命令，如图 7-83 所示。

06 在"** 旋转 **指定旋转角度或 [基点(B)/复制(C)/放弃(U)/参照(R)/退出(X)]:"提示下，输入"C"并按回车键，激活"复制"选项。

07 在"** 旋转 (多重) **指定旋转角度或 [基点(B)/复制(C)/放弃(U)/参照(R)/退出(X)]:"提示下，输入 60 并按回车键。

图 7-81 绘制矩形　　　　　　　　　　图 7-82 夹点显示　　　　　　　　　图 7-83 夹点编辑菜单

08 连续按两次回车键，并取消对象的夹点显示，如图 7-84 所示。

09 单击【绘图】工具栏⊙按钮，激活【圆】命令，以点"137，115"为圆心，绘制直径分别为 10 和 20 的同心圆，如图 7-85 所示。

10 重复【圆】命令，以点"112，103"作为圆心，绘制半径为 5 的圆，如图 7-86 所示。

11 选择菜单【绘图】|【圆】|【相切、相切、半径】命令，绘制与直径为 20 和半径为 5 两圆的相切圆，如图 7-87 所示。

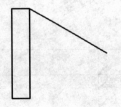　　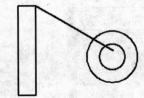　　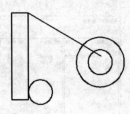

图 7-84　夹点编辑　　　　　　　图 7-85　绘制同心圆　　　　　　　图 7-86　绘制圆

12 单击【修改】工具栏 ⬜ 按钮，激活【圆角】命令，进行圆角，设置圆角半径为 10，如图 7-88 所示。

13 单击【修改】工具栏 ✄ 按钮，对图形进行修剪，如图 7-89 所示。

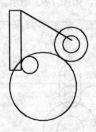　　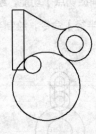　　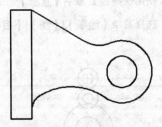

图 7-87　绘制相切圆　　　　　　图 7-88　直线和圆角　　　　　　　图 7-89　修剪

> **注 意**
>
> 　　在绘制相切圆时，有时选择的位置不同，所绘制的相切圆的位置也不同，所以要根据相切圆所在的大体位置拾取相切对象。

085 绘制齿轮架

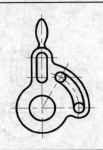

本实例绘制齿轮架轮廓图，主要练习【构造线】、【偏移】、【圆】、【图层】和【修剪】命令。

📀 文件路径：	DVD\实例文件\第 07 章\实例 085.dwg
🎬 视频文件：	DVD\MP4\第 07 章\实例 085.MP4
🎬 播放时长：	0:07:00

01 执行【文件】|【新建】命令，新建空白文件。

02 单击 🔳 按钮，打开【图层特性管理器】对话框，新建图层并设置线型，如图 7-90 所示。

03 将"中心线"设置为当前层，并打开【线宽】功能。

04 单击【绘图】工具栏 ⟋ 按钮，绘制水平和垂直的构造线，作为定位基准线。

05 单击【修改】工具栏 ⟰ 按钮，将水平构造线分别向上偏移 55、91 和 160 个单位，如图 7-91 所示。

06 设置"粗实线"为当前层，使用【圆】命令，以图 7-91 所示的交点 a 为圆心，绘制半径为 22.5 和 45 的同心圆；以交点 b 和 c 为圆心，绘制半径为 9 和 18 的同心圆，如图 7-92 所示。

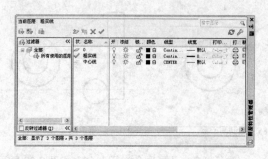

图 7-90 新建图层

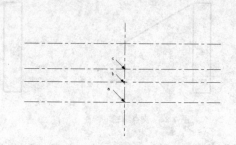

图 7-91 偏移水平构造线

07 使用快捷键 L 激活【直线】命令，配合【捕捉切点】功能，绘制圆的外公切线，如图 7-93 所示。

08 选择菜单【绘图】|【圆】|【相切、相切、半径】命令，绘制半径为 20 的相切圆，如图 7-94 所示。

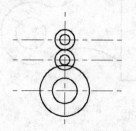

图 7-92 绘制同心圆

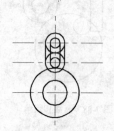

图 7-93 绘制公切线

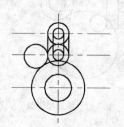

图 7-94 绘制相切圆

09 单击【修改】工具栏 按钮，修剪掉不需要的轮廓线，如图 7-95 所示。

10 启动【极轴追踪】功能，并设置增量角为 30。

11 单击【绘图】工具栏 按钮，在"中心线"图层上绘制角度为 60° 的线段，如图 7-96 所示。

12 选择菜单【绘图】|【圆】|【圆心、半径】命令，以图 7-91 所示的点 a 为圆心，绘制半径为 64 的辅助圆，如图 7-97 所示。

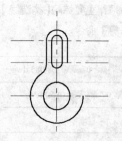

图 7-95 修剪

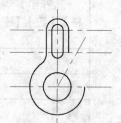

图 7-96 绘制倾斜辅助线

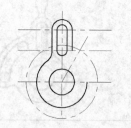

图 7-97 绘制辅助圆

> (技)(巧)
>
>   当设置了增量角之后，还需要激活"启用对象极轴追踪"功能，系统将会在增量角以及增量角倍数方向上引出以虚线显示的极轴矢量，用户只需此极轴矢量上拾取点或输入距离值即可。

13 使用【圆心、半径】命令，以辅助圆和辅助线 1 的右交点为圆心，绘制半径分别为 9 和 18 的同心圆；以辅助圆与辅助线 2 的交点为圆心，绘制半径为 9 的圆，如图 7-98 所示。

14 选择菜单【绘图】|【圆】|【相切、相切、半径】命令，以图 7-98 所示的圆 1 和圆 2 作为相切对象，绘制半径为 10 的相切圆，如图 7-99 所示。

15 使用【圆心、半径】命令，以图 7-99 所示的点 a 为圆心，分别以交点 1、交点 2 和交点 3 为圆上的点，绘制 3 个同心圆，如图 7-100 所示。

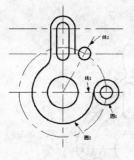
图 7-98　绘制圆

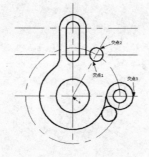
图 7-99　绘制相切圆

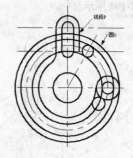
图 7-100　绘制同心圆

16 使用【相切、相切、半径】命令，以图 7-100 所示的圆 O 和线段 P 为相切对象，绘制半径为 10 的相切圆，结果如图 7-101 所示。

17 单击【修改】工具栏中的 ⊢ 按钮，对轮廓圆及辅助圆进行修剪，结果如图 7-102 所示。

18 单击【修改】工具栏中的 按钮，将最上侧水平辅助线分别向下偏移 5 和 23 个单位，如图 7-103 所示。

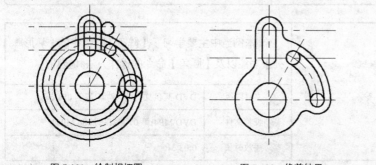
图 7-101　绘制相切圆　　　　　　　图 7-102　修剪结果

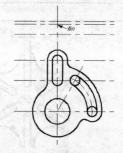
图 7-103　偏移结果

19 使用【圆心、半径】命令，以图 7-103 所示的辅助线点 O 为圆心，绘制半径分别为 5 和 35 的同心圆，如图 7-104 所示。

20 以图 7-104 所示的交点 1 和交点 2 为圆心，绘制两个半径为 40 的圆，如图 7-105 所示。

21 分别以图 7-105 所示的圆 1 和圆 3、圆 2 和圆 3 作为相切对象，绘制半径为 10 的相切圆，结果如图 7-106 所示。

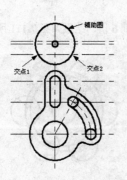
图 7-104　绘制同心圆

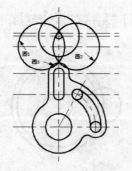
图 7-105　半径画圆

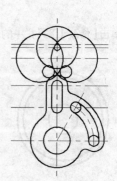
图 7-106　绘制相切圆

22 使用【修剪】和【删除】命令，对手柄及中心线进行编辑完善，删除多余的图线，结果如图 7-107 所示。

23 选择菜单【修改】|【拉长】命令，设置长度增量为 9，分别将个别位置的中心线两端拉长，最终结果如图 7-108 所示。

图 7-107　修剪结果

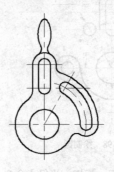

图 7-108　最终结果

086　绘制拨叉轮

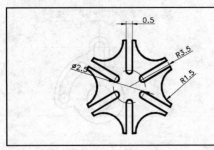

	本例当中主要学习了【阵列】命令中的【环形阵列】功能以及【圆角】命令的操作方法和技巧。
文件路径：	DVD\实例文件\第 07 章\实例 086.dwg
视频文件：	DVD\MP4\第 07 章\实例 086.MP4
播放时长：	0:03:51

01 创建文件，并设置捕捉模式为"圆心捕捉"和"象限点捕捉"。

02 选择菜单【绘图】|【圆】|【圆心、直径】命令，绘制直径为 2.5 的圆。

03 选择【绘图】菜单栏中的【圆】|【圆心、半径】命令，捕捉绘制圆的圆心，分别绘制半径为 3.5 和 4 的同心圆，如图 7-109 所示。

04 重复执行【圆心、半径】命令，以大圆的左象限点作为圆心，绘制半径为 1.5 的圆，结果如图 7-110 所示。

05 单击【修改】工具栏中的【环形阵列】 按钮，将刚绘制的小圆环形阵列 6 份，结果如图 7-111 所示。

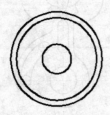

图 7-109　绘制同心圆

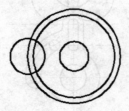

图 7-110　绘制左侧圆

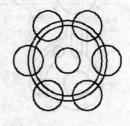

图 7-111　环形阵列

06 将半径为 4 的圆删除，然后使用【修剪】命令，以半径为 3.5 的圆作为剪切边界，修剪掉位于其外部的圆弧，结果如图 7-112 所示。

07 重复执行【修剪】命令，以修剪后的圆弧为剪切边界，修剪半径为 3.5 的圆，修剪结果如图 7-113 所示。使用【构造线】命令，绘制一条通过圆心的垂直构造线，作为辅助线。

08 选择菜单【修改】|【偏移】命令，将垂直构造线左右偏移复制 0.25 个绘图单位，如图 7-114 所示。

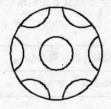
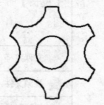

图 7-112 修剪结果   图 7-113 修剪结果   图 7-114 创建辅助线

09 删除中间的一条构造线，并执行【修剪】命令对构造线进行修剪，修剪结果如图 7-115 所示。

10 单击【修改】工具栏中的⌒按钮，对构造线进行圆角，结果如图 7-116 所示。

11 选择【修改】|【阵列】命令，对圆角后的对象进行环形阵列，结果如图 7-117 所示。

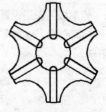

图 7-115 修剪构造线   图 7-116 圆角结果   图 7-117 环形阵列

提示

　　在对平行线段进行圆角时，圆角结果是使用一个半圆连接两个平行对象，半圆直径为两平行线之间的距离，此操作与当前的圆角半径没有关系。

12 执行【修剪】命令，修剪掉位于两平行线之间的圆弧和线段，修剪结果如图 7-118 所示。

13 使用【线型】命令，加载一种名为 "CENTER" 的线型，并设置线型的全局比例因子为 0.1。

14 选择直径为 2.5 的小圆，然后修改其线型为 "CENTER" 线型，最终结果如图 7-119 所示。

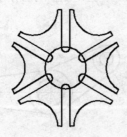
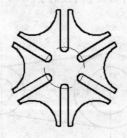

图 7-118 修剪结果   图 7-119 最终结果

087 绘制曲柄

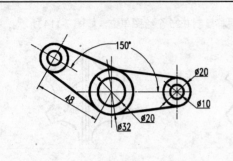

通过绘制曲柄，综合练习了【偏移】、【旋转】和【拉长】命令，并使用了【全部缩放】功能来调整视图。

	文件路径:	DVD\实例文件\第 07 章\实例 087.dwg
	视频文件:	DVD\MP4\第 07 章\实例 087MP4
	播放时长:	0:03:19

01 以光盘中"素材文件/机械制图模板.dwt"作为样板新建图形文件。

02 打开【线宽】功能，并使用【全部缩放】命令调整视图。

03 单击【绘图】工具栏中的 ∕ 按钮，在"点画线"图层内绘制水平和垂直的中心线。

04 单击【修改】工具栏中的 ⟠ 按钮，将垂直中心线向右偏移 48 个绘图单位，结果如图 7-120 所示。

05 将"轮廓线"图层设置为当前层，然后使用【圆】命令，以左边垂直中心线交点为圆心，以 32 和 20 的直径绘制同心圆，以水平中心线与右边垂直中心线交点为圆心，以 20 和 10 为直径绘制同心圆，结果如图 7-121 所示。

图 7-120 偏移中心线

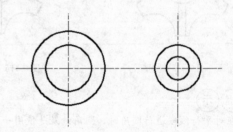

图 7-121 绘制同心圆

06 选择菜单【绘图】|【直线】命令，配合【捕捉切点】功能，分别绘制上下公切线，结果如图 7-122 所示。

07 选择菜单【修改】|【旋转】命令，将所绘制的图形复制旋转 150°，结果如图 7-123 所示。

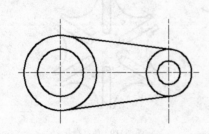

图 7-122 绘制公切线

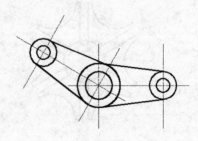

图 7-123 旋转复制

08 使用【修剪】和【删除】命令，对图形进行修剪，结果如图 7-124 所示。

09 选择菜单【修改】|【拉长】命令，设置长度增量为 9，将圆中心线拉长，最终结果如图 7-125 所示。

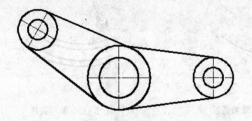

图 7-124 修剪图形

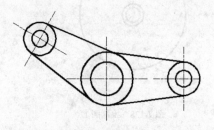

图 7-125 最终结果

088 绘制滑杆 ↙

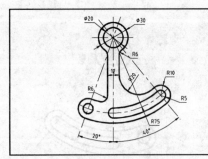

	绘制滑杆轮廓图，主要综合练习【圆】、【修剪】、【圆角】和【偏移】命令。	
文件路径：	DVD\实例文件\第 07 章\实例 088.dwg	
视频文件：	DVD\MP4\第 07 章\实例 088.vi	
播放时长：	0:05:10	

01 按 Ctrl+N 快捷键，创建新图形。

02 单击【图层】工具栏 按钮，打开【图层特性管理器】对话框，新建图层，如图 7-126 所示。

03 单击【图层】工具栏图层列表下拉按钮，选择"中心线"作为当前图层。

04 单击【绘图】工具栏 按钮，绘制如图 7-127 所示的中心线，作为辅助线。

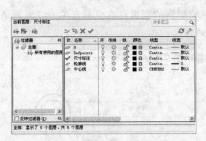

图 7-126 创建新图层

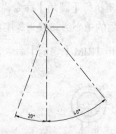

图 7-127 绘制中心线

05 选择"轮廓线"为当前图层，单击【绘图】工具栏 按钮，激活【圆】命令，捕捉中心线交点为圆心，绘制半径分别为 10、15、75 的三个圆，如图 7-128 所示。

06 选择菜单【修改】|【修剪】命令，修剪圆弧，如图 7-129 所示。

07 单击【修改】工具栏 按钮，激活【偏移】命令，将圆弧分别向上、下偏移两次，一次偏移 5 个绘图单位，并将偏移圆弧转换到中心线图层，如图 7-130 所示。

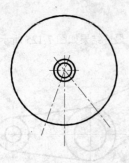

图 7-128　绘制圆 1

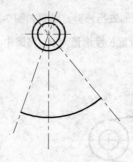

图 7-129　修剪圆弧

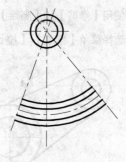

图 7-130　偏移弧线

08 单击【绘图】工具栏 ⊘ 按钮，激活【圆】命令，捕捉圆弧中心线端点为圆心，绘制半径分别为 5 和 10 的两个圆，以圆弧中心线与垂直中心线交点为圆心，绘制半径为 5 的圆，如图 7-131 所示。

09 选择菜单【修改】|【修剪】命令，修剪绘制的圆，结果如图 7-132 所示。

10 单击【修改】工具栏 ⚌ 按钮，设置偏移距离为 6，选择垂直中心线为偏移对象，分别向左右偏移，如图 7-133 所示。

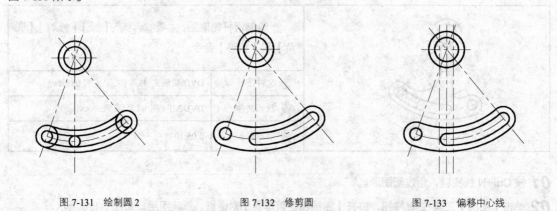

图 7-131　绘制圆 2　　　　　　　　　　图 7-132　修剪圆　　　　　　　　　　图 7-133　偏移中心线

11 单击【修改】工具栏 ◻ 按钮，设置圆角半径为 6，选择半径为 15 的圆和偏移得到的垂直中心线与偏移得到的圆弧和左侧垂直中心线为圆角对象，圆角结果如图 7-134 所示。

12 重复执行【圆角】命令，设置圆角半径为 20，选择偏移得到的圆弧和右侧垂直中心线为圆角对象，并将圆角后的中心线转换为轮廓线，结果如图 7-135 所示。

13 调用 TRIM【修剪】命令，对图形进行修剪，最终结果如图 7-136 所示。

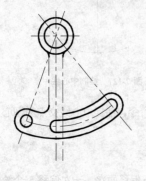

图 7-134　倒圆角 1

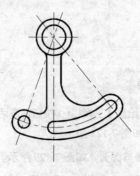

图 7-135　倒圆角 2

图 7-136　修剪图形

089　绘制量规支座

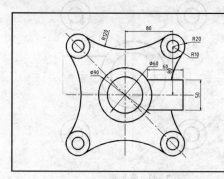

绘制量规支座轮廓图，主要综合练习【阵列】、【圆】、【修剪】和【偏移】命令。

	文件路径：	DVD\实例文件\第 07 章\实例 089.dwg
	视频文件：	DVD\MP4\第 07 章\实例 089.vi
	播放时长：	0:03:50

01 按 Ctrl+N 快捷键，创建新图形。

02 单击【图层】工具栏 按钮，打开【图层特性管理器】对话框，新建图层，如图 7-137 所示。

03 选择"中心线"为当前图层，单击【绘图】工具栏 按钮，绘制如图 7-138 所示的水平和垂直中心线，作为辅助线。

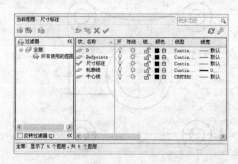

图 7-137　新建图层

图 7-138　绘制辅助线

04 选择"轮廓线"为当前图层，单击【绘图】工具栏 按钮，激活【圆】命令，捕捉中心线交点为圆心，绘制半径分别为 30 和 45 的两个圆，如图 7-139 所示。

05 选择菜单【绘图】|【直线】命令，绘制如图 7-140 所示的水平和垂直线段。

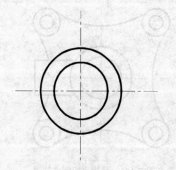

图 7-139　绘制圆 1

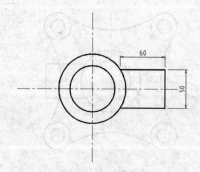

图 7-140　绘制直线

06 单击【绘图】工具栏 按钮，激活【圆】命令，绘制半径分别为 10 和 20 的两个圆，如图 7-141 所示。

07 单击【修改】工具栏 按钮，激活【环形阵列】命令，捕捉中心线交点为阵列中心点，将绘制的两个圆阵列，数目为 4，阵列完成后将其分解，如图 7-142 所示。

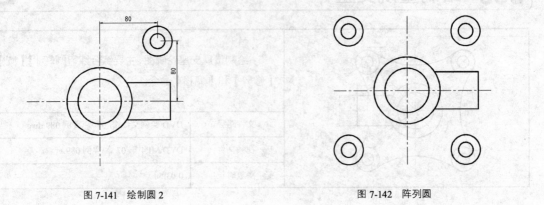

图 7-141　绘制圆 2　　　　　　　　　　　　　图 7-142　阵列圆

08 选择菜单【绘图】|【圆】|【相切、相切、半径】命令，设置半径为 120，绘制如图 7-143 所示的相切圆。

09 选择菜单【修改】|【修剪】命令，修剪掉大圆多余圆弧，结果如图 7-144 所示。

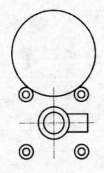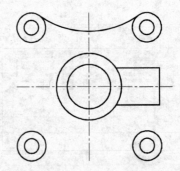

图 7-143　绘制相切圆　　　　　　　　　　　　图 7-144　修剪圆弧

10 单击【修改】工具栏 按钮，激活【环形阵列】命令，捕捉中心线交点为阵列中心点，选择修剪的圆弧为阵列对象，阵列数目为 4，阵列完成后将其分解，结果如图 7-145 所示。

11 调用 TRIM【修剪】命令，对圆弧进行修剪，并删除多余的图线，最终结果如图 7-146 所示。

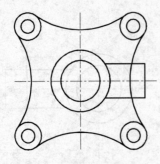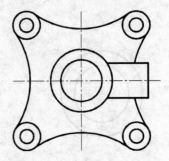

图 7-145　环形阵列　　　　　　　　　　　　　图 7-146　量规支座完成效果

第 *8* 章
常用件与标准件绘制

组成机器设备的众多零件中，有些零件应用十分广泛，如螺栓、螺母、垫圈、键、销、滚动轴承等。为了适应专业化大批量生产，提高产品质量，降低生产成本，国家标准对这些零件的结构尺寸和加工要求等作了一系列的规定，是已经标准化、系列化了的零件，这类零件就称为标准件。另有一些零件，如齿轮、弹簧等，国家标准只对其部分尺寸和参数作了规定，这类零件结构典型，应用也十分广泛，被称为常用件。

本章通过 21 个典型实例，讲解了螺母、螺栓、螺钉、花键、齿轮、弹簧、蜗轮、轴承等常用件与标准件的绘制方法和技巧。

090 绘制螺母

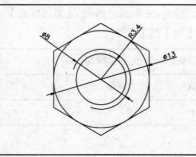

通过螺母的绘制，主要练习了【圆】、【正多边形】、【打断】和【旋转】命令，在具体的操作过程中充分配合了【捕捉圆心】和【捕捉象限点】功能。

文件路径：	DVD\实例文件\第 08 章\实例 090.dwg	
视频文件：	DVD\MP4\第 08 章\实例 090.MP4	
播放时长：	0:01:43	

01 新建空白文件，并将捕捉模式设置为【圆心捕捉】和【象限点捕捉】。

02 选择菜单【绘图】|【圆】|【圆心、半径】命令，绘制半径分别为 3.4、4 和 6.5 的同心圆，结果如图 8-1 所示。

03 使用【正多边形】命令，绘制与外圆相切的正六边形，结果如图 8-2 所示。

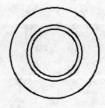

图 8-1 绘制同心圆

图 8-2 绘制正六边形

04 选择菜单【修改】|【打断】命令，对中间的圆进行打断。命令行操作过程如下：

命令：_break 选择对象：　　　　　　　　//选择中间的圆图形
指定第二个打断点 或 [第一点(F)]:f↙　　//选择"第一点(F)"选项
指定第一个打断点：　　　　　　　　　　//捕捉圆左侧的象限点
指定第二个打断点：　　　　　　　　　　//捕捉圆下边的象限点，打断结果如图 8-3 所示

05 选择菜单【修改】|【旋转】命令，将打断后的圆图形旋转-20°，将外侧的正六边形旋转 90°，最终结果如图 8-4 所示。

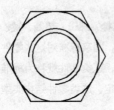
图 8-3　打断结果

图 8-4　最终结果

(注)(意)
在执行打断操作时，一定要逆时针定位打断点，否则会得到相反的打断结果。

091 绘制螺钉

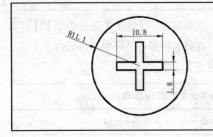

通过螺钉俯视图的绘制，主要综合练习了【多线样式】、【多线】、【多线编辑】和【圆】命令。

文件路径：	DVD\实例文件\第 08 章\实例 091.dwg
视频文件：	DVD\MP4\第 08 章\实例 091.MP4
播放时长：	0:02:21

01 执行【文件】|【新建】命令，新建空白文件，并设置捕捉模式。

02 选择【格式】|【多线样式】命令，在打开的【多线样式】对话框中单击 修改(M)... 按钮，如图 8-5 所示。

03 在打开的【修改多线样式：STANDARD】对话框中设置多线的封口样式，如图 8-6 所示。

封口		
	起点	端点
直线(L)：	☑	☑
外弧(O)：	☐	☐
内弧(R)：	☐	☐
角度(N)：	90.00	90.00

图 8-5　【多线样式】对话框

图 8-6　【修改多线样式：STANDARD】对话框

04 单击 确定 按钮返回【多线样式】对话框，单击【多线样式】对话框中的 确定 按钮关闭。

05 单击【绘图】工具栏⊘按钮，绘制半径为 11.1 的圆，如图 8-7 所示。

06 选择菜单【绘图】|【多线】命令，配合【圆心捕捉】和【对象捕捉追踪】功能，绘制内部结构。命令行操作过程如下：

```
命令: _mline
当前设置: 对正 = 上, 比例 = 20.00, 样式 = STANDARD
指定起点或 [对正(J)/比例(S)/样式(ST)]:S↙        //输入 S, 按回车键, 激活"比例"选项
输入多线比例 <20.00>:1.8↙                      //输入多线比例为 1.8, 按回车键
当前设置: 对正 = 上, 比例 = 1.80, 样式 = STANDARD
指定起点或 [对正(J)/比例(S)/样式(ST)]:J↙        //输入 J, 按回车键, 激活"对正"选项
输入对正类型 [上(T)/无(Z)/下(B)] <上>:z↙        //输入 Z, 按回车键, 设置"无"对正方式
当前设置: 对正 = 无, 比例 = 1.80, 样式 = STANDARD
指定起点或 [对正(J)/比例(S)/样式(ST)]:5.4↙      //通过圆心向下引出如图 8-8 所示的追踪虚
线, 然后输入 5.4 按回车键
指定下一点: @0,10.8↙                          //输入相对直角坐标, 按回车键
指定下一点或 [放弃(U)]: ↙                      //按回车键, 结果如图 8-9 所示
```

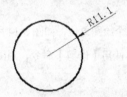
图 8-7　绘制圆

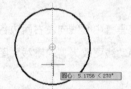
图 8-8　引出垂直追踪虚线

图 8-9　绘制结果 1

07 使用快捷键 ML 再次激活【多线】命令，绘制水平的多线，结果如图 8-10 所示。

08 选择菜单【修改】|【对象】|【多线】命令，在打开的【多线编辑工具】对话框中激活"十字合并"功能，如图 8-11 所示。

09 此时根据命令行的操作提示，对两条多线进行十字合并，最终结果如图 8-12 所示。

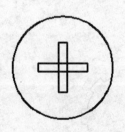
图 8-10　绘制结果 2

图 8-11　【多线编辑工具】对话框

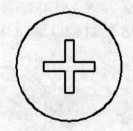
图 8-12　最终结果

　　使用"ML"绘制的多线，不能被修剪、延伸、打断和圆角等编辑，只有先将多线分解后才可以进行编辑。

092 绘制花键

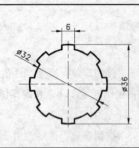

通过绘制花键，主要对【圆】、【修剪】和【阵列】命令进行综合练习，在操作过程中还充分使用了【图层特性】命令。

文件路径：	DVD\实例文件\第 08 章\实例 092.dwg	
视频文件：	DVD\MP4\第 08 章\实例 092.MP4	
播放时长：	0:02:50	

01 新建空白文件，并设置对象捕捉。

02 单击【图层】工具栏上的 按钮，激活【图层】命令，新建"轮廓线"、"点画线"和"尺寸层"3 个图层。

03 将"点画线"设置为当前图层，单击【绘图】工具栏上的 按钮，绘制垂直和水平两条辅助线。

04 将"轮廓线"切换为当前层，使用快捷键 C 激活【圆】命令，以辅助线的交点为圆心，绘制半径为 18 和 16 的同心圆，如图 8-13 所示。

05 使用快捷键 O 激活【偏移】命令，将垂直中心线向左右两边各偏移 3 个绘图单位，如图 8-14 所示。

06 使用【图层特性】命令，将偏移的辅助线更改为"轮廓线"图层，并使用【修剪】命令，对图形进行修剪，结果如图 8-15 所示。

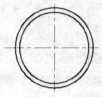

图 8-13　绘制圆

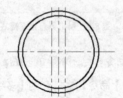

图 8-14　偏移辅助线

图 8-15　修剪结果

07 选择菜单【修改】|【阵列】|【环形阵列】命令，设置阵列数目为 8，填充角度为 360°，以圆心为阵列中心，对轮齿进行环形阵列，结果如图 8-16 所示。

08 使用【修剪】命令，修剪齿形，最终结果如图 8-17 所示。

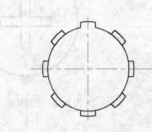

图 8-16　阵列结果

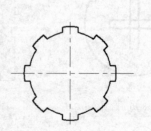

图 8-17　修剪结果

093 绘制平键

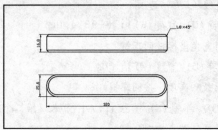

通过平键二视图的绘制，主要综合练习了【矩形】命令中的"倒角"功能和【多段线】命令中的画线、画弧功能。

	文件路径：	DVD\实例文件\第 08 章\实例 093.dwg
	视频文件：	DVD\MP4\第 08 章\实例 093.MP4
	播放时长：	0:02:46

01 新建空白文件，并设置捕捉追踪功能。

02 选择菜单【绘图】|【矩形】命令，绘制长度为 120，宽度为 16.8，倒角距离为 1.8 的倒角矩形，作为平键主视图外轮廓，命令行操作过程如下：

```
命令：_rectang
指定第一个角点或 [倒角(C)/标高(E)/圆角(F)/厚度(T)/宽度(W)]:C↙
                                        //选择"倒角(C)"选项
指定矩形的第一个倒角距离 <0.0000>:1.8↙     //设置倒角距离为 1.8
指定矩形的第二个倒角距离 <1.8000>:↙        //默认当前设置
指定第一个角点或 [倒角(C)/标高(E)/圆角(F)/厚度(T)/宽度(W)]:
                                        //在适当位置拾取一点作为起点
指定另一个角点或 [面积(A)/尺寸(D)/旋转(R)]:D↙  //选择"尺寸(D)"选项
指定矩形的长度 <10.0000>:120↙            //设置矩形长度为 120
指定矩形的宽度 <10.0000>:16.8↙           //设置矩形宽度为 16.8
指定另一个角点或 [面积(A)/尺寸(D)/旋转(R)]: ↙  //单击左键，绘制结果如图 8-18 所示
```

03 使用快捷键 L 激活【直线】命令，配合【捕捉端点】功能，绘制如图 8-19 所示的轮廓线。

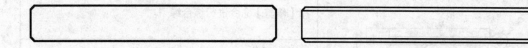

图 8-18 绘制倒角矩形　　　　　　图 8-19 绘制直线

04 选择菜单【绘图】|【多段线】命令，配合【捕捉中点】和【对象追踪】功能，绘制俯视图外轮廓。命令行操作过程如下：

```
命令：_pline
指定起点：                        //配合中点捕捉和对象追踪功能，引出如图 8-20 所
示的追踪虚线，在此方向矢量拾取一点作为起点
当前线宽为 0.0000
指定下一个点或 [圆弧(A)/半宽(H)/长度(L)/放弃(U)/宽度(W)]: @49.2,0↙
                        //输入相对直角坐标，按回车键确定第二点
指定下一点或 [圆弧(A)/闭合(C)/半宽(H)/长度(L)/放弃(U)/宽度(W)]:A↙
```

指定圆弧的端点或[角度(A)/圆心(CE)/闭合(CL)/方向(D)/半宽(H)/直线(L)/半径(R)/第二个点(S)/放弃(U)/宽度(W)]: @0, -21.6↙

指定圆弧的端点或[角度(A)/圆心(CE)/闭合(CL)/方向(D)/半宽(H)/直线(L)/半径(R)/第二个点(S)/放弃(U)/宽度(W)]: L↙　　　　　　　//选择"直线（L）"选项

指定下一点或 [圆弧(A)/闭合(C)/半宽(H)/长度(L)/放弃(U)/宽度(W)]: @-98.4,0↙
　　　　　　　　　　　　　　　　//输入相对直角坐标按回车键

指定下一点或 [圆弧(A)/闭合(C)/半宽(H)/长度(L)/放弃(U)/宽度(W)]:a ↙
　　　　　　　　　　　　　　　　//选择"圆弧"选项，按回车键

指定圆弧的端点或[角度(A)/圆心(CE)/闭合(CL)/方向(D)/半宽(H)/直线(L)/半径(R)/第二个点(S)/放弃(U)/宽度(W)]: @0, 21.6↙　　　//输入圆弧另一端点相对坐标

指定圆弧的端点或[角度(A)/圆心(CE)/闭合(CL)/方向(D)/半宽(H)/直线(L)/半径(R)/第二个点(S)/放弃(U)/宽度(W)]:cl↙　　　　//选择闭合选项，闭合图形如图 8-21 所示

05 选择菜单【修改】|【偏移】命令，将刚绘制的多段线向内偏移 1.8 个绘图单位，平键绘制完成，如图 8-22 所示。

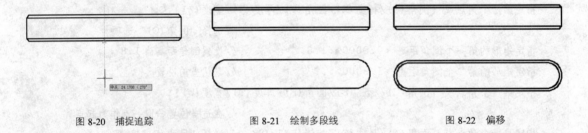

图 8-20　捕捉追踪　　　　　　　图 8-21　绘制多段线　　　　　　　图 8-22　偏移

094 绘制开口销

通过绘制开口销，主要对【射线】、【圆】、【偏移】和【修剪】命令进行综合练习。

文件路径：	DVD\实例文件\第 08 章\实例 094.dwg
视频文件：	DVD\MP4\第 08 章\实例 094.MP4
播放时长：	0:03:18

01 按 Ctrl+N 快捷键，创建空白图形。

02 单击【图层】工具栏按钮，弹出【图层特性管理器】对话框，建立"粗实线"、"中心线"、"标注"和"细实线" 4 个图层，如图 8-23 所示。

03 设置"粗实线"为当前图层。

04 使用【圆】命令绘制半径为 1.8 的圆，并使用【直线】命令，配合【正交】功能，以圆心为左端点绘制长为 30 的直线，结果如图 8-24 所示。

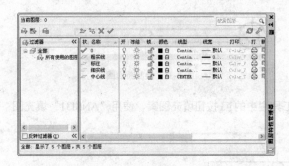

图 8-23　新建图层

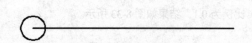

图 8-24　绘制圆和直线

05 单击【修改】工具栏 按钮，激活【偏移】命令，将圆向内偏移 0.9 个绘图单位，直线分别向上、下偏移 0.9 个绘图单位，结果如图 8-25 所示。

06 单击【修改】工具栏 按钮，分别设置圆角半径为 2 和 1，将大圆与外侧直线，以及小圆与中间直线进行圆角，结果如图 8-26 所示。

图 8-25　偏移　　　　　　　　　　　　　　　　　　　图 8-26　圆角

07 选择菜单【修改】|【拉长】命令，将图形拉长。命令行操作过程如下：

```
命令: _lengthen
选择对象或 [增量(DE)/百分数(P)/全部(T)/动态(DY)]:T↙//输入 t, 按回车键
指定总长度或 [角度(A)] <1.0000>:22.5↙          //设置长度为 22.5
选择要修改的对象或 [放弃(U)]:                    //单击选择上端直线右侧
选择要修改的对象或 [放弃(U)]: ↙                  //按回车键, 结果如图 8-27 所示
```

08 使用快捷键 L，激活【直线】命令，过直线端点绘制垂直线，如图 8-28 所示。

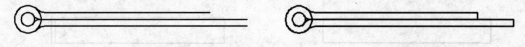

图 8-27　拉长直线　　　　　　　　　　　　　　　　图 8-28　绘制直线

09 将"中心线"设置为当前图层，重复【直线】命令，绘制圆中心线，如图 8-29 所示。

10 单击【修改】工具栏 按钮，激活【偏移】命令，将垂直中心线向右偏移 15 个绘图单位，如图 8-30 所示。

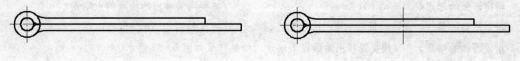

图 8-29　绘制中心线　　　　　　　　　　　　　　　图 8-30　偏移中心线

11 单击【修改】工具栏 按钮，激活【修剪】命令，修剪多余的线，如图 8-31 所示。

12 设置"粗实线"为当前图层，使用【圆】命令绘制半径为 0.9 的断面圆，如图 8-32 所示。

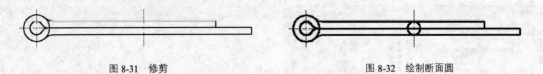

图 8-31　修剪　　　　　　　　　　　　　　　　图 8-32　绘制断面圆

13 将"细实线"设置为当前图层，单击【绘图】工具栏中的 █ 按钮填充图案，使用"ANSI31"填充图案，比例为 0.1，结果如图 8-33 所示。

图 8-33　填充图案

095　绘制圆柱销

	通过绘制圆柱销，主要对【矩形】、【圆弧】、【分解】、【复制】和【倒角】命令进行综合练习。	
文件路径：	DVD\实例文件\第 08 章\实例 095.dwg	
视频文件：	DVD\MP4\第 08 章\实例 095.MP4	
播放时长：	0:02:21	

01 创建空白文件，并设置捕捉模式为【捕捉端点】和【捕捉中点】。

02 单击【绘图】工具栏 □ 按钮，绘制 70×10 的矩形作为圆柱销的主轮廓线，如图 8-34 所示。

03 单击【修改】工具栏 ▥ 按钮，将矩形进行分解。

04 单击【修改】工具栏 ▣ 按钮，将最右侧的垂直轮廓线向左偏移 1.5 个绘图单位，如图 8-35 所示。

图 8-34　绘制矩形　　　　　　　　　　　　　　图 8-35　偏移

05 选择菜单【绘图】|【圆弧】|【三点】命令，以偏移出线段的端点为圆弧的两个端点，绘制右端的弧形的轮廓线，命令行操作过程如下：

```
命令：_arc
指定圆弧的起点或 [圆心(C)]：            //捕捉刚偏移出的线段的上端点
指定圆弧的第二个点或 [圆心(C)/端点(E)]：   //捕捉如图 8-36 所示的中点
指定圆弧的端点： //捕捉偏移出的线段下端点，绘制结果如图 8-37 所示
```

图 8-36　捕捉中点　　　　　　　　　　　　　　图 8-37　绘制结果

06 将最右侧的垂直边删除，然后使用【修剪】命令修剪多余的线，结果如图 8-38 所示。

07 单击【修改】工具栏中的◯按钮，激活【倒角】命令，对矩形左侧的边进行倒角。命令行操作过程如下：

```
命令：_chamfer
（"修剪"模式）当前倒角距离 1 = 0.0000，距离 2 = 0.0000
选择第一条直线或 [放弃(U)/多段线(P)/距离(D)/角度(A)/修剪(T)/方式(E)/多个(M)]：M↙
                              //输入 m，按回车键，激活"多个"选项
选择第一条直线或 [放弃(U)/多段线(P)/距离(D)/角度(A)/修剪(T)/方式(E)/多个(M)]：A↙
                              //输入 a，按回车键，激活"角度"选项
指定第一条直线的倒角长度 <0.0000>:2.5↙    //设置倒角长度为 2.5
指定第一条直线的倒角角度 <0>:15↙          //设置倒角角度为 15
选择第一条直线或 [放弃(U)/多段线(P)/距离(D)/角度(A)/修剪(T)/方式(E)/多个(M)]：
                              //单击下侧水平轮廓线
选择第二条直线，或按住 Shift 键选择要应用角点的直线：    //单击左侧的垂直轮廓线
选择第一条直线或 [放弃(U)/多段线(P)/距离(D)/角度(A)/修剪(T)/方式(E)/多个(M)]：
                              //单击上侧的水平轮廓线
选择第二条直线，或按住 Shift 键选择要应用角点的直线：    //单击左侧的垂直轮廓线
选择第一条直线或 [放弃(U)/多段线(P)/距离(D)/角度(A)/修剪(T)/方式(E)/多个(M)]：↙
                              //按回车键，结束命令，结果如图 8-39 所示
```

08 使用【直线】命令，绘制倒角位置的垂直轮廓线，最终结果如图 8-40 所示。

图 8-38　修剪结果　　　　　　　　　　　图 8-39　倒角结果　　　　　　　　　　图 8-40　最终结果

096 绘制 O 形圈

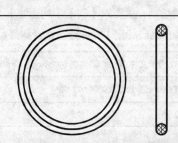

	通过 O 形圈的绘制，主要对【圆】、【移动】、【图案填充】命令进行综合练习。
文件路径：	DVD\实例文件\第 08 章\实例 096.dwg
视频文件：	DVD\MP4\第 08 章\实例 096.MP4
播放时长：	0:01:59

01 建空白文件，并设置捕捉模式为【捕捉圆心】和【捕捉象限点】。

02 单击【绘图】工具栏◯按钮，激活【圆】命令，绘制直径分别为 20、22.5 和 25 的同心圆，如图 8-41 所示。

03 重复【圆】命令，配合捕捉功能，绘制如图 8-42 所示的两个小圆。

04 单击【修改】工具栏✣按钮，激活【移动】命令，将两个小圆向右移动，如图 8-43 所示。

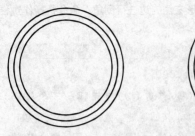

图 8-41　绘制同心圆

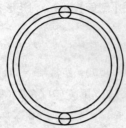

图 8-42　绘制圆

图 8-43　移动圆

05 单击【绘图】工具栏✐按钮，激活【直线】命令，捕捉象限点绘制直线，如图 8-44 所示。

06 单击【绘图】工具栏⬒按钮，设置填充图案以及填充参数，如图 8-45 所示，填充如图 8-46 所示的图案。O 形圈零件图绘制完成。

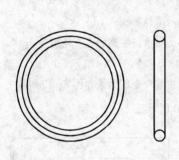

图 8-44　绘制直线

图 8-45　设置填充参数

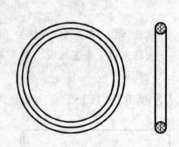

图 8-46　最终结果

097 绘制圆形垫圈

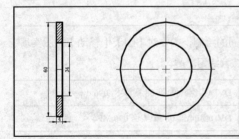

	通过圆形垫圈的绘制，主要对【圆】、【构造线】、【修剪】、【图案填充】和【圆心标记】命令进行综合练习。
文件路径：	DVD\实例文件\第 08 章\实例 097.dwg
视频文件：	DVD\MP4\第 08 章\实例 097.MP4
播放时长：	0:02:36

01 新建空白文件，并设置捕捉模式为【捕捉圆心】和【捕捉象限点】。

02 单击【绘图】工具栏◉按钮，绘制直径分别为 30 和 17 的同心圆，如图 8-47 所示。

03 单击【绘图】工具栏✐按钮，配合捕捉功能，绘制如图 8-48 所示的水平构造线。

04 重复【构造线】命令，在侧视图的左侧绘制一条垂直的构造线，然后偏移复制 4 个绘图单位，如图 8-49 所示。

图 8-47 绘制同心圆

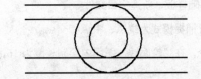

图 8-48 绘制水平构造线

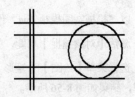

图 8-49 绘制垂直构造线

05 单击【修改】工具栏 ← 按钮，激活【修剪】命令，将图形修剪成如图 8-50 所示效果。

06 单击【绘图】工具栏 按钮，设置填充图案以及填充参数，如图 8-51 所示，为主视图填充如图 8-52 所示的图案。

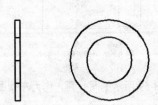

图 8-50 修剪结果

图 8-51 设置填充参数

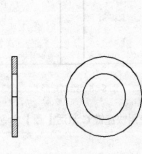

图 8-52 填充结果

07 选择菜单【标注】|【标注样式】命令，对当前标注样式进行参数修改，如图 8-53 所示。

08 单击【标注】工具栏 ⊕ 按钮，为侧视图标注中心线，结果如图 8-54 所示。

09 选择主视图水平中心线，然后将其改为"CENTER"层，最终结果如图 8-55 所示。

图 8-53 修改参数

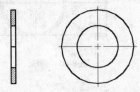

图 8-54 标注圆心标记

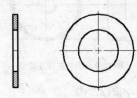

图 8-55 最终结果

098 绘制齿轮

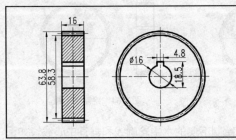

通过齿轮的绘制，主要综合练习了【矩形】、【圆】、【构造线】、【修剪】和【图案填充】命令。	
文件路径：	DVD\实例文件\第 08 章\实例 098.dwg
视频文件：	DVD\MP4\第 08 章\实例 098.MP4
播放时长：	0:05:44

01 以"机械制图模板.dwt"作为基础样板,新建空白文件。

02 激活【对象捕捉】功能,并设置捕捉模式为端点、中点和交点。

03 选择菜单【绘图】|【矩形】命令,在"轮廓线"图层内绘制长度为16,宽度为63.8的矩形,并将矩形分解,结果如图8-56所示。

04 选择菜单【修改】|【偏移】命令,分别将分解后的两条水平轮廓边向内偏移2.75个绘图单位,如图8-57所示。

05 选择菜单【绘图】|【构造线】命令,配合【对象捕捉】功能,绘制如图8-58所示的水平和垂直构造线,作为定位辅助线。

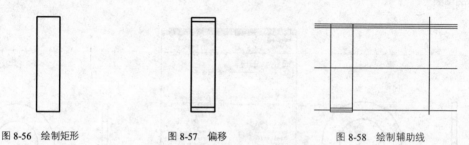

图 8-56 绘制矩形   图 8-57 偏移   图 8-58 绘制辅助线

06 使用快捷键C激活【圆】命令,配合【交点捕捉】功能,绘制如图8-59所示的同心圆,作为左视图轮廓。

07 使用快捷键O激活【偏移】命令,将左视图中心位置的水平辅助线向上偏移10.5个绘图单位;将垂直辅助线分别向左右两边偏移2.4个绘图单位,以定位出内部结构,结果如图8-60所示。

08 综合使用【修剪】和【删除】命令,对辅助线进行修剪和删除,结果如图8-61所示。

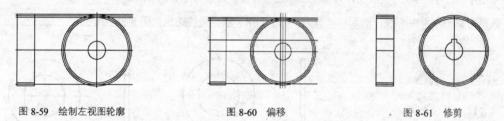

图 8-59 绘制左视图轮廓   图 8-60 偏移   图 8-61 修剪

提 示

　　【偏移】命令中的"删除"选项将对象偏移复制后,源对象将被删除;而"图层"选项则是将偏移的目标对象放到当前图层上,系统默认的是放到与源对象所在层上。

09 使用【直线】命令,配合捕捉追踪功能,以图8-62和图8-63所示的交点作为起点和端点,绘制水平轮廓线,结果如图8-64所示。

图 8-62 定位起点   图 8-63 定位端点   图 8-64 绘制水平线

10 重复画线命令,配合中点、端点和对象捕捉追踪功能,绘制下侧的水平轮廓线和垂直中心线,如图

8-65 所示。

11 在无命令执行的前提下，选择如图 8-66 所示的轮廓线，使其呈夹点显示。

12 选择菜单【工具】|【选项板】|【特性】命令，在弹出的【特性】对话框中，修改线型比例为 0.4，图层为 "点画线"，结果如图 8-67 所示。

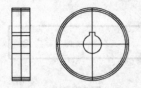
图 8-65　绘制线条

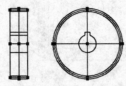
图 8-66　夹点显示

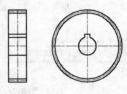
图 8-67　修改特性

13 选择菜单【修改】|【拉长】命令，将中心线两端拉长 3 个绘图单位，如图 8-68 所示。

14 将 "剖面线" 设置为当前层，执行【图案填充】命令，设置图案类型和填充比例，如图 8-69 所示，对主视图进行填充，结果如图 8-70 所示。

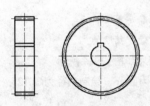

图 8-68　拉长中心线

图 8-69　设置填充参数

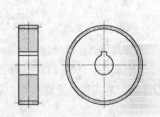

图 8-70　填充结果

099　绘制轴承

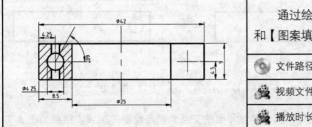

	通过绘制轴承，主要对【矩形】、【偏移】、【镜像】和【图案填充】命令进行综合练习。	
文件路径：	DVD\实例文件\第 08 章\实例 099.dwg	
视频文件：	DVD\MP4\第 08 章\实例 099.MP4	
播放时长：	0:04:11	

01 按 Ctrl+N 快捷键，新建一个空白文件。

02 单击【图层】工具栏 按钮，打开【图层特性管理器】对话框，建立 "粗实线"、"中心线" 和 "细实线" 3 个图层，结果如图 8-71 所示。

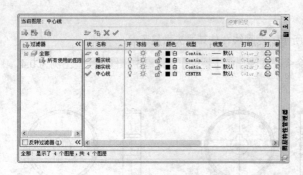

图 8-71　新建图层

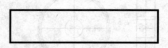

图 8-72　绘制矩形

03 将 "粗实线" 设置为当前层，单击【绘图】工具栏□按钮，绘制 42×9 大小的矩形，如图 8-72 所示。

04 将 "中心线" 设置为当前层，单击 ╱ 按钮配合【捕捉中点】功能，绘制中心线，如图 8-73 所示。

05 重复【直线】命令，配合【捕捉自】功能，绘制中心线，命令行操作过程如下：

命令：_line 指定第一点：_from 基点：	//捕捉外轮廓左下角点
<偏移>：@1.5,4.5↙	//输入相对直角坐标确定第 1 点
指定下一点或 [放弃(U)]：@5.5,0↙	//输入相对直角坐标确定第 2 点
指定下一点或 [放弃(U)]：↙	//按回车键结束命令
命令：↙	//按回车键重复命令
_line 指定第一点：_from 基点：	//捕捉外轮廓左下角点
<偏移>：@4.25,1.75↙	//输入相对直角坐标确定第 1 点
指定下一点或 [放弃(U)]：@0,5.5↙	//输入相对直角坐标确定第 2 点
指定下一点或 [放弃(U)]：↙	//按回车键，绘制结果如图 8-74 所示

06 将 "粗实线" 设置为当前层，单击【绘图】工具栏⊙按钮，以中心点交点为圆心，绘制半径为 2.125 的圆，如图 8-75 所示。

07 将 "细实线" 设置为当前图层，单击 ╱ 按钮绘制辅助线。命令行操作过程如下：

命令：L↙ LINE 指定第一点：	//捕捉圆心
指定下一点或 [放弃(U)]：@10<60↙	//输入相对极坐标
指定下一点或 [放弃(U)]：↙	//按回车键，结束命令，结果如图 8-76 所示

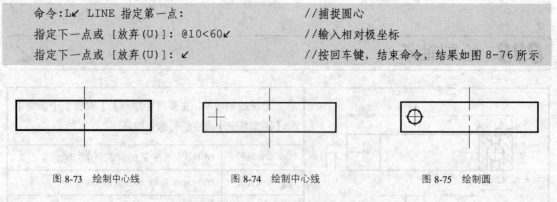

图 8-73　绘制中心线　　　　　图 8-74　绘制中心线　　　　　图 8-75　绘制圆

08 将 "粗实线" 设置为当前图层，单击 ╱ 按钮，以辅助线和圆的交点为起点绘制轮廓线，结果如图 8-77 所示。

09 单击【修改】工具栏 ⚮ 按钮，激活【镜像】命令，将步骤 8 中绘制的直线分别沿圆的两条中心线镜像复制，如图 8-78 所示。

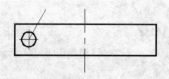

图 8-76　绘制辅助线

图 8-77　绘制轮廓线

图 8-78　镜像复制

10 将 "粗实线" 设置为当前图层，使用【直线】命令，配合【捕捉自】功能，以右侧垂直线段上端点为基点，以 "@-33.5，0" 为目标点，绘制内轮廓线，结果如图 8-79 所示。

11 重复使用【直线】命令，配合【捕捉自】功能绘制另一端的结构，结果如图 8-80 所示。

12 将 "细实线" 设置为当前图层，单击【绘图】工具栏 按钮填充图案，使用 "ANSI31" 图案，填充比例为 0.4，填充结果如图 8-81 所示。

图 8-79　绘制内轮廓

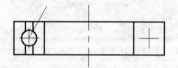

图 8-80　绘制中心线

图 8-81　填充

100　绘制蜗轮

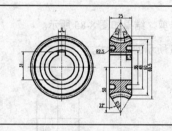

通过蜗轮的绘制，主要综合练习了【多段线】、【圆】、【修剪】、【偏移】和【图案填充】命令。		
文件路径	DVD\实例文件\第 08 章\实例 0100.dwg
视频文件	DVD\MP4\第 08 章\实例 0100.MP4
播放时长	0:09:18

01 以附赠样板 "机械制图模板.dwt" 作为基础样板新建空白文件。

02 将 "点画线" 设置为当前层，然后使用【构造线】和【偏移】命令，绘制如图 8-82 所示的辅助线。

03 在无命令执行的前提下，选择图 8-82 所示的定位线 M 进行夹点编辑，命令行操作过程如下：

```
命令:                              //单击其中的一个夹点，进入夹点编辑模式
** 拉伸 **
指定拉伸点或 [基点(B)/复制(C)/放弃(U)/退出(X)]:↙
                                  //按回车键，进入夹点移动模式
** 移动 **
指定移动点或 [基点(B)/复制(C)/放弃(U)/退出(X)]:↙
                                  //按回车键，进入夹点旋转模式
** 旋转 **
指定旋转角度或 [基点(B)/复制(C)/放弃(U)/参照(R)/退出(X)]:c↙
```

```
** 旋转（多重）**
指定旋转角度或 [基点(B)/复制(C)/放弃(U)/参照(R)/退出(X)]:b↙
指定基点：                                                //捕捉图 8-82 所示
的 A 点
** 旋转（多重）**
指定旋转角度或 [基点(B)/复制(C)/放弃(U)/参照(R)/退出(X)]:32↙      //设置角度为 32
** 旋转（多重）**
指定旋转角度或 [基点(B)/复制(C)/放弃(U)/参照(R)/退出(X)]:-32↙     //设置角度为-32
** 旋转（多重）**
指定旋转角度或 [基点(B)/复制(C)/放弃(U)/参照(R)/退出(X)]:↙         //按回车键，并取消
夹点显示，结果如图 8-83 所示
```

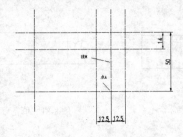

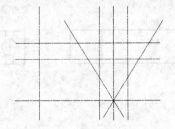

图 8-82 绘制辅助线   图 8-83 夹点编辑

04 将 "轮廓线" 设置为当前图层，打开线宽功能。单击【绘图】工具栏 ⊘ 按钮，绘制半径分别为 18、20 和 23 的同心圆，如图 8-84 所示。

05 选择菜单【修改】|【修剪】命令，对辅助线和同心圆进行修剪，结果如图 8-85 所示。

06 使用【直线】命令，配合【对象捕捉】功能，绘制如图 8-86 所示的轮廓线。

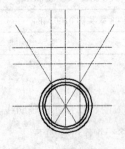

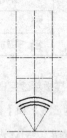

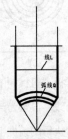

图 8-84 绘制同心圆   图 8-85 修剪结果   图 8-86 绘制轮廓线

07 修改图 8-86 所示轮廓线 L 的图层为 "轮廓线"，修改弧线 Q 的图层为 "点画线"，结果如图 8-87 所示。

08 使用快捷键 O 激活【偏移】命令，将图 8-87 所示的轮廓线 L 分别向下偏移 5 和 10 个绘图单位，将垂直辅助线左右偏移 8.5 个绘图单位，如图 8-88 所示。

09 综合使用【修剪】和【删除】命令，对偏移后的轮廓线进行修剪，并删除不需要的辅助线，结果如图 8-89 所示。

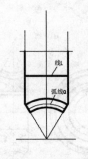

图 8-87　修改对象特性

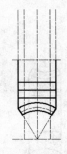

图 8-88　偏移

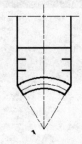

图 8-89　修剪

10 将修剪后的 4 条水平轮廓线进行分解，然后对其两两圆角，半径为 2.5，圆角结果如图 8-90 所示。

11 选择菜单【修改】|【镜像】命令，将下侧的图形镜像复制，创建出左视图的上半部分，结果如图 8-91 所示。

12 使用【构造线】命令，分别通过左视图特征点绘制水平辅助线，结果如图 8-92 所示。

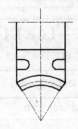

图 8-90　圆角结果

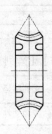

图 8-91　镜像复制

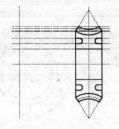

图 8-92　绘制辅助线

13 以左下侧辅助线交点作为圆心，以其他交点作为圆半径的另一端点，绘制如图 8-93 所示的同心圆。

14 执行【偏移】命令，将最下侧水平辅助线向上偏移 17 个绘图单位，将垂直辅助线对称偏移 4 个绘图单位，结果如图 8-94 所示。

15 综合使用【修剪】和【删除】命令，对各辅助线进行修剪，删除不需要的辅助线，结果如图 8-95 所示。

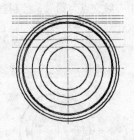

图 8-93　绘制同心圆

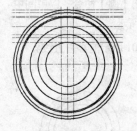

图 8-94　偏移辅助线

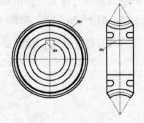

图 8-95　修剪操作

16 修改如图 8-95 所示轮廓线 W 和 Q 的图层为"轮廓线"，圆 O 的图层为"点画线"。

17 选择菜单【绘图】|【图案填充】命令，设置填充参数及填充图案，如图 8-96 所示，对左视图填充剖面图案，填充结果如图 8-97 所示。

18 使用【拉长】命令，将中心线向两端拉长 3 个绘图单位，最终结果如图 8-98 所示。

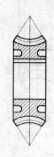

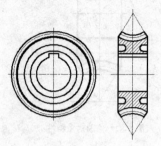

图 8-96　设置填充参数　　　　图 8-97　填充图案　　　　图 8-98　最终结果

101 绘制止动垫圈

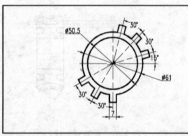

	通过绘制螺母止动垫圈，主要对【直线】、【圆】、【偏移】、【阵列】和【拉长】命令进行综合练习。
文件路径：	DVD\实例文件\第 08 章\实例 101.dwg
视频文件：	DVD\MP4\第 08 章\实例 101.MP4
播放时长：	0:03:51

01 以附赠样板"机械制图模板.dwt"作为基础样板，新建空白文件。

02 将"点画线"设置为当前图层，使用【直线】命令，绘制中心线。

03 使用快捷键 O 激活【偏移】命令，将垂直中心线，分别向左右两边偏移 3.5 个绘图单位，结果如图 8-99 所示。

04 将"轮廓线"设置为当前层，使用【圆】命令，以中间中心线与水平中心线交点为圆心，绘制直径分别为 50.5、61 和 76 的圆，如图 8-100 所示。

05 使用【直线】命令，绘制如图 8-101 所示的垂直直线。

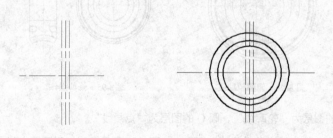

图 8-99　偏移结果　　　　图 8-100　绘制圆　　　　图 8-101　绘制垂直直线

06 选择菜单【修改】|【阵列】命令，对刚绘制的两条线段，进行三次环形阵列，第一次阵列总数为 3，填充角度设置为-60°；第二次阵列总数为 2，填充角度设置为 105°；第三次阵列选择第二次阵列后得到的直线作为阵列对象，阵列总数设置为 3，填充角度设置为 60°；三次阵列的中心都选择中心线的交点，结果

如图 8-102 所示。

07 使用【修剪】和【删除】命令，对图形进行修剪操作，结果如图 8-103 所示。

08 使用【拉长】命令，将中心线向两端拉长 3 个绘图单位，最终结果如图 8-104 所示。

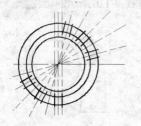

图 8-102　阵列结果　　　　　图 8-103　操作结果　　　　　图 8-104　最终结果

102 绘制蝶形螺母

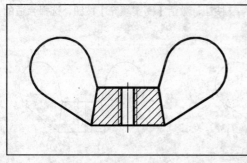

通过蝶形螺母的绘制，主要综合练习了【直线】、【圆】、【修剪】和【旋转】命令，在具体操作过程中还使用了【捕捉端点】和【捕捉切点】功能。

文件路径：	DVD\实例文件\第 08 章\实例 102.dwg
视频文件：	DVD\MP4\第 08 章\实例 102.MP4
播放时长：	0:04:10

01 以附赠样板"机械制图模板.dwt"作为基础样板，新建空白文件。

02 将"点画线"设置为当前图层，单击绘图工具栏 ✎ 按钮，绘制垂直中心线。

03 将"轮廓线"设置为当前图层，使用【直线】命令，绘制如图 8-105 所示的轮廓线。

04 使用快捷键 O 激活【偏移】命令，将中心线向右偏移 1.5 个绘图单位。

05 单击【修改】工具栏 ✄ 按钮，将图形进行修剪处理，结果如图 8-106 所示。

06 使用【偏移】命令，将修剪后的直线向左偏移复制 0.5 个绘图单位，并将偏移的直线修改为"轮廓线"图层，结果如图 8-107 所示。

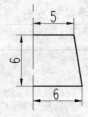

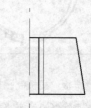

图 8-105　绘制轮廓线　　　　　图 8-106　修剪　　　　　图 8-107　偏移

07 将"点画线"设置为当前层，单击【绘图】工具栏 ✎ 按钮，配合【捕捉自】功能绘制如图 8-108 所示的辅助线。

08 设置"轮廓线"为当前层，选择菜单【绘图】|【圆】|【相切、相切、半径】命令，以刚绘制的辅助线为切点，绘制半径为 5 的圆，如图 8-109 所示。

09 使用【直线】命令，配合【捕捉端点】和【捕捉切点】功能，绘制如图 8-110 所示的切线。

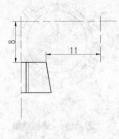

图 8-108　绘制辅助线

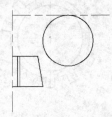

图 8-109　绘制相切圆

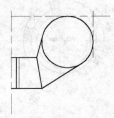

图 8-110　绘制切线

10 综合使用【修剪】和【删除】命令，对图形进行修剪处理，并删除多余的辅助线，结果如图 8-111 所示。

11 单击【修改】工具栏 ⚏ 按钮，激活【镜像】命令，选择右边的轮廓进行镜像，结果如图 8-112 所示。

12 将"剖面线"切换为当前层，单击【绘图】工具栏上的 ▨ 按钮，激活【图案填充】按钮，选择合适的图案和比例，对图形进行填充，结果如图 8-113 所示。

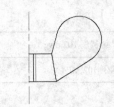

图 8-111　修剪圆

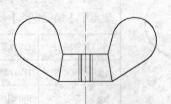

图 8-112　镜像结果

图 8-113　最终结果

103　绘制轴承挡环　↙

	通过绘制轴承挡环，主要综合练习了【直线】、【圆】和【修剪】命令。
🔘 文件路径：	DVD\实例文件\第 08 章\实例 103.dwg
🎬 视频文件：	DVD\MP4\第 08 章\实例 103.MP4
⏱ 播放时长：	0:04:25

01 以附赠样板"机械制图模板.dwt"作为基础样板，新建空白文件。

02 将"点画线"设置为当前层，单击【绘图】工具栏 ✎ 按钮，绘制垂直和水平两条中心线。

03 设置"轮廓线"为当前图层，使用快捷键 C 激活【圆】命令，以中心线的交点为圆心绘制半径为 5 的圆，如图 8-114 所示。

04 选择菜单【修改】|【偏移】命令，将水平中心线分别向上下两侧偏移 0.5 个绘图单位，结果如图 8-115

所示。

05 单击【绘图】工具栏◎按钮，激活【圆】命令，以图 8-115 所示的 Q 点为圆心绘制半径为 5.75 的圆，结果如图 8-116 所示。

图 8-114　绘制圆　　　　　　　　图 8-115　偏移结果　　　　　　　　图 8-116　绘制圆

06 使用快捷键 O 激活【偏移】命令，将垂直中心线分别向左右两侧偏移 0.6 和 2.5 个绘图单位，结果如图 8-117 所示。

07 使用快捷键 C 激活【圆】命令，以图 8-117 所示的点 M 为圆心，绘制半径为 5.75 的圆，结果如图 8-118 所示。

08 单击【修改】工具栏✂按钮，激活【修剪】命令，对图形进行修剪处理，结果如图 8-119 所示。

图 8-117　偏移垂直辅助线　　　　　图 8-118　绘制圆　　　　　　　图 8-119　修剪直线

09 使用【删除】命令，删除辅助线，并单击【绘图】工具栏✏按钮，捕捉端点绘制如图 8-120 所示的 4 条直线。

10 将"点画线"设置为当前图层，单击【绘图】工具栏◎按钮，以图 8-120 所示的 O 点为圆心，绘制半径为 5.4 的圆，如图 8-121 所示。

11 使用快捷键 O 激活【偏移】命令，将垂直中心线分别向左右两边偏移 1.5 个绘图单位。

12 单击【修改】工具栏✂按钮，对偏移的垂直中心线进行修剪处理，修剪结果如图 8-122 所示。

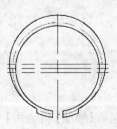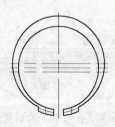

图 8-120　绘制直线　　　　　　　图 8-121　绘制辅助圆　　　　　　图 8-122　修剪图形

13 将"轮廓线"切换为当前层，使用快捷键 C 激活【圆】命令，以刚修剪的辅助线交点为圆心绘制半径为 0.3 的圆，结果如图 8-123 所示。

14 使用【删除】命令，删除多余的辅助线，最终结果如图 8-124 所示。

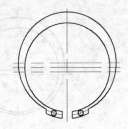
图 8-123　绘制圆

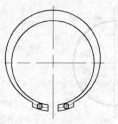
图 8-124　最终结果

104　绘制连接盘

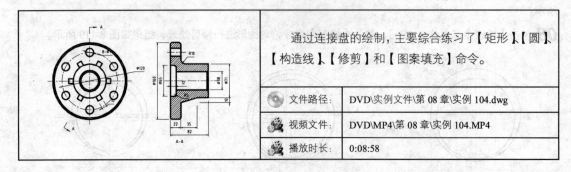

通过连接盘的绘制，主要综合练习了【矩形】、【圆】、【构造线】、【修剪】和【图案填充】命令。

	文件路径：	DVD\实例文件\第 08 章\实例 104.dwg
	视频文件：	DVD\MP4\第 08 章\实例 104.MP4
	播放时长：	0:08:58

01 按 Ctrl+N 快捷键，新建一个空白文件。

02 单击【图层】工具栏 按钮，打开【图层特性管理器】对话框，建立"轮廓线"和"中心线"等图层，如图 8-125 所示。

03 激活【对象捕捉】功能，并设置捕捉模式为端点、中点、圆心和交点，如图 8-126 所示。

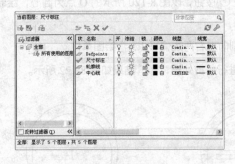
图 8-125　新建图层

图 8-126　设置捕捉

04 设置"中心线"为当前图层，选择菜单【绘图】|【直线】命令，绘制中心线，结果如图 8-127 所示。

05 设置"轮廓线"为当前图层，使用快捷键 C 激活【圆】命令，配合【交点捕捉】功能，绘制如图 8-128 所示的同心圆。

06 将直径为 120 的圆转换到 "中心线" 图层，结果如图 8-129 所示。

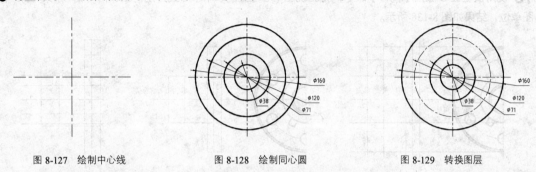

图 8-127　绘制中心线　　　　图 8-128　绘制同心圆　　　　图 8-129　转换图层

07 选择菜单【修改】|【偏移】命令，分别将水平中心线向上、下偏移 5 个绘图单位，再选择直径为 71 的圆向外偏移 10 个绘图单位，如图 8-130 所示。

08 使用【修剪】命令，将上一步偏移出来的圆和直线进行修剪，结果如图 8-131 所示。

09 使用快捷键 C 激活【圆】命令，配合【交点捕捉】功能，绘制如图 8-132 所示圆。

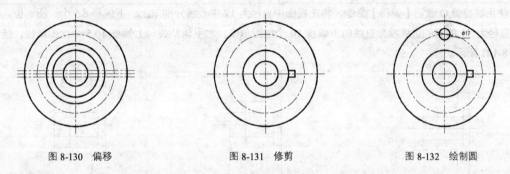

图 8-130　偏移　　　　　　　图 8-131　修剪　　　　　　　图 8-132　绘制圆

10 使用快捷键 AR，激活【阵列】命令，使用 "极轴" 阵列方式，选择绘制的小圆及修剪对象为阵列对象，以中心线交点为中心进行阵列，项目数为 6，结果如图 8-133 所示。

11 选择菜单【修改】|【偏移】命令，选择直径为 38 的圆向外偏移 3 个绘图单位，再选择直径为 160 的圆向内偏移 3 个绘图单位，如图 8-134 所示。

12 选择菜单【绘图】|【构造线】命令，配合【对象捕捉】功能，绘制如图 8-135 所示的水平和垂直构造线，作为定位辅助线。

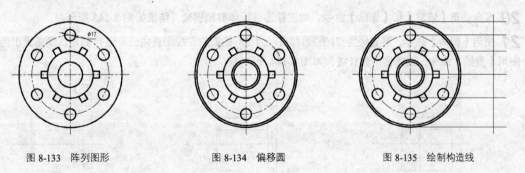

图 8-133　阵列图形　　　　　图 8-134　偏移圆　　　　　　图 8-135　绘制构造线

13 选择菜单【修改】|【偏移】命令，将垂直构造线向分别右偏移 12、22、57、82 个绘图单位，如图 8-136 所示。

14 综合使用【修剪】和【删除】命令，对辅助线进行修剪和清理，结果如图 8-137 所示。

15 使用快捷键 O 激活【偏移】命令，将左视图中心位置的水平中心线分别向上、向下偏移 19、32.5 个绘图单位，结果如图 8-138 所示。

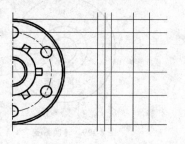 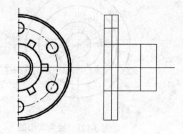 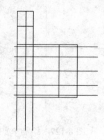

图 8-136 偏移 　　　　　图 8-137 修剪图形 　　　　　图 8-138 偏移图形

16 综合使用【修剪】和【删除】命令，对左视图进行修剪和删除，结果如图 8-139 所示。

17 使用快捷键 F 激活【圆角】命令，将沉孔部位进行圆角，圆角大小为 R5，再将左视图右上角进行圆角，圆角大小结果如图 8-140 所示。

18 使用快捷键 O 激活【偏移】命令，将左视图中直径为 17 中心线分别向上、下偏移 8.5 个绘图单位，再选择直径为 71 的圆的边缘投影直线向下偏移 10 个绘图单位，水平辅助线向上偏移 10.5 个绘图单位，结果如图 8-141 所示。

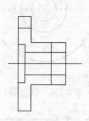 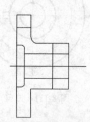 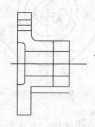

图 8-139 修剪图形 　　　　　图 8-140 圆角图形 　　　　　图 8-141 偏移直线

（提）（示）

　　【偏移】命令中的"删除"选项将对象偏移复制后，源对象将被删除；而"图层"选项则是将偏移的目标对象放到当前图层上，系统默认的是放到与源对象所在层上。

19 使用【直线】命令，配合捕捉追踪功能，绘制如图 8-142 所示的直线。

20 综合使用【修剪】和【删除】命令，对左视图进行修剪和删除，结果如图 8-143 所示。

21 使用【倒角】命令，将直径为 71 的圆和直径为 38 的圆的左视图直角分别进行倒角，倒角大小为 3。使用【直线】命令，连接倒角处直线，如图 8-144 所示。

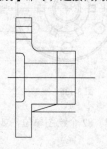 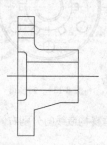 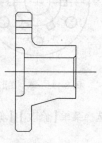

图 8-142 绘制直线 　　　　　图 8-143 修剪图形 　　　　　图 8-144 倒角

22 改变相关线型图层，并调整中心线到适合长度，如图 8-145 所示。

23 设置"剖面线"为当前层，执行【图案填充】命令，设置图案类型和填充比例，如图 8-146 所示，对左视图进行填充，结果如图 8-147 所示。

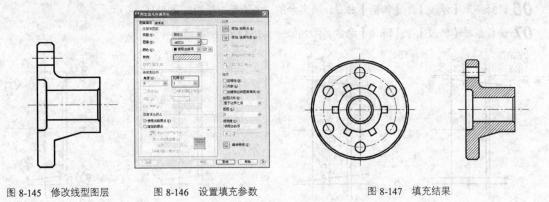

图 8-145　修改线型图层　　　　　图 8-146　设置填充参数　　　　　图 8-147　填充结果

105 绘制型钢

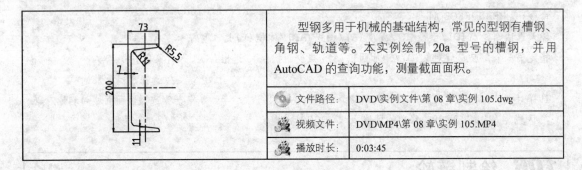	型钢多用于机械的基础结构，常见的型钢有槽钢、角钢、轨道等。本实例绘制 20a 型号的槽钢，并用 AutoCAD 的查询功能，测量截面面积。
文件路径：	DVD\实例文件\第 08 章\实例 105.dwg
视频文件：	DVD\MP4\第 08 章\实例 105.MP4
播放时长：	0:03:45

01 以附赠样板"机械制图模板.dwt"为样板，新建 AutoCAD 文件，将点画线设置为当前图层，绘制两条正交中心线，如图 8-148 所示。

02 将水平中心线向上下各偏移 100，将竖直中心线向左偏移 40，向右偏移 33，并将偏移出的直线转换到轮廓线层，结果如图 8-149 所示。

03 将上轮廓线向下偏移 11，将下轮廓线向上偏移 11，将左轮廓线向右偏移 7，偏移的结果如图 8-150 所示。

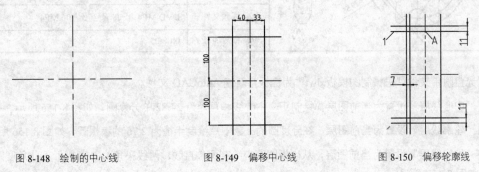

图 8-148　绘制的中心线　　　　　图 8-149　偏移中心线　　　　　图 8-150　偏移轮廓线

04 选择直线1，单击鼠标右键，在弹出菜单中选择【旋转】命令，以A点为基点，旋转角度为6°，旋转的结果如图 8-151 所示。

05 同样的方法旋转对称侧的另一条水平线，旋转角度为-6°，旋转结果如图 8-152 所示。

06 选择菜单【修改】|【修剪】命令，将多余的线条修剪，结果如图 8-153 所示。

07 选择菜单【修改】|【圆角】命令，添加如图 8-154 所示的圆角。

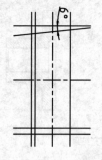
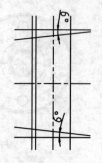
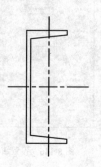
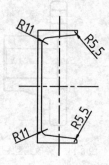

图 8-151　旋转直线　　　　图 8-152　旋转另一条直线　　　图 8-153　修剪的结果　　　图 8-154　创建的圆角

08 选择菜单【绘图】|【面域】命令，由槽钢截面创建一个面域。然后选择菜单【工具】|【查询】|【面积】命令，测量截面面积，命令行提示如下：

```
命令：_MEASUREGEOM
输入选项 [距离(D)/半径(R)/角度(A)/面积(AR)/体积(V)] <距离>：_area
指定第一个角点或 [对象(O)/增加面积(A)/减少面积(S)/退出(X)] <对象(O)>：O
                                          //选择【对象】选项
选择对象：                                 //选择截面面域为测量对象
  区域 = 2882.3769, 修剪的区域 = 0.0000 , 周长 = 653.8072  //测量结果
```

106 绘制链轮

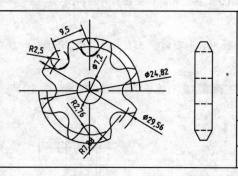

链轮是与链条相啮合的带齿的轮形机械零件，用于链传动的机构中。链轮的尺寸与链条滚子直径和节距相关，本实例绘制齿数为 8 的链轮，与之配合的链条滚子直径为 5，节距为 9.5。

文件路径：	DVD\实例文件\第 08 章\实例 106.dwg
视频文件：	DVD\MP4\第 08 章\实例 106.MP4
播放时长：	0:08:05

01 以光盘附带文件"机械制图模板.dwt"为样板，新建 AutoCAD 文件。

02 将"中心线层"设置为当前图层，绘制正交中心线和直径为 24.82 的分度圆，如图 8-155 所示。

03 将"轮廓线层"设置为当前图层，在分度圆的上象限点绘制半径为 2.76 的齿根圆，如图 8-156 所示。

04 将"细实线层"设置为当前图层，从齿根圆圆心绘制两条直线，两线夹角为 118.75°，此角度即为齿沟角，如图 8-157 所示。

05 选择菜单【修改】|【拉长】命令，将右侧半径直线拉长 7.88 个单位，如图 8-158 所示。

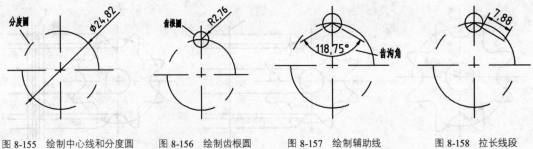

图 8-155　绘制中心线和分度圆　　图 8-156　绘制齿根圆　　图 8-157　绘制辅助线　　图 8-158　拉长线段

06 将"轮廓线层"设置为当前图层，以拉长后的直线端点为圆心，绘制半径为 7.88 的齿面圆，如图 8-159 所示。

07 以中心线的交点为圆心，绘制直径为 29.56 的齿顶圆，如图 8-160 所示。

08 选择菜单【修改】|【修剪】命令，将多余的线条修剪，结果如图 8-161 所示。

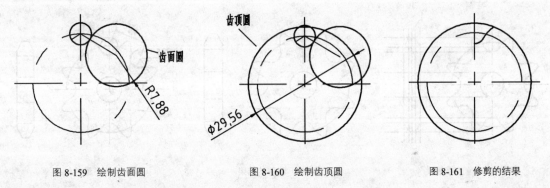

图 8-159　绘制齿面圆　　　　图 8-160　绘制齿顶圆　　　　图 8-161　修剪的结果

09 选择菜单【修改】|【镜像】命令，将齿形轮廓镜像到左侧，如图 8-162 所示。

10 选择菜单【修改】|【阵列】|【环形阵列】命令，选择圆心为阵列中心，项目数量为 8，阵列结果如图 8-163 所示。

11 选择菜单【修改】|【修剪】命令，将齿顶圆多余的部分修剪，结果如图 8-164 所示。

图 8-162　镜像的结果　　　　图 8-163　阵列的结果　　　　图 8-164　修剪齿顶圆

12 以中心线交点为圆心绘制半径为 3.6 的圆，如图 8-165 所示，完成链轮的主视图。

13 将"细实线层"设置为当前图层，选择菜单【绘图】|【射线】命令，从主视图向右引出水平射线，

并绘制竖直直线 1，如图 8-166 所示。

14 将直线 1 向左偏移 2.5 和 1，向右偏移同样的距离，如图 8-167 所示。

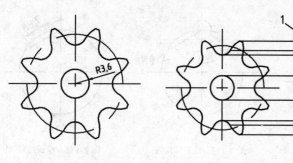

图 8-165 绘制的圆　　　　　　　图 8-166 绘制构造线　　　　　　　图 8-167 偏移竖直构造线

15 由构造线交点绘制直线，如图 8-168 所示。然后后裁剪直线并设置线条的图层，结果如图 8-169 所示。

16 将"虚线层"设置为当前图层，在齿根圆圆心绘制半径为 2.5 的滚子圆，并标注滚子间距，此距离即为链条的节距，如图 8-170 所示。

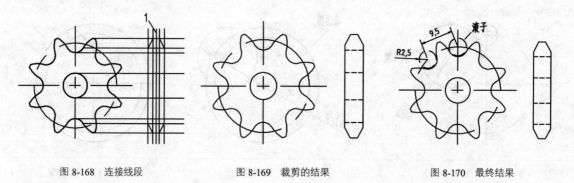

图 8-168 连接线段　　　　　　　图 8-169 裁剪的结果　　　　　　　图 8-170 最终结果

107　绘制螺杆　　　　　　　　　　　　　　▶◣

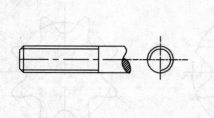

对于长径比很大的零件，以实际的长度表示零件不太方便，一般用打断视图来表示，将零件中间部分截去。本实例综合运用了【直线】、【样条曲线】、【倒角】、【填充】等命令，绘制螺杆的打断视图，并演示了机械螺纹的画法。

文件路径：	DVD\实例文件\第 08 章\实例 107.dwg
视频文件：	DVD\MP4\第 08 章\实例 107.MP4
播放时长：	0:04:05

01 以光盘附带的"机械制图模板.dwt"样板文件为绘图样板，新建 AutoCAD 文件。

02 将"轮廓线层"设置为当前图层，绘制一条长 50 的水平直线，并向上下各偏移 5 个单位，如图 8-171 所示。

03 在上下两直线的端点绘制一条直线，并将该直线向右偏移 30，如图 8-172 所示。

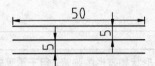

图 8-171　绘制并偏移直线

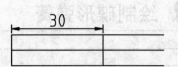

图 8-172　绘制并偏移竖直直线

04 选择菜单【修改】选择菜单【修改】|【倒角】命令，两个倒角距离均为 1.5，倒角位置和结果图 8-173 图所示。

05 由倒角线的端点绘制竖直直线如图 8-174 所示。

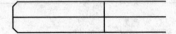

图 8-173　倒角的效果

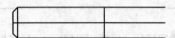

图 8-174　绘制竖直直线

06 将上轮廓线向下偏移 1 个单位，将下轮廓线向上偏移 1 个单位，配合【修剪】和【延伸】命令，绘制螺纹的小径，如图 8-175 所示。

07 将螺纹小径直线转换到"细实线层"，将水平中心线转换到"中心线层"。

08 将"细实线层"设置为当前图层，选择菜单【绘图】|【样条曲线】|【拟合点】命令，在上下两轮廓线之间绘制样条曲线，样条曲线的终点捕捉到样条曲线上，形成闭合区域，如图 8-176 所示。

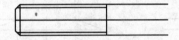

图 8-175　绘制小径直线

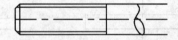

图 8-176　绘制样条曲线

09 裁剪上下轮廓线的多余部分，然后选择菜单【绘图】|【图案填充】命令，将样条曲线的封闭区域填充，图案类型为 ANSI31，填充比例为 0.2，如图 8-177 所示。

10 将"中心线层"设置为当前图层，在螺杆的右侧绘制正交中心线，如图 8-178 所示。

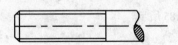

图 8-177　图案填充

图 8-178　绘制左视图中心线

11 以中心线交点为圆心，绘制半径为 4 和 5 的两个同心圆，然后将半径 4 的圆转换到细实线层，如图 8-179 所示。

12 选择菜单【修改】|【修剪】命令，半径 4 的圆修剪四分之一，如图 8-180 所示。

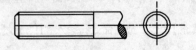

图 8-179　绘制同心圆

图 8-180　修剪小径圆

108 绘制碟形弹簧

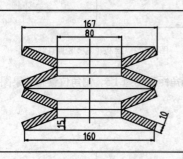

碟形弹簧是形状如碟形的弹簧，用于承受轴向载荷，一般成组使用。本实例绘制一组碟形弹簧，主要用到【偏移】、【镜像】等命令。

文件路径：	DVD\实例文件\第 08 章\实例 108.dwg	
视频文件：	DVD\MP4\第 08 章\实例 108.MP4	
播放时长：	0:03:31	

01 以光盘附带的"机械制图模板.dwt"样板文件为绘图样板，新建 AutoCAD 文件。

02 将"轮廓线层"设置为当前图层，绘制一条长 160 的水平直线，然后将"中心线层"设置为当前图层，绘制一条竖直中心线，如图 8-181 所示。

03 将水平直线向上偏移 15，将竖直中心线向两侧各偏移 40，偏移结果如图 8-182 所示。

04 将"轮廓线层"设置为当前图层，使用快捷键 L，绘制直线如图 8-183 所示。

图 8-181 绘制直线和中心线 　　 图 8-182 偏移直线 　　 图 8-183 绘制直线

05 在命令行输入"TR"，激活【修剪】命令，修剪结果如图 8-184 所示。

06 选择菜单【修该】|【合并】命令，或在命令行输入"J"快捷命令，选择梯形的顶边和两腰为合并对象，将其合并为一条多段线。

07 将合并后的多段线向上偏移 10 个单位，偏移结果如图 8-185 所示。

08 绘制连接直线，将直线两端封闭，如图 8-186 所示。

图 8-184 修剪图形 　　 图 8-185 偏移多段线 　　 图 8-186 绘制连接线

09 将"细实线层"设置为当前图层，选择菜单【绘图】|【填充】命令，或在命令行输入"H"快捷命令，使用 ANSI31 图案，填充效果如图 8-187 所示。

10 选择菜单【修改】|【镜像】命令，将单片弹簧镜像，如图 8-188 所示。

11 重复使用镜像命令，生成一组弹簧如图 8-189 所示。

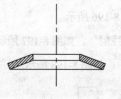

图 8-187 图案填充效果

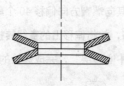

图 8-188 镜像图形的结果

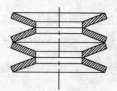

图 8-189 再次镜像的结果

109 绘制螺栓

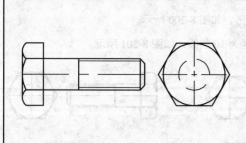

螺栓是机械中重要的紧固件，常与螺母和垫圈配套使用。本实例主要运用【直线】、【圆弧】、【偏移】、【倒角】等命令，绘制螺栓的两个视图。

文件路径：	DVD\实例文件\第 08 章\实例 109.dwg
视频文件：	DVD\MP4\第 08 章\实例 109.MP4
播放时长：	0:05:04

01 以光盘附带的"机械制图模板.dwt"样板文件为绘图样板，新建 AutoCAD 文件。

02 将"轮廓线层"设置为当前图层，绘制一条竖直直线和水平直线，如图 8-190 所示。

03 将水平直线向上偏移 10 和 15 个单位，向下偏移同样的距离，将竖直直线向右偏移 2.5 和 14，偏移结果如图 8-191 所示。

04 绘制直线封闭螺栓轮廓，如图 8-192 所示。

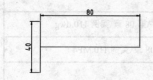

图 8-190 绘制的定长直线

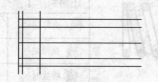

图 8-191 偏移直线的结果

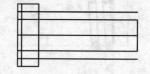

图 8-192 封闭轮廓

05 选择菜单【绘图】|【圆弧】|【三点】命令，以辅助线为参考，绘制三条圆弧，如图 8-193 所示。

06 删除多余的辅助线并进行修剪，结果如图 8-194 所示。

07 选择菜单【修改】选择菜单【修改】|【倒角】命令，两个倒角距离均为 1.5，倒角位置和结果如图 8-195 所示。

图 8-193 绘制三点圆弧

图 8-194 修剪图形

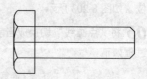

图 8-195 倒角的结果

08 绘制连接倒角线的竖直直线，并将其向螺帽方向偏移 40 个单位，如图 8-196 所示。

09 将螺杆上下两轮廓线向内侧偏移 1.5，并将偏移出的直线转换到"细实线层"，如图 8-197 所示。

10 修剪图形，将水平中心线转换到"中心线层"，完成螺栓的第一个视图，如图 8-198 所示。

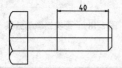
图 8-196　绘制并偏移直线

图 8-197　偏移直线

图 8-198　修剪的结果

11 在主视图右侧绘制两条正交中心线，如图 8-199 所示。

12 在中心线交点绘制半径为 20 的圆和与之相切的正六边形，如图 8-200 所示。

13 将"虚线层"设置为当前图层，在中心线交点绘制半径为 10 的圆，如图 8-201 所示。

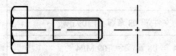
图 8-199　绘制中心线

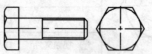
图 8-200　绘制多边形和圆

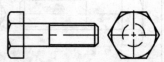
图 8-201　虚线层绘圆

110 绘制压缩弹簧

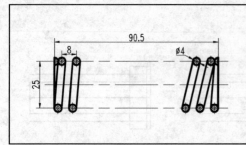

通过弹簧的绘制，主要对【圆】、【直线】、【偏移】、【修剪】和【复制】命令进行综合练习，在具体操作中还用到了【捕捉自】功能。	
文件路径：	DVD\实例文件\第 08 章\实例 110.dwg
视频文件：	DVD\MP4\第 08 章\实例 110.MP4
播放时长：	0:05:43

01 以附赠样板"机械制图模板.dwt"作为基础样板，新建空白文件。

02 将"点画线"切换成当前图层，单击【绘图】工具栏 按钮，绘制中心线。

03 单击【修改】工具栏 按钮，将中心线向上下分别偏移 12.5 个绘图单位，得到弹簧的中径距，结果如图 8-202 所示。

04 将"轮廓线"设置为当前层，单击【绘图】工具栏 按钮，绘制垂直直线，并将其向右偏移 90.5 个单位，如图 8-203 所示。

05 将"点画线"切换成当前图层，使用【直线】命令，配合【捕捉自】功能，绘制中心线。命令行操作过程如下：

```
命令: l LINE 指定第一点: _from 基点:   //单击图 8-203 所示的 C 点
<偏移>:@2,-3↙
指定下一点或 [放弃(U)]:@0,6↙
```

```
指定下一点或 [放弃(U)]: ✓              //按回车键结束命令
命令: ✓                              //按回车键, 重复直线命令
LINE 指定第一点: _from 基点:            //单击图 8-203 所示的 D 点
<偏移>:@4,3✓
指定下一点或 [放弃(U)]:@0,-6✓
指定下一点或 [放弃(U)]: ✓              //按回车键, 结束命令, 结果如图 8-204 所示
```

图 8-202 偏移中心线    图 8-203 绘制并偏移    图 8-204 绘制中心线

06 将 "轮廓线" 设置为当前层, 单击【绘图】工具栏 ⊘ 按钮, 绘制半径为 2 的圆, 如图 8-205 所示。

07 单击【修改】工具栏 ⊁ 按钮, 修剪多余的圆弧, 如图 8-206 所示。

08 单击【修改】工具栏 ⚞ 按钮, 激活【镜像】命令, 将步骤 5 和 7 中绘制的中心线和圆相对于水平中心线中点水平镜像, 结果如图 8-207 所示。

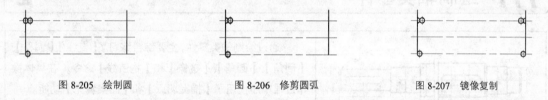

图 8-205 绘制圆   图 8-206 修剪圆弧   图 8-207 镜像复制

09 选择菜单【修改】|【复制】命令, 选择如图 8-208 所示的 2 个圆, 将其水平向右复制 8 个单位, 如图 8-209 所示。

10 重复步骤 9, 复制另一端的断面圆, 结果如图 8-210 所示。

图 8-208 复制对象   图 8-209 复制结果   图 8-210 复制右侧圆

11 使用【修剪】命令, 修剪图形, 并使用【直线】命令, 绘制相切线, 将弹簧的轮廓连接起来, 结果如图 8-211 所示。

12 将 "剖面线" 图层设置为当前图层, 单击 ▨ 按钮填充图案, 使用 "ANSI31" 图案, 比例为 0.2, 结果如图 8-212 所示。弹簧图形绘制完成。

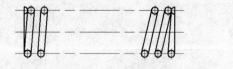

图 8-211 绘制切线

图 8-212 填充图案

第 9 章
零件视图与辅助视图绘制

本章通过轴类、杆类、盘类、盖类、座体类、阀体类和壳类等典型零件类型实例的绘制，在巩固相关知识的前提下，主要学习各类零件视图与辅助视图的绘制方法和绘制技巧。

111 绘制轴类零件

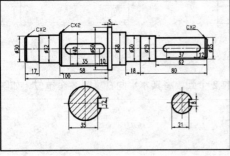

通过绘制轴类零件，主要综合练习了【直线】、【偏移】、【倒角】、【圆角】、【镜像】和【构造线】命令，在具体操作过程中还使用了【捕捉切点】和【图案填充】功能。

文件路径:	DVD\实例文件\第 09 章\实例 111.dwg	
视频文件:	DVD\MP4\第 09 章\实例 111.MP4	
播放时长:	0:11:56	

01 以附赠样板"机械制图模板.dwg"作为样板，新建空白文件。

02 激活【正交追踪】或【极轴追踪】功能，并打开【线宽】功能。

03 使用【草图设置】命令，激活【对象捕捉】功能，并设置对象捕捉模式，如图 9-1 所示。

04 将"点画线"设置为当前图层，使用【直线】命令，绘制定位基准线，结果如图 9-2 所示。

图 9-1 设置捕捉模式

图 9-2 绘制基准线

05 使用快捷键 O 激活【偏移】命令，根据图 9-3 所示的尺寸，对垂直定位线进行多重偏移。

06 将"轮廓线"设置为当前图层，使用【直线】命令绘制如图 9-4 所示轮廓线（尺寸见效果图）。

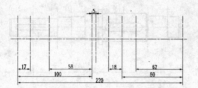

图 9-3　偏移垂直线

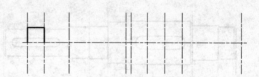

图 9-4　绘制轮廓线

> **技 巧**
>
> 用户也可以通过选择菜单【工具】|【草图设置】命令，或使用快捷键"DS"，都可以激活【草图设置】命令，进行捕捉模式的设置操作。

07 根据第 6 步的步骤操作，使用【直线】命令，配合【正交追踪】和【对象捕捉】功能绘制其他位置的轮廓线，结果如图 9-5 所示。

08 单击【修改】工具栏中的 按钮，激活【倒角】命令，对轮廓线进行倒角细化。

09 使用【直线】命令，配合捕捉与追踪功能，绘制连接线，结果如图 9-6 所示。

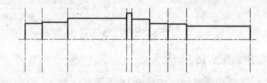

图 9-5　绘制轮廓线

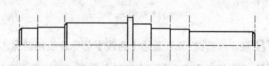

图 9-6　倒角并绘制连接线

10 使用快捷键 MI 激活【镜像】命令，对轮廓线进行镜像复制，结果如图 9-7 所示。

11 使用快捷键 O 激活【偏移】命令，创建如图 9-8 所示的垂直辅助线。

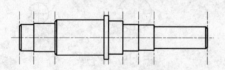

图 9-7　镜像图形

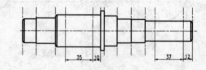

图 9-8　偏移辅助线

12 将"轮廓线"设置为当前图层，使用【圆】命令，以刚偏移的垂直辅助线的交点为圆心，绘制直径为 12 和 8 的圆，如图 9-9 所示。

13 使用【直线】命令，配合【捕捉切点】功能，绘制键槽轮廓，如图 9-10 所示。

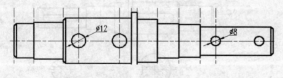

图 9-9　绘制圆

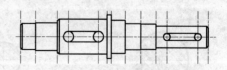

图 9-10　绘制外切线

14 使用【修剪】命令，对键槽轮廓进行修剪，并删除多余的辅助线，结果如图 9-11 所示。

15 将"点画线"设置为当前层，使用快捷键 XL 激活【构造线】命令，绘制图 9-12 所示的水平和垂直构造线，作为剖面图的定位辅助线。

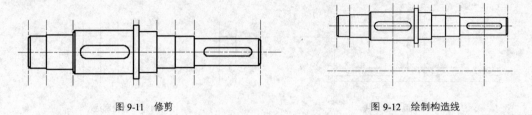

图 9-11 修剪　　　　　　　　　　　图 9-12 绘制构造线

16 将"轮廓线"设置为当前图层，使用【圆】命令，以构造线的交点为圆心，分别绘制直径为 40 和 25 的圆，结果如图 9-13 所示。

17 选择菜单【修改】|【偏移】命令，对水平和垂直构造线进行偏移，结果如图 9-14 所示。

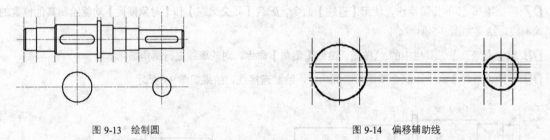

图 9-13 绘制圆　　　　　　　　　　图 9-14 偏移辅助线

18 使用快捷键"L"激活【直线】命令，绘制键深，结果如图 9-15 所示。

19 综合使用【删除】和【修剪】命令，去掉不需要的构造线和轮廓线，如图 9-16 所示。

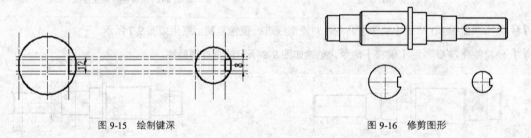

图 9-15 绘制键深　　　　　　　　　图 9-16 修剪图形

20 将"剖面线"设置为当前图层，执行【绘图】|【图案填充】命令，为此剖面图填充"ANSI31"图案，填充比例为 1.5，角度为"0"，填充结果如图 9-17 所示。

21 使用【拉长】命令，对中心线进行完善，中心线超出轮廓线的长度设置为 6 个绘图单位，最终结果如图 9-18 所示。

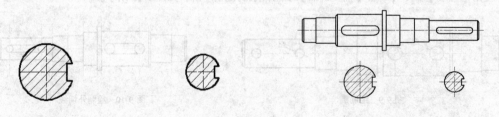

图 9-17 填充图案　　　　　　　　　图 9-18 最终结果

112 绘制杆类零件

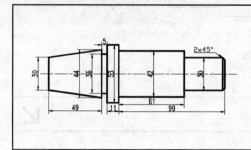

通过杆类零件的绘制，主要综合使用了【直线】、【偏移】、【倒角】和【镜像】命令，在具体操作过程中还使用了对象捕捉功能。

文件路径：	DVD\实例文件\第 09 章\实例 112.dwg	
视频文件：	DVD\MP4\第 09 章\实例 112.MP4	
播放时长：	0:03:50	

01 以附赠样板"机械样板.dwt"作为基础样板，新建空白文件。

02 设置"点画线"为当前图层，并启用【线宽】功能。

03 使用快捷键 L 激活【直线】命令，绘制如图 9-19 所示的中心线，作为定位辅助线。

04 使用快捷键 O，激活【偏移】命令，创建如图 9-20 所示的垂直辅助线。

图 9-19　绘制辅助线　　　　　　　　　　　　图 9-20　创建垂直辅助线

05 将"轮廓线"设置为当前图层，使用【直线】命令，配合【对象捕捉】功能，绘制图形的轮廓，结果如图 9-21 所示。

06 选择菜单【修改】|【倒角】命令，对图形进行倒角，结果如图 9-22 所示。

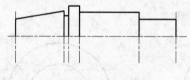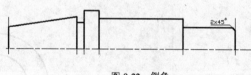

图 9-21　绘制轮廓线　　　　　　　　　　　　图 9-22　倒角

07 使用【直线】命令，绘制如图 9-23 所示的线段。

08 选择菜单【修改】|【镜像】命令，以水平辅助线作为镜像轴，对上侧的所有图形进行镜像，结果如图 9-24 所示。

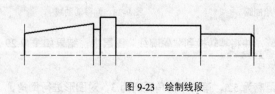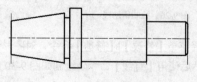

图 9-23　绘制线段　　　　　　　　　　　　图 9-24　镜像图形

09 使用快捷键 E 激活【删除】命令，删除多余的辅助线，最终结果如图 9-25 所示。

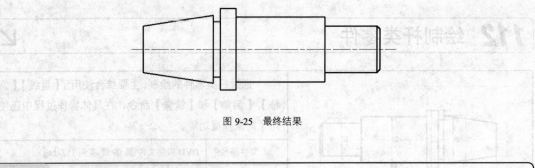

图 9-25　最终结果

113 绘制紧固件类零件

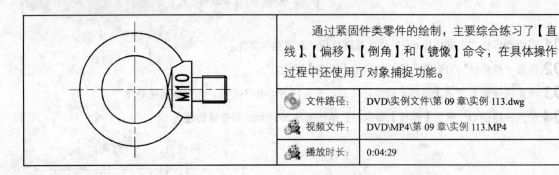

	通过紧固件类零件的绘制，主要综合练习了【直线】、【偏移】、【倒角】和【镜像】命令，在具体操作过程中还使用了对象捕捉功能。
文件路径：	DVD\实例文件\第 09 章\实例 113.dwg
视频文件：	DVD\MP4\第 09 章\实例 113.MP4
播放时长：	0:04:29

01 以附赠样板 "机械样板.dwt" 作为基础样板，新建空白文件。

02 设置 "点画线" 为当前图层，并启用【线宽】功能。

03 使用快捷键 L 激活【直线】命令，绘制如图 9-26 所示的中心线，作为定位辅助线。

04 设置 "轮廓线" 为当前图层。

05 使用快捷键 C，激活【圆】命令，绘制如图 9-27 所示 R15 和 R25 的两个圆。

06 使用【偏移】命令，将水平中心线分别向上、下偏移 12.5 个绘图单位，再将垂直中心线向右偏移 22.5、25 个绘图单位，结果如图 9-28 所示。

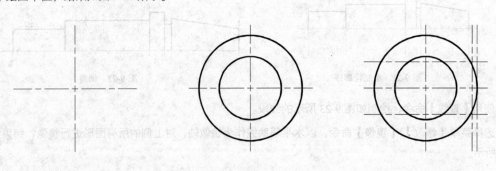

图 9-26　绘制辅助线　　　　　　　　　图 9-27　绘制圆　　　　　　　　　图 9-28　偏移辅助线

07 选择菜单【修改】|【修剪】命令，对图形进行修剪，并将其转换到 "轮廓线" 图层中，结果如图 9-29 所示。然后使用【直线】命令，绘制如图 9-30 所示的线段。

08 选择菜单【修改】|【倒角】命令，设置第一个倒角距离为 5.5，第二个倒角距离为 3，对图形进行倒角，结果如图 9-31 所示。

09 使用【直线】命令，捕捉端点和象限点，绘制吊环连体辅助轮廓线，如图 9-32 所示。

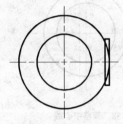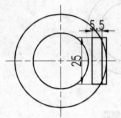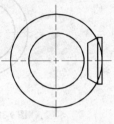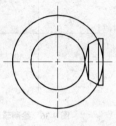

图 9-29 修剪图形　　　　图 9-30 绘制线段　　　　图 9-31 倒角图形　　　　图 9-32 绘制线段

10 使用【圆角】命令，设置圆角半径为 0.5，将吊环与连体之间进行圆角处理，并修剪删除多余线段，如图 9-33 所示。

11 使用【矩形】命令，绘制长为 16、宽为 10.5 和长为 11、宽为 12 的两个矩形，如图 9-34 所示。

12 使用【倒角】命令，设置距离为 0.75，将螺纹头进行倒角处理，最终结果如图 9-35 所示。

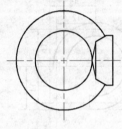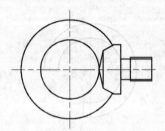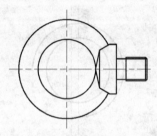

图 9-33 圆角　　　　　　图 9-34 绘制矩形　　　　　　图 9-35 最终结果

114 绘制弹簧类零件

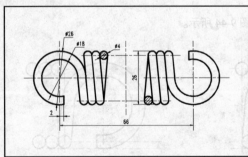

		通过弹簧类零件的绘制，主要综合练习了【直线】、【偏移】、【打断】、【图案填充】和【镜像】命令，在具体操作过程中还使用了对象捕捉功能。
文件路径:	DVD\实例文件\第 09 章\实例 114.dwg	
视频文件:	DVD\MP4\第 09 章\实例 114.MP4	
播放时长:	0:05:25	

01 以附赠样板"机械样板.dwt"作为基础样板，新建空白文件。

02 设置"点画线"为当前图层，并启用【线宽】功能。

03 使用快捷键 L 激活【直线】命令，绘制如图 9-36 所示的中心线，作为定位辅助线。

04 设置"轮廓线"为当前图层。

05 使用快捷键 C，激活【圆】命令，绘制 R9、R13 的两个圆，如图 9-37 所示。

06 使用【偏移】命令，将垂直中心线向右偏移 2，结果如图 9-38 所示。

图 9-36　绘制辅助线　　　　　　　　图 9-37　绘制圆　　　　　　　　图 9-38　偏移中心线

07 选择菜单【修改】|【打断】命令，选择外侧圆为打断对象，在命令行输入"F"，指定第一个打断点和第二个打断点，结果如图 9-39 所示。

08 使用同样的方法，将另一个圆进行打断，并闭合线段，结果如图 9-40 所示。

09 选择菜单【修改】|【偏移】命令，将水平中心线向上、向下偏移，再将垂直中心线向右偏移，结果如图 9-41 所示。

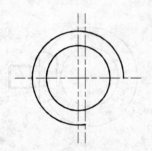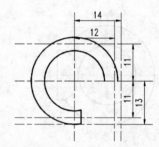

图 9-39　打断圆　　　　　　　　　图 9-40　打断另一个圆　　　　　　　图 9-41　偏移中心线

10 使用快捷键 C，激活【圆】命令，结合【对象捕捉】功能，绘制如图 9-42 所示的半径为 2 的两个圆。

11 使用【直线】命令，选择水平中心线与圆的交点为起点，按住 Shift 键右击选择"切点"命令，捕捉小圆上的切点为直线的端点，结果如图 9-43 所示。

12 选择菜单【修改】|【复制】命令，复制小圆，结果如图 9-44 所示。

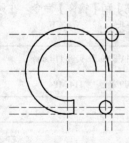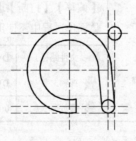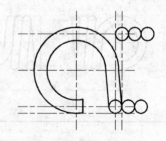

图 9-42　绘制圆　　　　　　　　　图 9-43　绘制切线　　　　　　　　图 9-44　复制小圆

13 使用【直线】命令，使用前面相同的方法，绘制切线，结果如图 9-45 所示。

14 使用快捷键 TR，激活【修剪】命令，修剪并删除多余线段，结果如图 9-46 所示。

15 选择菜单【修改】|【偏移】命令，选择垂直中心线，将其向右偏移 33 个绘图单位，结果如图 9-47 所示。

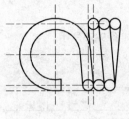

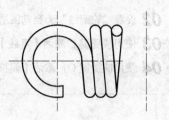

图 9-45 绘制直线   图 9-46 修剪线段   图 9-47 偏移中心线

16 使用快捷键 MI，激活【镜像】命令，以偏移得到的中心线为对称轴，进行镜像，结果如图 9-48 所示。

17 重复使用【镜像】命令，将右侧弹簧沿水平中心线进行镜像，并删除源对象，结果如图 9-49 所示。

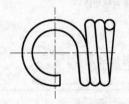
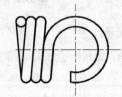

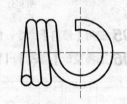

图 9-48 镜像   图 9-49 镜像

18 选择"剖面线"为当前图层，选择菜单【绘图】|【图案填充】命令，对弹簧的剖切截面进行图案填充，最终结果如图 9-50 所示。弹簧零件图绘制完成。

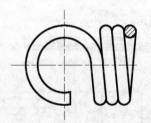
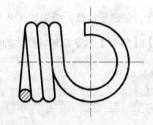

图 9-50 最终结果

115 绘制钣金类零件

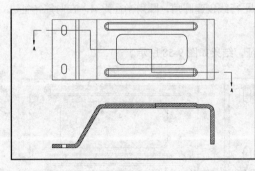

通过钣金类零件的绘制，主要综合练习了【直线】、【偏移】、【圆角角】和【图案填充】命令，在具体操作过程中还使用了对象捕捉功能。

文件路径：	DVD\实例文件\第 09 章\实例 115.dwg
视频文件：	DVD\MP4\第 09 章\实例 115.MP4
播放时长：	0:13:14

01 以附赠样板"机械样板.dwt"作为基础样板，新建空白文件。

02 设置"轮廓线"为当前图层,并启用【线宽】功能。

03 使用快捷键 L 激活【直线】命令,绘制一个长为 137.5、宽为 50 的矩形,如图 9-51 所示。

04 使用快捷键 O,激活【偏移】命令,创建如图 9-52 所示的辅助线。

图 9-51 绘制矩形

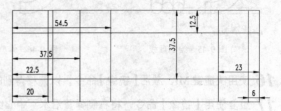

图 9-52 创建垂直辅助线

05 使用【修剪】命令,修剪轮廓线,结果如图 9-53 所示。

06 选择菜单【修改】|【圆角】命令,对图形进行圆角,圆角半径为 5,结果如图 9-54 所示。

图 9-53 绘制轮廓线

图 9-54 圆角图形

07 使用【偏移】命令,创建筋特征,结果如图 9-55 所示。

08 选择菜单【修改】|【修剪】命令,对偏移后的轮廓线进行修剪,结果如图 9-56 所示。

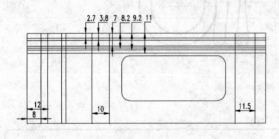

图 9-55 偏移线段

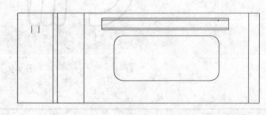

图 9-56 修剪图形

09 使用快捷键"F",激活【圆角】命令,分别选择两条平行线创建圆角,圆角半径为 4,在对筋特征进行圆角,结果如图 9-57 所示。

10 选择菜单【修改】|【镜像】命令,镜像复制孔和筋特征,结果如图 9-58 所示。

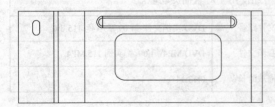

图 9-57 圆角图形

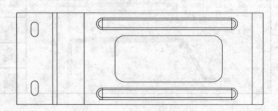

图 9-58 镜像复制

11 使用 RAY【射线】命令，绘制垂直辅助线，再使用【直线】命令，绘制水平直线，结果如图 9-59 所示。

12 使用 O【偏移】命令，将水平直线向下偏移 33 个绘图单位，结果如图 9-60 所示。

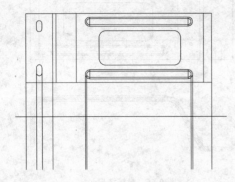

图 9-59 绘制辅助线

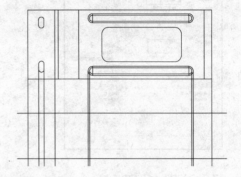

图 9-60 偏移辅助线

13 使用【直线】命令，配合【对象捕捉】及【极轴追踪】功能，绘制出轮廓线，结果如图 9-61 所示。

14 选择菜单【修改】|【偏移】命令，选择绘制的轮廓线，向下偏移 3 个绘图单位，将最上面轮廓线及其偏移后的直线向上偏移 1 个绘图单位，结果如图 9-62 所示。

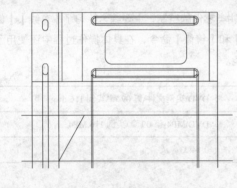

图 9-61 绘制轮廓线

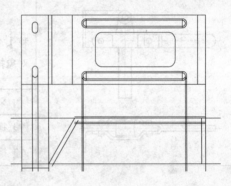

图 9-62 偏移

15 结合【修剪】、【删除】命令，修剪删除多余的线段，结果如图 9-63 所示。

16 选择菜单【修改】|【圆角】命令，对剖视图进行圆角处理，结果如图 9-64 所示。

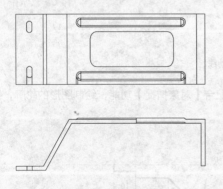

图 9-63 修剪图形

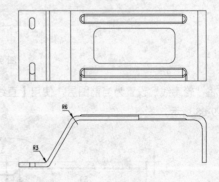

图 9-64 圆角图形

17 选择菜单【绘图】|【图案填充】命令，设置图案填充参数，如图 9-65 所示，对钣金剖视图进行图案填充，最终结果如图 9-66 所示。

图 9-65　图案填充

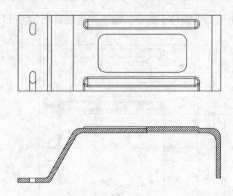

图 9-66　最终结果

116　绘制夹钳类零件

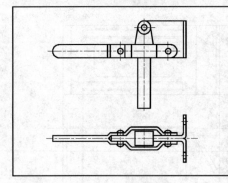

通过夹钳类零件的绘制，主要综合练习了【直线】、【偏移】、【倒角】和【镜像】命令，在具体操作过程中还使用了对象捕捉功能。

文件路径：	DVD\实例文件\第 09 章\实例 116.dwg
视频文件：	DVD\MP4\第 09 章\实例 116.MP4
播放时长：	0:14:33

01 以附赠样板"机械样板.dwt"作为基础样板，新建空白文件。

02 设置"点画线"为当前图层，并启用【线宽】功能。

03 使用快捷键 L 激活【直线】命令，绘制如图 9-67 所示的中心线，作为定位辅助线。

图 9-67　绘制辅助线

04 将"轮廓线"设置为当前图层，使用【直线】命令，配合【对象捕捉】功能，绘制图形的轮廓，结果如图 9-68 所示。

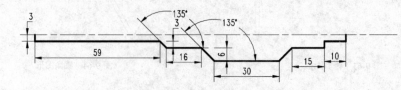

图 9-68　绘制轮廓线

05 使用【直线】命令，绘制如图 9-69 所示的直线。

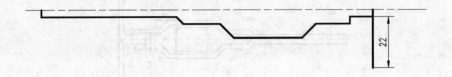

图 9-69 绘制直线

06 使用【偏移】命令，偏移夹钳轮廓线，偏移 3 个绘图单位，结果如图 9-70 所示。

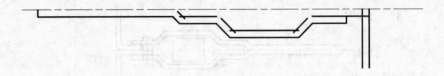

图 9-70 偏移

07 使用快捷键 F，激活【圆角】命令，设置置圆角半径为 3，对轮廓线进行圆角处理，结果如图 9-71 所示。

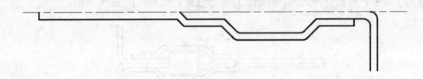

图 9-71 圆角

08 选择菜单【修改】|【镜像】命令，以水平辅助线作为镜像轴，对上侧的所有图形进行镜像，结果如图 9-72 所示。

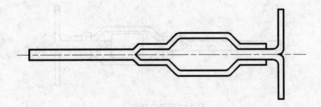

图 9-72 镜像图形

09 使用快捷键 L，激活【直线】命令，绘制如图 9-73 所示的直线。

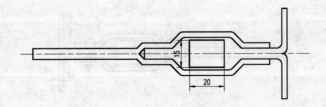

图 9-73 绘制直线

10 使用【偏移】命令，偏移轮廓线，结果如图 9-74 所示。

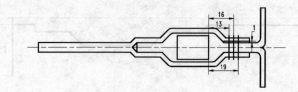

图 9-74　偏移轮廓线

11 使用【圆】命令，配合【对象捕捉】功能，绘制如图 9-75 所示半径为 4.5 的圆。

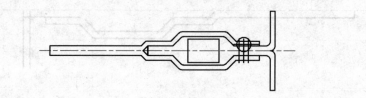

图 9-75　绘制圆

12 使用【修剪】命令，修剪延伸线段，并删除掉多余线段，结果如图 9-76 所示。

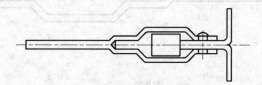

图 9-76　修剪线段

13 使用快捷键 MI，激活【镜像】命令，镜像出螺钉头效果，结果如图 9-77 所示。

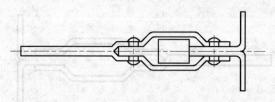

图 9-77　镜像螺钉头

14 选择菜单【修改】|【偏移】命令，偏移轮廓线，创建装配孔效果，并调整其所在图层，结果如图 9-78 所示。

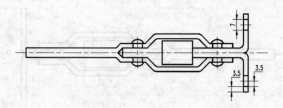

图 9-78　偏移轮廓线

15 使用快捷键 RAY，激活【射线】命令，绘制垂直辅助线，使用【直线】命令，绘制水平直线，结果如图 9-79 所示。

16 使用【偏移】命令，将水平直线分别向上偏移 7、14 个绘图单位，结果如图 9-80 所示。

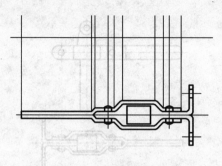

图 9-79　绘制辅助线

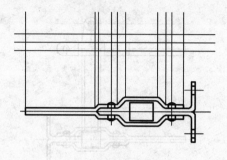

图 9-80　偏移水平线段

17 使用快捷键 TR，激活【修剪】命令，修剪多余的线段，并改变其所在图层，结果如图 9-81 所示。

18 使用【圆】命令，绘制圆孔及圆角效果，其中小圆半径为 3，大圆采用"相切、相切、相切"的方式绘制，并修剪多余线段及圆弧，绘制结果如图 9-82 所示。

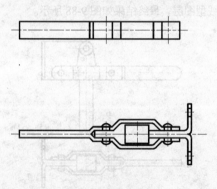

图 9-81　修剪图形

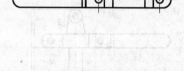
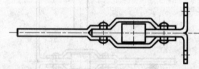

图 9-82　绘制圆

19 使用快捷键 O，激活【偏移】命令，将水平中心线分别向上偏移 25 个绘图单位、向下偏移 60 个绘图单位，将垂直中心线向左右偏移 7 个绘图单位，并改变其所在图层，结果如图 9-83 所示。

20 使用【圆】命令，绘制 R3、R7 的两个同心圆，结果如图 9-84 所示。

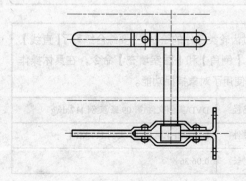

图 9-83　偏移

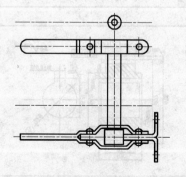

图 9-84　绘制圆

21 使用快捷键 RAY，激活【射线】命令，绘制垂直辅助线，使用【直线】命令连接轮廓线，结果如图 9-85 所示。

22 使用【修剪】命令，修剪删除多余的线段，结果如图 9-86 所示。

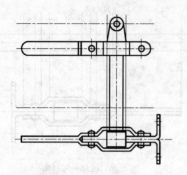
图 9-85　绘制连接线

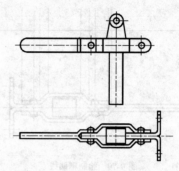
图 9-86　修剪多余线段

23 使用快捷键 RAY，激活【射线】命令，绘制垂直辅助线，使用【直线】命令连接轮廓线，结果如图 9-87 所示。

24 使用 TR【修剪】命令，修剪删除多余的线段，并改变线型图层，最终结果如图 9-88 所示。

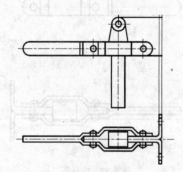
图 9-87　绘制连接头

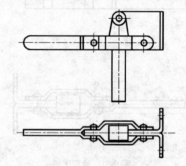
图 9-88　最终结果

117　绘制齿轮类零件

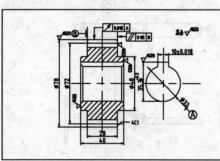

通过齿轮类零件的绘制，主要综合练习了【直线】、【偏移】、【倒角】和【图案填充】命令，在具体操作过程中还使用了对象捕捉功能。

文件路径：	DVD\实例文件\第 09 章\实例 117.dwg
视频文件：	DVD\MP4\第 09 章\实例 117.MP4
播放时长：	0:06:36

01 以附赠样板"机械样板.dwt"作为基础样板，新建空白文件。

02 设置"点画线"为当前图层,并启用【线宽】功能。

03 使用快捷键 L 激活【直线】命令,绘制如图 9-89 所示的水平和垂直中心线,作为定位辅助线。

04 使用快捷键 O,激活【偏移】命令,选择水平中心线向上、下分别对称偏移 24、32.25、36、39 个绘图单位;再选择垂直中心线向左右分别对称偏移 14、20 个绘图单位,结果如图 9-90 所示。

05 使用 TR【修剪】命令,对其进行修剪,并改变偏移线至"轮廓线"图层,结果如图 9-91 所示。

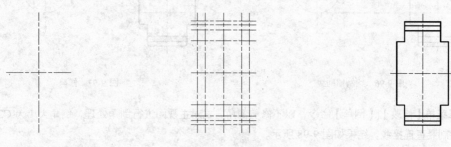

图 9-89 绘制辅助线　　　　　　　图 9-90 偏移辅助线　　　　　　　图 9-91 修剪图形

06 选择菜单【修改】|【倒角】命令,对图形进行倒角,倒角大小为 C1,结果如图 9-92 所示。

07 使用【直线】命令,绘制水平辅助线和垂直辅助线,使用快捷键 C,激活【圆】命令,以辅助线的交点为圆心绘制一个 R16 的圆,如图 9-93 所示。

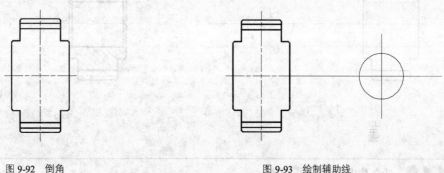

图 9-92 倒角　　　　　　　　　　　图 9-93 绘制辅助线

08 选择菜单【修改】|【偏移】命令,将水平辅助线向上偏移 19.3 个绘图单位,再将垂直辅助线左右偏移 5 个绘图单位,结果如图 9-94 所示。

09 使用【修剪】命令,将上一步偏移的线段进行修剪,结果如图 9-95 所示。

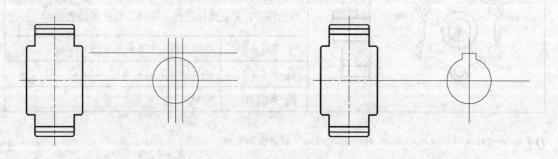

图 9-94 偏移　　　　　　　　　　　图 9-95 修剪

10 选择菜单【绘图】|【射线】命令,绘制水平辅助线,结果如图 9-96 所示。

11 使用快捷键 TR，激活【修剪】命令，对图形进行修剪，结果如图 9-97 所示。

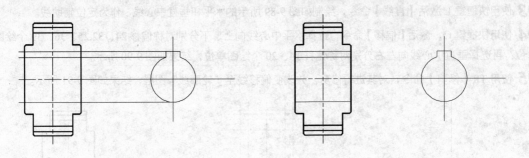

图 9-96　绘制辅助线　　　　　　　　　　　图 9-97　修剪

12 选择菜单【修改】|【倒角】命令，以不修剪倒角方式对主视图进行倒角处理，倒角大小为 C2，再修剪线段并绘制竖直连接线，结果如图 9-98 所示。

13 使用快捷键 H，激活【图案填充】命令，对主视图进行图案填充，并调整线型图层及长度，最终结果如图 9-99 所示。

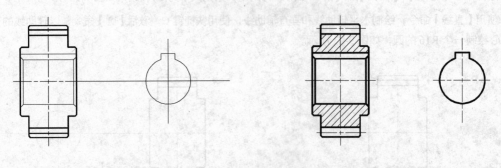

图 9-98　倒角　　　　　　　　　　　图 9-99　最终结果

118　绘制盘类零件

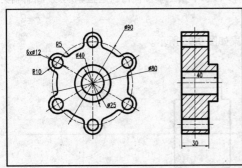

通过绘制盘类零件，主要对【圆】、【构造线】、【圆角】、【阵列】、【修剪】、【图案填充】和【拉长】命令进行综合练习，并在操作过程中使用了对象捕捉功能。

文件路径：	DVD\实例文件\第 09 章\实例 118.dwg
视频文件：	DVD\MP4\第 09 章\实例 118.MP4
播放时长：	0:09:07

01 以附赠样板"机械样板.dwt"作为基础样板，新建空白文件。

02 将"点画线"设置为当前图层，并打开【线宽】功能。

03 单击【绘图】工具栏构造线 按钮，使用命令行参数中的"水平"和"垂直"功能，绘制如图 9-100 所示的定位辅助线。

04 将"轮廓线"设置为当前图层，然后使用【圆】命令，绘制直径为别为 40、25 和 80 的同心圆，结果如图 9-101 所示。

05 将"点画线"设置为当前层，重复【圆】命令，绘制直径为 90 的圆，结果如图 9-102 所示。

图 9-100 绘制辅助线

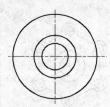

图 9-101 绘制同心圆

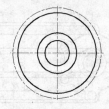

图 9-102 绘制圆

06 将"轮廓线"设置为当前层，继续使用【圆】命令，在垂直辅助线和直径为 90 的圆的交点处绘制直径分别为 12 和 20 的同心圆，结果如图 9-103 所示。

07 选择菜单【修改】|【修剪】命令，在直径为 80 的圆与直径为 20 的圆的相交处进行修剪，结果如图 9-104 所示。

08 选择菜单【修改】|【圆角】命令，激活【圆角】命令，在图形中两弧相交处创建半径为 5 的圆角，如图 9-105 所示。

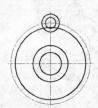

图 9-103 绘制同心圆

图 9-104 修剪圆

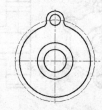

图 9-105 创建圆角

09 单击【修改】工具栏中的 ⊞ 按钮，将图形中上方的圆弧、圆角、小圆以及垂直中心线环形阵列 6 份，结果如图 9-106 所示。

10 使用快捷键 TR 激活【修剪】命令，对图形进行修剪，得到如图 9-107 所示结果。

11 使用【偏移】命令，将右侧的垂直构造线，向左偏移 15 个绘图单位，并且向右分别偏移 15 和 25 个绘图单位，结果如图 9-108 所示。

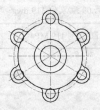

图 9-106 环形阵列

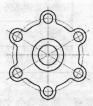

图 9-107 修剪

图 9-108 偏移构造线

技 巧

在偏移垂直构造线之前，需要激活命令中的"图层"选项功能，然后设置偏移对象的所在图层为"当前"，这样可以在偏移对象的过程中，修改其图层特性。

12 使用【直线】命令，配合【对象捕捉】功能，绘制如图 9-109 所示的直线。

13 使用【修剪】命令，对图形进行完善，并绘制轮廓线，结果如图 9-110 所示。

14 将"点画线"设置为当前层，绘制中心线，并删除多余的辅助线，结果如图 9-111 所示。

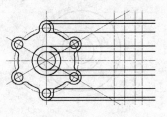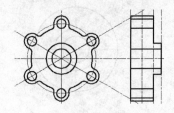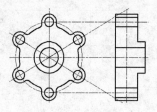

图 9-109　绘制直线　　　　　　　图 9-110　修剪　　　　　　　图 9-111　绘制中心线

15 使用【修剪】命令，对辅助线进行修剪，结果如图 9-112 所示。

16 设置【剖面线】为当前图层，然后使用【图案填充】命令，为此剖面图填充"ANSI31"图案，填充比例为 1.5，角度为 0，结果如图 9-113 所示。

17 使用快捷键 LEN 激活【拉长】命令，将两视图中心线向两端拉长 5 个绘图单位，最终结果如图 9-114 所示。

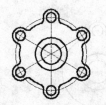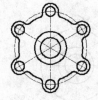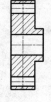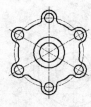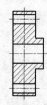

图 9-112　修剪辅助线　　　　　　图 9-113　填充结果　　　　　　图 9-114　最终结果

119 绘制盖类零件

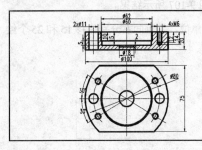

	通过盖类零件的绘制，主要综合练习了【圆】【构造线】【偏移】【修剪】【图案填充】和【拉长】命令。
文件路径：	DVD\实例文件\第 09 章\实例 119.dwg
视频文件：	DVD\MP4\第 09 章\实例 119.MP4
播放时长：	0:11:20

01 以附赠样板"机械制图模板.dwt"作为样板，新建空白文件。

02 将"点画线"设置为当前图层。使用快捷键 XL 激活【构造线】命令，绘制一条水平构造线和一条垂直构造线，作为定位基准线。

03 选择菜单【修改】|【偏移】命令，将水平构造线进行偏移复制，结果如图 9-115 所示。

04 将"轮廓线"图层设置为当前图层，使用【圆】命令，分别绘制直径为 18、60、62、80 和 100 的同心圆，结果如图 9-116 所示。

05 将直径为 80 的圆的图层更改为 "点画线"。

06 选择菜单【修改】|【旋转】命令，将垂直构造线，分别向左右两侧旋转复制 60°，结果如图 9-117 所示。

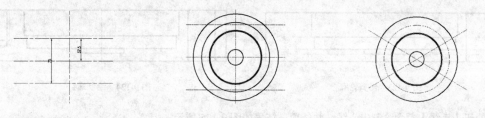

图 9-115　绘制辅助线　　　　图 9-116　绘制同心圆　　　　图 9-117　旋转构造线

> **提示**
>
> 在对单个闭合对象进行偏移时，对象的形状不变，尺寸发生变化；而在对线段进行偏移时，线段的形状和尺寸都保持不变。

07 将当前层设置为 "轮廓线" 层，使用【圆】命令，在中间水平构造线和直径为 80 的圆的交点处，绘制直径为 11 的圆，并且在刚旋转的构造线和直径为 80 的圆的交点处，绘制 M6 的螺母，结果如图 9-118 所示。

08 使用快捷键 TR 激活【修剪】命令，将图形进行修剪，并使用【直线】命令绘制轮廓，结果如图 9-119 所示。

09 将 "点画线" 设置为当前图层，使用【直线】命令绘制水平构造线。

10 选择菜单【修改】|【偏移】命令，将刚绘制的水平构造线，分别向上下两侧偏移 10 个绘图单位，结果如图 9-120 所示。

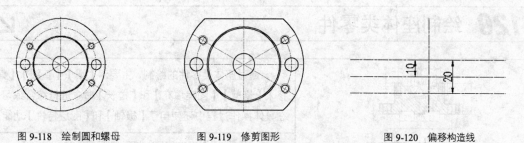

图 9-118　绘制圆和螺母　　　　图 9-119　修剪图形　　　　图 9-120　偏移构造线

11 使用【直线】命令，配合【对象捕捉】功能，绘制如图 9-121 所示的直线。

12 选择菜单【修改】|【偏移】命令，将最上侧水平构造线向下偏移 15 和 17 个绘图单位，结果如图 9-122 所示。

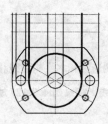

图 9-121　绘制直线　　　　　　图 9-122　偏移水平构造线

13 使用快捷键 TR，激活【修剪】命令，对图形进行修剪，并使用【直线】命令绘制轮廓，结果如图 9-123 所示。

14 删除多余的构造线，并绘制螺钉，结果如图 9-124 所示。

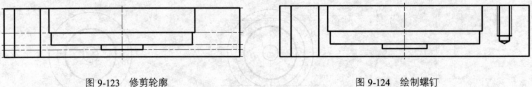

图 9-123　修剪轮廓　　　　　　　　　　　　　　图 9-124　绘制螺钉

15 使用【直线】命令绘制中心线，并修剪，结果如图 9-125 所示。

16 将"剖面线"设置为当前图层，使用快捷键 H 激活【图案填充】命令，采用默认填充比例，为图形填充"ANSI31"图案。

17 使用快捷键 LEN 激活【拉长】命令，将辅助线拉长 5 个绘图单位，结果如图 9-126 所示。

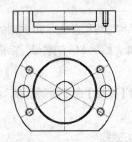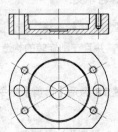

图 9-125　绘制中心线　　　　　　　　　　　　　图 9-126　最终结果

120 绘制座体类零件

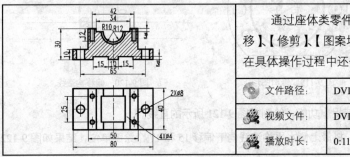

通过座体类零件的绘制，主要对【圆】、【直线】、【偏移】、【修剪】、【图案填充】和【拉长】命令进行综合练习，在具体操作过程中还使用了【极轴】和【图层特性】功能。

	文件路径：	DVD\实例文件\第 09 章\实例 120.dwg
	视频文件：	DVD\MP4\第 09 章\实例 120.MP4
	播放时长：	0:11:34

01 以附赠样板"机械样板.dwt"作为基础样板，新建空白文件。

02 激活【对象捕捉】、【极轴】和【线宽】功能。

03 使用快捷键 XL 激活【构造线】命令，在"点画线"图层内绘制一条垂直构造线和水平构造线。

04 使用快捷键 L 激活【直线】命令，在"轮廓线"图层上绘制主视图的外轮廓线，结果如图 9-127 所示（尺寸见效果图）。

05 单击【修改】工具栏 ▲ 按钮，将垂直构造线分别向左右两边分别偏移 21 和 32.5 个绘图单位，结果如图 9-128 所示。

图 9-127　绘制外轮廓

图 9-128　偏移结果

06 重复【偏移】命令将图 9-128 所示的 L1 和 L4 分别向左右两边偏移 4 个绘图单位，将 L2 和 L3 分别向左右两边偏移 2 个绘图单位，将水平中心线向上偏移 18 个绘图单位，结果如图 9-129 所示。

07 将部分构造线的图层特性更改为"轮廓线"，并使用【修剪】命令修剪图形，结果如图 9-130 所示。

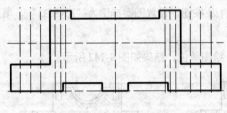

图 9-129　偏移中心线

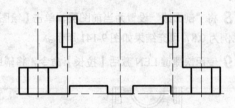

图 9-130　修剪图形

08 将"轮廓线"设置为当前图层，使用【圆】命令，绘制如图 9-131 所示的直径为 20 和 24 的同心圆。

09 使用【修剪】命令，对视图进行完善，并删除多余的线段，结果如图 9-132 所示。

10 使用【直线】命令，绘制左视图外轮廓，结果如图 9-133 所示。

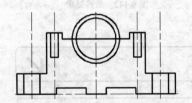

图 9-131　绘制同心圆

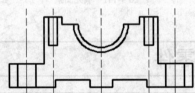

图 9-132　修剪结果

图 9-133　绘制外轮廓

11 使用【直线】命令，根据主视图轮廓，并配合【对象捕捉】绘制如图 9-134 所示的直线。

12 使用【偏移】命令将俯视图上侧轮廓线，分别向下偏移 7.5、32.5 和 20 个绘图单位，结果如图 9-135 所示。

13 将刚偏移的水平线段的图层特性更改为"点画线"，结果如图 9-136 所示。

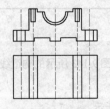

图 9-134　绘制直线

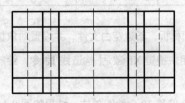

图 9-135　偏移轮廓线

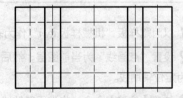

图 9-136　更改图层特性

14 单击【绘图】工具栏 ⊘ 按钮，绘制如图 9-137 所示的直径分别为 4 和 8 的圆。

15 根据主视图轮廓，使用【直线】命令绘制如图 9-138 所示的线段。

16 单击【修改】工具栏中的 ╱ 按钮，修剪左视图内轮廓，结果如图 9-139 所示。

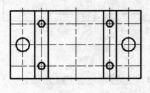
图 9-137 绘制圆

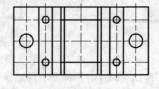
图 9-138 绘制线段

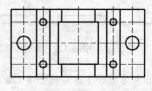
图 9-139 修剪内轮廓

17 执行【修剪】命令，对图形进行完善，结果如图 9-140 所示。

18 将"剖面线"设置为当前图层，单击【绘图】工具栏中的 按钮，设置图案样例为"ANSI31"，填充比例为 0.8，填充结果如图 9-141 所示。

19 使用快捷键 LEN 激活【拉长】命令，将辅助线拉长 3 个绘图单位，结果如图 9-142 所示。

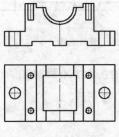

图 9-140 修剪结果

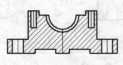
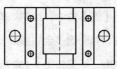
图 9-141 填充图案

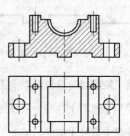

图 9-142 最终结果

121 绘制阀体类零件

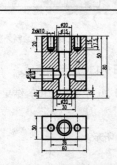

	通过绘制阀体类零件视图，主要对【构造线】【偏移】【圆弧】【修剪】【图案填充】和【拉长】命令进行综合练习。
文件路径：	DVD\实例文件\第 09 章\实例 121.dwg
视频文件：	DVD\MP4\第 09 章\实例 121.MP4
播放时长：	0:09:45

01 以附赠样板"机械样板.dwt"作为基础样板，新建空白文件，并设置对象捕捉。

02 设置"点画线"为当前图层，然后使用快捷键 XL 激活【构造线】命令，绘制如图 9-143 所示的构造线，作为定位辅助线。

03 使用【偏移】命令，将水平辅助线向上偏移 30 个绘图单位，结果如图 9-144 所示。

04 将"轮廓线"设置为当前层，然后使用【直线】命令，绘制外轮廓，结果如图 9-145 所示（具体尺寸参照效果图）。

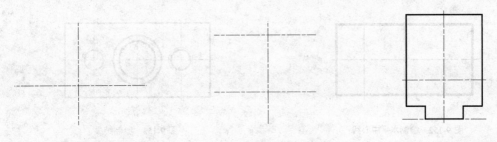

图 9-143 绘制构造线　　　　图 9-144 偏移水平构造线　　　　图 9-145 绘制外轮廓

05 选择菜单【修改】|【偏移】命令，将垂直辅助线分别向左偏移 7.5、10 和 18 个绘图单位，将下侧水平构造线分别向上下偏移 5 和 8 个绘图单位，结果如图 9-146 所示。

06 使用【直线】命令，配合【对象捕捉】功能，绘制视图左边部分的内轮廓和螺钉，结果如图 9-147 所示。

07 使用【偏移】命令，将视图外轮廓最上侧的线段向下偏移 20 个绘图单位。

08 单击【修改】工具栏中的 按钮，对视图内轮廓进行修剪，并删除多余的辅助线，结果如图 9-148 所示。

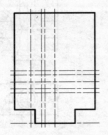 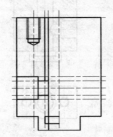 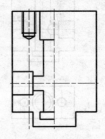

图 9-146 偏移构造线　　　　图 9-147 绘制内轮廓和螺钉　　　　图 9-148 修剪结果

09 选择菜单【绘图】|【圆弧】|【三点】命令，绘制如图 9-149 所示的圆弧。

10 选择菜单【修改】|【镜像】命令，对内轮廓和螺钉镜像，结果如图 9-150 所示。

11 使用【直线】命令，根据主视图轮廓，配合【对象捕捉】功能绘制俯视图外轮廓，结果如图 9-151 所示（尺寸请参照效果图）。

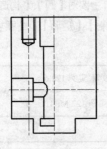 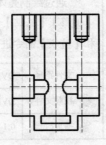 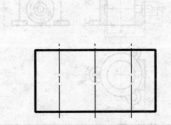

图 9-149 绘制圆弧　　　　图 9-150 镜像结果　　　　图 9-151 绘制外轮廓

12 将"点画线"设置为当前图层，使用快捷键 XL 激活【构造线】命令，配合【捕捉中点】，绘制俯视图水平中心线，结果如图 9-152 所示。

13 将"轮廓线"设置为当前图层，使用【圆】命令，绘制直径为 15 和 20 的同心圆，并绘制 M10 的螺母，结果如图 9-153 所示。

图 9-152　绘制水平中心线

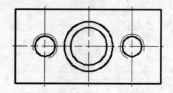

图 9-153　绘制结果

14 使用快捷键 TR 激活【修剪】命令，对两视图辅助线进行修剪，结果如图 9-154 所示。

15 使用快捷键 H 激活【图案填充】命令，采取默认比例，为主视图填充"ANSI31"图案，结果如图 9-155 所示。

16 使用快捷键 LEN 激活【拉长】命令，将两视图中心线两端拉长 3 个绘图单位，最终结果如图 9-156 所示。

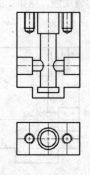
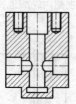

图 9-154　修剪结果　　　　　图 9-155　填充结果　　　　　图 9-156　最终结果

122　绘制壳体类零件

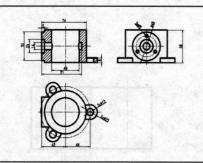

通过绘制壳体类零件视图，主要对【圆】、【构造线】、【偏移】、【修剪】、【阵列】、【复制】、【矩形】、【图案填充】和【拉长】命令进行综合练习。

文件路径：	DVD\实例文件\第 09 章\实例 122.dwg
视频文件：	DVD\MP4\第 09 章\实例 122.MP4
播放时长：	0:14:53

01 以附赠样板"机械样板.dwt"作为基础样板，新建文件，并激活【线宽】和【对象捕捉】功能。

02 将"点画线"设置为当前图层，使用快捷键"L"，在绘图区绘制两条均为 100 且互相垂直的中心线，结果如图 9-157 所示。

03 将"轮廓线"图层设置为当前图层，单击【绘图】工具栏中的⊙按钮，以中心线的交点为圆心，绘制三个直径为 49、74 和 88 的同心圆，结果如图 9-158 所示。

04 将最外侧的圆的图层特性更改为"点画线",并使用【圆】命令,绘制如图 9-159 所示的两个直径分别为 12 和 25 的同心圆。

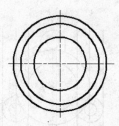

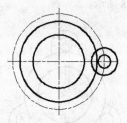

图 9-157　绘制中心线　　　　　　　　图 9-158　绘制同心圆　　　　　　　　图 9-159　绘制同心圆

05 使用快捷键 L 激活【直线】命令,并配合【对象捕捉追踪】功能,过直径为 25 的圆的上、下两象限点分别向左画两条水平直线与直径为 74 的圆相交,结果如图 9-160 所示。

06 使用快捷键 TR,将图形进行修剪完善,结果如图 9-161 所示。

07 选择菜单【修改】|【阵列】命令,以套壳所在同心圆的圆心为中心点,对图形进行环形阵列,设置项目总数为 3,填充角度为 360°,结果如图 9-162 所示。

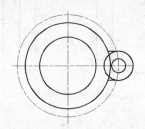

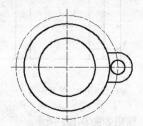

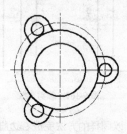

图 9-160　绘制直线　　　　　　　　　图 9-161　修剪完善　　　　　　　　　图 9-162　环形阵列

08 选择菜单【修改】|【偏移】命令,将水平中心线分别向上和向下偏移 25.5 个绘图单位,垂直中心线向左偏移 42 个绘图单位,结果如图 9-163 所示。

09 使用【直线】命令,过辅助线及其与套壳外轮廓的交点绘制直线,结果如图 9-164 所示。

10 选择菜单【修改】|【修剪】命令,修剪多余的线条,并删除辅助线,结果如图 9-165 所示。

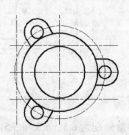

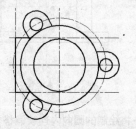

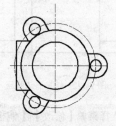

图 9-163　偏移辅助线　　　　　　　　图 9-164　绘制直线　　　　　　　　　图 9-165　修剪结果

11 选择菜单【修改】|【复制】命令,将顶视图复制一份至绘图区域空白处。

12 使用【旋转】命令,将复制的顶视图旋转 90°,如图 9-166 所示。

13 使用【构造线】命令,根据顶视图的轮廓线,绘制如图 9-167 所示的 6 条构造线,从而定位主视图的大体轮廓。

14 在顶视图的下方绘制一条水平直线，并使用【偏移】命令，将其向下偏移 56 个绘图单位，结果如图 9-168 所示。

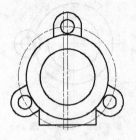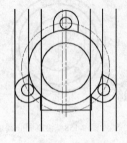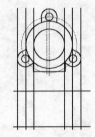

图 9-166　旋转结果　　　　图 9-167　绘制构造线　　　　图 9-168　绘制直线

15 使用【修剪】命令，对图形进行修剪，结果如图 9-169 所示。

16 单击【绘图】工具栏中的 ∕ 按钮，绘制如图 9-170 所示的矩形。

17 使用【修剪】命令，对图形进行修剪完善，结果如图 9-171 所示。

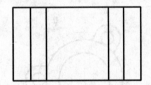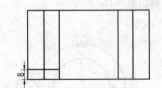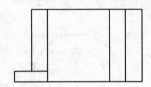

图 9-169　修剪直线　　　　图 9-170　绘制矩形　　　　图 9-171　修剪结果

18 以同样的方法完成右边脚座的绘制，结果如图 9-172 所示。

19 将"点画线"层设置为当前层，使用【直线】命令，以内矩形的中心为交点，绘制两条相互垂直的中心线，结果如图 9-173 所示。

20 将"轮廓线"设置为当前图层，使用【圆】命令，配合【对象捕捉】功能，绘制如图 9-174 所示的圆。

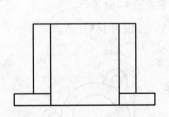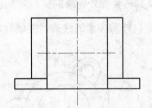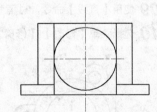

图 9-172　绘制右边脚座　　　　图 9-173　绘制中心线　　　　图 9-174　绘制圆

21 选择菜单【修改】|【偏移】命令，将绘制的圆向内连续偏移 3 次，偏移量分别为 6.5、6.5 和 5.5，结果如图 9-175 所示。

22 使用【圆】命令，选择由外向内的第二个圆的上象限点为圆心，绘制直径为 5 的圆，结果如图 9-176 所示。

23 使用快捷键 AR 激活阵列命令，以大圆的圆为中心，对小圆环形阵列，项目总数为 3，填充角度为 360°，结果如图 9-177 所示。

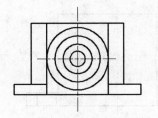
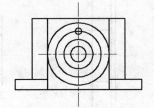
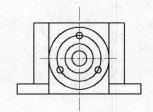

| 图 9-175 偏移圆 | 图 9-176 绘制小圆 | 图 9-177 环形阵列 |

技 巧

　　使用【偏移】命令中的"通过"选项，可以将源对象以指定的点进行偏移复制，复制出的对象将通过所指定的点。

24 使用【删除】命令，将圆两侧多余的线条删除，并将同心圆中由外向内的第二个圆的图层特性更改为"点画线"，结果如图 9-178 所示。

25 使用快捷键 **XL** 激活【构造线】命令，根据主视图轮廓线，绘制 9 条水平构造线，结果如图 9-179 所示。

26 重复【构造线】命令，根据顶视图轮廓绘制 7 条垂直构造线，结果如图 9-180 所示。

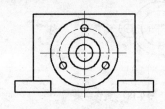

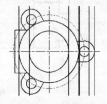

| 图 9-178 删除 | 图 9-179 绘制水平构造线 | 图 9-180 绘制垂直构造线 |

27 使用【偏移】命令，将最左侧的垂直构造线向左偏移 5 个绘图单位，然后使用【修剪】命令，对各构造线进行修剪编辑，结果如图 9-181 所示。

28 将"点画线"设置为当前层，以矩形中心为交点，绘制两条相互垂直的中心线，结果如图 9-182 所示。

29 将"轮廓线"设置为当前层，使用【偏移】命令，将图 9-181 所示的轮廓线 1 向右偏移 71 个绘图单位，轮廓线 2 和 3 分别向内偏移一个单位，结果如图 9-183 所示。

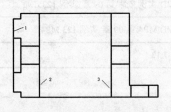
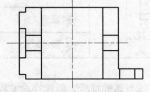
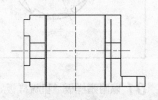

| 图 9-181 修剪 | 图 9-182 绘制辅助线 | 图 9-183 偏移 |

30 选择菜单【绘图】|【圆弧】|【三点】命令，绘制如图 9-184 所示的圆弧。

31 综合使用【修剪】和【删除】命令，对各轮廓线进行修剪和删除，结果如图 9-185 所示。

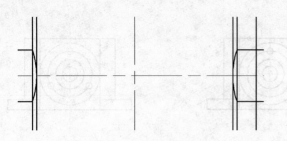

图 9-184 绘制圆弧

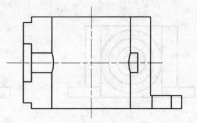

图 9-185 修剪

32 将"剖面线"设置为当前层，单击【绘图】工具栏中的 ▨ 按钮，采取默认比例，为视图填充
"ANSI31"图案，结果如图 9-186 所示。

33 三视图最终效果如图 9-187 所示。

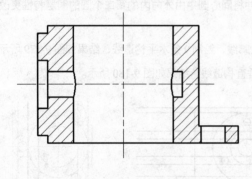

图 9-186 填充图案

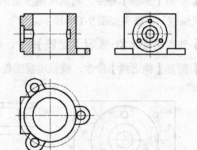

图 9-187 最终结果

123 绘制棘轮零件

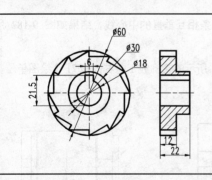

	通过棘轮零件视图的绘制，主要对【圆】、【直线】、【修剪】、【偏移】、【旋转】、【阵列】、【图案填充】和【拉长】命令的综合练习，在操作过程中还使用了【图层特性】和【对象捕捉】功能。
文件路径：	DVD\实例文件\第 09 章\实例 123.dwg
视频文件：	DVD\MP4\第 09 章\实例 123.MP4
播放时长：	0:07:12

01 以附赠样板"机械样板.dwt"作为基础样板，新建空白文件。

02 将"点画线"设置为当前图层，并打开线宽功能。

03 使用【直线】和【圆】命令，绘制如图 9-188 所示的中心线和圆。

04 使用【旋转】命令，将垂直中心线复制旋转-30°，并将"轮廓线"设置为当前层，使用【直线】命令
绘制如图 9-189 所示的直线。

05 使用快捷键 TR 激活【修剪】命令，并删除角度为 30° 的斜线，用【直线】命令，绘制短直线，如图

9-190 所示。

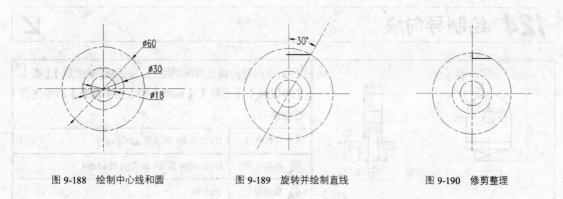

图 9-188 绘制中心线和圆　　　图 9-189 旋转并绘制直线　　　图 9-190 修剪整理

06 使用【图层特性】命令，将圆置换为"轮廓线"层，并单击【修改】工具栏 ⊞ 按钮，激活【阵列】命令，进行环形阵列，阵列中心为圆心，项目总数为 12，项目间填充角度设置为 360°，阵列结果如图 9-191 所示。

07 选择菜单【修改】|【偏移】命令，将垂直中心线左右分别偏移 3 个单位，水平中心线向上偏移 12.5 个绘图单位，并将偏移的中心线更改为"轮廓线"。

08 使用【直线】命令，根据主视图轮廓绘制左视图中的对应直线与辅助线，结果如图 9-192 所示。

09 选择菜单【修改】|【修剪】命令，对图形进行修剪，结果如图 9-193 所示。

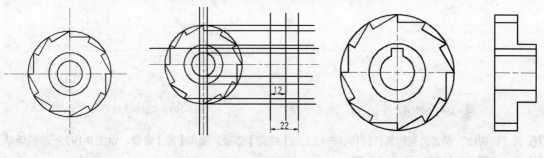

图 9-191 环形阵列　　　图 9-192 绘制直线和辅助线　　　图 9-193 修剪图形

10 使用快捷键 H 激活【图案填充】命令，采取默认比例，为左视图填充"ANSI31"图案，结果如图 9-194 所示。

11 使用快捷键 LEN 激活【拉长】命令，将两视图中心线两端拉长 3 个绘图单位，最终结果如图 9-195 所示。

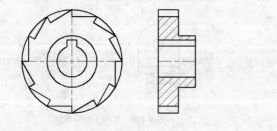
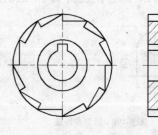

图 9-194 填充结图案　　　　　　图 9-195 最终结果

124 绘制导向块

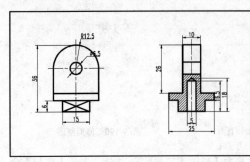

通过导向块二视图的绘制，主要对【构造线】、【圆】、【多段线】、【分解】、【偏移】和【图案填充】命令进行综合练习。		
文件路径:	DVD\第 09 章\实例 124.dwg	
视频文件:	DVD\MP4\第 09 章\实例 124.MP4	
播放时长:	0:05:54	

01 以附赠样板"机械制图模板.dwt"作为样板，新建空白文件。

02 选择菜单【格式】|【线型】命令，在打开的【线型管理器】对话框内设置线型的比例因子为 0.3。

03 单击【图层】工具栏中的【图层控制】列表，在展开的下拉列表中设置"点画线"作为当前层。

04 使用快捷键 XL 激活【构造线】命令，绘制如图 9-196 所示的构造线作为定位辅助线。

05 选择菜单【修改】|【偏移】命令，将左侧的垂直构造线向左偏移 7.5 和 12.5 个绘图单位，结果如图 9-197 所示。

图 9-196　绘制辅助线　　　　　　　　　　图 9-197　偏移构造线

06 将"轮廓线"设置为当前层，打开状态栏上的【线宽】选项，使用【圆】命令，以图 9-197 所示的辅助线交点 A 为圆心，绘制直径为 6.5 的圆。

07 单击【绘图】工具栏 按钮，激活【多段线】命令，以图 9-197 所示的交点 B 为起点，绘制如图 9-198 所示的主视图外轮廓。

08 使用快捷键 X 激活【分解】命令，选择刚绘制的闭合多段线，分解多段线。

09 使用【偏移】命令，选择最下侧的轮廓线，将其向上偏移 4 个绘图单位。

10 使用快捷键 L，激活【直线】命令，绘制如图 9-199 所示的主视图下侧轮廓。

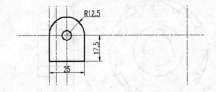
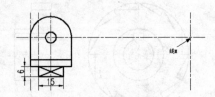

图 9-198　绘制多段线　　　　　　　　　　图 9-199　绘制下侧轮廓线

11 单击【绘图】工具栏 按钮，激活【构造线】命令，分别通过主视图各特征点，绘制水平构造线，如图 9-200 所示。

12 使用【直线】命令，绘制如图 9-201 所示的左视图轮廓。

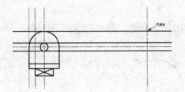 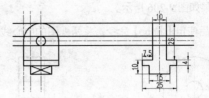

图 9-200 绘制构造线　　　　　　　　　　　图 9-201 绘制左视图

> 提　示
> 无论绘制的多段线中含有多少直线或圆弧，AutoCAD 都把它们作为一个单一的对象。

13 使用【修剪】和【删除】命令，对各构造线进行修剪，删除多余的部分，将其编辑为左视图轮廓，结果如图 9-202 所示。

14 使用【偏移】命令将左视图中的垂直辅助线向左偏移 2.5 个绘图单位，结果如图 9-203 所示。

图 9-202 图形编辑　　　　　　　　　　　图 9-203 偏移轮廓线

15 使用【直线】命令，以图 9-203 所示的点 G 作为起点，配合相对坐标输入法绘制左视图内轮廓线。命令行操作过程如下：

```
令：_line
指定第一点：                          //捕捉图 9-203 所示的点 G
指定下一点或 [放弃(U)]:@16.5<90↙
指定下一点或 [放弃(U)]:@2.5,1.5↙
指定下一点或 [闭合(C)/放弃(U)]:@2.5,-1.5↙
指定下一点或 [闭合(C)/放弃(U)]:@16.5<270↙
指定下一点或 [闭合(C)/放弃(U)]：↙        //按回车键，绘制结果如图 9-204 所示
```

16 重复【直线】命令，以图 9-204 所示的点 1 和点 2 作为起点和端点，绘制线段，并删除多余的辅助线，结果如图 9-205 所示。

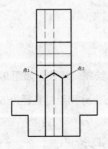 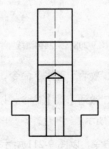

图 9-204 绘制内部轮廓　　　　　　　　　　图 9-205 操作结果

17 使用快捷键"H"激活【图案填充】命令，设置图案为"ANS31"，比例为 0.3 对左视图填充剖面线图案，结果如图 9-206 所示。

18 最后使用【拉长】命令，将两视图的中心线向两端拉长 3 个绘图单位，最终结果如图 9-207 所示。

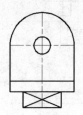
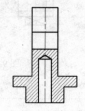
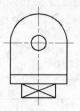
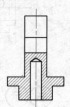

图 9-206　填充剖面图案　　　　　　　　　　　　　　图 9-207　最终结果

125　绘制基板

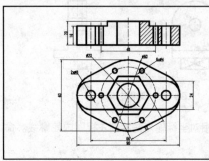

	通过基板二视图的绘制，主要对【圆】、【构造线】、【修剪】、【正多边形】、【特性匹配】、【阵列】命令进行综合练习。	
文件路径：	DVD\实例文件\第 09 章\实例 125.dwg	
视频文件：	DVD\MP4\第 09 章\实例 125.MP4	
播放时长：	0:08:40	

01 以附赠样板"机械制图模板.dwt"作为样板，新建空白文件。

02 单击【图层】工具栏【图层控制】列表，在展开的下拉列表内设置"点画线"为当前图层。

03 使用快捷键 XL 激活【构造线】命令，参照各位置尺寸绘制如图 9-208 所示的构造线作为定位辅助线。

04 将"轮廓线"设置为当前图层，并单击【绘图】工具栏 ⊘ 按钮，分别以图 9-208 所示的辅助线交点 A、B 为圆心，绘制直径为 8 和 24 的同心圆，绘制结果如图 9-209 所示。

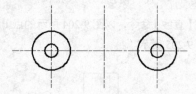

图 9-208　绘制构造线　　　　　　　　　　　　　图 9-209　绘制同心圆

05 使用快捷键 L 激活【直线】命令，分别连接两个大圆的象限点，绘制公切线，如图 9-210 所示。

06 使用快捷键 C 激活【圆】命令，以图 9-210 所示的交点 O 为圆心，分别绘制直径为 60、48 和 20 的同心圆，如图 9-211 所示。

07 执行【圆】命令，以图 9-211 所示的点 Q 作为圆心，绘制直径为 4 为的小圆。

08 单击【修改】工具栏【环形阵列】命令，设置项目总数为 6，填充角度为 360°，以图 9-211 所示的点 O 为中心，对刚绘制的小圆进行环形阵列，结果如图 9-212 所示。

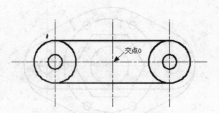

图 9-210 绘制公切线

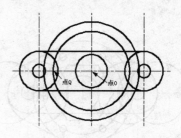

图 9-211 绘制同心圆

09 单击【绘图】工具栏⬡按钮，激活【正多边形】命令，以图 9-211 所示的点 O 为中心，绘制半径为 16 的外切正六边形，结果如图 9-213 所示。

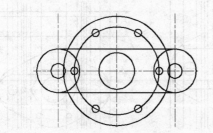

图 9-212 阵列结果

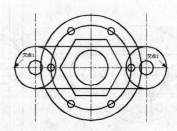

图 9-213 绘制正多边形

10 单击【绘图】工具栏上的⊘按钮，分别以图 9-213 所示的交点 1 和交点 2 为圆心，绘制半径为 18 的圆作为辅助圆，结果如图 9-214 所示。

11 重复执行【圆】命令，以图 9-214 所示的辅助圆和水平辅助线的交点 3 和交点 4 为圆心，绘制两个半径为 18 的圆，如图 9-215 所示。

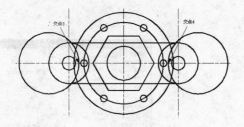

图 9-214 绘制辅助圆

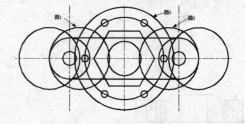

图 9-215 绘制圆

12 使用快捷键 L 激活【直线】命令，配合切点捕捉功能绘制图 9-215 所示的圆 1、圆 2 和圆 3 的公切线，结果如图 9-216 所示。

13 选择菜单【修改】|【修剪】命令，修剪掉多余的线段及弧形轮廓，并删除所绘制的辅助圆，结果如图 9-217 所示。

14 使用快捷键 MA 激活【特性匹配】命令，以辅助线作为源对象，将其图层特性匹配给图 9-217 所示的圆 O，结果如图 9-218 所示。

15 使用【构造线】命令，分别通过俯视图中各定位圆及正多边形特征点，绘制如图 9-219 所示的垂直构造线作为辅助线。

16 重复执行【构造线】命令，在俯视图的上侧绘制 3 条水平构造线，如图 9-220 所示。

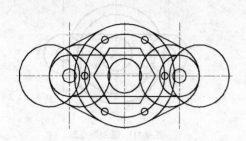
图 9-216　绘制外公切线

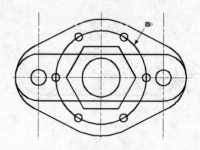
图 9-217　修剪操作

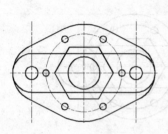
图 9-218　特性匹配

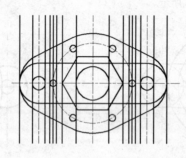
图 9-219　绘制垂直构造线

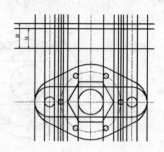
图 9-220　绘制水平构造线

17 使用快捷键 **TR** 激活【修剪】命令，对各构造线进行修剪，编辑出基板俯视图轮廓，如图 9-221 所示。

18 使用【特性匹配】命令，以修剪后的辅助线为源对象，将其图层特性匹配给图图 9-221 所示的线段 L 和线段 M，结果如图 9-222 所示。

19 使用快捷键 **H** 激活【图案填充】命令，设置填充图案填充参数如图 9-223 所示，对基板主视图填充剖面线，结果如图 9-224 所示。

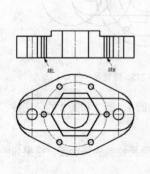
图 9-221　修剪操作

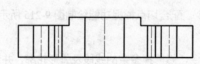
图 9-222　特性匹配

图 9-223　设置填充参数

20 重复执行【图案填充】命令，将填充角度设置为 90°，其他参数保持不变，对主视图左侧轮廓进行同一图案填充。

21 执行【拉长】命令，将个别位置的中心线向两端拉长 3 个绘图单位，最终结果如图 9-225 所示。

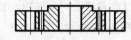

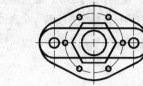

图 9-224　填充图案　　　　　　　　　　图 9-225　最终结果

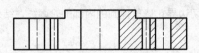

126　绘制球轴承

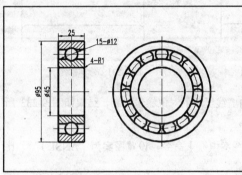

通过球轴承的分解，主要对【分解】、【偏移】、【阵列】、【修剪】命令综合运用和练习，在具体的操作过程中还使用了【图层特性】功能。

	文件路径：	DVD\实例文件\第 09 章\实例 126.dwg
	视频文件：	DVD\MP4\第 09 章\实例 126.MP4
	播放时长：	0:05:39

01 以附赠样板 "机械制图模板.dwt" 作为样板，新建空白文件。

02 将 "轮廓线" 设置为当前图层，使用快捷键 "REC" 激活【矩形】命令，绘制长度为 25，宽度为 95，圆角为 1 的圆角矩形，作为主视图外轮廓线，结果如图 9-226 所示。

03 选择菜单【修改】|【分解】命令，选择所绘制的圆角矩形，将其分解为各个单独的对象。

04 使用快捷键 O 激活【偏移】命令，分别将偏移距离设置为 8、17 和 25，对矩形上侧的边向下偏移复制，结果如图 9-227 所示。

05 单击【修改】工具栏上的 —/ 按钮，激活【延伸】命令，以图 9-227 所示的边 L 和边 M 作为延伸边界，对偏移出的线 B 和线 C 进行延伸操作，结果如图 9-228 所示。

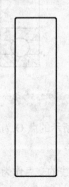

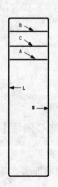

图 9-226　绘制圆角矩形　　　　　　图 9-227　偏移结果　　　　　　图 9-228　延伸操作

06 单击【修改】工具栏上的 按钮，激活【圆角】命令，将圆角半径设置为 1，对轮廓线 A、L 和 M 进行圆角，结果如图 9-229 所示。

07 使用快捷键 C，激活【圆】命令，配合捕捉自功能以图 9-229 所示的轮廓线 B 的中点作为偏移基点，以点 "@0，4.5" 作为偏移目标点，绘制一个直径为 12 的圆，结果如图 9-230 所示。

08 使用快捷键 TR 激活【修剪】命令，以所绘制的圆作为剪切边界，修剪掉圆的内部的轮廓线，结果如图 9-231 所示。

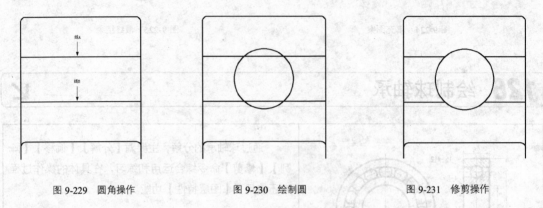

图 9-229　圆角操作　　　　图 9-230　绘制圆　　　　图 9-231　修剪操作

09 单击【修改】工具栏上的 按钮，选择图 9-232 所示的虚线显示的对象镜像复制，结果如图 9-233 所示。

10 将 "剖面线" 设置为当前层，使用快捷键 "H" 激活【图案填充】命令，设置图案为 "ANSI31"，比例设置为 0.8，对主视图填充剖面图案，结果如图 9-234 所示。

11 重复执行【图案填充】命令，将填充角度修改为 90°，其他参数保持不变，对主视图进行填充，结果如图 9-235 所示。

12 将 "点画线" 设置为当前图层，执行【构造线】命令，根据球轴承主视图各轮廓线的位置，绘制如图 9-236 所示的构造线作为辅助线。

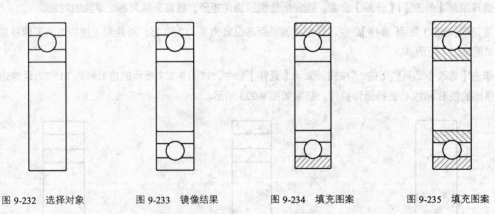

图 9-232　选择对象　　　图 9-233　镜像结果　　　图 9-234　填充图案　　　图 9-235　填充图案

13 设置 "轮廓线" 层作为当前图层，使用快捷键 C 激活【圆】命令，以图 9-236 所示的点 O 为圆心，以线段 OP 为半径画圆，结果如图 9-237 所示。

14 重复执行【圆】命令，以 O 点为圆心，分别捕捉各水平构造线与右侧垂直构造线的交点作为半径的另一端点，绘制同心圆，结果如图 9-238 所示。

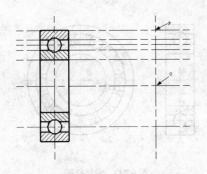

图 9-236 绘制辅助线

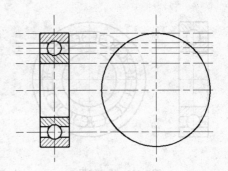

图 9-237 绘制圆

15 单击【绘图】工具栏上的 ⊙ 按钮，激活【圆】命令，以图 9-238 所示的圆 3 与垂直构造线的交点 W 作为圆心，绘制直径为 12 的圆，作为滚珠轮廓线，结果如图 9-239 所示。

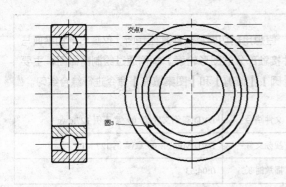

图 9-238 绘制圆

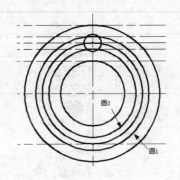

图 9-239 绘制圆

16 使用快捷键 TR 激活【修剪】命令，以图 9-239 所示的圆 1 和圆 2 为修剪边界，对刚绘制的圆进行修剪，结果如图 9-240 所示。

17 选择菜单【修改】|【阵列】命令，设置项目总数为 15，角度为 360°，选择修剪后的两段圆弧，以大圆的圆心为中心点，进行环形阵列，结果如图 9-241 所示。

18 选择图 9-241 所示的圆 4，使其夹点显示，单击【图层】工具栏中的【图层控制】列表，在展开的下拉列表中选择"点画线"，修改其图层特性。

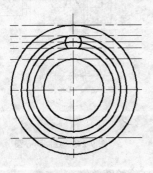

图 9-240 修剪结果

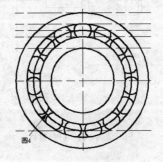

图 9-241 阵列结果

19 综合使用【删除】和【修剪】命令，删除和修剪掉不需要的辅助线，结果如图 9-242 所示。

20 使用【拉长】命令，将所有位置的中心线的两端拉长 4.5 个绘图单位，结果如图 9-243 所示。

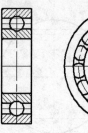
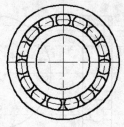

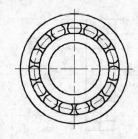

图 9-242　操作结果　　　　　　　　　　　　　　图 9-243　最终结果

127　绘制断面图　　　　　　　　　　　　　　↙

	假想用剖切面将机件某处切断，仅画出剖切平面与机件接触部分的图形轮廓。本例通过绘制断面图，主要对【圆】、【修剪】和【图案填充】命令进行综合练习。	
文件路径：	DVD\实例文件\第 09 章\实例 127.dwg	
视频文件：	DVD\MP4\第 09 章\实例 127.MP4	
播放时长：	0:04:53	

01 打开"素材文件\第 9 章\实例 127.dwg"文件，结果如图 9-244 所示。

02 单击【绘图】工具栏上的 ⊘ 按钮，在左侧辅助线的交点处绘制直径分别为 79 和 40 的两个同心圆，表示外圆和内圆孔，如图 9-245 所示。

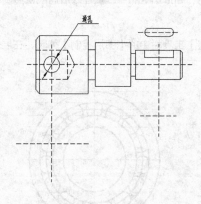
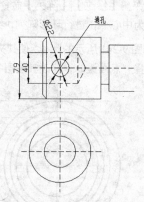

图 9-244　打开素材　　　　　　　　　　　　　　图 9-245　绘制同心圆

03 使用【偏移】命令，将左侧水平中心线分别向上下两侧偏移 11 个绘图单位。

04 使用快捷键 L 激活【直线】命令，分别绘制如图 9-246 所示的两条直线。

05 单击【修改】工具栏中的 ⁄ 按钮，修剪两条水平线和水平线之间的内圆弧，并删除偏移的辅助线，结果如图 9-247 所示。

06 单击【绘图】工具栏上的 按钮，选择合适的填充参数，对图案进行填充，结果如图 9-248 所示。

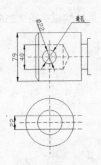

图 9-246 绘制直线

图 9-247 修剪结果

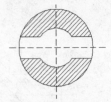

图 9-248 填充图案

07 使用【直线】命令，在如图 9-249 所示的圆孔竖直中心线上方绘制一条直线，长度适当即可，然后使用【多重引线】命令，绘制引线，引线水平位置与刚画的竖直线上端平齐，左端点与竖直线上端点重合，右端点适当放置保证长度合适清晰即可，如图 9-249 所示。

08 根据上步操作的方法绘制零件下方的引线，结果如图 9-250 所示。

09 使用快捷键 C 激活【圆】命令，以右侧中心线的交点为圆心，绘制直径为 40 的圆，表示外圆面，结果如图 9-251 所示。

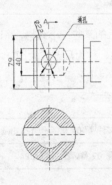

图 9-249 绘制引线

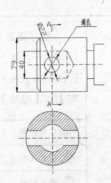

图 9-250 标识投影方向

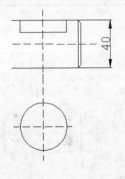

图 9-251 绘制外圆

10 使用【直线】命令，绘制表示键槽深度的直线，结果如图 9-252 所示。

11 使用【直线】命令，绘制表示键槽宽度的两条直线，结果如图 9-253 所示。

12 单击【修改】工具栏上 按钮，修剪键槽底线和键槽顶端曲线，结果如图 9-254 所示。

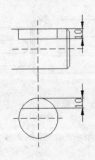

图 9-252 绘制键槽底线

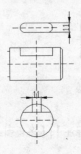

图 9-253 绘制键槽侧边线

图 9-254 修剪结果

13 单击【绘图】工具栏上 按钮，选择合适的填充参数，对图形进行填充，结果如图 9-255 所示。

14 使用【多重引线】命令，根据第 7 步的操作方法绘制多重引线表示投影方向，最终结果如图 9-256 所示。

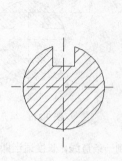

图 9-255 填充结果

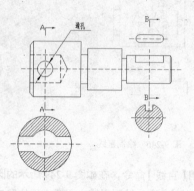

图 9-256 最终结果

128 绘制局部放大图

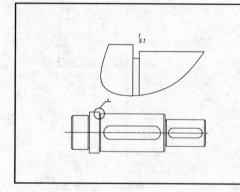

为了清楚地表达机件上的某些细小结构，将这部分结构用于原图形的比例画出，称为局部放大图。本例通过局部放大图的绘制，主要对【多重引线】、【圆】、【复制】和【缩放】功能进行综合练习。

文件路径：	DVD\实例文件\第 09 章\实例 128.dwg	
视频文件：	DVD\MP4\第 09 章\实例 128.MP4	
播放时长：	0:02:53	

01 启动 AutoCAD2010，打开"素材文件\第 9 章\实例 128.dwg"文件，结果如图 9-257 所示。

02 将"轮廓线"图层设置为当前图层，单击【绘图】工具栏上的 按钮，以（142，228）为圆心，绘制半径为 8 的圆，结果如图 9-258 所示。

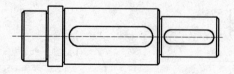

图 9-257 打开素材

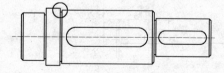

图 9-258 绘制圆

03 将"引线"设置为当前层，选择菜单【标注】|【多重引线】命令，绘制多重引线，结果如图 9-259 所示。

04 选择绘制的引线，单击工具栏上的 按钮，在弹出的【特性面板】对话框中设置参数，结果如图 9-260 所示。

05 选择菜单【绘图】|【文字】|【多行文字】命令，输入数字 1，如图 9-261 所示。

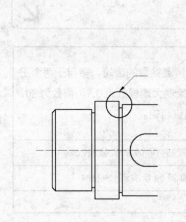

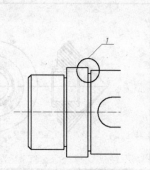

图 9-259　绘制引线　　　　　图 9-260　【特性面板】对话框　　　　图 9-261　指示局部放大位置

06 选择菜单【修改】|【复制】命令，复制圆内的直线到图形附近的位置，结果如图 9-262 所示。

07 单击【绘图】工具栏上的 ∼ 按钮，绘制样条曲线，结果如图 9-263 所示。

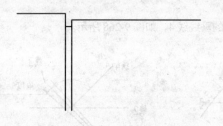

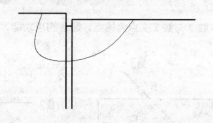

图 9-262　复制结果　　　　　　　　　　　图 9-263　绘制样条曲线

08 使用快捷键 TR 激活【修剪】命令，以样条曲线之外的直线为修剪对象，修剪多余轮廓，结果如图 9-264 所示。

09 选择菜单【修改】|【缩放】命令，以阶梯槽左侧竖直短线段的中心为放大基点对图形放大 5 倍。

10 选择菜单【绘图】|【文字】|【多行文字】命令，在填充图上方复制输入局部放大图标示，文字高度为 10，最终结果如图 9-265 所示。

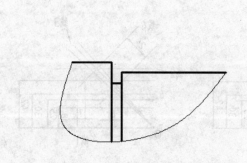

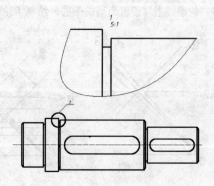

图 9-264　修剪结果　　　　　　　　　　　图 9-265　局部放大视图

129 绘制锥齿轮

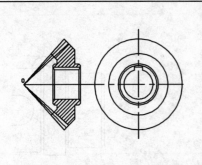

锥齿轮是分度曲面为圆锥面的齿轮，多用于两个正交方向的传动。本实例绘制大端模数为 3.5，齿数为 30，节锥角为 45° 的直齿圆锥齿轮。

文件路径:	DVD\实例文件\第 09 章\实例 129.dwg	
视频文件:	DVD\MP4\第 09 章\实例 129.MP4	
播放时长:	0:08:45	

01 以光盘附带文件 "机械制图模板.dwt" 为样板，新建 AutoCAD 文件。

02 将 "中心线" 层设置为当前图层，利用【直线】和【偏移】命令，绘制 3 条辅助线如图 9-266 所示。

03 选择菜单【修改】|【旋转】命令，将线 3 绕 O 点旋转复制 2.70° 和-3.24°，复制结果如图 9-267 所示。

04 以线 3 与线 2 交点为端点，配合约束功能，绘制线 3 的垂线线 4，如图 9-268 所示。

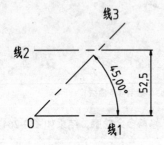
图 9-266 三条辅助线

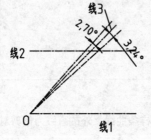
图 9-267 旋转复制线 3

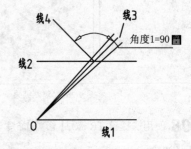
图 9-268 绘制垂线

05 选择菜单【修改】|【拉长】命令，将线 4 向另一侧拉长，如图 9-269 所示。

06 将线 4 向 O 点方向偏移 24，将线 1 向上分别偏移 18、25、30 和 42，偏移结果如图 9-270 所示。

07 将 "轮廓线层" 设置为当前图层，绘制齿轮轮廓线，如图 9-271 所示。

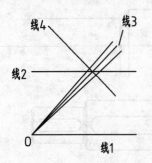
图 9-269 拉长线 4

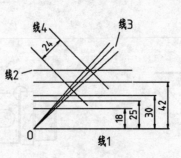
图 9-270 偏移线 4 和线 1

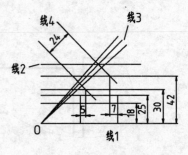
图 9-271 绘制齿轮轮廓

08 选择菜单【修改】|【修剪】命令修剪多余的线条，并根据实际转换线条图层，结果如图 9-272 所示。

09 选择菜单【修改】|【倒角】命令，对图形倒角，如图 9-273 所示。

10 选择菜单【修改】|【镜像】命令，将齿轮图形镜像到水平线以下，如图 9-274 所示。

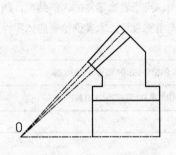 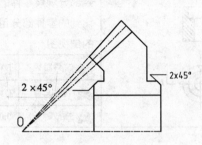 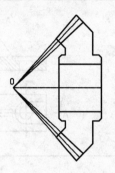

图 9-272 修剪线条　　　　　　　　图 9-273 倒角结果　　　　　　　　图 9-274 镜像的结果

11 使用【偏移】命令，配合【延伸】和【修剪】命令，绘制键槽结构，如图 9-275 所示。

12 将 "细实线层" 设置为当前图层，选择菜单【绘图】|【图案填充】命令，使用 ANSI31 图案，填充区域如图 9-276 所示。

13 选择菜单【绘图】|【射线】命令，从主视图向右引出水平射线，如图 9-277 所示。

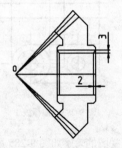 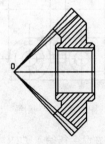 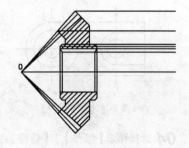

图 9-275 绘制键槽结构　　　　　　图 9-276 图案填充结果　　　　　　图 9-277 绘制水平射线

14 以最下方构造线上任意一点为圆心，绘制与构造线相切的同心圆，如图 9-278 所示，注意键槽引出的射线位置不绘圆。

15 删除不需要的构造线，绘制过圆心的竖直直线，并向两侧偏移 5 个单位，如图 9-279 所示。

16 修剪出键槽轮廓，并将构造线转换到中心线层，结果如图 9-280 所示。

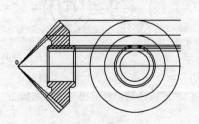 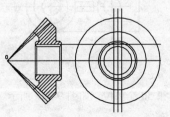 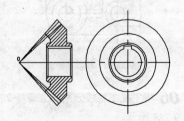

图 9-278 绘制圆　　　　　　　　　图 9-279 绘制和偏移直线　　　　　　图 9-280 修剪出键槽

130 绘制剖视图

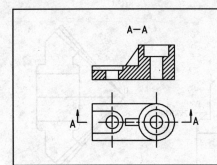

剖视图是用假象的剖切面将零件切开，观察者由剩余部分观察零件的视图，用于表达零件的内部结构，剖切到的零件部分用图案填充表示。本实例绘制座体零件的剖视图。

	文件路径:	DVD\实例文件\第 09 章\实例 130.dwg
	视频文件:	DVD\MP4\第 09 章\实例 130.MP4
	播放时长:	0:06:26

01 打开光盘中的"\素材文件\第 9 章\实例 130.dwg"文件，如图 9-281 所示。

02 将"轮廓线层"设置为当前图层，选择菜单【绘图】|【射线】命令，或者在命令行输入"RAY"，由俯视图向上绘制射线，并绘制一条水平直线线 1，如图 9-282 所示。

03 将线 1 向上偏移 30、70 和 75 个单位，如图 9-283 所示。然后绘制加强肋轮廓如图 9-284 所示。

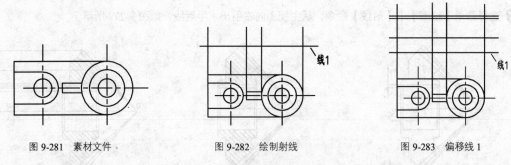

图 9-281　素材文件　　　　　图 9-282　绘制射线　　　　　图 9-283　偏移线 1

04 选择菜单【修改】|【修剪】命令，或者在命令行输入"TR"，修剪出主视图的轮廓如图 9-285 所示。

05 使用【射线】命令，由俯视图向上引出射线，如图 9-286 所示。

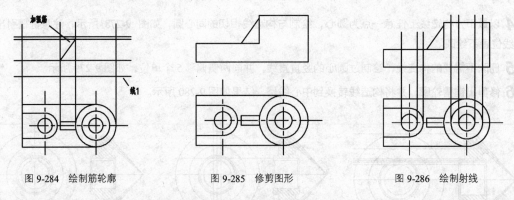

图 9-284　绘制筋轮廓　　　　　图 9-285　修剪图形　　　　　图 9-286　绘制射线

06 将主视图底线分别向上偏移 20 和 50 个单位，如图 9-287 所示。然后进行修剪，修剪出孔的轮廓如图 9-288 所示。

07 将"细实线层"设置为当前图层，选择菜单【绘图】|【图案填充】命令，使用 ANSI31 图案，填充区域如图 9-289 所示。

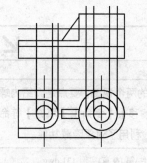

图 9-287 偏移水平轮廓线

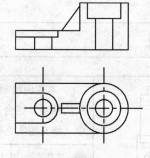

图 9-288 修剪孔结构

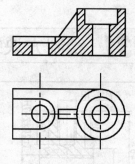

图 9-289 图案填充效果

08 选择菜单【绘图】|【多段线】命令，或者在命令行输入 "PL"，绘制剖切符号箭头，命令行操作如下：

```
命令：PL↙
PLINE
指定起点：                          //在俯视图水平中心线延伸线上任意位置指定起点
当前线宽为 0.0000
指定下一个点或 [圆弧(A)/半宽(H)/长度(L)/放弃(U)/宽度(W)]：@20,0↙
                                   //输入相对坐标，完成样条曲线第一段
指定下一点或 [圆弧(A)/闭合(C)/半宽(H)/长度(L)/放弃(U)/宽度(W)]：@0,15↙
                                   //输入相对坐标，完成样条曲线第二段
指定下一点或 [圆弧(A)/闭合(C)/半宽(H)/长度(L)/放弃(U)/宽度(W)]：H
                                   //选择【宽度】选项
指定起点半宽 <0.0000>:4 ↙           //设置起点宽度为 4
指定端点半宽 <2.0000>:0↙            //设置终点宽度为 0
指定下一点或 [圆弧(A)/闭合(C)/半宽(H)/长度(L)/放弃(U)/宽度(W)]：@0,12
                                   //输入相对坐标，确定箭头长度
指定下一点或 [圆弧(A)/闭合(C)/半宽(H)/长度(L)/放弃(U)/宽度(W)]：↙
                                   //按 Enter 键结束多段线，绘制的剖切箭头如图 9-290 所示。
```

09 选择菜单【修改】|【镜像】命令，或者在命令行输入 "MI"，将剖切箭头镜像至左侧，如图 9-291 所示。

10 选择菜单【绘图】|【文字】|【单行文字】命令，为剖切视图添加注释，如图 9-292 所示。

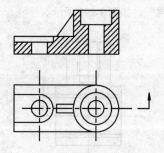

图 9-290 绘制的剖切箭头

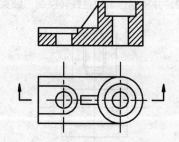

图 9-291 镜像剖切箭头

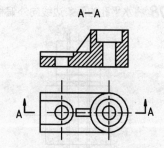

图 9-292 添加文字注释

131 绘制方块螺母

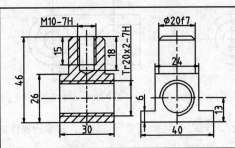

本实例绘制方块螺母的两个视图，要点是介绍内螺纹的画法，综合运用了【偏移】、【倒角】、【填充】等命令，填充图案之前，还巧妙利用了对象隐藏功能。

文件路径：	DVD\实例文件\第 09 章\实例 131.dwg	
视频文件：	DVD\MP4\第 09 章\实例 131.MP4	
播放时长：	0:11:17	

01 以光盘附带文件"机械制图模板.dwt"为样板，新建 AutoCAD 文件。

02 将"中心线层"设置为当前图层，绘制两条正交中心线如图 9-293 所示。

03 将水平中心线向上偏移 8、13 和 33，向下偏移 8 和 13，将竖直中心线向左偏移 10 和 15，向右偏移同样的距离，偏移的结果如图 9-294 所示。

04 选择菜单【修改】|【修剪】命令，或者在命令行输入"TR"快捷命令，将偏移出的直线进行修剪，并将轮廓线转换到"轮廓线层"，结果如图 9-295 所示。

05 将竖直中心线向左偏移 4 和 5，向右偏移同样的距离。将顶轮廓线向下偏移 15、18 和 20，偏移的结果如图 9-296 所示。

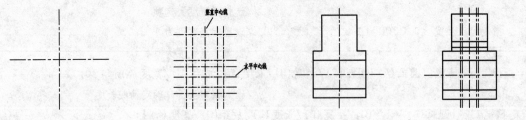

图 9-293　两条正交中心线　　图 9-294　偏移中心线的结果　　图 9-295　修剪出的轮廓　　图 9-296　偏移线条的结果

06 将"轮廓线层"设置为当前图层，绘制两条倾斜轮廓线如图 9-297 所示。

07 修剪螺纹孔的轮廓，并将螺纹小径边线转换到"轮廓线层"，将螺纹大径边线转换到"细实线层"，如图 9-298 所示。

08 将水平孔的两条边线向外偏移 2，并将偏移出的直线转换到"细实线层"，如图 9-299 所示。

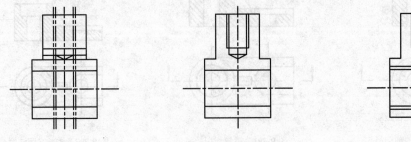

图 9-297　绘制倾斜直线　　　　　图 9-298　修剪出螺纹孔　　　　　图 9-299　偏移直线

09 选择菜单【修改】|【倒角】命令，或者在命令行输入"CHA"快捷命令，两个倒角距离均为 2，倒角位置和结果如图 9-300 所示。

10 在绘图区空白位置单击右键，在快捷菜单中选择【隔离】|【隐藏对象】命令，隐藏相关线条如图 9-301 所示。

11 选择菜单【绘图】|【图案填充】命令，或者在命令行输入"H"快捷命令，在【图案填充和渐变色】对话框中，选择 ANSI31 图案，并在【选项】选项组设置填充线的图层为"细实线层"，如图 9-302 所示。填充结果如图 9-303 所示。

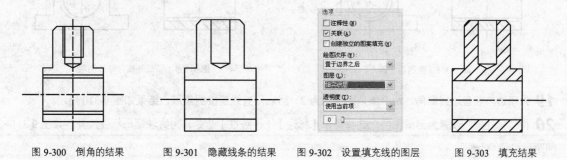

图 9-300 倒角的结果　　　图 9-301 隐藏线条的结果　　　图 9-302 设置填充线的图层　　　图 9-303 填充结果

12 在绘图区空白位置单击右键，在快捷菜单中选择【隔离】|【结束对象隔离】命令，将隐藏的对象重新显示。

13 在主视图的右侧，绘制两条正交中心线，其中水平中心线与主视图水平中心线对齐，如图 9-304 所示。

14 将竖直中心线向右偏移 10、12 和 20，向左偏移同样的距离，偏移的结果如图 9-305 所示。

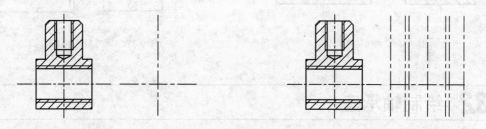

图 9-304 绘制中心线　　　　　　　　　　图 9-305 偏移竖直中心线

15 选择菜单【绘图】|【射线】命令，或者在命令行输入"RAY"快捷命令，由主视图向右引出射线，并将底部的射线向上偏移 6，结果如图 9-306 所示。

16 修剪出左视图的轮廓，并修改线条的图层，结果如图 9-307 所示。

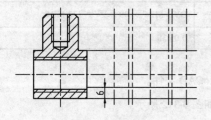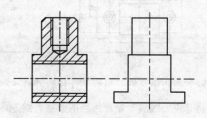

图 9-306 引出水平射线　　　　　　　　　图 9-307 修剪出左视图轮廓

17 在中心线交点绘制直径为 16 和 20 的圆，如图 9-308 所示。

18 将大圆修剪四分之一，将小圆转换到"轮廓线层"，如图 9-309 所示。

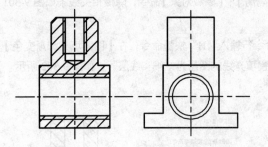

图 9-308 绘制两个圆　　　　　　　　　　　　　　　图 9-309 修剪外圆并修改图层

19 为顶边与竖直边线倒角，两个倒角距离均为 2，然后用直线连接倒角点，结果如图 9-310 所示。

20 将"标注层"设置为当前图层，选择菜单【标注】|【线性】命令，为方块螺母标注尺寸，如图 9-311 所示。

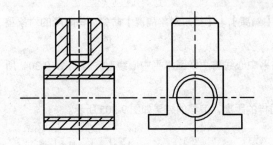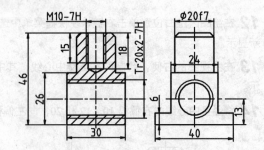

图 9-310　倒角的结果　　　　　　　　　　　　　　　图 9-311　尺寸标注的结果

132 绘制轴承座

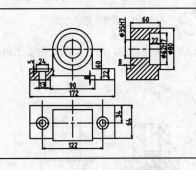

本实例综合运用了【偏移】、【圆角】、【填充】等命令，绘制轴承座的三视图，主要知识点是完全剖切和局部剖切的表示方法。

文件路径：	DVD\实例文件\第 09 章\实例 132.dwg
视频文件：	DVD\MP4\第 09 章\实例 132.MP4
播放时长：	0:09:38

01 以光盘附带文件"机械制图模板.dwt"为样板，新建 AutoCAD 文件。

02 将"中心线层"设置为当前图层，绘制两条正交中心线如图 9-312 所示。

03 将水平中心线向下偏移 38、52 和 60，将竖直中心线向两侧偏移 40、45 和 86，偏移结果如图 9-313 所示。

04 利用【修剪】命令，修剪出主视图的轮廓，并将线条图层转换到"轮廓线层"如图 9-314 所示。

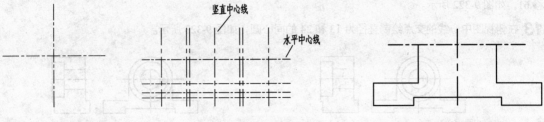

竖直中心线

水平中心线

图 9-312　绘制正交中心线　　　　图 9-313　偏移中心线　　　　图 9-314　修剪并更改图层

05 以两中心线的交点为圆心，绘制直径为 35、62 和 80 的同心圆，如图 9-315 所示。

06 选择菜单【绘图】|【射线】命令，由主视图向右引出射线，如图 9-316 所示。

07 绘制一条竖直直线，并向右偏移 8、46、64 和 68，如图 9-317 所示。

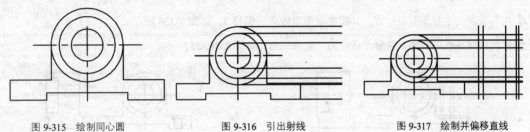

图 9-315　绘制同心圆　　　　图 9-316　引出射线　　　　图 9-317　绘制并偏移直线

08 利用【修剪】命令，修剪出左视图的轮廓，并修改线条图层到"轮廓线层"，如图 9-318 所示。

09 选择菜单【修改】|【旋转】命令，将左视图旋转-90，使用【复制】选项，复制出的视图再向下移动适当距离，如图 9-319 所示。

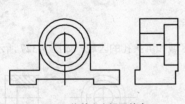
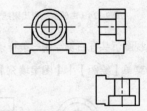

图 9-318　修剪出左视图轮廓　　　　　　图 9-319　旋转复制左视图

10 再次使用【射线】命令，由主视图向下引出射线，由旋转的左视图向左引出射线，如图 9-320 所示。

11 修剪出俯视图的轮廓，并将线条图层转换到"轮廓线层"，然后辅助右视图，如图 9-321 所示。

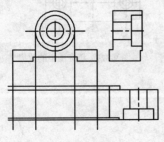
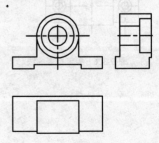

图 9-320　引出射线　　　　　　图 9-321　修剪出俯视图轮廓

12 将俯视图上边线向下偏移 34，并将偏移出的直线修改到中心线层，然后绘制竖直中心线，并向两侧偏移 61，如图 9-322 所示。

13 在俯视图中心线的交点绘制直径为 13 和 24 的同心圆，如图 9-323 所示。

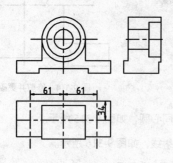

图 9-322　绘制并偏移中心线

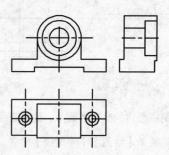

图 9-323　绘制同心圆

14 由俯视图向主视图引出射线，并将主视图边线向下偏移 5，如图 9-324 所示。

15 修剪出沉头孔的轮廓，并修改线条为"轮廓线层"，如图 9-325 所示。

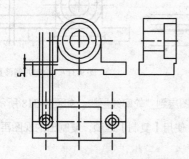

图 9-324　由俯视图引出射线

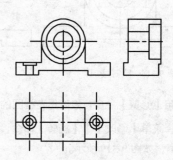

图 9-325　修剪出沉头孔轮廓

16 在主视图沉头孔右侧绘制一条样条曲线，如图 9-326 所示。

17 选择菜单【绘图】|【图案填充】命令，填充右视图的区域和沉头孔的区域，如图 9-327 所示。

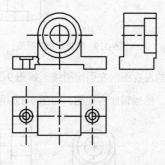

图 9-326　绘制样条曲线

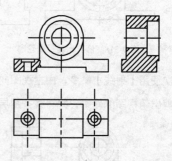

图 9-327　填充图案的效果

第 10 章
零件图的装配、分解、标注与输出

本章通过二维零件图的装配、二维零件图的分解、二维零件图的标注以及二维零件图的输出等 8 个典型实例，在综合巩固相关知识的前提下，主要学习二维零件图的装备、分解、标注和输出技巧。

133　二维零件图的装配

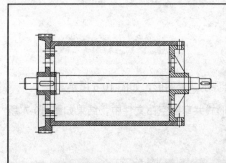

本例通过将各散装零件图组装在一起，主要综合练习了【打开】、【垂直平铺】、【移动】、【修剪】以及多文档之间的数据共享等功能，其中，文档间的数据共享功能，是本例操作的关键。

文件路径：	DVD\实例文件\第 10 章\实例 133.dwg	
视频文件：	DVD\MP4\第 10 章\实例 133.MP4	
播放时长：	0:03:20	

01 使用【文件】|【新建】命令快速创建空白文件。

02 执行【文件】|【打开】命令，在随书光盘中的"\素材文件\第 10 章\实例 133"目录下，打开如图 10-1 所示的 4 个源文件。

03 选择菜单【窗口】|【垂直平铺】命令，将打开的多个文件进行平铺。如图 10-2 所示。

图 10-1　选择多个文件

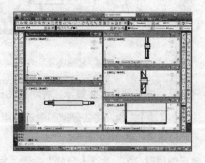

图 10-2　平铺窗口

04 综合使用【实时缩放】和【实时平移】工具，调整个文件中的图形，使各源图形完全显示在各个文件窗口内。

05 在无命令执行的前提下，使用窗交选择方式，拉出如图 10-3 所示的选择框，选择该图形。

06 按住右键不放，将其拖曳，此时被选择的图形处在虚拟共享状态下，如图 10-4 所示。

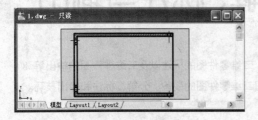

图 10-3　窗交选择

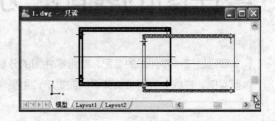

图 10-4　拖曳图形

07 按住右键不放，将光标拖至空白文件内，然后松开右键，在弹出的快捷菜单上选择"粘贴为块"选项，如图 10-5 所示。

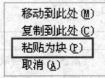

图 10-5　快捷键菜单

08 将图形以块的形式共享到空白文件中，同时调整视图以完全显示共享图形，如图 10-6 所示。

09 根据以上步骤，分别将其他 3 个文件中的零件图，以块的形式共享到空白文件中，结果如图 10-7 所示。

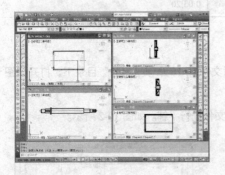

图 10-6　粘贴块

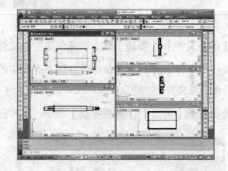

图 10-7　共享结果

10 将共享后的文件最大化显示，并对视图进行放大显示。

11 使用【移动】命令，将各分散图形进行组合，基点分别为 A、B、C，目标点分别为 a、b、c，如图 10-8 所示，组合结果如图 10-9 所示。

12 使用快捷键 "X" 激活【分解】命令，将组合后的装配图进行分解。

13 综合使用【修剪】和【删除】命令，对装配图进行完善。

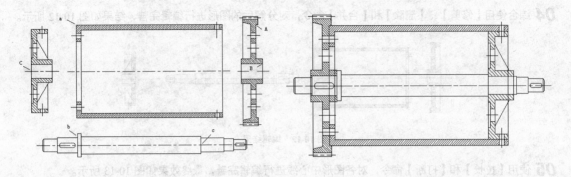

图 10-8　定位基点与目标点　　　　　　　　　　图 10-9　组合结果

技巧

　　在选择对象时，如果漏选了图形，可以按住Ctrl键单击选择集中的对象，即可将对象添加到当前选择集中。

134　二维零件图的分解

	本例通过将二维装备图进行分解还原，主要对【复制】、【修剪】、【删除】、【移动】和【合并】命令进行综合练习。
文件路径：	DVD\实例文件\第 10 章\实例 134.dwg
视频文件：	DVD\MP4\第 10 章\实例 134.MP4
播放时长：	0:01:47

01 打开随书光盘中的 "\实例文件\第 10 章\实例 133.dwg" 文件。

02 选择菜单【修改】|【复制】命令，对图形进行复制，复制结果如图 10-10 所示。

03 重复执行【复制】命令，对其他图形进行复制，复制结果如图 10-11 所示。

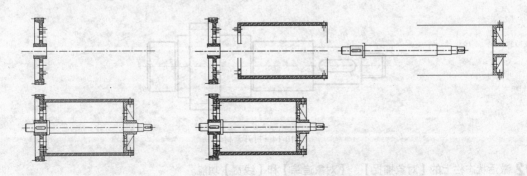

图 10-10　复制结果 1　　　　　　　　　　图 10-11　复制结果 2

技巧

　　在分解装配图时，为了避免不必要的麻烦，可以事先使用【复制】命令，将各部件提取出来，然后再进行完善。

04 综合使用【修剪】、【删除】和【合并】命令，对分解后的图形进行编辑完善，结果如图 10-12 所示。

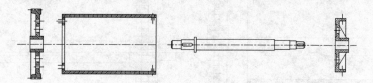

图 10-12　编辑结果

05 使用【拉长】和【打断】命令，对各图形中心线进行编辑完善，最终效果如图 10-13 所示。

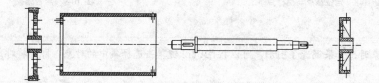

图 10-13　最终结果

135　为二维零件图标注尺寸

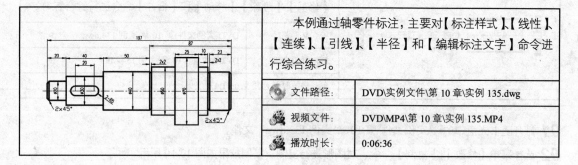

	本例通过轴零件标注，主要对【标注样式】、【线性】、【连续】、【引线】、【半径】和【编辑标注文字】命令进行综合练习。	
文件路径：	DVD\实例文件\第 10 章\实例 135.dwg	
视频文件：	DVD\MP4\第 10 章\实例 135.MP4	
播放时长：	0:06:36	

01 打开随书光盘中的"\素材文件\第 10 章\实例 135.dwg"文件，如图 10-14 所示。

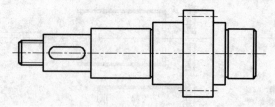

图 10-14　打开素材

02 激活状态栏上的【对象捕捉】、【对象追踪】和【线宽】功能。

03 选择菜单【标注】|【标注样式】命令，在打开的对话框中单击 新建(N)... 按钮，创建名为"机械标注"的新样式，如图 10-15 所示。

04 单击 继续 按钮，打开【新建标注样式：机械标注】对话框，在【线】选项卡中设置相关参数，如图 10-16 所示。

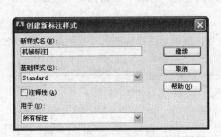

图 10-15 新样式命名

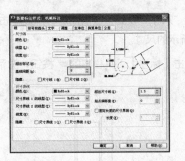

图 10-16 【线】选项卡

05 展开【文字】选项卡，单击【文字样式】列表右侧的 ... 按钮，在弹出的对话框中新建一种文字样式，如图 10-17 所示。

06 返回【新建标注样式：机械标注】对话框，将刚设置的文字样式设置为当前样式，并设置尺寸文字的高度、颜色以及偏移量等参数，如图 10-18 所示。

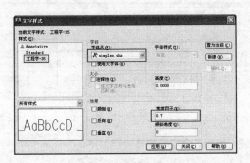

图 10-17 设置文字样式

图 10-18 【文字】选项卡

07 展开【主单位】选项卡，设置单位格式、精度等参数，如图 10-19 所示。

08 单击 确定 按钮返回【标注样式管理器】对话框，将刚设置的"机械标注"尺寸样式设置为当前样式，如图 10-20 所示。

图 10-19 【主单位】选项卡

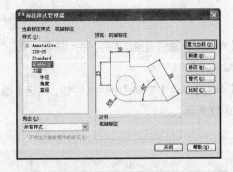

图 10-20 设置当前样式

技巧

使用【标注样式管理器】对话框的"修改"功能，可以快速更新现有的尺寸对象和作用于将要标注的尺寸对象。

09 将"尺寸"设置为当前图层，然后单击【标注】工具栏中的 按钮，配合捕捉与追踪功能，标注如图 10-21 所示的尺寸。

10 单击【标注】工具栏中的 按钮，激活【基线】命令，继续标注零件图尺寸，结果如图 10-22 所示。

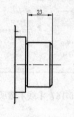

图 10-21　标注结果

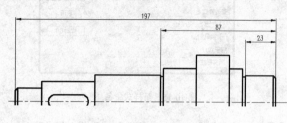

图 10-22　标注结果

11 单击【标注】工具栏中的 按钮，激活【连续】标注命令，为零件标注尺寸，结果如图 10-23 所示。

12 重复使用【线性】命令，配合捕捉功能标注其他位置的水平尺寸，结果如图 10-24 所示。

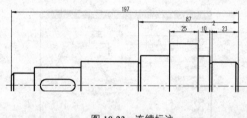

图 10-23　连续标注

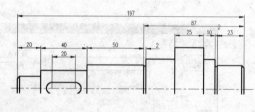

图 10-24　标注结果

13 单击【标注】工具栏中的 按钮，对相关尺寸进行编辑。命令行操作过程如下：

命令：_dimedit
　　输入标注编辑类型 [默认(H)/新建(N)/旋转(R)/倾斜(O)] <默认>：　//输入 N，打开【文字格式】编辑器，修改尺寸内容，如图 10-25 所示

图 10-25　输入尺寸内容

14 单击 确定 按钮返回绘图区，在"选择对象："提示下，选择尺寸文字为 2 的尺寸对象，结果如图 10-26 所示。

15 单击【标注】工具栏中的 按钮，激活【编辑标注文字】命令，对尺寸文字的位置进行调整，结果如图 10-27 所示。

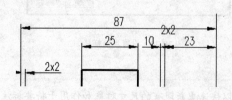

图 10-26　修改结果

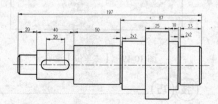

图 10-27　标注结果

16 使用【线性】命令，标注图形的垂直尺寸，结果如图 10-28 所示。

17 单击【标注】工具栏中的⊙按钮，标注半径尺寸，并对文字进行编辑，结果如图 10-29 所示。

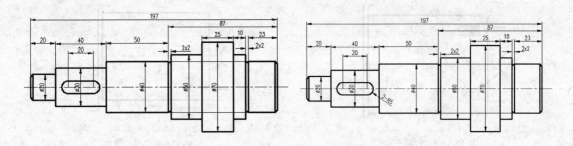

图 10-28　标注结果 2　　　　　　　　　图 10-29　标注结果 3

18 单击【标注】工具栏中的 ⁄，配合【最近点捕捉】功能标注引线尺寸，结果如图 10-30 所示。

19 重复【多重引线】命令，标注其他位置的引线尺寸，结果如图 10-31 所示。

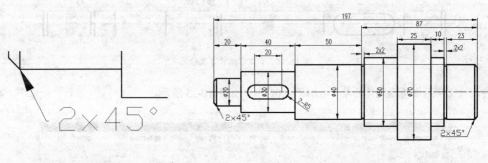

图 10-30　标注结果 4　　　　　　　　　图 10-31　标注结果 5

136　为二维零件图标注公差

本例通过为轴零件标注尺寸公差和形位公差，主要学习形位公差和尺寸公差的标注方法。

文件路径：	DVD\实例文件\第 10 章\实例 136.dwg	
视频文件：	DVD\MP4\第 10 章\实例 136.MP4	
播放时长：	0:02:55	

01 打开随书光盘中的 "\实例文件\第 10 章\实例 135.dwg" 文件。

02 选择菜单【标注】|【线性】命令，为图形标注公差尺寸。命令行操作过程如下：

```
命令：_dimlinear
指定第一条延伸线原点或 <选择对象>：        //捕捉如图 10-32 所示的端点
指定第二条延伸线原点：                    //捕捉如图 10-33 所示的端点
```

指定尺寸线位置或 [多行文字(M)／文字(T)／角度(A)／水平(H)／垂直(V)／旋转(R)]:m↙ //输入 m，激活"多行文字"选项

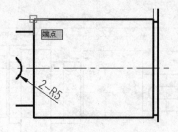

图 10-32 定位第一原点

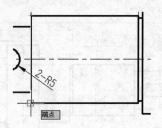

图 10-33 定位第二原点

03 当激活"多行文字"选项后，系统自动弹出如图 10-34 所示的【文字格式】编辑器。

图 10-34 【文字格式】编辑器

04 在尺寸文字后面输入尺寸公差 "-0.018^-0.027"，如图 10-35 所示。

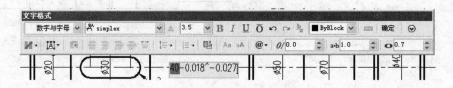

图 10-35 输入尺寸公差

05 选择输入的尺寸公差，然后单击【文字格式】编辑器上的 ⓑ "堆叠"按钮，将公差进行堆叠，结果如图 10-36 所示。

图 10-36 堆叠尺寸公差

06 单击 确定 按钮返回绘图区，在命令行"指定尺寸线位置或[多行文字(M)/文字(T)/角度(A)/水平(H)/垂直(V)/旋转(R)]:"提示下，在适当位置指定尺寸线位置，结果如图 10-37 所示。

07 分别使用上述方法，标注其它位置的尺寸公差，结果如图 10-38 所示。

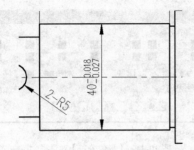

图 10-37 标注结果

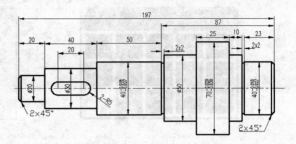

图 10-38 标注其它公差

08 使用快捷键 LE 激活【引线】命令，标注零件的形位公差。命令行操作过程如下：

> 命令：le QLEADER
>
> 指定第一个引线点或 [设置(S)] <设置>:S↙ //输入 s，打开【引线设置】对话框，设置参数如图
> 10-39 所示和图 10-40 所示

图 10-39 设置注释参数

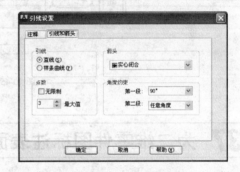

图 10-40 设置引线和箭头

09 单击 确定 按钮，然后根据命令行的操作提示标注形位公差。命令行操作过程如下：

> 指定第一个引线点或 [设置(S)] <设置>: //捕捉如图 10-41 所示的端点
> 指定下一点： //在下侧适当位置定位第二点引线点
> 指定下一点： //在左侧适当位置定位第三点引线点，此时系统打开
> 如图 10-42 所示的对话框

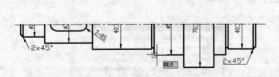

图 10-41 定位第一引线点

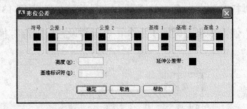

图 10-42 【形位公差】对话框

10 单击【符号】颜色块，从如图 10-43 所示的【特征符号】对话框中选择对应的公差符号。

11 返回【形位公差】对话框，在【公差 1】选项组中输入 0.015，在【公差 2】选项组中输入 "A-B"，如图 10-44 所示。

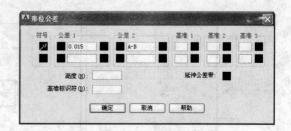

图 10-43 【特征符号】对话框   图 10-44 【形位公差】对话框

12 单击 **确定** 按钮，标注结果如图 10-45 所示。

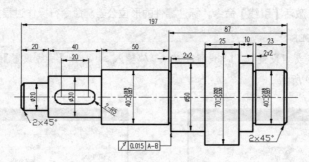

图 10-45 最终结果

---

137 为二维零件图标注表面粗糙度

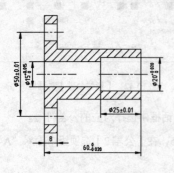

本例通过为零件图标注表面粗糙度符号，主要对【定义属性】、【创建块】、【写块】和【插入】命令进行综合练习。

文件路径:	DVD\实例文件\第 10 章\实例 137.dwg
视频文件:	DVD\MP4\第 10 章\实例 137.MP4
播放时长:	0:04:07

01 打开随书光盘中的"\素材文件\第 10 章\实例 137.dwg"文件，如图 10-46 所示。

02 使用【草图设置】命令，启用并设置极轴追踪模式，如图 10-47 所示。

图 10-46 打开素材   图 10-47 【草图设置】对话框

03 使用快捷键 L 激活【直线】命令，配合【极轴追踪】功能，绘制如图 10-48 所示的表面粗糙度符号。

04 选择菜单【绘图】|【文字】|【单行文字】命令，设置文字高度为 3.5，在表面粗糙度符号下插入文字注释，如图 10-49 所示。

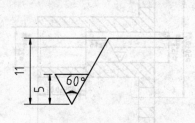

图 10-48　绘制表面粗糙度符号

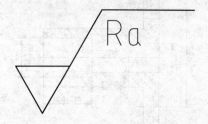

图 10-49　添加文字注释

05 选择菜单【绘图】|【块】|【定义属性】命令，打开【属性定义】对话框，设置属性参数，如图 10-50 所示。

06 单击 确定 按钮，在命令行"指定起点:"提示下单击表面粗糙度数值位置作为属性插入点，插入结果如图 10-51 所示。

07 单击【绘图】工具栏中的 🖳 按钮，激活【创建块】命令，以如图 10-52 所示的点作为块的基点。

图 10-50　设置属性参数　　　　图 10-51　插入块属性　　　　图 10-52　定义基点

08 在【块定义】对话框中，将表面粗糙度符号和属性一起定义为块，并设置块参数，如图 10-53 所示。

09 单击【绘图】工具栏中的 🖳 按钮，在打开的【插入】对话框中设置参数，如图 10-54 所示。

图 10-53　设置图块参数

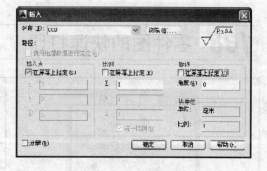

图 10-54　设置插入参数

10 单击 [确定] 按钮返回绘图区，指定插入点如图 10-55 所示，然后在弹出的【编辑属性】对话框中，修改表面粗糙度数值为 1.6，插入结果如图 10-56 所示。

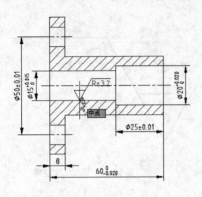

图 10-55　定位插入点

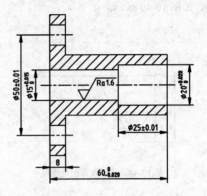

图 10-56　插入结果

技 巧

由于内部图块仅能供当前图形文件所引用，如果要在其他的图形文件内使用此图块的话，必须使用【写块】命令将此内部块转换为外部资源。

11 使用快捷键 I 激活【插入块】命令，在弹出的【插入】对话框中，设置块的旋转角度为 90°，如图 10-57 所示，单击【确定】按钮返回绘图区，插入粗糙度符号，结果如图 10-58 所示。

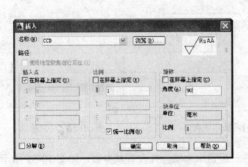

图 10-57　设置块参数

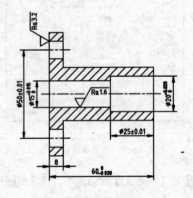

图 10-58　最终结果

138　零件图的快速打印

本例通过在模型空间内打印零件图，主要对【绘图仪管理器】、【页面设置管理器】和【打印预览】命令进行综合练习。

文件路径：	DVD\实例文件\第 10 章\实例 138.dwg	
视频文件：	DVD\MP4\第 10 章\实例 138.MP4	
播放时长：	0:02:38	

01 打开随书光盘中的 "\素材文件\第 10 章\实例 138.dwg" 文件，如图 10-59 所示。

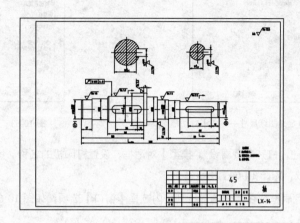

图 10-59 打开素材

02 选择菜单【文件】|【绘图仪管理器】命令，在打开的对话框中双击 "DWF6ePlot" 图标，打开【绘图仪配置编辑器- DWF6ePlot.pc3】对话框。

03 激活【设备和文档设置】选项卡，选取 "用户定义图纸尺寸和校准" 目录下 "修改标准图纸尺寸（可打印区域）" 选项，如图 10-60 所示。

04 在【修改标准图纸尺寸】组合框内选择 "ISO A3 图纸尺寸"，单击 修改(M)… 按钮，在打开的【自定义图纸尺寸—可打印区域】对话框中设置参数，如图 10-61 所示。

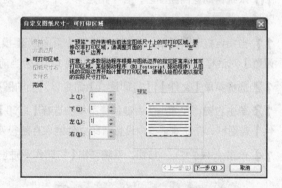

图 10-60 【设备和文档设置】选项卡

图 10-61 修改图纸打印区域

05 单击 下一步(N) > 按钮，在打开的【自定义图纸尺寸—完成】对话框中，列出了所修改后的标注图纸的尺寸，如图 10-62 所示。

06 单击 完成(F) 按钮，系统返回【绘图仪配置编辑器—DWF6ePlot.pc3】对话框，单击 确定 按钮，将修改后图纸的尺寸应用到当前设置。

07 选择菜单【文件】|【页面设置管理器】命令，在打开的对话框中单击 新建(N)… 按钮，为新页面命名，如图 10-63 所示。

图 10-62 【自定义图纸尺寸—完成】对话框

图 10-63 为新页面命名

08 单击 确定(Q) 按钮，打开【页面设置-模型】对话框，设置打印机的名称、图纸尺寸、打印偏移、打印比例和图形方向等参数，如图 10-64 所示。

09 单击【打印范围】列表框，在展开的下拉列表内选择【窗口】选项，如图 10-65 所示。

图 10-64 设置页面参数

图 10-65 窗口打印

10 系统自动返回绘图区，在"指定第一个角点、对角点等"提示下，捕捉图框的两个对角点，作为打印区域。

11 当指定打印区域后，系统自动返回【页面设置-模型】对话框，单击 确定 按钮，返回【新建页面设置】对话框，将刚创建的新页面"设置1"置为当前。

12 选择菜单【文件】|【打印预览】命令，对当前图形进行打印预览，结果如图 10-66 所示。

13 单击右键，在弹出的右键快捷菜单中选择【打印】选项，此时系统打开如图 10-67 所示的【浏览打印文件】对话框，在此对话框内设置打印文件的保存路径及文件名。

14 单击 保存(S) 按钮，系统弹出【打印作业进度】对话框，等此对话框关闭后，打印过程即可结束。

图 10-66 打印预览

图 10-67 保存打印文件

139 零件图的布局打印

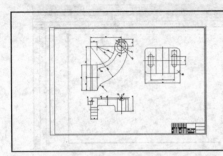

本例通过某零件图打印到 1 号图纸上，主要学习视口的创建、图形的布局、出图比例的调整以及图形的打印等操作技能。

	文件路径：	DVD\实例文件\第 10 章\实例 139.dwg
	视频文件：	DVD\MP4\第 10 章\实例 139.MP4
	播放时长：	0:02:36

01 打开随书光盘中的 "\素材文件\第 10 章\实例 139.dwg" 文件。

02 单击绘图区左下角 布局1 标签，进入如图 10-68 所示的 "布局 1" 空间。

03 使用快捷键 E 激活【删除】命令，删除系统自动产生的矩形视口，结果如图 10-69 所示。

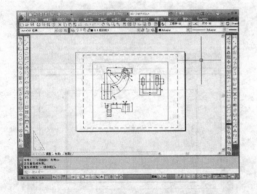

图 10-68 进入 "布局 1" 空间

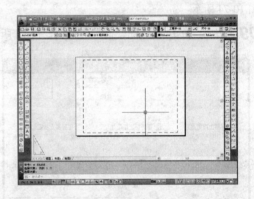

图 10-69 删除结果

04 选择菜单【文件】|【页面设置管理器】命令，在打开的对话框中单击 新建(N)... 按钮，打开【新建页面设置】对话框，为新页面命名，如图 10-70 所示。

05 单击 确定(O) 按钮打开【页面设置-布局 1】对话框，在此对话框中设置打印设备、图纸尺寸、打印比例和图形方向等参数，如图 10-71 所示。

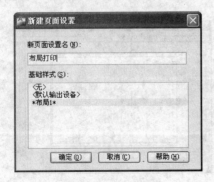

图 10-70 为新页面命名

图 10-71 设置打印页面

06 单击 [确定] 按钮，返回【页面设置管理器】对话框，将创建的新页面置为当前，如图 10-72 所示。

07 单击 [关闭(C)] 按钮结束命令，页面设置后的布局显示效果如图 10-73 所示。

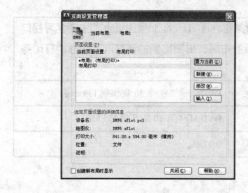

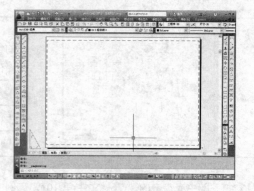

图 10-72 设置当前页面　　　　　　　　　　　　图 10-73 当前布局

08 使用快捷键 "I" 激活【插入块】命令，插入随书光盘中的 "\图块文件\A1.dwg" 文件，其参数设置如图 10-74 所示。

09 单击 [确定] 按钮，插入结果如图 10-75 所示。

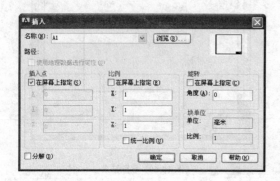

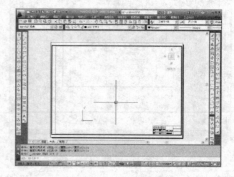

图 10-74 设置参数　　　　　　　　　　　　　　图 10-75 插入图框

10 选择菜单【视图】|【视口】|【多边形视口】命令，捕捉内框角点创建多边形视口，将模型空间下的图形添加到布局空间内，如图 10-76 所示。

11 单击 图纸 按钮，激活刚创建的视口，视口边框线变为粗线状态，如图 10-77 所示。

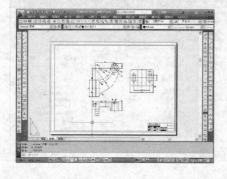

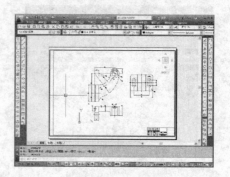

图 10-76 创建多边形视口　　　　　　　　　　　图 10-77 激活视口

12 打开【视口】工具栏，在工具栏右侧的列表框内调整比例为 1:1，如图 10-78 所示。

图 10-78 调整比例

13 此时视口内的显示状态，如图 10-79 所示。

14 选择菜单【文件】|【打印】命令，打开如图 10-80 所示的【打印-布局 1】对话框。

15 退出预览状态，返回【打印-布局 1】对话框，单击 确定 按钮，设置打印文件的保存路径及文件名。

16 单击 保存(S) 按钮，即可将此平面图输出到相应图纸上。

17 单击 预览(P)... 按钮，对图形进行打印预览。

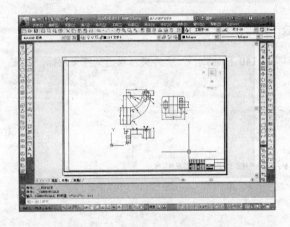

图 10-79 调整比例后的显示

图 10-80 【打印】对话框

技 巧

使用组合键 Ctrl+P，可以快速激活【打印】命令。

140 涡轮蜗杆传动原理图

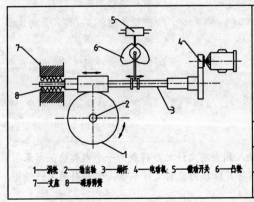

机械原理图是一类特殊的二维图形，其作用是表达机械系统的工作原理，只起到示意的作用，因此具体尺寸不做精确要求，且零部件多为简化表示。本实例利用设计中心的文件管理功能，装配涡轮蜗杆变速机构的原理图。

文件路径：	DVD\实例文件\第 10 章\实例 140.dwg
视频文件：	DVD\MP4\第 10 章\实例 140.MP4
播放时长：	0:04:28

01 打开 AutoCAD2014，新建空白文件。

02 选择菜单【工具】|【选项板】|【设计中心】命令，或者按组合键 Ctrl+2，打开设计中心面板，展开【文件夹】选项卡，并单击选项板上【树状图切换】按钮 📇，将文件夹列表树状显示，如图 10-81 所示。

图 10-81 设计中心面板

03 在文件夹树中浏览到光盘 ""\素材文件\第 10 章\实例 140 涡轮蜗杆"文件夹，双击文件夹图标，该文件夹中的 4 个文件加载到设计中心，如图 10-82 所示。

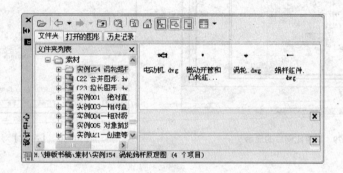

图 10-82 载入文件

04 单击选中"涡轮"文件图标，将其拖动至绘图区，命令行提示如下：

```
命令：_-INSERT 输入块名或 [?]:"涡轮.dwg"
  单位：毫米    转换：  1
  指定插入点或 [基点(B)/比例(S)/X/Y/Z/旋转(R)]: 0,0 ✓        //指定插入到原点
  输入 X 比例因子，指定对角点，或 [角点(C)/XYZ(XYZ)] <1>:✓   //按默认比例 1，即 X 方向比例
不变
  输入 Y 比例因子或 <使用 X 比例因子>:✓                       //使用 X 的比例 1，Y 方向比例
也不变
  指定旋转角度 <0>:✓                                          //使用默认旋转角度，不旋转
```

（提）（示）

　　在设计中心插入的引用文件，即使该文件不是块，插入到当前文件之后将成为一个内部块。如果引用文件的单位与当前文件单位不同，系统会以一定的比例将其转换为当前文件单位，例如引用文件绘图单位为英寸，当前文件绘图单位为毫米，则转换比例为 2.54。

05 同样的方法将其他部件添加到当前文件中，选择菜单【修改】|【移动】命令，将各组件移动至如图
10-83 所示的位置，完成装配。

06 选择菜单【格式】|【多重引线样式】命令，将多重引线文字高度修改为 30。

07 选择菜单【标注】|【多重引线】命令，为各部件添加引线注释，如图 10-84 所示。

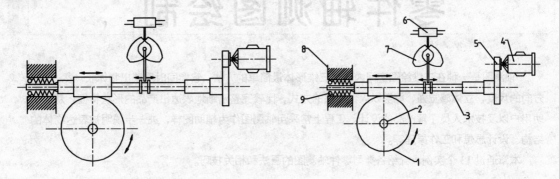

图 10-83 装配结果　　　　　　　　　　　　　图 10-84 多重引线注释

08 选择菜单【绘图】|【文字】|【多行文字】命令，在图形下方插入多行文字，文字高度设置为 30，
如图 10-85 所示。

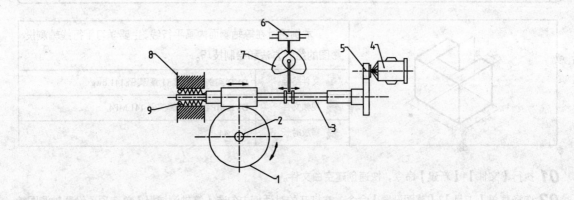

1—涡轮　2—输出轴　3—蜗杆　4—电动机　5—平齿轮　6—微动开关　7—凸轮　8—支座　9—蝶形弹簧

图 10-85 多行文字注释

⊙技⊙巧　　在设计中心中引用外部资源，是创建装配图的高效方法，省去了打开多个文件窗口和复制粘贴的繁
杂操作。如果引用的外部资源不是块，那么插入块的基点默认为该图形的坐标原点，因此在绘制各零部
件时最好在原点附近画图，否则会出现基点离图形太远的麻烦。

第 11 章

零件轴测图绘制

轴测图是一种在二维绘图空间内表达三维形体最简单的方法，它能同时反映出物体长、宽、高 3 方向的尺度，立体感觉强，能够以人们习惯的方式，比较完整清晰地表达出产品的形状特征，从而帮助用户以及技术人员了解产品的设计。工程上常采用轴测图作为辅助图样，进一步说明被表达物体的结构、设计思想和工作原理等。

本章通过 13 个实例，介绍各类型零件轴测图的画法和相关技巧。

141 在等轴测面内画平行线

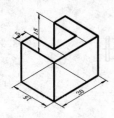

本例通过在等轴测面内画平行线,主要学习平行线轴测投影图的绘制方法和绘制技巧。

文件路径:	DVD\实例文件\第 11 章\实例 141.dwg
视频文件:	DVD\MP4\第 11 章\实例 141.MP4
播放时长:	0:02:44

01 执行【文件】|【新建】命令，快速创建空白文件。

02 选择菜单【工具】|【草图设置】命令，在打开的对话框中勾选【等轴测捕捉】单选项，设置轴测图绘图环境，如图 11-1 所示。

03 按 F5 功能键，将等轴测平面切换为俯视等轴测平面。

04 选择菜单【绘图】|【直线】命令，配合【正交功能】，绘制如图 11-2 所示的图形。

图 11-1 设置绘图环境

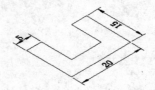

图 11-2 绘制轮廓

05 选择菜单【修改】|【复制】命令，选择刚绘制的闭合轮廓线进行复制。命令行操作过程如下：

```
命令：_copy
选择对象：                              //选择刚绘制的闭合轮廓
选择对象：↙                            //按回车键，结束对象的选择
指定基点或 [位移(D)/模式(O)] <位移>：     //拾取任一点作为基点
指定第二个点或 <使用第一个点作为位移>：@15<90↙  //输入相对极坐标
指定第二个点或 [退出(E)/放弃(U)] <退出>：↙     //按回车键，结果如图11-3所示
```

06 使用快捷键 L 激活【直线】命令，配合【捕捉端点】功能，绘制如图 11-4 所示的垂直轮廓线。

07 选择菜单【修改】|【删除】命令，删除多余的线段，结果如图 11-5 所示

08 使用【修剪】命令，以上侧闭合轮廓作为边界，修剪掉被遮挡的垂直轮廓边，结果如图 11-6 所示。

  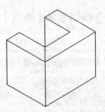 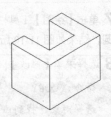

图 11-3　复制图形　　图 11-4　绘制垂直轮廓线　　图 11-5　删除结果　　图 11-6　最终结果

> **注　意**
>
> 在绘制轴测图之前，需要将绘图环境设置为"等轴测捕捉"模式。

142　在等轴测面内画圆和弧

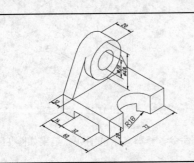

本例通过绘制零件的正等轴测图，主要学习圆与弧轴测图的绘制方法和技巧。

文件路径：	DVD\实例文件\第 11 章\实例 142.dwg
视频文件：	DVD\MP4\第 11 章\实例 142.MP4
播放时长：	0:08:15

01 以附赠样板"机械样板.dwt"作为基础样板，新建空白文件。

02 将"轮廓线"设置为当前层。

03 设置等轴测绘图环境，并按 F5 功能键，将等轴测平面切换为（等轴测平面　左视）。

04 单击【绘图】工具栏上的✏按钮，绘制如图 11-7 所示的轮廓。

05 按 F5 功能键，将等轴测平面切换为（等轴测平面　俯视）。使用【直线】命令，利用捕捉功能，捕捉凹字形轮廓线的一个端点，向右绘制一条长为 72 的棱线，结果如图 11-8 所示。

06 重复使用【直线】命令，绘制其他位置的棱线，并连接起来，结果如图 11-9 所示。

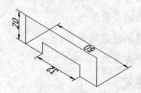

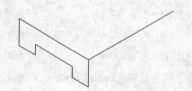

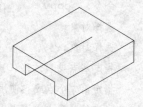

图 11-7　绘制轮廓　　　　　图 11-8　绘制棱线　　　　　图 11-9　绘制结果

技 巧

　　在"等轴测捕捉"环境下，系统共提供了<等轴测平面 右>、<等轴测平面 左>、<等轴测平面 俯视>3 个轴测面，用户可以通过按 F5 功能键，进行切换。

07 单击【绘图】工具栏中的 按钮激活【椭圆】命令，以下侧水平线的中点为圆心绘制半径为 18 的等轴测圆，结果如图 11-10 所示。

08 选择菜单【修改】|【复制】命令，将圆复制，命令行操作过程如下：

命令：COPY
选择对象：找到 1 个
选择对象：　　　　　　　　　　　　　　　//选择圆作为复制对象
当前设置：　复制模式 = 多个
指定基点或 [位移(D)/模式(O)] <位移>：　　//捕捉点轴测圆圆心作为基点
指定第二个点或 <使用第一个点作为位移>：　　//指定点上方直线中点作为基点
指定第二个点或 [退出(E)/放弃(U)] <退出>：↙ //按回车键结束命令，结果如图 11-11 所示

09 单击【修改】工具栏中的 按钮，修剪多余的图线，结果如图 11-12 所示。

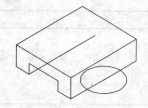

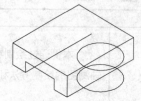

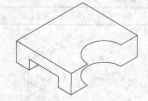

图 11-10　绘制圆　　　　　图 11-11　复制结果　　　　　图 11-12　修剪结果

10 使用【直线】和【复制】命令，创建图形，然后使用【修剪】命令，修剪多余的图线，结果如图 11-13 所示。

11 修剪其他部分的多余的图线，结果如图 11-14 所示。

12 单击【绘图】工具栏上的 按钮，绘制支撑板的辅助线，然后使用【复制】命令绘制右侧的图线，并将它们连接起来。命令行操作过程如下：

命令：_line 指定第一点：　　　　　　　　//捕捉点 C
指定下一点或 [放弃(U)]：　　　　　　　//捕捉点 J
指定下一点或 [放弃(U)]：　　　　　　　//捕捉点 K
指定下一点或 [闭合(C)/放弃(U)]：　　　//捕捉点 L

指定下一点或 [闭合(C)/放弃(U)]:	//捕捉线 CN 的中点 N
指定下一点或 [闭合(C)/放弃(U)]:	//捕捉线 JK 的中点 M
指定下一点或 [闭合(C)/放弃(U)]: ↙	//按回车键,结果如图 11-15 所示

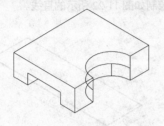

图 11-13　修剪结果

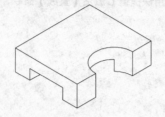

图 11-14　修剪结果

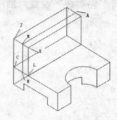

图 11-15　绘制结果

13 选择菜单【绘图】|【圆】命令,以线 AM 的中点为圆心,绘制半径为 20 和 10 的圆,并将视图切换为 "前视",结果如图 11-16 所示。

14 使用【复制】命令绘制后侧面的等轴测圆,结果如图 11-17 所示。

15 使用【直线】命令,绘制切线,完成肋板和圆通孔的绘制,结果如图 11-18 所示。

16 使用【修剪】和【删除】命令,修剪多余的图线,结果如图 11-19 所示。

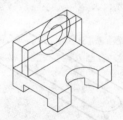

图 11-16　绘制圆

图 11-17　复制圆

图 11-18　绘制结果

图 11-19　最终结果

143 绘制正等测图

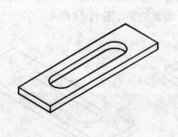

本例通过绘制正等测图,主要综合练习【椭圆】、【直线】、【复制】和【修剪】命令。

	文件路径:	DVD\实例文件\第 11 章\实例 143.dwg
	视频文件:	DVD\MP4\第 11 章\实例 143.MP4
	播放时长:	0:04:19

01 以附赠样板 "机械样板.dwt" 作为基础样板,新建空白文件。

02 启用等轴测模式,并按 F5 功能键,将等轴测平面切换为<等轴测平面 俯视>。

03 将 "点画线" 设置为当前图层,使用快捷键 XL 激活【构造线】命令,配合【正交】功能,绘制如图

11-20 所示的辅助线。

04 选择菜单【修改】|【复制】命令，以刚绘制的辅助线的交点为基点，将图 11-20 所示的线 L 向右复制，目标点 "@25<30"、"@75<30"，结果如图 11-21 所示。

05 将"轮廓线"设置为当前层，使用快捷键 L 激活【直线】命令，绘制如图 11-22 所示的直线。

图 11-20 绘制辅助线　　　　　　　图 11-21 复制结果　　　　　　　图 11-22 绘制直线

06 选择菜单【绘图】|【椭圆】命令，分别以图 11-21 所示的 B 和 C 为圆心，绘制半径为 8 的等轴测圆，结果如图 11-23 所示。

07 使用快捷键 L 激活【直线】命令，利用捕捉功能绘制公切线，结果如图 11-24 所示。

08 综合使用【修剪】和【删除】命令，对刚绘制的等轴测圆和公切线进行修剪，并删除辅助线，结果如图 11-25 所示。

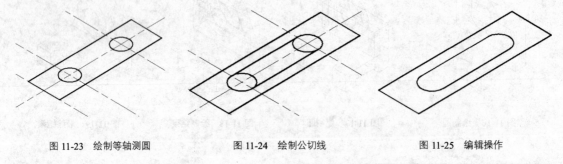

图 11-23 绘制等轴测圆　　　　　　图 11-24 绘制公切线　　　　　　图 11-25 编辑操作

09 将等轴测平面切换为<等轴测平面　右视>，并使用快捷键 CO 激活【复制】命令，将图中所有对象以任意基点，以点 "@<90" 为目标点进行复制操作，结果如图 11-26 所示。

10 使用【直线】命令，绘制如图 11-27 所示的直线。

11 使用【修剪】和【删除】命令，对图元进行修剪和删除操作，最终结果如图 11-28 所示。

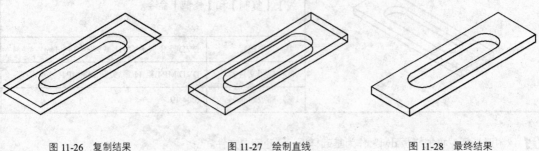

图 11-26 复制结果　　　　　　　　图 11-27 绘制直线　　　　　　　图 11-28 最终结果

144　根据二视图绘制轴测图

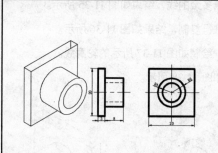

	本例根据零件的二视图，绘制零件的正等轴测投影图，主要综合练习【椭圆】、【直线】、【复制】、【修剪】命令。

文件路径:	DVD\实例文件\第 11 章\实例 144.dwg	
视频文件:	DVD\MP4\第 11 章\实例 144.MP4	
播放时长:	0:04:31	

01 打开随书光盘中的 "\素材文件\第 11 章\实例 144.dwg" 文件如图 11-29 所示。

02 设置等轴测图绘图环境，并设置对象捕捉模式为圆心、交点和端点捕捉。

03 将 "轮廓线" 设置为当前图层，选择菜单【绘图】|【多段线】命令，配合【正交】功能，在等轴测平面内绘制如图 11-30 所示的矩形。

04 使用快捷键 CO 激活【复制】命令，对刚绘制的矩形进行复制，基点为任意基点，结果如图 11-31 所示。

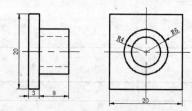

图 11-29　素材文件

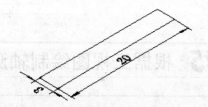

图 11-30　绘制矩形

05 使用【直线】命令，配合【捕捉端点】功能，绘制如图 11-32 所示的轮廓线。

06 将 "中心线" 设置为当前层，继续使用【直线】命令，配合【捕捉中点】功能，绘制如图 11-33 所示的两条辅助线。

07 将 "轮廓线" 设置为当前图层，使用【椭圆】命令，以两辅助线的交点为圆心，绘制半径分别为 4 和 6 的同心圆，结果如图 11-34 所示。

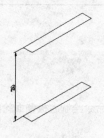 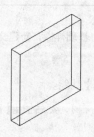 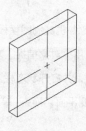 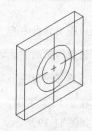

图 11-31　复制结果　　　图 11-32　绘制轮廓线　　　图 11-33　绘制辅助线　　　图 11-34　绘制同心圆

技巧
　　【椭圆】命令用于绘制由两条轴进行控制的闭合曲线，用户也可以选择【绘图】|【椭圆】|级联菜单命令启动。在轴测图模式下，可以绘制等轴测圆。

08 选择菜单【修改】|【修剪】命令，对图线进行修剪，并删除多余的线，结果如图 11-35 所示。

09 选择菜单【修改】|【复制】命令，对图形中绘制的同心圆进行复制，结果如图 11-36 所示。

10 选择菜单【绘图】|【直线】命令，配合【捕捉切点】功能，绘制如图 11-37 所示的轮廓线。

11 选择菜单【修改】|【修剪】命令，对图线进行修剪，结果如图 11-38 所示。

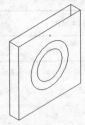 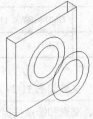 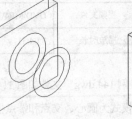 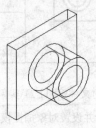 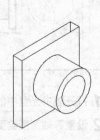

　图 11-35　修剪结果　　　　图 11-36　复制同心圆　　　　图 11-37　绘制轮廓线　　　　图 11-38　最终效果

技巧
　　在绘制公切线时，为了方便捕捉到轴测圆切点，最好暂时关闭其他的捕捉模式，仅开启切点捕捉功能。

145 根据三视图绘制轴测视图

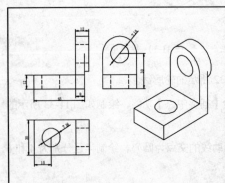

本例通过零件三视图，绘制其正等轴测图，使用【复制】命令和捕捉功能，事先定位出各圆的实际位置，然后再通过【椭圆】、【复制】和【修剪】命令的组合，绘制轴测图轮廓。

文件路径：	DVD\实例文件\第 11 章\实例 145.dwg
视频文件：	DVD\MP4\第 11 章\实例 145.MP4
播放时长：	0:04:45

01 以随书光盘中的 "\样板文件\机械制图模板.dwt" 作为基础样板，新建文件。

02 设置等轴测捕捉环境，启用【对象捕捉】功能。

03 设置 "轮廓线" 为当前层，并打开状态栏上的【正交】功能。

04 按下 F5 功能键，将等轴测平面切换为（等轴测平面　右），然后使用【直线】命令绘制底板侧面轮廓，结果如图 11-39 所示。

05 单击【修改】工具栏中的 按钮，将刚绘制的闭合轮廓进行复制。命令行操作过程如下：

　　选择对象：指定对角点：找到 4 个

选择对象:↙   //按回车键，结束选择

当前设置： 复制模式 = 多个

指定基点或 [位移 (D) /模式 (O)] <位移>:   //捕捉任意一点

指定第二个点或 <使用第一个点作为位移>:@30<-30↙   //输入@30<-30，按回车键

指定第二个点或 [退出 (E) /放弃 (U)] <退出>:↙   //按回车键，复制结果如图 11-40 所示

06 单击【绘图】工具栏中的✎按钮，配合【捕捉端点】功能，绘制如图 11-41 所示的三条轮廓线。

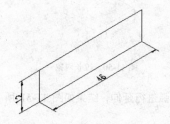

图 11-39 绘制结果

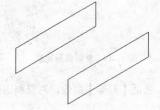

图 11-40 复制结果

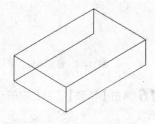

图 11-41 绘制结果

07 夹点显示如图 11-42 所示的两条图线，然后使用【删除】命令进行删除，结果如图 11-43 所示。

08 将当前轴测面切换为（等轴测平面 俯视），然后使用【直线】命令绘制如图 11-44 所示的辅助线。

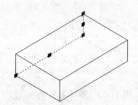

图 11-42 夹点显示图线

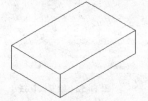

图 11-43 删除结果

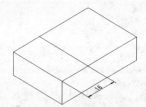

图 11-44 绘制辅助线

09 单击【绘图】工具栏中的⬭按钮，配合【捕捉中点】和【圆心捕捉】功能，绘制半径为 8 的等轴测圆，结果如图 11-45 所示。

10 使用【删除】命令，将绘制的辅助线删除。

11 将轴测面切换为（等轴测平面 左），然后使用【直线】命令，配合【正交】和【延伸捕捉】功能，绘制支架轮廓线，结果如图 11-46 所示。

12 单击【绘图】工具栏中的⬭按钮，配合【捕捉中点】和【捕捉圆心】功能，绘制半径为 15 和半径为 8 的同心圆，结果如图 11-47 所示。

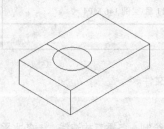

图 11-45 绘制圆

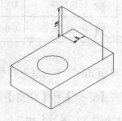

图 11-46 绘制支架轮廓线

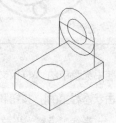

图 11-47 绘制同心圆

13 对支架轮廓进行修剪，并删除多余图线，结果如图 11-48 所示。

14 使用快捷键 CO 激活【复制】命令，对弧形轮廓进行复制，结果如图 11-49 所示。

15 选择菜单【修改】|【拉长】命令，拉长如图 11-50 所示的垂直轮廓线，设置拉长增量为 14。

图 11-48 修剪结果

图 11-49 复制弧形轮廓

图 11-50 拉长对象

16 单击【修改】工具栏中的 按钮，激活【延伸】命令，对复制出的圆弧进行延伸，结果如图 11-51 所示。

17 使用【直线】命令，配合【捕捉切点】功能绘制如图 11-52 所示的公切线。

18 选择菜单【修改】|【修剪】命令，以公切线作为边界，对圆弧进行修剪，最终结果如图 11-53 所示。

图 11-51 延伸结果

图 11-52 绘制公切线

图 11-53 最终效果

146 绘制端盖斜二测图

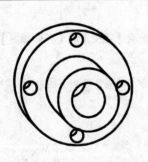

斜二测与正等测的主要区别在与轴间角和轴向伸缩系数不同，而在绘图方法上与正等测的画法类似。本例通过绘制斜二测图，主要对【圆】、【构造线】、【复制】、【修剪】和【阵列】命令进行综合练习。

	文件路径：	DVD\实例文件\第 11 章\实例 146.dwg
	视频文件：	DVD\MP4\第 11 章\实例 146.MP4
	播放时长：	0:05:57

01 以随书光盘中的 "\样板文件\机械制图模板.dwt" 作为基础样板，新建文件。

02 单击状态栏里的 按钮和 按钮，打开【正交】和【线宽】功能。

03 将 "点画线" 设置为当前图层，使用快捷键 XL 激活【构造线】命令，绘制一条垂直构造线、一条水平构造线和一条过垂直、水平构造线交点，角度为 135° 的构造线，结果如图 11-54 所示。

04 将 "轮廓线" 设置为当前图层，使用快捷键 C 激活【圆】命令，以辅助线的交点为圆心，分别绘制半径为 18 和 33 的同心圆,结果如图 11-55 所示。

05 选择菜单【修改】|【复制】命令,以辅助线交点为基点,以 "@30<135" 为目标点,将半径为 18 的圆进行复制。

06 重复使用【复制】命令,以辅助线交点为基点,以 "@18<135" 为目标点,将半径为 33 的圆进行复制,结果如图 11-56 所示。

图 11-54　绘制辅助线　　　　图 11-55　绘制同心圆　　　　图 11-56　复制操作

07 单击【绘图】工具栏上的 按钮,激活【直线】命令,配合捕捉功能,绘制圆柱筒的公切线,结果如图 11-57 所示。

08 选择菜单【修改】|【修剪】命令,对图形进行修剪操作,以创建圆柱筒,结果如图 11-58 所示。

09 选择菜单【绘图】|【圆】命令,以复制的半径为 33 的圆的圆心为圆心,分别绘制半径为 50 和 60 的圆,结果如图 11-59 所示。

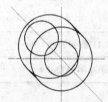 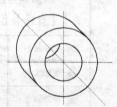 

图 11-57　绘制公切线　　　　图 11-58　修剪结果　　　　图 11-59　绘制圆

10 使用快捷键 CO 激活【复制】命令,配合捕捉功能,对图形中的垂直构造线进行复制,以辅助线的交点为基点,半径为 33 的复制圆的圆心为目标点,结果如图 11-60 所示。

11 单击【绘图】工具栏上的 按钮,以复制的垂直构造线和半径为 50 的圆的上侧交点为圆心,绘制半径为 7 的圆,结果如图 11-61 所示。

12 选择菜单【修改】|【阵列】命令,设置阵列数目为 4,填充角度为 360°,以半径为 50 的圆的圆心为阵列中心,对刚绘制的圆进行环形阵列,结果如图 11-62 所示。

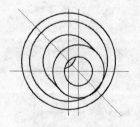  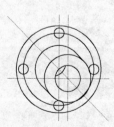

图 11-60　复制辅助线　　　　图 11-61　绘制圆　　　　图 11-62　阵列圆

13 使用【删除】命令，将半径为 50 的定位圆删除。

14 选择菜单【修改】|【复制】命令，配合捕捉功能，对刚阵列的圆和半径为 60 的圆进行复制，以半径为 60 的圆的圆心为基点，目标点为 "@10<135"，复制结果如图 11-63 所示。

15 单击【绘图】工具栏上的 按钮，配合捕捉功能，绘制底座的切线，结果如图 11-64 所示。

16 综合使用【修剪】和【删除】命令，对底座中不可见的轮廓线和半径为 60 的圆进行修剪操作，并删除所有的构造线，最终结果如图 11-65 所示。

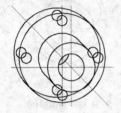
图 11-63 复制结果

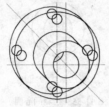
图 11-64 绘制底座切线

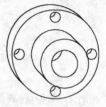
图 11-65 最终结果

147 绘制复杂零件轴测图（一）

本例通过绘制复杂零件轴测图，主要对【草图设置】、【直线】、【椭圆】和【修剪】命令进行综合练习。		
文件路径：	DVD\实例文件\第 11 章\实例 147.dwg	
视频文件：	DVD\MP4\第 11 章\实例 147.MP4	
播放时长：	0:06:57	

01 以随书光盘中的 "\样板文件\机械制图模板.dwt" 作为基础样板，新建文件。

02 设置等轴测图绘图环境，并开启【正交】功能。

03 将 "点画线" 设置为当前图层，单击 按钮，绘制辅助线，结果如图 11-66 所示。

04 切换图层为 "轮廓线"，然后使用【椭圆】命令绘制半径为 25、15 的两个等轴测圆，以辅助线的交点为圆心，结果如图 11-67 所示。

05 使用【复制】命令，复制两个等轴测圆到顶部 48 位置处，结果如图 11-68 所示。

图 11-66 绘制辅助线

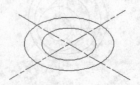
图 11-67 绘制圆

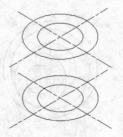
图 11-68 复制圆

06 使用【直线】命令，配合【捕捉切点】功能，绘制外圆的两条公切线，结果如图 11-69 所示。

07 使用【偏移】命令，将最下侧端辅助线向左偏移复制 55 个绘图单位，创建如图 11-70 所示的辅助线。

08 使用【椭圆】命令绘制半径为 21 和 14 的两个等轴测圆，圆心为刚创建的辅助线的交点，结果如图 11-71 所示。

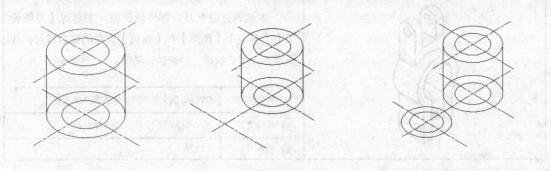

图 11-69　绘制公切线　　　　　图 11-70　绘制辅助线　　　　　图 11-71　绘制圆

09 选择菜单【修改】|【修剪】命令，对图形进行修剪，并删除多余线段，结果如图 11-72 所示。

10 单击【直线】按钮　，并按照如图 11-73 所示绘制线段，然后使用【复制】按钮，选取复制对象，向上移动 9 个绘图单位，结果如图 11-74 所示。

11 选择菜单【绘图】|【直线】命令，绘制棱线，并使用【修剪】命令，修剪多余线段，结果如图 11-75 所示。

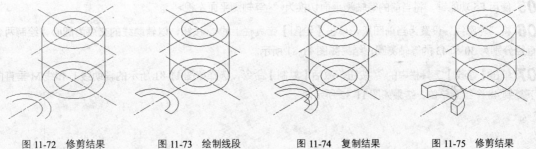

图 11-72　修剪结果　　　图 11-73　绘制线段　　　图 11-74　复制结果　　　图 11-75　修剪结果

12 单击【修改】工具栏中的　按钮，分别选取圆弧 *a* 和 *b* 按照如图 11-76 所示的尺寸进行复制。

13 使用【直线】命令，按照如图 11-77 所示绘制切线。

14 使用【修剪】命令，对图形进行修剪，并使用【删除】命令，删除多余的图线，结果如图 11-78 所示。

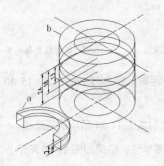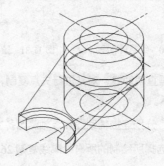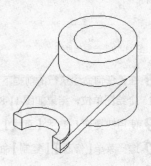

图 11-76　复制结果　　　　　图 11-77　绘制切线　　　　　图 11-78　最终结果

148 绘制复杂零件轴测图（二）

本例通过绘制复杂零件轴测图，主要对【草图设置】、【直线】、【椭圆】和【修剪】命令的综合练习，并在操作过程中使用了对象捕捉功能。

文件路径：	DVD\实例文件\第 11 章\实例 148.dwg
视频文件：	DVD\MP4\第 11 章\实例 148.MP4
播放时长：	0:13:36

01 以随书光盘中的 "\样板文件\机械制图模板.dwt" 作为基础样板，新建文件。

02 激活【工具】菜单中的【草图设置】命令，设置 "等轴测捕捉" 绘图环境，并启用状态栏上的正交功能。

03 将 "点画线" 设置为当前图层，使用【直线】命令，配合正交功能绘制如图 11-79 所示的定位辅助线。

04 按 F5 功能键，将当前的等轴测平面设置为 "<等轴测平面俯视>"，通过捕捉辅助线的交点绘制另一条辅助线，如图 11-80 所示。

05 使用 F5 功能键，将当前的等轴测平面切换为 "<等轴测平面左视>"。

06 将 "轮廓线" 设置为当前图层，单击【绘图】工具栏上的⊙按钮，以辅助线的交点为圆心，绘制两个直径分别为 30 和 43 的等轴测圆，结果如图 11-81 所示。

07 单击【修改】工具栏中的⊙按钮，激活【复制】命令，选择如图 11-81 所示的辅助线 L 和线 M 垂直向下复制 48 个绘图单位，结果如图 11-82 所示。

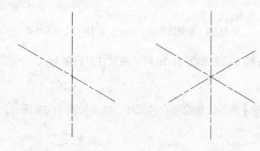
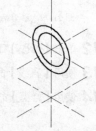

图 11-79　绘制辅助线　　　图 11-80　绘制辅助线　　　图 11-81　绘制等轴测圆　　图 11-82　轮廓线复制结果

08 在无任何命令执行的前提下选择垂直辅助线，对其进行夹点复制，复制距离分别为 5.5、－5.5、15 和 －15 个绘图单位，结果如图 11-83 所示。

09 使用快捷键 L 激活【直线】命令，分别连接辅助线和等轴测圆各交点绘制如图 11-84 所示的轮廓线。

10 选择菜单【修改】|【复制】命令，选择所绘制的所有轮廓线复制 26 个绘图单位，结果如图 11-85 所示。

11 使用【直线】命令，配合交点和切点捕捉功能绘制如图 11-86 所示的轮廓线。

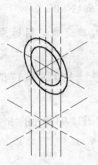
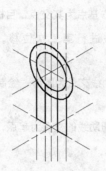
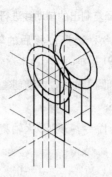
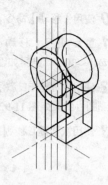

图 11-83　夹点编辑　　　图 11-84　绘制下端轮廓　　　图 11-85　复制结果　　　图 11-86　绘制轮廓线

12 单击【修改】工具栏上的 ✂ 按钮，对图形的轮廓线进行修剪，并删除被遮住的轮廓线和不需要的辅助线，结果如图 11-87 所示。

13 使用快捷键 CO 激活【复制】命令，选择如图 11-87 所示的辅助线 1 和线 2 进行复制，基点为其交点，目标点为 "@15<-30"。

14 使用快捷键 M 激活【移动】命令，选择刚复制出的辅助线进行移动，基点为其交点，目标点为 "@6.5<30"。

15 重复执行【移动】命令，选择位移后的辅助线第二次进行位移，基点为其交点，目标点为 "@11<90"，结果如图 11-88 所示。

16 使用 "F5" 功能键，将当前的等轴测平面切换为 "<等轴测平面右视>"。

17 使用快捷键 EL 激活【椭圆】命令，以刚创建的辅助线交点为圆心，绘制直径为 6 的等轴测圆，并将此位置的辅助线编辑为圆的中心线，结果如图 11-89 所示。

18 选择菜单【修改】|【复制】命令，将刚绘制的等轴测圆进行多重复制，基点为圆心，目标点分别为 "@13<30" 和 "@20.5<150"，结果如图 11-90 所示。

19 使用【复制】命令，选择图 11-90 所示的辅助线 1 和线 2 进行复制，基点为辅助线交点，目标点为 "@17.5<30"。

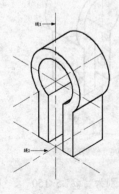

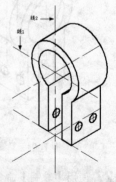

图 11-87　修剪结果　　　图 11-88　创建辅助线　　　图 11-89　绘制等轴测圆　　　图 11-90　复制结果

技巧

在捕捉轴测圆上的切点时，可能不容易找到，此时可以在距离对象最近点的地方拾取点，然后再反复捕捉切点，即可绘制出公切线，最后删除参照线。

271

20 使用【移动】命令,选择复制出的辅助线进行位移,基点为其交点,目标点为 "@43<90"。

21 重复使用【移动】命令,选择位移后的辅助线进行第二次位移,基点为其交点,目标点为 "@15<-30",结果如图 11-91 所示。

22 使用快捷键 EL 激活【椭圆】命令,以刚创建的辅助线交点为圆心,绘制两个直径分别为 8 和 17 的等轴测圆,结果如图 11-92 所示。

23 使用快捷键 L 激活【直线】命令,分别以大轴测圆与辅助线的交点为起点,绘制如图 11-93 所示的线段。

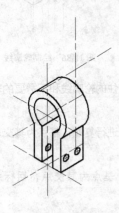
图 11-91　创建辅助线

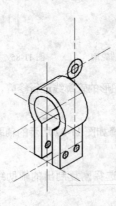
图 11-92　绘制等轴测圆

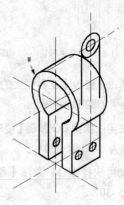
图 11-93　绘制线段

24 选择菜单【修改】|【复制】命令,选择如图 11-93 所示的轴测圆 W 进行复制,基点为其圆心,目标点为 "@9<30",复制结果如图 11-94 所示。

25 使用【直线】命令,分别连接图 11-94 所示的轮廓线 1、2、3、4 的交点,绘制图 11-95 所示的轮廓线。

26 使用【修剪】命令,对图形轮廓进行修剪,修剪掉不需要及被遮挡住的轮廓线,结果如图 11-96 所示。

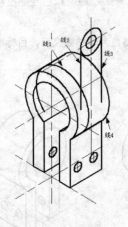
图 11-94　复制圆

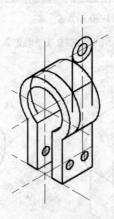
图 11-95　绘制轮廓线

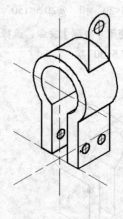
图 11-96　修剪轮廓线

27 使用【复制】命令,选择上侧图形进行多重复制,基点为任一点,目标点分别为 "@7.5<150"、"@22.5<150" 和 "30<150",结果如图 11-97 所示。

28 使用【直线】命令,补充图形其他轮廓线,结果如图 11-98 所示。

29 综合使用【修剪】和【删除】命令,对图形进行修剪编辑,最终结果如图 11-99 所示。

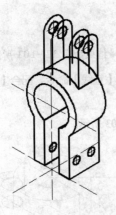

图 11-97　多重复制

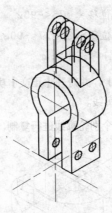

图 11-98　补充轮廓线

图 11-99　最终结果

149　绘制简单轴测剖视图

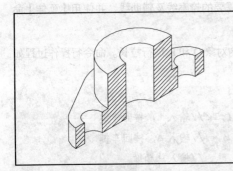

本例通过绘制简单轴测剖视图，主要综合练习【直线】、【复制】、【拉长】、【修剪】和【图案填充】命令。在具体操作过程中使用了【正交】和对象捕捉功能。

文件路径：	DVD\实例文件\第 11 章\实例 149.dwg
视频文件：	DVD\MP4\第 11 章\实例 149.MP4
播放时长：	0:07:25

01 打开随书光盘中的"\素材文件\第 11 章\实例 149.dwg"文件。

02 将"点画线"设置为当前图层，使用【直线】命令，绘制如图 11-100 所示的辅助线。

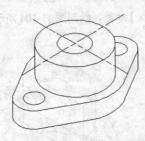

图 11-100　绘制辅助线

03 单击【修改】工具栏中的 按钮，对轴测图辅助线进行多重复制。命令行操作过程如下：

```
命令：co COPY
选择对象：                                    //选择 30° 方向辅助线
选择对象：↙                                  //按回车键，结束对象的选择
当前设置： 复制模式 = 多个
指定基点或 [位移(D)/模式(O)] <位移>：        //捕捉辅助线端点
```

指定第二个点或 <使用第一个点作为位移>:@25<-90↙

指定第二个点或 <使用第一个点作为位移>:@40.7<-90↙

指定第二个点或 [退出(E)/放弃(U)] <退出>:↙　　　　　//按回车键，，结果如图 11-101 所示

04 将当前轴测面切换为（等轴测平面右），并打开【正交】功能，然后使用【直线】命令，配合【对象捕捉】功能，绘制如图 11-102 所示切面轮廓线。

05 单击【修改】工具栏中的按钮，对个别轮廓线进行复制，结果如图 11-103 所示。

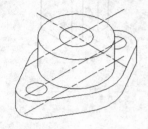
图 11-101　复制辅助线

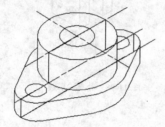
图 11-102　绘制切面轮廓线

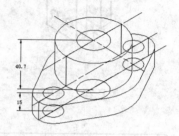
图 11-103　复制轮廓线

06 使用【修剪】和【删除】命令，对图形进行编辑，去掉不需要的轮廓线及辅助线，并使用【延伸】命令将两小圆弧进行延伸，结果如图 11-104 所示。

07 使用快捷键 "LEN" 激活【拉长】命令，将图 11-104 所示的对象 Q 和 R 进行拉长。命令行操作过程如下：

命令: len

选择对象或 [增量(DE)/百分数(P)/全部(T)/动态(DY)]:T↙//输入 t，按回车键

指定总长度或 [角度(A)] <1.0)>:A↙　　　　　　　//输入 a，按回车键

指定总角度 <57.3>:150↙　　　　　　　　　　　　//输入总角度

选择要修改的对象或 [放弃(U)]:　　　　　　　　　//选择图 11-104 所示的对象 Q

选择要修改的对象或 [放弃(U)]:　　　　　　　　　//选择图 11-104 所示的对象 R

选择要修改的对象或 [放弃(U)]:↙　　　　　　　　//按回车键，拉长结果如图 11-105 所示

08 使用【直线】命令，配合【捕捉切点】功能，绘制图 11-104 所示的轴测圆 Q 和 R 的公切线，结果如图 11-106 所示。

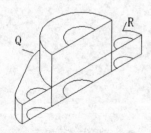
图 11-104　完善图形

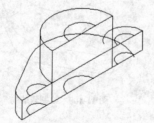
图 11-105　拉长结果

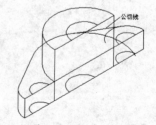
图 11-106　绘制公切线

09 使用【修剪】命令，对轴测图轮廓进行修剪，结果如图 11-107 所示。

10 使用【直线】和【修剪】命令，对轮廓线进行完善，结果如图 11-108 所示。

11 将 "剖面线" 设置为当前图层，使用快捷键 H 激活【图案填充】命令，对轴测剖视图填充 "ANSI31"

图案，填充比例为 0.65，最终结果如图 11-109 所示。

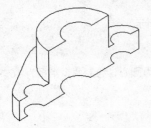
图 11-107 修剪结果

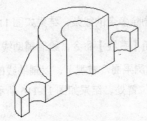
图 11-108 切面轮廓线完善

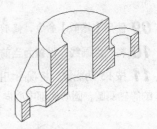
图 11-109 最终结果

150 绘制复杂轴测剖视图（一）

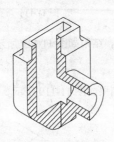

本例通过复杂轴测剖视图的绘制，主要综合练习【直线】、【复制】、【修剪】、【圆角】、【圆弧】和【图案填充】命令。

文件路径：	DVD\实例文件\第 11 章\实例 150.dwg	
视频文件：	DVD\MP4\第 11 章\实例 150.MP4	
播放时长：	0:12:17	

01 打开随书光盘中的 "\样板文件\机械制图模板.dwt" 作为基础样板，新建文件。

02 启用【对象捕捉】和【正交】功能，然后按 F5 功能键，将当前轴测面切换为（等轴测平面俯视）。

03 将 "轮廓线" 设置为当前层，使用【直线】命令，绘制一个长宽分别为 42、24 的四边形，结果如图 11-110 所示。

04 选择菜单【修改】|【复制】命令，将四边形向上复制 49 个绘图单位，结果如图 11-111 所示。

05 使用【直线】命令，连接相应图形，结果如图 11-112 所示。

06 单击【绘图】工具栏上的 ◎，绘制半径为 15 的等轴测圆弧。

07 使用【直线】命令，在长方体左下边角，绘制距边角 15 的横竖两条辅助直线作为绘制半径为 15 的等轴测圆圆弧的辅助线，结果如图 11-113 所示。

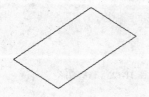
图 11-110 绘制四边形

图 11-111 复制四边形

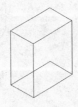
图 11-112 连接图形

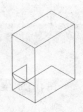
图 11-113 绘制圆弧

08 选择菜单【修改】|【复制】，复制圆弧到右侧的相同位置处，并使用直线连接两圆弧，结果如图 11-114 所示。

09 使用【修剪】命令，修剪图形，并删除多余的线条，结果如图 11-115 所示。

10 将"点画线"设置为当前图层，使用【直线】命令，绘制辅助线。

11 按 F5 功能键，将视图切换到（等轴测平面　右视），以辅助线的交点为圆心，绘制两个半径为 16、8 的等轴测圆，圆心底部中心向上移动 25 位置处，结果如图 11-116 所示。

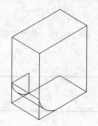
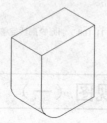
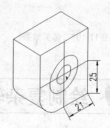

图 11-114　复制圆弧　　　　　　图 11-115　修剪图形　　　　　　图 11-116　绘制圆

12 使用【复制】命令，复制两个圆向右下侧 20 处，并使用直线连接，结果如图 11-117 所示。

13 使用【修剪】命令，修剪图形，结果如图 11-118 所示。

14 将"点画线"设置为当前层，使用【直线】命令绘制顶面交线，结果如图 11-119 所示。

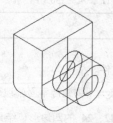
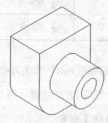
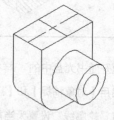

图 11-117　复制并连接　　　　　图 11-118　修剪图形　　　　　　图 11-119　绘制辅助线

15 使用【直线】命令，绘制长宽分别为 30、12 和长宽分别为 24、6 的四边形，结果如图 11-120 所示。

16 使用【复制】命令，向上 10 复制上表面绘制的两个四边形，并用直线连接，结果如图 11-121 所示。

17 使用【修剪】命令，对图形进行修剪，并删除多余的线段，结果如图 11-122 所示。

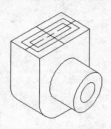
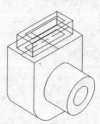
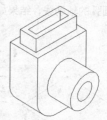

图 11-120　绘制四边形　　　　　图 11-121　复制结果　　　　　　图 11-122　修剪图形

18 单击【修改】工具栏中的⬜按钮，对图形圆角，半径为 2.5，结果如图 11-123 所示。

19 使用【修剪】和【删除】命令，修剪与删除多余的线条，结果如图 11-124 所示。

20 使用【直线】命令，选择两个互相垂直的剖切平面把形体切开，一平面是沿着前后对称线切开，一平面沿着左右对称线切开，把形体的四分之一剖去，剖切面的位置如图 11-125 所示。

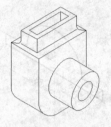
图 11-123　对图形圆角

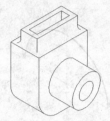
图 11-124　修剪与删除

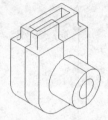
图 11-125　绘制剖切平面

21 使用【修剪】和【删除】命令，修剪和删除多余的线条，结果如图 11-126 所示。

22 使用【直线】和【圆弧】命令，绘制出内部结构的可见轮廓线，并修剪和删除多余的线条，结果如图 11-127 所示。

23 单击【绘图】工具栏中的 按钮，激活【图案填充】命令，对图形进行图案填充，设置填充图案为 "ANSI31"，填充比例为 0.8，结果如图 11-128 所示。

图 11-126　修剪图形

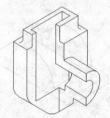
图 11-127　操作结果

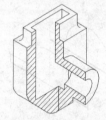
图 11-128　填充结果

151　绘制复杂轴测剖视图（二）

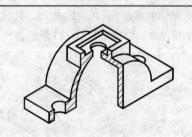

本例通过绘制复杂轴测剖视图，主要综合练习【构造线】、【椭圆】、【复制】、【修剪】和【图案填充】命令。

文件路径：	DVD\实例文件\第 11 章\实例 151.dwg	
视频文件：	DVD\MP4\第 11 章\实例 151.MP4	
播放时长：	0:11:29	

01 以随书光盘中的 "\样板文件\机械制图模板.dwt" 作为基础样板，新建文件。

02 将当前视图切换至轴测平面视图。

03 按 F5 功能键，将等轴测平面切换为 "<等轴测平面右视>"。

04 将 "点画线" 设置为当前层，单击【绘图】工具栏上的 按钮，绘制如图 11-129 所示的辅助线。

05 将 "轮廓线" 图层设置为当前图层，然后选择菜单【绘图】|【椭圆】|【圆弧】命令，绘制半径为 25

的等轴测圆弧，结果如图 11-130 所示。

06 使用【直线】命令，以图 11-130 所示的 B 点为起点，C 点为端点，绘制如图 11-131 所示的线段。

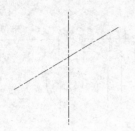

图 11-129　绘制辅助线

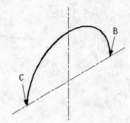

图 11-130　绘制等轴测圆弧

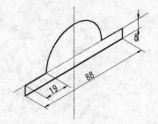

图 11-131　绘制直线

07 选择菜单【修改】|【复制】命令，以图 11-130 所示的 C 点为基点，对所有图形复制 44 个绘图单位，结果如图 11-132 所示。

08 选择菜单【绘图】|【直线】命令，配合捕捉功能，绘制如图 11-133 所示的直线。

09 综合使用【修剪】和【删除】命令，对图形进行修剪，并删除隐藏的线段和多余辅助线，结果如图 11-134 所示。

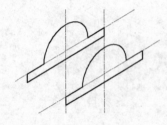

图 11-132　复制结果

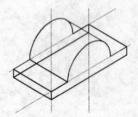

图 11-133　绘制直线

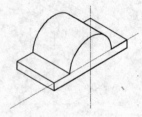

图 11-134　修剪图形

10 将"点画线"设置为当前图层，使用【直线】命令，绘制如图 11-135 所示的辅助线。

11 使用快捷键 CO 激活【复制】命令，将间距为 22 的辅助线复制到前后两侧距离为 8 和 12 的位置，将间距为 5 的辅助线复制到其左右两侧距离为 12 和 16 的位置，结果如图 11-136 所示。

12 将"轮廓线"设置为当前图层，使用【直线】命令，以图 11-136 所示的端点 N、P、Q、R、S、T、U、V 为捕捉点绘制两端连续直线，然后使用【删除】命令，删除多余的辅助线，结果如图 11-137 所示。

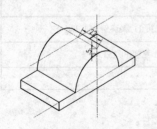

图 11-135　绘制辅助线

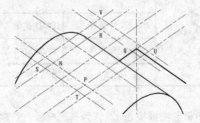

图 11-136　复制结果

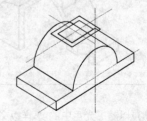

图 11-137　绘制直线

13 使用快捷键 CO 激活【复制】命令，将最前端等轴测圆弧向后复制 10 个绘图单位，结果如图 11-138 所示。

14 使用【直线】命令，分别以图 11-136 所示的点 T 和 U 为起点，垂直向下引导光标，以光标与复制后的圆弧交点为终点，绘制两条直线，结果如图 11-139 所示。

15 使用快捷键 CO 激活【复制】命令，将以点 T 起点的直线复制到图 11-136 所示的 S 点的位置，然后以复制前后的两条直线下端点为直线的起点和端点绘制直线，结果如图 11-140 所示。

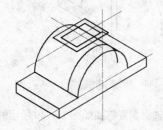 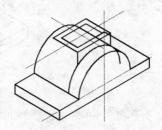 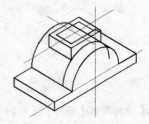

图 11-138　复制等轴测圆弧　　　　图 11-139　绘制直线　　　　图 11-140　复制和绘制直线

16 单击【修改】工具栏上的 ⁄ 按钮，对图形进行修剪操作，结果如图 11-141 所示。

17 将"点画线"设置为当前图层，使用【直线】命令，绘制如图 11-142 所示的辅助线。

18 将"轮廓线"设置为当前图层，单击【绘图】工具栏上的 ☉ 按钮，以图 11-142 所示的点 Q 和点 P 为圆心，绘制半径为 5 的等轴测圆，结果如图 11-143 所示。

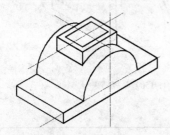 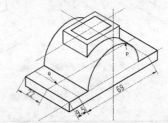 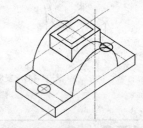

图 11-141　修剪操作　　　　图 11-142　绘制辅助线　　　　图 11-143　绘制等轴测圆

19 使用【修剪】命令，对刚绘制的等轴测圆进行修剪操作，结果如图 11-144 所示。

20 选择菜单【修改】|【复制】命令，将图 11-144 所示的线 Q 和线 M 以其交点为起点，向下移动 3 个绘图单位，复制完成后，以新的直线交点和线 Q 和线 M 的交点为端点绘制直线，结果如图 11-145 所示。

21 将"其他层"设置为当前层，然后使用【直线】命令，绘制如图 11-146 所示的轴测剖切参照线。

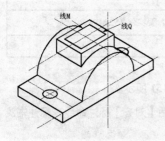 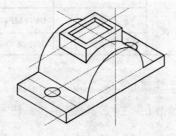 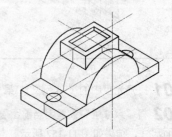

图 11-144　修剪操作　　　　图 11-145　绘制键槽　　　　图 11-146　绘制剖切线

22 选择菜单【修改】|【修剪】命令，以图 11-146 所示的剖切线作为修剪参照，对多余的图元进行修剪和删除操作，结果如图 11-147 所示。

23 修剪图元结束后，按图 11-148 所示补全内部可见的轮廓线。

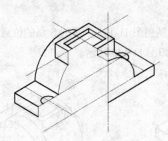
图 11-147　修剪图元

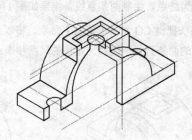
图 11-148　补全轮廓线

24 选择菜单【修改】|【复制】命令，分别将左侧的等轴测圆弧和中心等轴测圆复制到如图 11-149 所示的位置，然后对其进行修剪和删除操作。

25 将"剖面线"设置为当前图层，单击【绘图】工具栏上的 □ 按钮，对图形的剖面轮廓进行填充，填充参数为默认，结果如图 11-150 所示。

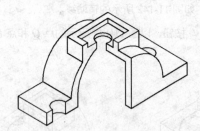
图 11-149　复制操作

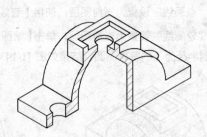
图 11-150　最终结果

152 为轴测图标注尺寸

	本例通过对正等轴测图标注尺寸，主要使用了【对齐】、【快速引线】和【编辑标注】命令。	
文件路径：	DVD\实例文件\第 11 章\实例 152.dwg	
视频文件：	DVD\MP4\第 11 章\实例 152.MP4	
播放时长：	0:02:08	

01 打开光盘中的 "\实例文件\第 11 章\实例 149.dwg" 文件，结果如图 11-151 所示。

02 将 "尺寸层" 设置为当前图层，单击【标注】工具栏中的 ↖ 按钮，激活【对齐】标注命令，标注轴测面尺寸，结果如图 11-152 所示。

03 选择【标注】菜单栏中的【编辑标注】命令，将刚标注的对齐尺寸倾斜 90°。命令行操作过程如下：

```
命令: _dimedit
输入标注编辑类型 [默认(H)/新建(N)/旋转(R)/倾斜(O)] <默认>:O↙
                              //　输入 O，按回车键
```

选择对象:	//选择文本为 15 的尺寸
选择对象:	//选择文本为 24 的尺寸
选择对象:	//选择文本为 20.5 的尺寸
选择对象:	//选择文本为 55 的尺寸
选择对象:	//选择文本为 110 的尺寸
选择对象:	//按回车键，结束选择
输入倾斜角度 (按 Enter 键表示无):90↙	//输入 90，按回车键，结果如图 11-153 所示

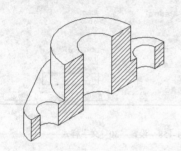 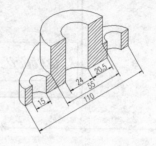 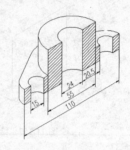

图 11-151 打开素材　　　　　图 11-152 标注结果　　　　　图 11-153 倾斜结果

04 单击【标注】工具栏中的 按钮，激活【对齐】命令，标注轴测图的高度尺寸，结果如图 11-154 所示。

05 选择【标注】菜单栏中的【编辑标注】命令，将刚标注的对齐尺寸倾斜 30°，结果如图 11-155 所示。

06 选择菜单【标注】|【多重引线】命令，标注轴测图引线尺寸，结果如图 11-156 所示。

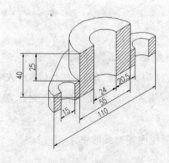 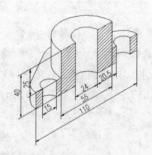 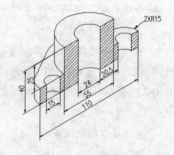

图 11-154 标注结果　　　　　图 11-155 倾斜结果　　　　　图 11-156 引线标注

153 为轴测图标注文字

本例主要通过为等轴测图标注文字，主要综合练习【文字样式】和【单行文字】两个命令，学习在等轴测平面内，投影文字的标注方法和标注技巧。

	文件路径:	DVD\实例文件\第 11 章\实例 153.dwg
	视频文件:	DVD\MP4\第 11 章\实例 153.MP4
	播放时长:	0:04:12

01 执行【文件】|【新建】命令，新建空白文件。

02 使用快捷键 L 激活【直线】命令，在等轴测绘图环境中绘制边长为 100 的正立方体轴测图，结果如图 11-157 所示。

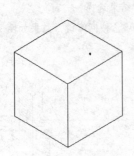

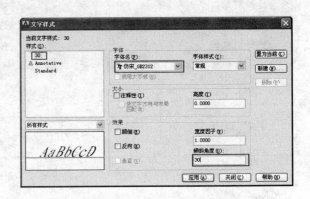

图 11-157　绘制立方体　　　　　　　　　　　图 11-158　设置"30"文字样式

03 使用快捷键 ST 激活【文字样式】命令，设置名为 30 和-30 的文字样式，参数设置如图 11-158 所示和图 11-159 所示，并将-30 设置为当前文字样式。

04 使用【直线】命令，配合【捕捉中点】功能，绘制如图 11-160 所示的中线，作为辅助线。

05 选择菜单【绘图】|【文字】|【单行文字】命令，在左轴测平面内输入"等轴测视图左视图"，命令行操作过程如下：

```
命令: dt TEXT
当前文字样式: "-30"  文字高度: 0.0  注释性: 否
指定文字的起点或 [对正(J)/样式(S)]:J↙           //输入 j，激活"对正"选项
输入选项 [对齐(A)/布满(F)/居中(C)/中间(M)/右对齐(R)/左上(TL)/中上(TC)/右上(TR)/左
中(ML)/正中(MC)/右中(MR)/左下(BL)/中下(BC)/右下(BR)]:M↙  //输入 m，设置"中间"对正方
式
指定文字的中间点:                              //捕捉左侧视图辅助线的中点
指定高度 <0.0>:8↙                             //输入 8
指定文字的旋转角度 <30>:-30↙                    //输入-30，连续按两次回车键，结果如
图 11-161 所示
```

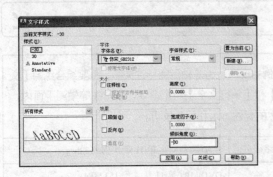

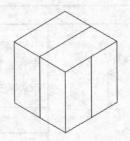

图 11-159　设置-30 文字样式　　　　　　图 11-160　绘制辅助线　　　图 11-161　创建左轴测文字

06 重复执行【单行文字】命令，配合【捕捉中点】功能，在上轴测平面内输入"等轴测视图俯视图"，结果如图 11-162 所示。

07 重复执行【单行文字】命令，配合【捕捉中点】功能，在上轴测平面内输入"等轴测视图右视图"，结果如图 11-163 所示。

08 删除 3 条定位辅助线，最终结果如图 11-164 所示。

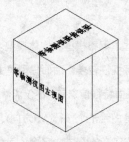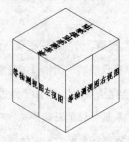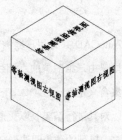

图 11-162　在上轴侧面内创建文字　　　　图 11-163　在右轴侧面内创建文字　　　　图 11-164　最终结果

第 12 章
零件网格模型绘制

AutoCAD 共为用户提供了 4 种类型模型，分别是线框模型、曲面模型、网格模型和实体模型。线框模型是由三维对象的点和线组成的，它仅能表现出物体的轮廓框架，可视性较差；曲面模型是由表面的集合来定义三维物体，它是在线框模型的基础上增加了面边信息和表面特征信息等，不仅能着色，还可以对其进行渲染，以更形象逼真地表现物体的真实形态；三维网格是由若干个按行(M 方向)、列(N 方向)排列的微小四边形拟合而成的网格状曲面；而实体模型则是实实在在的物体，它除了包含线框模型和曲面模型的所有特点外，还具备实物的一切特性。

本章通过 10 个典型实例，介绍使用 AutoCAD 绘制零件网面模型的各种方法和相关技巧。

154　视图的切换与坐标系的定义

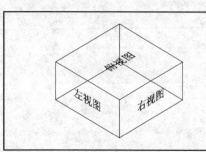

		本例通过在正方体各侧面上标注单行文字，主要学习视图的转化技巧以及坐标系的创建、存储和应用。
	文件路径：	DVD\实例文件\第 12 章\实例 154.dwg
	视频文件：	DVD\MP4\第 12 章\实例 154.MP4
	播放时长：	0:03:45

01 执行【文件】|【新建】命令，新建空白文件。

02 使用快捷键 REC 激活【矩形】命令，绘制长宽分别为 100 的矩形，结果如图 12-1 所示。

03 选择菜单【视图】|【三维视图】|【西南等轴测】命令，将当前视图切换为西南视图，结果如图 12-2 所示。

图 12-1　绘制矩形

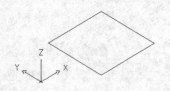

图 12-2　切换视图

04 单击【建模】工具栏中的 按钮，激活【拉伸】命令，将矩形拉伸 50 个绘图单位，结果如图 12-3 所示。

05 在命令行中输入 "UCS" 后按回车键，使用 "三点" 功能，重新定义坐标系。命令行操作过程如下：

```
命令：ucs
当前 UCS 名称：*世界*
指定 UCS 的原点或 [面(F)/命名(NA)/对象(OB)/上一个(P)/视图(V)/世界(W)/X/Y/Z/Z 轴
(ZA)] <世界>:N          //输入 N，激活 "新建" 选项
指定新 UCS 的原点或 [Z 轴(ZA)/三点(3)/对象(OB)/面(F)/视图(V)/X/Y/Z] <0,0,0>:3
                       //输入 3，激活 "三点" 功能
指定新原点 <0,0,0>：   //捕捉如图 12-4 所示的端点作为坐标原点
在正 X 轴范围上指定点 <1.0000,0.0000,0.0000>：
                       //捕捉如图 12-5 所示的端点，定义 X 轴正方向
在 UCS XY 平面的正 Y 轴范围上指定点 <0.0000,1.0000,0.0000>：
                       //捕捉如图 12-6 所示的端点，定义 Y 轴正方向，结果如图 12-7 所示。
```

06 按回车键，重复执行【UCS】命令，将刚定义的用户坐标系命名为 "RIGHT" 并存储。

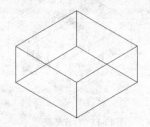
图 12-3　拉伸矩形

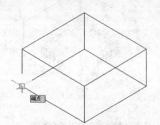
图 12-4　定义新坐标系原点

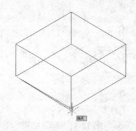
图 12-5　定义 X 轴正方向

07 重复执行【UCS】命令，将当前系统 Y 轴旋转 90°，命名为 "LEFT" 并存储，如图 12-8 所示。

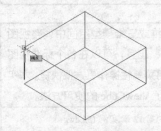
图 12-6　定义 Y 轴正方向

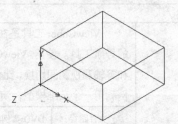
图 12-7　定义坐标系

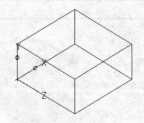
图 12-8　旋转坐标系

技 巧

　技用户还可以使用 "面" 选项功能，以立方体的侧面作为 UCS 的平面，进行快速创建 UCS。

08 选择菜单【绘图】|【文字】|【单行文字】命令，以长方体右侧面的中心点作为文字的插入点，进行标注单行文字，输入 "右视图"，结果如图 12-9 所示。

09 选择菜单【工具】|【命名 UCS】命令，在打开的对话框中选择如图 12-10 所示的 "LEFT" 坐标系，并将此坐标系设置为当前。

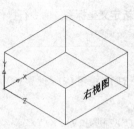

图 12-9 标注单行文字　　　　　　　　　　　　　　图 12-10 【UCS】对话框

10 重复【单行文字】命令，在左侧面创建单行文字，其中文字高度为 10，输入"左视图"，结果如图 12-11 所示。

11 在命令行输入"UCS"后按回车键，将世界坐标设置为当前坐标系，如图 12-12 所示。

12 使用【单行文字】命令，在顶面创建文字，输入"俯视图"，结果如图 12-13 所示。

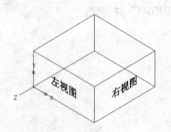

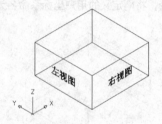

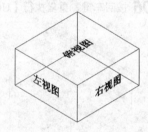

图 12-11 标注结果　　　　　图 12-12 设置当前坐标系　　　　　图 12-13 标注结果

155　ViewCube 工具

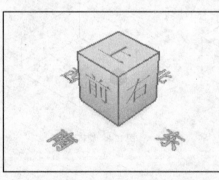

	ViewCube 工具是在二维或三维模型空间中调整视图的导航工具。使用 ViewCube 工具，可以在各个标准视图和等轴测视图间切换，比使用菜单栏操作更方便快捷。本实例利用一个三维模型，演示了 ViewCube 的使用方法。	
文件路径：	DVD\实例文件\第 12 章\实例 155.dwg	
视频文件：	DVD\MP4\第 12 章\实例 155.MP4	
播放时长：	0:01:35	

01 打开随书光盘中的"\素材文件\第 12 章\实例 155.dwg"文件，如图 12-14 所示。

02 选择菜单【视图】|【显示】|【ViewCube】|【设置】命令，系统弹出【ViewCube 设置】对话框，如图 12-15 所示，将 ViewCube 大小设置为最大，并勾选"将 ViewCube 设置为当前 UCS 方向"，单击【确定】按钮。

03 单击 ViewCube 的【上】平面，如图 12-16 所示。模型的视图方向调整到俯视的方向，如图 12-17 所示。

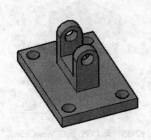

图 12-14　模型素材　　　　图 12-15　【ViewCube 设置】对话框　　　　图 12-16　选择视图平面

04 将鼠标指针移到 ViewCube 右上角，出现旋转箭头的显示，如图 12-18 所示，单击顺时针旋转箭头，使视图旋转 90°，如图 12-19 所示。

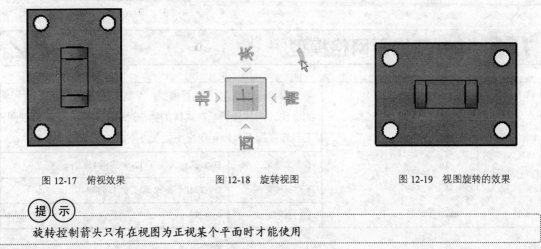

图 12-17　俯视效果　　　　　图 12-18　旋转视图　　　　　图 12-19　视图旋转的效果

> **提 示**
>
> 旋转控制箭头只有在视图为正视某个平面时才能使用

05 在 ViewCube 上，单击【上】平面东南方向的角点，如图 12-20 所示。模型视图调整到东南等轴测方向，如图 12-21 所示。

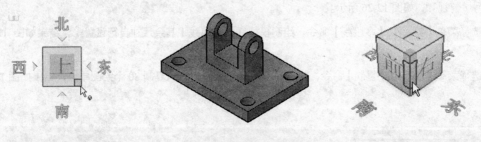

图 12-20　选择角点　　　　　图 12-21　模型的等轴测视图　　　　　图 12-22　选择边线

06 在 ViewCube 上，单击【前】、【右】两平面相交边线，如图 12-22 所示。模型视图调整到如图 12-23 所示的视图方向。

07 单击 ViewCube 下 WCS 旁边的展开箭头，弹出选项如图 12-24 所示，选择【新 UCS】,按命令行提示创建新 UCS，将 X 轴旋转 90°，新建 UCS 之后，ViewCube 的方向变换到新 UCS 的方向，如图 12-25 所示。

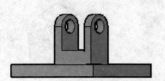

图 12-23 边线视图效果

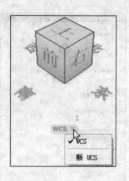

图 12-24 坐标系菜单

图 12-25 新 UCS 下的 ViewCube

技 巧

　　新建 UCS 之后，ViewCube 各表面的方向也随之变化，以保持【上】表面与 UCS 的 XY 平面平行（这是步骤 2 中设置的结果），因此 UCS 变化之后，单击【上】表面，模型的视图就不一定是俯视方向。但可以看到新建 UCS 不会影响东南西北四个方向的位置，因为这四个方位始终与世界坐标系 (WCS) 保持一致。

156 绘制三维面网格模型

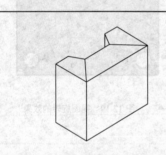

本例通过创建立体面模型，主要学习了【三维面】命令的操作方法和技巧。在具体的操作过程中，使用了三维视图工具转换视点，以创建出不同视点下面的三维面模型。

	文件路径：	DVD\实例文件\第 12 章\实例 156.dwg
	视频文件：	DVD\MP4\第 12 章\实例 156.MP4
	播放时长：	0:04:50

01 执行【文件】|【新建】命令，创建空白文件。

02 单击【视图】工具栏中 按钮，将视图切换为"西南等轴测"视图，并在【UCS Ⅱ】工具栏中将视图切换为"俯视"，如图 12-26 所示。

03 选择菜单【绘图】|【多段线】命令，绘制模型底面轮廓线（其余尺寸自行设置），结果如图 12-27 所示。

04 选择菜单【修改】|【复制】命令，将绘制的闭合轮廓沿 Z 方向复制 80 个绘图单位，结果如图 12-28 所示。

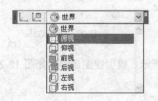

图 12-26 【UCS Ⅱ】工具栏

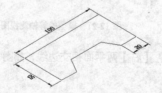

图 12-27 绘制轮廓

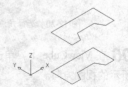

图 12-28 复制轮廓

05 使用【直线】命令，配合【捕捉端点】功能，绘制图形的棱边，结果如图 12-29 所示。

06 选择【绘图】菜单栏中的【建模】|【网格】|【三维面】命令，创建三维模型，。命令行操作过程如下：

```
命令：_3dface
指定第一点或 [不可见(I)]：                //捕捉图 12-29 所示的端点 1
指定第二点或 [不可见(I)]：                //捕捉图 12-29 所示的端点 2
指定第三点或 [不可见(I)] <退出>：         //捕捉图 12-29 所示的端点 3
指定第四点或 [不可见(I)] <创建三侧面>：   //捕捉图 12-29 所示的端点 4
指定第三点或 [不可见(I)] <退出>：↵        //按回车键，结束命令
```

技 巧

　　【三维面】命令主要用于构建物体的表面，在创建物体表面模型之前，一般需要将物体的轮廓画出来。

07 在命令行中输入 "SHADE"，为面模型着色，结果如图 12-30 所示。

08 再次激活【三维面】命令，继续创建其他侧面模型，结果如图 12-31 所示。

09 按回车键，重复执行【三维面】命令，配合【捕捉端点】功能，捕捉如图 12-31 所示的端点 1、2、3、4、5、6、7 和 8，绘制顶面模型，结果如图 12-32 所示。

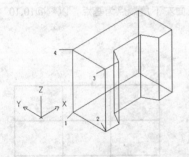
图 12-29　绘制棱边

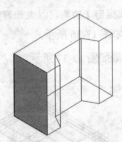
图 12-30　平面着色

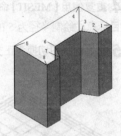
图 12-31　创建其他侧面

技 巧

　　巧妙使用面着色功能为创建的表面进行着色显示，可以非常直观地观察所创建的表面。

10 选择菜单【视图】|【三维视图】|【东北等轴测】命令，将当前视图切换为东北等轴测视图，结果如图 12-33 所示。

11 使用【三维面】命令，继续创建其他侧面模型，结果如图 12-34 所示。

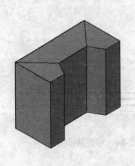
图 12-32　创建顶面

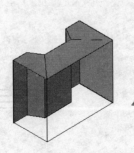
图 12-33　切换视图

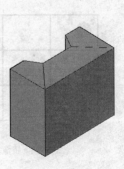
图 12-34　绘制结果

157 绘制基本三维网格

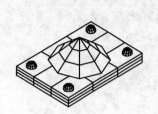

本例通过制作基本体三维面模型，主要综合练习了【消隐】、【三维视图】以及【MESH】命令中的长方体、球体和锥体网格模型的创建方法。

图标	项目	内容
💿	文件路径：	DVD\实例文件\第 12 章\实例 157.dwg
📹	视频文件：	DVD\MP4\第 12 章\实例 157.MP4
📹	播放时长：	0:03:13

01 快速创建空白文件，并启用【对象捕捉】和【对象追踪】功能。

02 单击【视图】工具栏中 🔘 按钮，将视图切换为"西南等轴测"视图，并在【UCS II】工具栏中将视图切换为"俯视"。

03 在命令行输入"MESH"并按回车键，使用"长方体"功能创建长宽高分别为 100、70、10 的网格长方体模型，结果如图 12-35 所示。

04 重复使用【MESH】命令，配合【捕捉自】功能，以上长方体上表面左下角端点为基点，以"@10,10"为目标点，绘制半径为 5 的球体，结果如图 12-36 所示。

05 将当前视图切换为正交俯视图，结果如图 12-37 所示。

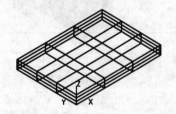

图 12-35 绘制长方体

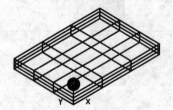

图 12-36 绘制球体

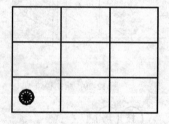

图 12-37 切换视图

06 选择菜单【修改】|【镜像】命令，对刚创建的球体进行镜像复制，镜像结果如图 12-38 所示。

07 选择菜单【视图】|【三维视图】|【前视】命令，将当前视图切换为前视图，结果如图 12-39 所示。

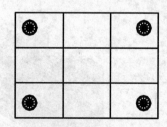

图 12-38 镜像复制

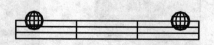

图 12-39 切换前视图

08 选择菜单【修改】|【复制】命令，将 4 个球体进行复制，向下复制距离为 10，结果如图 12-40 所示。

09 将当前视图切换为西南视图，结果如图 12-41 所示。

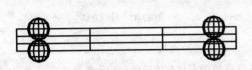

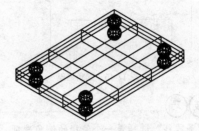

图 12-40　位移结果　　　　　　　　　　　　　　　图 12-41　切换西南视图

10 选择菜单【工具】|【新建 UCS】|【世界】命令，将当前坐标系恢复为世界坐标系。

11 重复【MESH】命令，绘制网格圆锥体，底面半径为 30，高度为 25，结果如图 12-42 所示。

12 选择菜单【修改】|【移动】命令，配合【捕捉中点】功能和【对象追踪】功能，将刚创建的圆锥体进行移动，结果如图 12-43 所示。

13 选择菜单【视图】|【消隐】命令，最终效果如图 12-44 所示。

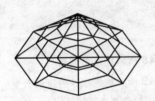　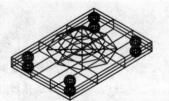　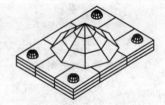

图 12-42　绘制圆锥面　　　　　　图 12-43　位移圆锥面　　　　　　图 12-44　最终效果

158　绘制旋转网格

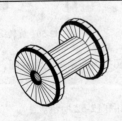	本例主要使用了【旋转网格】和【消隐】命令，学习了回转体表面模型的创建方法和技巧。

文件路径：	DVD\实例文件\第 12 章\实例 158.dwg
视频文件：	DVD\MP4\第 12 章\实例 158.MP4
播放时长：	0:02:50

01 使用【新建】命令，创建空白文件，并激活【极轴追踪】功能。

02 选择菜单【绘图】|【多段线】命令，配合【极轴追踪】功能，绘制闭合的轮廓线截面(其余尺寸自行设置)，结果如图 12-45 所示。

03 选择菜单【修改】|【圆角】命令，对轮廓边进行圆角编辑，圆角半径为 0.5，结果如图 12-46 所示。

04 选择菜单【绘图】|【直线】命令，绘制如图 12-47 所示的水平线段。

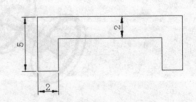

图 12-45　绘制截面轮廓线

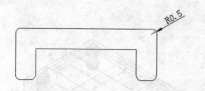

图 12-46 圆角结果

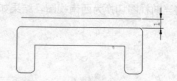

图 12-47 绘制直线

技 巧

"多段线"选项是一个便捷的倒角选项，用于为多段线的所有相邻边同时进行圆角操作。

05 使用系统变量设置曲面模型的表面线框的密度。命令行操作过程如下：

```
命令：surftab1                              //按回车键，进入系统变量设置
输入 SURFTAB1 的新值 <6>:24↙               //输入 24，重新设置变量值
命令：SURFTAB2                              //按回车键，激活该系统变量
输入 SURFTAB2 的新值 <6>:24↙               //输入 24，重新设置变量值
```

06 选择菜单【绘图】|【建模】|【网格】|【旋转网格】命令，将轮廓截面创建为三维模型。命令行操作过程如下：

```
命令：_revsurf
当前线框密度：SURFTAB1=24  SURFTAB2=24
选择要旋转的对象：                          //选择如图 12-48 所示的轮廓截面
选择定义旋转轴的对象：                      //选择如图 12-49 所示的线段作为方向矢量
指定起点角度 <0>:↙                          //按回车键，指定起始角度
指定包含角（+=逆时针，-=顺时针）<360>:↙      //按回车键，选择结果如图 12-50 所示
```

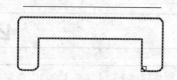

图 12-48 定义旋转对象

图 12-49 定义方向矢量

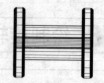

图 12-50 旋转结果

07 选择菜单【视图】|【三维视图】|【西南等轴测】命令，将当前视图切换为西南等轴测视图，结果如图 12-51 所示。

08 选择菜单【视图】|【消隐】命令，对模型进行消隐着色，最终结果如图 12-52 所示。

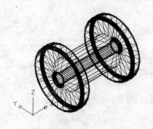

图 12-51 切换西南视图

图 12-52 最终效果

159 绘制平移网格

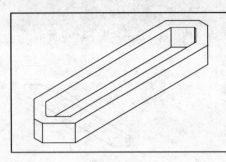

本例主要根据平移曲面的特点创建出实物的三维模型。在具体的操作过程中，首先绘制出内外轮廓线作为轨迹线，然后定义矢量方向，最后创建出平移曲面模型。

文件路径:	DVD\实例文件\第 12 章\实例 159.dwg	
视频文件:	DVD\MP4\第 12 章\实例 159.MP4	
播放时长:	0:03:13	

01 使用【文件】|【新建】命令，创建空白文件。

02 选择菜单【绘图】|【矩形】命令，绘制如图 12-53 所示的外侧闭合倒角矩形。

03 选择菜单【修改】|【偏移】命令，将绘制的外侧轮廓线向内偏移 1 个绘图单位，结果如图 12-54 所示。

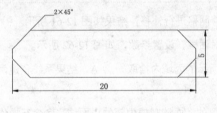

图 12-53 绘制结果

图 12-54 偏移轮廓

04 选择菜单【视图】|【三维视图】|【西南等轴测】命令，将当前视图切换为西南等轴测视图，结果如图 12-55 所示。

05 使用【直线】命令，配合【对象捕捉】功能，沿 z 轴正方向，绘制高度为 3 的线段，结果如图 12-56 所示。

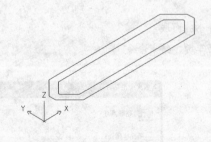

图 12-55 切换视图

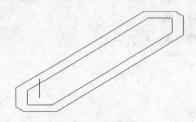

图 12-56 绘制线段

06 使用系统变量 "surftab1" 设置曲面模型的表面线框密度为 24。

07 选择菜单【绘图】|【建模】|【网格】|【平移网格】命令，创建平移网格。命令行操作过程如下：

```
命令：_tabsurf
当前线框密度：SURFTAB1=24
选择用作轮廓曲线的对象：                //选择如图 12-57 所示的闭合轮廓线
```

选择用作方向矢量的对象：	//选择高度为 3 的线段，结果如图 12-58 所示
命令：↙	//按回车键，重复执行【平移网格】命令
TABSURF 当前线框密度：SURFTAB1=24	
选择用作轮廓曲线的对象：	//选择如图 12-59 所示的闭合轮廓线
选择用作方向矢量的对象：	//选择高度为 3 的线段，结果如图 12-60 所示

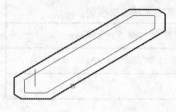
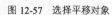
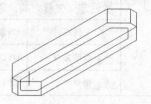
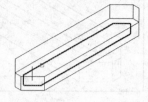

图 12-57　选择平移对象　　　　图 12-58　创建平移网格　　　　图 12-59　选择平移对象

（技）（巧）

　　【平移网格】命令是由一条轨迹线沿着指定方向矢量平移延伸而成的三维曲面，所以在创建此种曲面之前，需要确定轨迹线和矢量方向。

08 选择菜单【修改】|【移动】命令，将刚创建的两个平移网格进行外移，结果如图 12-61 所示。

09 选择菜单【绘图】|【边界】命令，打开【创建边界】对话框，设置参数，如图 12-62 所示。

10 单击对话框中的 按钮，返回绘图区，在如图 12-63 所示的区域内拾取一点 A，结果系统创建两个面域。

11 选择菜单【修改】|【实体编辑】|【差集】命令，将外侧的大面域减掉内部的小面域。命令行操作过程如下：

命令：_subtract	
选择要从中减去的实体、曲面和面域...	
选择对象：	//选择外侧大的面域
选择对象：↙	//按回车键，结束选择
选择对象：　选择要减去的实体、曲面和面域...	
选择对象：	//选择小的面域
选择对象：↙	//按回车键，结束命令

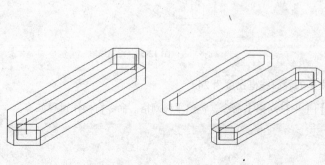
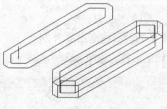

图 12-60　继续创建平移表面　　　　图 12-61　移动表面　　　　图 12-62　【边界创建】对话框

12 选择菜单【修改】|【移动】命令，选择刚创建的差集面域，配合【捕捉中点】功能，对齐进行位移，结果如图 12-64 所示。

13 选择菜单【视图】|【消隐】命令，对模型进行消隐着色，结果如图 12-65 所示。

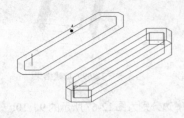 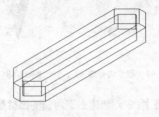 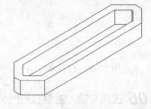

图 12-63　指定面域范围　　　图 12-64　位移结果　　　图 12-65　最终结果

160 绘制边界网格

本例主要使用了边界曲面的建模功能，制作出三维模型。在具体的操作过程中，巧妙使用了【特性】和【图层】工具栏，更改曲面所在的图层。

文件路径：	DVD\实例文件\第 12 章\实例 160.dwg
视频文件：	DVD\MP4\第 12 章\实例 160.MP4
播放时长：	0:02:54

01 打开随书光盘中的 "\素材文件\第 12 章\实例 160.dwg" 文件，如图 12-66 所示。

02 激活【图层】命令，创建名为 "边界网格" 的图层，并将此图层关闭。

03 在命令行内设置曲面的表面线宽密度都为 12。

04 选择菜单【绘图】|【建模】|【网格】|【边界网格】命令，创建左右两侧的面模型。命令行操作过程如下：

```
命令: _edgesurf
当前线框密度: SURFTAB1=12  SURFTAB2=12
选择用作曲面边界的对象 1:        //单击如图 12-67 所示的轮廓边 1
选择用作曲面边界的对象 2:        //单击如图 12-67 所示的轮廓边 2
选择用作曲面边界的对象 3:        //单击如图 12-67 所示的轮廓边 3
选择用作曲面边界的对象 4:        //单击如图 12-67 所示的轮廓边 4，结果如图 12-68 所示
命令:                          //按回车键，重复命令
_edgesurf 当前线框密度: SURFTAB1=12  SURFTAB2=12
选择用作曲面边界的对象 1:        //单击如图 12-67 所示的轮廓边 5
选择用作曲面边界的对象 2:        //单击如图 12-67 所示的轮廓边 6
选择用作曲面边界的对象 3:        //单击如图 12-67 所示的轮廓边 7
选择用作曲面边界的对象 4:        //单击如图 12-67 所示的轮廓边 8，结果如图 12-69 所示
```

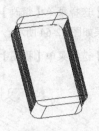

图 12-66 打开素材　　　　图 12-67 定位边界线　　　　图 12-68 创建结果　　　　图 12-69 创建结果

05 按回车键，重复执行【边界网格】命令，创建上下两侧的面模型，轮廓边分别为图 12-67 所示的 9、10、11、12、13、14、15 和 16，结果如图 12-70 所示。

06 夹点显示 4 个边界网格，然后打开【特性】对话框，修改对象图层为"边界网格"层，结果所选对象被隐藏，如图 12-71 所示。

07 根据以上步骤，使用【边界网格】命令，继续创建其他侧的面模型，然后单击【图层】工具栏上的【图层控制】列表框，打开所有被隐藏的边界网格，结果如图 12-72 所示。

图 12-70 创建结果　　　　　图 12-71 隐藏结果　　　　　图 12-72 显示边界网格

提 示

　　【边界网格】命令用于将 4 条首尾相连的空间直线或曲线作为边界，创建成空间模型。在执行此命令前，必须要定义出 4 条首尾相连的空间直线或曲线。

161 绘制直纹网格

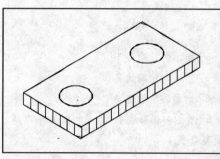

本例主要根据直纹曲面特点创建实物模型。在具体的操作过程中，首先绘制出底面和顶面轮廓线作为轨迹线，然后使用【直纹曲面】命令生成三维模型。

文件路径：	DVD\实例文件\第 12 章\实例 161.dwg	
视频文件：	DVD\MP4\第 12 章\实例 161.MP4	
播放时长：	0:02:40	

01 新建文件，并激活状态栏上的【正交】功能。

02 选择菜单【绘图】|【多段线】命令，绘制外侧轮廓线，结果如图 12-73 所示。

03 使用快捷键 C 激活【圆】命令，配合【捕捉自】功能，绘制内部的圆，圆的直径为 50，绘制结果如图 12-74 所示。

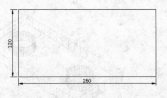

图 12-73　绘制轮廓线

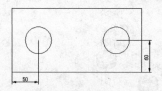

图 12-74　绘制圆

04 选择菜单【视图】|【三维视图】|【西南等轴测】命令，将当前视图切换为西南等轴测视图，结果如图 12-75 所示。

05 选择菜单【修改】|【复制】命令，选择外侧轮廓线和两个圆孔图形，沿 Z 轴复制 20 和 100 个绘图单位，结果如图 12-76 所示。

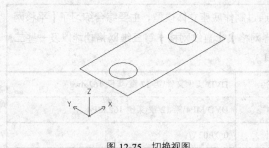

图 12-75　切换视图

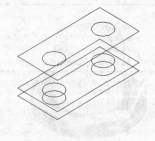

图 12-76　复制

06 使用系统变量"surftab"，在命令行内设置曲面模型的表面线框密度为 48。

07 选择【绘图】菜单栏中的【建模】|【网格】|【直纹网格】命令，创建内部的圆孔模型。命令行操作过程如下：

```
命令：_rulesurf
当前线框密度：SURFTAB1=48
选择第一条定义曲线：            //选择如图 12-77 所示的圆
选择第二条定义曲线：            //选择如图 12-78 所示的圆，创建结果如图 12-79 所示
```

08 重复【直纹网格】命令，创建其他轮廓的面模型，结果如图 12-80 所示。

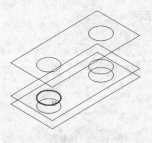

图 12-77　选择对象

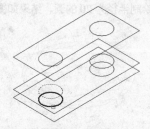

图 12-78　选择对象

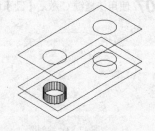

图 12-79　创建直纹网格

09 使用快捷键 REG 激活【面域】命令，选择如图 12-81 所示的 3 个闭合图形，将其转化为 3 个面域。

10 使用快捷键 SU 激活【差集】命令，对刚创建的 3 个面域进行差集运算。

11 选择菜单【修改】|【移动】命令，将差集后的面域沿 Z 轴负方向移动 80 个绘图单位，结果如图 12-82 所示。

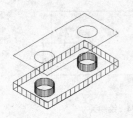

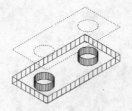

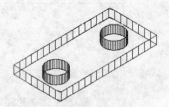

图 12-80　创建直纹网格　　　　　　图 12-81　创建面域　　　　　　图 12-82　位移结果

162 创建底座网格模型

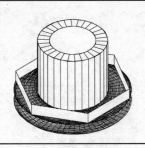

本例通过制作底座立体模型，主要综合练习了【平移网格】、【边界网格】、【直纹网格】等三维网格功能以及一些二维制图工具。

文件路径：	DVD\实例文件\第 12 章\实例 162.dwg	
视频文件：	DVD\MP4\第 12 章\实例 162.MP4	
播放时长：	0:07:02	

01 新建文件，并将当前视图切换为西南等轴测视图。

02 创建"座侧面"、"座底面"、"座顶面"和"圆筒面" 4 个图层，并把这 4 个图层关闭。

03 选择菜单【绘图】|【圆】命令，绘制半径为 50 的圆。

04 使用【直线】命令，以圆的圆心作为起点，以相对坐标"@0，0，10"作为目标点，绘制长度为 10 的线段，结果如图 12-83 所示。

05 选择菜单【绘图】|【建模】|【网格】|【平移网格】命令，以圆作为平移对象，以线段作为方向矢量，创建底座侧面，如图 12-84 所示。

06 修改平移网格的图层为"座侧面"图层，然后使用【直线】命令，绘制圆的一条中心线。

07 使用快捷键 C 激活【圆】命令，绘制半径为 20 的圆，结果如图 12-85 所示。

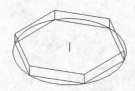

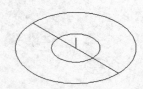

图 12-83　绘制圆　　　　　　　图 12-84　平移网格　　　　　　图 12-85　绘制圆

08 选择菜单【修改】|【修剪】命令，对圆图形和对角线进行修剪，结果如图 12-86 所示。

09 选择菜单【绘图】|【圆弧】|【起点、圆心、端点】命令，以图 12-86 所示的点 2 为起点，点 1 为端点，绘制圆弧。

10 使用变量"SURFTAB1"和"SURFTAB2"，设置曲面模型的线框密度为 30。

11 使用【绘图】|【建模】|【网格】|【边界网格】命令，以刚绘制的圆弧和图 12-86 所示的线段 A、弧 B

和线段 C 作为边界，创建如图 12-87 所示的网格模型。

12 使用【镜像】命令，选择刚创建的边界网格，进行镜像，结果如图 12-88 所示。

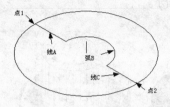
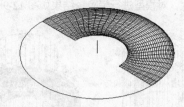
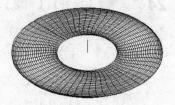

图 12-86　编辑结果　　　　　　　图 12-87　创建边界网格　　　　　　　图 12-88　镜像结果

13 使用快捷键 M 激活【移动】命令，选择两个边界网格模型进行位移，基点为任意一点，目标点为 "@0，0，-10"，结果如图 12-89 所示。

14 选择移动后的底面模型，将图层修改为"座底面"层，将两个对象隐藏。

15 选择菜单【修改】|【缩放】命令，选择圆弧进行缩放，基点为原点，比例因子为 1.5，结果如图 12-90 所示。

16 使用【修剪】命令，以缩放后的圆弧作为剪切边界，将边界内的线段修剪掉，结果如图 12-91 所示。

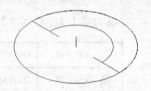
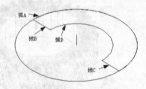

图 12-89　位移结果　　　　　　　图 12-90　比例缩放　　　　　　　图 12-91　修剪结果

17 使用【边界网格】命令，以图 12-91 所示的弧 A 和、线 B、弧 D 和线 C 作为边界，创建如图 12-92 所示的顶面模型。

18 使用【镜像】命令，选择刚创建的边界网格进行镜像，结果如图 12-93 所示。

19 选择刚创建的顶面模型，修改其图层为"座顶面"层，然后以圆弧的圆心作为圆心，绘制直径分别为 60 和 40 的同心圆。

20 使用【移动】命令，将同心圆沿 z 轴正方向移动 50 个绘图单位，结果如图 12-94 所示。

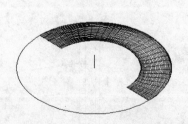
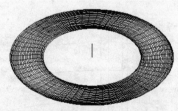
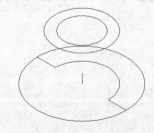

图 12-92　创建顶面模型　　　　　　　图 12-93　镜像结果　　　　　　　图 12-94　移动结果

21 选择菜单【绘图】|【建模】|【网格】|【直纹网格】命令，选择两个同心圆，创建圆筒顶面模型，结果如图 12-95 所示。

22 使用【MESH】命令中的"圆柱体"选项功能，创建半径分别为 30 和 20，高度为 50 的圆筒模型，结果如图 12-96 所示。

23 打开所有关闭的图层，结果如图 12-97 所示。

24 选择菜单【视图】|【消隐】命令，对模型进行消隐，结果如图 12-98 所示。

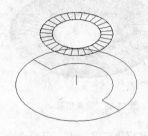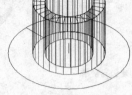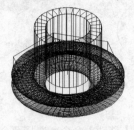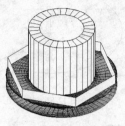

| 图 12-95 创建直纹网格 | 图 12-96 创建圆锥面 | 图 12-97 底座模型 | 图 12-98 消隐结果 |

163 创建斜齿轮网格模型

	本例通过制作斜齿轮面模型，主要综合练习了【编辑多段线】、【平移网格】和【直纹网格】命令。	
文件路径：	DVD\实例文件\第 12 章\实例 163.dwg	
视频文件：	DVD\MP4\第 12 章\实例 163.MP4	
播放时长：	0:11:10	

01 选择菜单【文件】|【新建】命令，快速创建空白文件。

02 选择菜单【绘图】|【圆】命令，绘制半径分别为 38、35.8、33.5 和 25 的同心圆，如图 12-99 所示。

03 使用【构造线】命令，配合【捕捉圆心】功能，绘制构造线，作为辅助线。

04 选择菜单【修改】|【偏移】命令，选择垂直构造线分别向左偏移 0.6、1.6 和 2 个绘图单位，如图 12-100 所示。

05 选择菜单【绘图】|【圆弧】|【三点】命令，分别捕捉图 12-100 所示的点 1、点 2 和点 3，绘制如图 12-101 所示的圆弧。

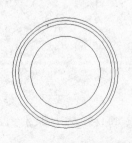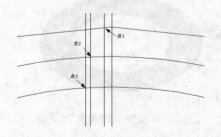

| 图 12-99 绘制同心圆 | 图 12-100 偏移构造线 | 图 12-101 三点画弧 |

06 使用【镜像】命令，对刚绘制的圆弧进行镜像，并删除和修剪辅助线，结果如图 12-102 所示。

07 选择菜单【修改】|【阵列】命令，将刚绘制的齿轮牙环形阵列 36 份，中心点为圆心，结果如图 12-103 所示。

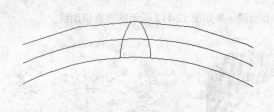

图 12-102 镜像圆弧

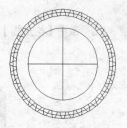

图 12-103 环形阵列

08 使用【修剪】和【删除】命令，对阵列后的图形进行编辑，结果如图 12-104 所示。

09 综合使用【偏移】、【修剪】和【删除】命令，绘制如图 12-105 所示的键槽轮廓图。

10 使用【合并】命令，将所示的轮廓创建为两条闭合的多段线，并将当前视图切换为西南视图，结果如图 12-106 所示。

图 12-104 修剪编辑

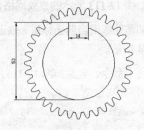

图 12-105 绘制键槽

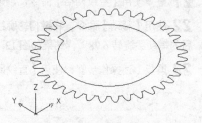

图 12-106 切换视图

11 使用【直线】命令，以圆的圆心为起点，绘制长度为 20 的垂直线段，如图 12-107 所示。

12 在命令行中输入 "surftab1" 和 "surftab2"，将其值设置为 30。

13 选择菜单【绘图】|【建模】|【网格】|【平移网格】命令，创建如图 12-108 所示的齿轮中心孔模型。

14 创建名为 "曲面" 的图层，把刚创建的曲面放在此图层，并关闭此图层。

15 使用【复制】命令，选择外侧的闭合轮廓线进行复制，基点为任意一点，目标点为 "@0，0，20"，结果如图 12-109 所示。

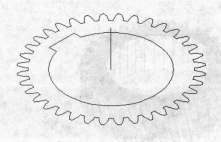

图 12-107 绘制线段

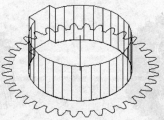

图 12-108 平移网格

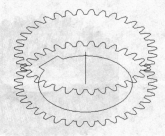

图 12-109 复制轮廓

16 选择菜单【修改】|【旋转】命令，将复制后的轮廓线旋转 6.78°，基点为垂直辅助线上端点，结果如图 12-110 所示。

17 在命令行中输入 "surftab1" 后按回车键，修改变量值为 360。

18 选择菜单【绘图】|【建模】|【网格】|【直纹网格】命令，创建如图 12-111 所示的直纹网格，并修改其图层为 "曲面"。

19 使用快捷键 XL 激活【构造线】命令，通过圆心绘制一条如图 12-112 所示的垂直辅助线。

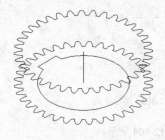
图 12-110 旋转结果

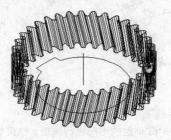
图 12-111 创建直纹网格

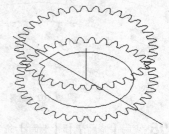
图 12-112 绘制辅助线

20 选择菜单【修改】|【打断于点】命令，以辅助线与内外轮廓线交点作为断点，分别将内外轮廓线创建为两条多段线。

21 重复使用【直纹网格】命令，创建如图 12-113 所示的直纹网格，并修改其图层为 "曲面"。

22 使用【移动】命令，将键槽轮廓线和辅助线沿当前坐标系 z 轴正方向移动 20 个绘图单位，然后将移动后的辅助线旋转 6.78°，结果如图 12-114 所示。

23 重复上述操作步骤，使用【直纹网格】命令，创建如图 12-115 所示的直纹网格。

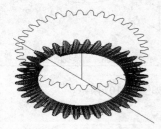
图 12-113 创建直纹网格

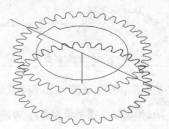
图 12-114 移动结果

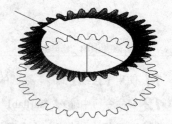
图 12-115 创建顶面

24 使用【删除】命令，删除辅助线，并打开 "曲面" 图层，结果如图 12-116 所示。

25 选择菜单【视图】|【消隐】命令，结果如图 12-117 所示。

图 12-116 删除辅助线

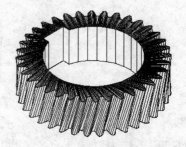
图 12-117 消隐效果

第 13 章
零件实心体模型创建

　　实体模型是三维造型技术中比较完善且常用的一种形式，它包含了绘制线框模型和曲面模型的各种功能，不但包含构成物体边棱和不透明的表面，还包含体积、质心等特性，是一个实实在在的实心体，可以进行布尔运算、切割、贴图、消隐、着色和渲染等各种操作。

　　树立正确的空间观念，灵活建立和使用三维坐标系，准确地在三维空间中设置视点，既是整个三维绘图的基础，同时也是三维绘图的难点所在。

　　本章通过 11 个实例，详细讲解了三维实心体模型的基本创建方法。

164　绘制基本实心体

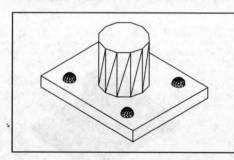

	本例主要学习了使用【长方体】、【圆柱体】和【球体】命令创建长方体、圆柱体和球体基本几何实体的方法和技巧。
文件路径：	DVD\实例文件\第 13 章\实例 164.dwg
视频文件：	DVD\MP4\第 13 章\实例 164.MP4
播放时长：	0:02:17

01 新建空白文件，并设置捕捉追踪功能。

02 选择菜单【视图】|【三维视图】|【西南等轴测】命令，将当前视图切换为西南视图。

03 选择菜单【绘图】|【建模】|【长方体】命令，创建底板模型。命令行操作过程如下：

```
命令： _box
指定第一个角点或 [中心(C)]:                         //在绘图区拾取一点
指定其他角点或 [立方体(C)/长度(L)]:L↙              //输入 L，激活"长度"选项
指定长度 <50.0000>:80↙                             //输入 80
指定宽度 <25.0000>:100↙                            //输入 100
指定高度或 [两点(2P)] <10.0000>:10↙                //输入 10，创建结果如图 13-1 所示
```

04 选择菜单【绘图】|【建模】|【圆柱体】命令，配合【捕捉自】功能，以长方体的中心为圆心，绘制半径为 20，高度为 40 的圆柱体，结果如图 13-2 所示。

05 使用系统变量 ISOLINES，设置实体线框密度为 12。

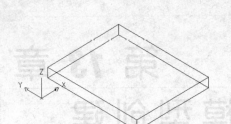

图 13-1 创建长方体

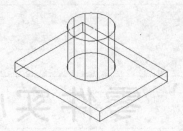

图 13-2 绘制圆柱体

06 选择菜单【绘图】|【建模】|【球体】命令，配合【捕捉端点】和【捕捉自】功能，创建球体模型。命令行操作过程如下：

```
命令: _sphere
指定中心点或 [三点(3P)/两点(2P)/切点、切点、半径(T)]:      //激活【捕捉自】功能
_from 基点:                          //捕捉长方体上表面左上角端点
<偏移>:@10, -20↙
指定半径或 [直径(D)] <0.000>: 5↙        //输入球体半径，创建结果如图 13-3 所示
```

07 选择菜单【视图】|【三维视图】|【俯视】命令，将视图切换为俯视图，然后使用【镜像】命令，配合【捕捉中点】功能，对球体镜像，结果如图 13-4 所示。

08 将当前视图切换为西南视图，并选择菜单【视图】|【视觉样式】|【概念】命令，对模型进行着色显示，最终结果如图 13-5 所示。

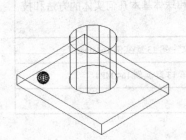

图 13-3 创建球体

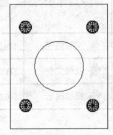

图 13-4 镜像球体

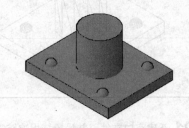

图 13-5 最终结果

165 绘制拉伸实体

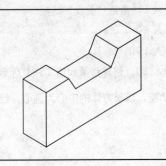

本例主要学习拉伸实体建模的方法和技巧。在具体的操作过程中，首先使用【多段线】命令，绘制出模型的轮廓截面，然后将闭合截面拉伸为三维实体，并对其进行着色。

	文件路径：	DVD\实例文件\第 13 章\实例 165.dwg
	视频文件：	DVD\MP4\第 13 章\实例 165.MP4
	播放时长：	0:01:49

01 新建文件，并设置对象捕捉和追踪参数。

02 开启【极轴追踪】功能，然后将视图切换为主视图。

03 选择菜单【绘图】|【多段线】命令，配合【极轴追踪】功能绘制轮廓截面，结果如图 13-6 所示。

04 选择菜单【视图】|【三维视图】|【西南等轴测】命令，将当前视图切换为西南视图，结果如图 13-7 所示。

> **提 示**
>
> 　　【拉伸】命令用于将闭合的单个图形对象创建为三维实体。执行该命令还有另外两种方式，即"Extrude"和快捷键 EXT。

05 使用系统变量 ISOLINES，设置实体线框密度为 20。

06 选择菜单【绘图】|【建模】|【拉伸】命令，或单击【建模】工具栏上的 按钮，激活【拉伸】命令，将刚绘制的截面拉伸为三维实体面。命令行操作过程如下：

```
命令: _extrude
当前线框密度: ISOLINES=20
选择要拉伸的对象:                              //选择如图 13-8 所示的截面
指定拉伸的高度或 [方向(D)/路径(P)/倾斜角(T)] <20.0000>:5↙
                                             //输入 5，拉伸的结果如图 13-9 所示
```

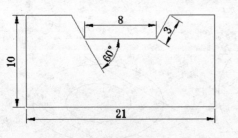

图 13-6　绘制截面

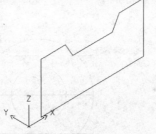

图 13-7　切换视图

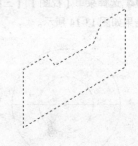

图 13-8　选择轮廓截面

07 选择菜单【视图】|【消隐】命令，结果如图 13-10 所示。

08 选择菜单【视图】|【视觉样式】|【概念】命令，对模型进行着色，最终结果如图 13-11 所示。

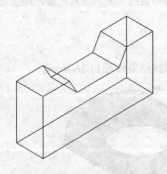

图 13-9　拉伸结果

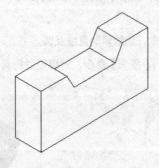

图 13-10　消隐效果

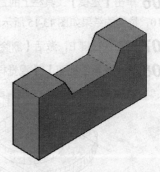

图 13-11　最终结果

166 按住并拖动

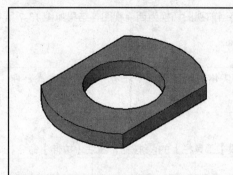

按住并拖动是 AutoCAD 中一个简单有用的操作，可由有限有边界区域或闭合区域创建拉伸，可从实体上的有限有边界区域或闭合区域中创建拉伸

文件路径：	DVD\实例文件\第 13 章\实例 166.dwg	
视频文件：	DVD\MP4\第 13 章\实例 166.MP4	
播放时长：	0:01:37	

01 按 Ctrl+N 快捷键，新建图形文件，并开启对象捕捉和追踪参数。

02 使用 C【圆】命令，绘制一个 R50 和一个 R25 的圆，使用 L【直线】命令，捕捉象限点绘制出大圆直径，结果如图 13-12 所示。

03 选择菜单【修改】|【偏移】命令，将直径分别向上、下偏移 35 个绘图单位，结果如图 13-13 所示。

04 选择菜单【视图】|【三维视图】|【西南等轴测】命令，将当前视图切换为西南视图，删除大圆直径，结果如图 13-14 所示。

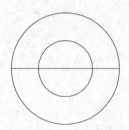

图 13-12 绘制圆和直线

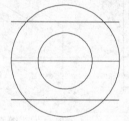

图 13-13 偏移

图 13-14 切换视图

05 使用系统变量 ISOLINES，设置实体线框密度为 20。

06 单击【建模】工具栏上的 按钮，激活【按住并拖动】命令，选择圆与直线之间的位置，输入高度为 10，拉伸的结果如图 13-15 所示。

07 使用快捷键 E，激活【删除】命令，删除辅助直线及圆。

08 选择菜单【视图】|【视觉样式】|【概念】命令，对模型进行着色，最终结果如图 13-16 所示。

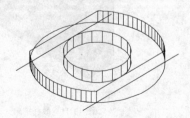

图 13-15 拉伸结果

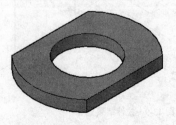

图 13-16 最终结果

167 绘制放样实体

放样是由多个二维轮廓创建截面沿路径渐变的实体，创建放样之前要创建两个或两个以上的截面，可以选择用导向线和放样路径，更精确地控制放样形状

文件路径：	DVD\实例文件\第 13 章\实例 167.dwg
视频文件：	DVD\MP4\第 13 章\实例 167.MP4
播放时长：	0:01:36

01 新建文件，同时激活【极轴追踪】功能。

02 选择菜单【绘图】|【多段线】命令，配合【极轴追踪】功能绘制如图 13-17 所示的两个多段线轮廓。

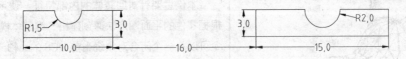

图 13-17 绘制多段线轮廓

03 使用【UCS】命令中的【新建】功能，重新定义用户坐标系，结果如图 13-18 所示。

04 选择菜单【绘图】|【圆】|【两点】命令，绘制半径为 8 的圆图形，结果如图 13-19 所示。

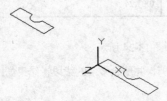

图 13-18 定义坐标系

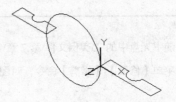

图 13-19 绘制圆

05 使用快捷键 BR 激活【打断】命令，对刚绘制的圆进行打断操作，结果如图 13-20 所示。

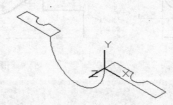

图 13-20 打断圆

06 设置变量 ISOLINESDE 的值为 12。

07 选择菜单【绘图】|【建模】|【放样】命令，依次选择两个多段线为放样截面，选择圆弧作为放样路径，创建放样实体，结果如图 13-21 所示。

08 选择菜单【视图】|【消隐】命令，对放样后的实体模型进行消隐，结果如图 13-22 所示。

09 选择菜单【视图】|【视觉样式】|【概念】命令，对模型进行概念着色，最终结果如图 13-23 所示。

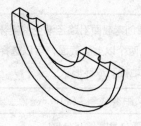
图 13-21　放样结果

图 13-22　消隐着色

图 13-23　最终结果

168 绘制旋转实体

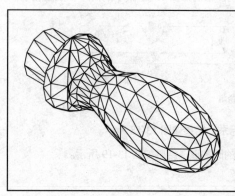
　　本例主要针对回转体的内部特征，使用旋转实体功能根据零件的平面图形快速创建出三维实体模型。【旋转】命令可以将一个闭合对象绕当前 UCS 的 x 轴或 y 轴旋转一定的角度生成旋转实体，也可以绕直线、多段线或两个指定的点旋转对象。

文件路径：	DVD\实例文件\第 13 章\实例 168.dwg	
视频文件：	DVD\MP4\第 13 章\实例 168.MP4	
播放时长：	0:01:24	

01 打开随书光盘中的 "\实例文件\第 7 章\实例 078.dwg"，如图 13-24 所示。

02 选择菜单【修改】|【修剪】命令，对图形的轮廓线进行修剪，并删除多余的线段，结果如图 13-25 所示。

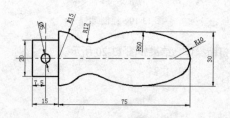
图 13-24　打开结果

图 13-25　清理图形

03 使用快捷键 PE 将轮廓线合并。

04 使用系统变量 ISOLINES 设置实体表面的线框密度为 12。

05 选择菜单【绘图】|【建模】|【旋转】命令，创建三维回转实体。命令行操作过程如下：

```
命令： _revolve
当前线框密度： ISOLINES=12
选择要旋转的对象：                          //选择如图 13-26 所示的闭合对象
```

选择要旋转的对象:↵	//按回车键,结束选择
指定轴起点或根据以下选项之一定义轴 [对象(O)/X/Y/Z] <对象>:↵	//按回车键
选择对象:	//选择中心线
指定旋转角度或 [起点角度(ST)] <360>:↵	//按回车键,结果如图 13-27 所示

图 13-26　选择旋转对象

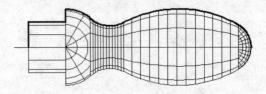

图 13-27　旋转结果

06 选择菜单【视图】|【三维视图】|【东北等轴测】命令,将当前视图切换为东北等轴测视图,结果如图 13-28 所示。

07 选择菜单【视图】|【消隐】命令,对当前模型进行消隐显示,结果如图 13-29 所示。

08 选择菜单【视图】|【视觉样式】|【概念】命令,对模型进行概念着色,最终结果如图 13-30 所示。

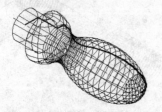

图 13-28　切换东北视图

图 13-29　消隐着色

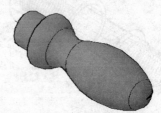

图 13-30　最终结果

（提）（示）

　　【旋转】命令可以将一个闭合对象绕当前 UCS 的 x 轴或 y 轴旋转一定的角度生成旋转实体,也可以绕直线、多段线或两个指定的点。

169　绘制剖切实体

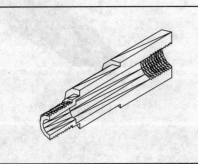

	本例主要使用了【剖切】命令创建剖切实体,以便于观察实体内部结构。【剖切】命令用于切开现有实体,移去不需要的部分,保留指定的部分实体。
文件路径:	DVD\实例文件\第 13 章\实例 169.dwg
视频文件:	DVD\MP4\第 13 章\实例 169.MP4
播放时长:	0:01:22

01 打开随书光盘中的 "\素材文件\第 13 章\实例 169.dwg",如图 13-31 所示。

02 选择菜单【视图】|【视觉样式】|【二维线框】命令，对当前模型进行线框着色，结果如图 13-32 所示。

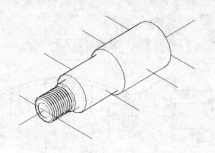

图 13-31 打开结果

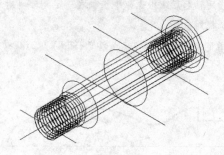

图 13-32 线框着色

03 选择菜单【修改】|【实体编辑】|【并集】命令，创建外部的组合柱体结构，结果如图 13-33 所示。

04 单击【实体编辑】工具栏中的◎按钮，再次激活【并集】命令，创建内部的组合柱体结果，结果如图 13-34 所示。

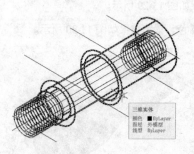

图 13-33 并集结果

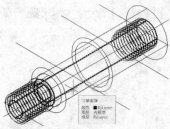

图 13-34 并集结果

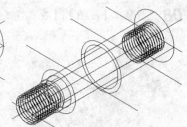

图 13-35 差集结果

05 单击【实体编辑】工具栏上的◎按钮，激活【差集】命令，创建内部孔洞，结果如图 13-35 所示。

06 选择菜单【视图】|【消隐】命令，对差集后的实体进行消隐着色，结果如图 13-36 所示。

07 选择菜单【视图】|【视觉样式】|【概念】命令，将组合实体着色，结果如图 13-37 所示。

08 选择菜单【修改】|【三维操作】|【剖切】命令，对差集后的组合实体进行剪切，并使用【删除】命令将剖切实体右边部分删除。命令行操作过程如下：

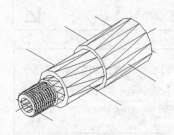

图 13-36 消隐着色

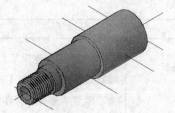

图 13-37 概念着色

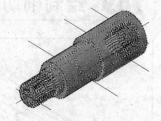

图 13-38 选择组合实体

```
命令：_slice
选择要剖切的对象：              //选择如图 13-38 所示的实体模型
选择要剖切的对象：↙            //按回车键，结束选择
指定 切面 的起点或 [平面对象(O)/曲面(S)/Z 轴(Z)/视图(V)/XY(XY)/YZ(YZ)/ZX(ZX)/三
```

点(3)]<三点>:XY↙   //输入 XY 按回车键，激活"XY 平面"选项

　　XY 平面上的点 <0,0,0>:   //捕捉如图 13-39 所示的圆心

　　在所需的侧面上指定点或[保留两个侧面(B)]<保留两个侧面>:

　　　　　　　　　　　　　　　　　//捕捉如图 13-40 所示的中点，剖切结果如图 13-41 所示

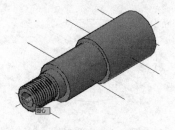
　　图 13-39　捕捉圆心

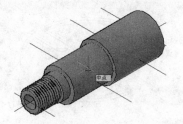
　　图 13-40　捕捉中点

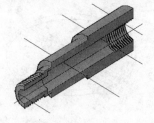
　　图 13-41　剖切结果

170　绘制实体剖面　

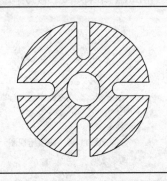

本例主要使用【切割】命令，将三维实心体进行切割，创建出实心体的剖面结果，以方便观察物体的内部结构。【切割】命令用于创建实体内部的剖切面，其默认剖切方式为三点剖切，即以指定的 3 个点所定义的平面作为剖切面。

文件路径:	DVD\实例文件\第 13 章\实例 170.dwg	
视频文件:	DVD\MP4\第 13 章\实例 170.MP4	
播放时长:	0:01:30	

01 打开随书光盘中的"\素材文件\第 13 章\实例 170.dwg"文件，如图 13-42 所示。

02 启用【对象捕捉】功能，并设置捕捉模式为中点捕捉。

03 在命令行输入"Section"后按回车键，激活【切割】命令，对打开的实体模型进行切割。命令行操作过程如下:

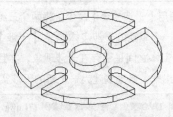
　　图 13-42　打开结果

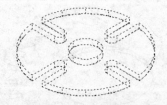
　　图 13-43　选择对象

　　命令: section

　　选择对象: //选择如图 13-43 所示的实体模型

　　选择对象:↙   //按回车键，结束选择

　　指定 截面 上的第一个点，依照[对象(O)/Z 轴(Z)/视图(V)/XY(XY)/YZ(YZ)/ZX(ZX)/三点

(3)] <三点>:xy↙   //激活"XY 平面"选项

　　指定 XY 平面上的点 <0,0,0>:   //捕捉如图 13-44 所示的中点，剖切结果如图 13-45 所示

04 选择菜单【修改】|【移动】命令，对切割后产生的截面进行位移，结果如图 13-46 所示。

05 使用快捷键 X 激活【分解】命令，对剖切截面进行分解。

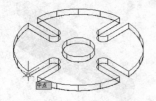

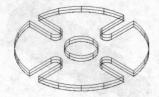
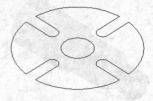

图 13-44　定位切割位置　　　　　　　图 13-45　切割结果　　　　　　　图 13-46　位移结果

06 在命令行输入"UCS"，重新定位坐标原点，结果如图 13-47 所示。

07 使用【图案填充】命令，将剖切截面进行图案填充，填充的图案类型为"ANSI31"，比例为 0.5，结果如图 13-48 所示。

08 选择菜单【视图】|【三维视图】|【俯视】命令，将当前视图切换为俯视图，结果如图 13-49 所示。

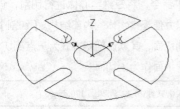
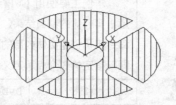
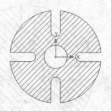

图 13-47　移动坐标系　　　　　　　图 13-48　填充图案　　　　　　　图 13-49　切换俯视图

注 意

由于切割后生成的是一个没有厚度的面域，要想为其填充剖面线，就必须将其分解二维图形。

171 绘制干涉实体

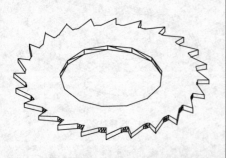

本例主要使用【干涉检查】命令，将两个三维实体的公共部分提取为一个单独的干涉实体模型。【干涉】命令主要用于检测多个实体之间是否存在干涉现象，并且将实体的干涉部分提取出来，自动创建为一个新的干涉实体。

文件路径：	DVD\实例文件\第 13 章\实例 171.dwg
视频文件：	DVD\MP4\第 13 章\实例 171.MP4
播放时长：	0:01:48

01 打开随书光盘中的"\素材文件\第 13 章\实例 171.dwg"，如图 13-50 所示。

02 激活【对象捕捉】功能，并设置捕捉模式为圆心模式。

03 选择菜单【修改】|【移动】命令，对两个图形源文件进行位移，结果如图 13-51 所示。

04 选择菜单【修改】|【三维操作】|【干涉检查】，对位移后两个实体模型进行干涉。命令行操作过程如下：

> 命令：_interfere
> 选择第一组对象或 [嵌套选择(N)/设置(S)]： //选择如图 13-52 所示的实体模型

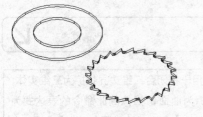
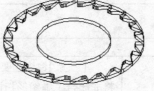
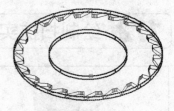

图 13-50 打开结果   图 13-51 移动结果   图 13-52 选择对象

> 选择第一组对象或 [嵌套选择(N)/设置(S)]:↙   //按回车键，结束对象的选择
> 选择第二组对象或 [嵌套选择(N)/检查第一组(K)] <检查>: //选择如图 13-53 所示的实体模型
> 选择第二组对象或 [嵌套选择(N)/检查第一组(K)] <检查>:↙ //按回车键，结束选择，此时系统

高亮显示干涉实体，如图 13-54 所示，同时打开如图 13-55 所示的【干涉检查】对话框

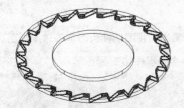
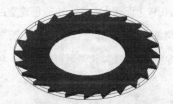

图 13-53 选择对象   图 13-54 亮显干涉实体

05 在【干涉检查】对话框中取消【关闭时删除已创建的干涉对象】复选项，然后单击 关闭(C) 按钮，结束命令。选择菜单【修改】|【移动】命令，将干涉后产生的实体进行位移，结果如图 13-56 所示。

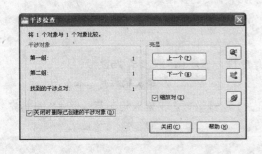
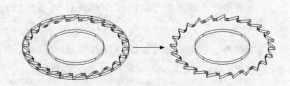

图 13-55 【干涉检查】对话框   图 13-56 位移结果

06 选择菜单【视图】|【消隐】命令，对干涉后的实体进行消隐着色，结果如图 13-57 所示。

07 选择菜单【视图】|【视觉样式】|【概念】命令，对差集后的组合实体进行着色，结果如图 13-58 所示。

图 13-57　消隐着色　　　　　　　　　　　　　　图 13-58　最终结果

172 绘制扫掠实体

【扫掠】命令主要用于将闭合二维边界扫掠为三维实体，将非闭合二维图形扫掠为曲面，扫掠的此命令的表达式为 Sweep。本实例通过【扫掠】命令，并选择【扭曲】选项，由二维轮廓生成方形螺杆的实体模型。

文件路径：	DVD\实例文件\第 13 章\实例 172.dwg
视频文件：	DVD\MP4\第 13 章\实例 172.MP4
播放时长：	0:01:15

01 调用 NEW【新建】命令，快速创建空白文件。

02 选择菜单【视图】|【三维视图】|【西南等轴测】命令，将当前视图切换为西南等轴测视图。

03 在命令行输入 "L"，激活直线命令，绘制一条直线，命令行操作如下：

```
命令：L
LINE
指定第一个点：0,0,0↙                          //将原点设为直线第一点
指定下一点或 [放弃(U)]：0,0,100↙              //输入第二点坐标
指定下一点或 [放弃(U)]：↙                      //按 Enter 键完成直线
```

04 在命令行输入 "REC"，激活矩形命令，绘制一个正方形，命令行操作如下：

```
命令：REC
RECTANG
指定第一个角点或 [倒角(C)/标高(E)/圆角(F)/厚度(T)/宽度(W)]：15,15↙
                                            //输入矩形第一个角点坐标
指定另一个角点或 [面积(A)/尺寸(D)/旋转(R)]：-15,-15↙    //输入矩形第二个角点坐标完
                                                      成矩形
```

05 绘制的直线和矩形如图 13-59 所示。

06 选择菜单【绘图】|【建模】|【扫掠】命令，或者在命令行输入 "SW"，激活扫掠命令，创建扫掠实体如图 13-60 所示，命令行操作如下：

```
命令：SWEEP
当前线框密度： ISOLINES=4，闭合轮廓创建模式 = 实体
选择要扫掠的对象或 [模式(MO)]：mo              //选择【模式】选项
```

```
闭合轮廓创建模式 [实体(SO)/曲面(SU)] <实体>:↙        //选择扫描实体
选择要扫掠的对象或 [模式(MO)]: 找到 1 个              //选择矩形轮廓为扫描对象
选择要扫掠的对象或 [模式(MO)]:↙                     //按 Enter 键完成选择
选择扫掠路径或 [对齐(A)/基点(B)/比例(S)/扭曲(T)]: T↙      //选择【扭曲】选项

输入扭曲角度或允许非平面扫掠路径倾斜 [倾斜(B)/表达式(EX)]<0.0000>: 180↙
                                                    //设置扭曲角度为180°
选择扫掠路径或 [对齐(A)/基点(B)/比例(S)/扭曲(T)]:   //选择直线为扫掠路径，完成扫掠
```

07 选择菜单【视图】|【视觉样式】|【概念】命令，模型的视觉样式如图 13-61 所示。

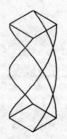

图 13-59　截面和路径轮廓　　　图 13-60　创建的扫略体　　　图 13-61　概念视觉样式的效果

173 绘制抽壳实体

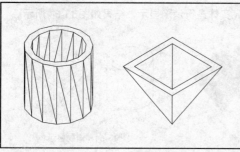

本例主要学习了【抽壳】命令以及【概念视觉样式】、【二维线框】、【消隐】和【渲染】等视图显示工具的操作方法和技巧操作。

文件路径:	DVD\实例文件\第 13 章\实例 173.dwg
视频文件:	DVD\MP4\第 13 章\实例 173.MP4
播放时长:	0:01:40

01 执行【新建】命令，快速创建空白文件。

02 选择菜单【视图】|【三维视图】|【东南等轴测】命令，将当前视图切换为东南视图。

03 选择菜单【视图】|【视觉样式】|【概念】命令，对当前视图进行概念着色显示。

04 在命令行中输入 "ISOLINES" 后按回车键，设置此变量的值为 25。

05 在命令行中输入 "FACETRES" 后按回车键，设置此变量的值为 10。

06 分别使用【圆柱体】和【棱锥体】命令，创建如图 13-62 所示的圆柱体和棱锥体。

07 选择菜单【修改】|【实体编辑】|【抽壳】命令，对创建的几何体进行抽壳。命令行操作过程如下：

```
命令: _solidedit
实体编辑自动检查: SOLIDCHECK=1
```

输入实体编辑选项 [面(F)/边(E)/体(B)/放弃(U)/退出(X)] <退出>: _body

输入体编辑选项

[压印(I)/分割实体(P)/抽壳(S)/清除(L)/检查(C)/放弃(U)/退出(X)] <退出>: _shell

选择三维实体: //选择圆柱体模型

删除面或 [放弃(U)/添加(A)/全部(ALL)]:   //选择圆柱体上表面

删除面或 [放弃(U)/添加(A)/全部(ALL)]:↙   //按回车键，结束面的选择

输入抽壳偏移距离:5↙   //输入 5，设置抽壳距离

已开始实体校验

已完成实体校验

输入体编辑选项[压印(I)/分割实体(P)/抽壳(S)/清除(L)/检查(C)/放弃(U)/退出(X)] <退出>:S↙   //激活"抽壳"选项

选择三维实体: //选择棱椎体

删除面或 [放弃(U)/添加(A)/全部(ALL)]:   //选择棱椎体底面

删除面或 [放弃(U)/添加(A)/全部(ALL)]:↙   //按回车键，结束面的选择

输入抽壳偏移距离:5↙   //设置抽壳距离

已开始实体校验

已完成实体校验

输入体编辑选项[压印(I)/分割实体(P)/抽壳(S)/清除(L)/检查(C)/放弃(U)/退出(X)] <退出>:↙   //按回车键，退出实体编辑模式

实体编辑自动检查： SOLIDCHECK=1

输入实体编辑选项 [面(F)/边(E)/体(B)/放弃(U)/退出(X)] <退出>:↙

          //按回车键，操作结果如图 13-63 所示

08 选择菜单【视图】|【视觉样式】|【消隐】命令，对抽壳实体进行消隐显示，结果如图 13-64 所示。

图 13-62   创建结果   图 13-63   抽壳结果   图 13-64   消隐显示

174 绘制加厚实体

本例主要学习了【加厚】命令来创建三维实体的方法。

文件路径:	DVD\实例文件\第 13 章\实例 174.dwg	
视频文件:	DVD\MP4\第 13 章\实例 174.MP4	
播放时长:	0:01:22	

01 调用 NEW【新建】命令，快速创建空白文件。

02 选择菜单【视图】|【三维视图】|【西南等轴测】命令，将当前视图切换为西南等轴测视图。

03 在命令行中输入 "ISOLINES" 后按回车键，设置此变量的值为 20。

04 使用【圆】命令，绘制一个 R30 的圆，如图 13-65 所示。

05 使用快捷键 EXT，激活【拉伸】命令，将圆拉伸为曲面，设置拉伸高度为 40，结果如图 13-66 所示。

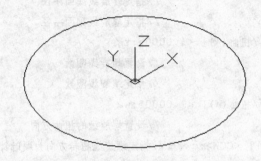

图 13-65　绘制圆

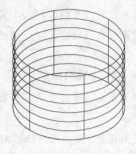

图 13-66　拉伸曲面

06 选择菜单【修改】|【三维操作】|【加厚】命令，选择拉伸得到的曲面，进行加厚，设置拉伸厚度为-10，如图 13-67 所示。

07 选择菜单【视图】|【视觉样式】|【概念】命令，对模型进行着色，最终结果如图 13-68 所示。

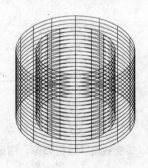

图 13-67　加厚

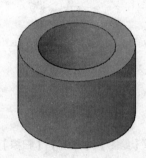

图 13-68　最终结果

175　绘制三维弹簧　

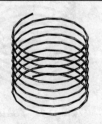

	通过绘制三维弹簧，主要学习【扫掠】和【螺旋】命令，并对【消隐】和【视觉样式】工具进行了综合练习。	
文件路径：	DVD\实例文件\第 13 章\实例 175.dwg	
视频文件：	DVD\MP4\第 13 章\实例 175.MP4	
播放时长：	0:02:07	

01 选择菜单【文件】|【新建】命令，快速创建空白文件。

02 选择菜单【视图】|【三维视图】|【东南等轴测】命令，将视图切换为东南等轴测视图。

03 选择菜单【绘图】|【螺旋】命令，绘制顶面和底面半径分别为 100，高度为 200，顺时针旋转 8 圈的螺旋线。命令行操作过程如下：

```
命令：_Helix
圈数 = 3.0000      扭曲=CCW
指定底面的中心点：  //选取一点
指定底面半径或 [直径(D)] <1.0000>:100↙              //指定螺旋线底面半径
指定顶面半径或 [直径(D)] <100.0000>:100↙            //指定螺旋线顶面半径
指定螺旋高度或 [轴端点(A)/圈数(T)/圈高(H)/扭曲(W)] <1.0000>:t↙
                                                     //设置螺旋线圈数
输入圈数 <3.0000>:8↙                                //指定螺旋线圈数
指定螺旋高度或 [轴端点(A)/圈数(T)/圈高(H)/扭曲(W)] <1.0000>:w↙
                                                     //设置螺旋线的扭曲方向
输入螺旋的扭曲方向 [顺时针(CW)/逆时针(CCW)] <CCW>:cw↙  //指定螺旋线扭转方向为顺时针
指定螺旋高度或 [轴端点(A)/圈数(T)/圈高(H)/扭曲(W)] <1.0000>:200↙            // 输 入
```
200，指定螺旋线高度，结果如图 13-69 所示

04 将视图切换为前视图，绘制半径为 2 的圆，并将其创建为面域，结果如图 13-70 所示。

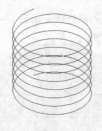

图 13-69　绘制结果　　　　　　　　　　　　　　　图 13-70　绘制圆

05 选择菜单【绘图】|【建模】|【扫掠】命令，将创建的圆面域以螺旋线路径进行扫掠，结果如图 13-71 所示。

06 选择菜单【视图】|【消隐】命令，结果如图 13-72 所示。

07 选择菜单【视图】|【视觉样式】|【真实】命令，对模型进行着色，最终结果如图 13-73 所示。

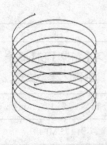

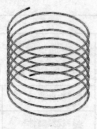

图 13-71　扫掠结果　　　　　　图 13-72　消隐结果　　　　　　图 13-73　最终结果

第 14 章
零件实心体模型编辑

在 AutoCAD 2014 建模环境中，利用基本的实体工具只能创建模型的大体轮廓，为了修改模型的细节特征，还需要通过实体编辑工具对创建的实体进行辅助操作，实体编辑工具可以修改实体顶点、边线、面的位置，从而修改实体的几何形状。。

176 实体环形阵列

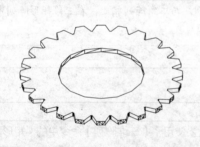

三维阵列的环形阵列可以选择空间任一旋转轴来定义阵列中心，因此可以生成实体的空间分布。在二维环形阵列中只能将对象在 XY 平面内阵列。

文件路径：	DVD\实例文件\第 14 章\实例 176.dwg
视频文件：	DVD\MP4\第 14 章\实例 176.MP4
播放时长：	0:01:07

01 打开随书光盘中的 "\素材文件\第 14 章\实例 176.dwg"，打开结果如图 14-1 所示。

02 选择菜单【修改】|【三维操作】|【三维阵列】命令，或在命令行中输入表达式 "3Darray" 按回车键，激活三维阵列命令，对拉伸实体进行阵列。命令行操作过程如下：

```
命令：_3darray
正在初始化... 已加载 3DARRAY。
选择对象：                                      //选择如图 14-2 所示的实体
选择对象：↙                                     //按回车键，结束选择过程
输入阵列类型 [矩形(R)/环形(P)] <矩形>:p↙          //激活"环形"选项
输入阵列中的项目数目:24↙                          //输入阵列数目
指定要填充的角度 (+=逆时针，-=顺时针) <360>:↙      //按回车键，设置阵列角度
旋转阵列对象? [是(Y)/否(N)] <Y>:↙                 //按回车键，选择旋转对象选项
指定阵列的中心点：                                //捕捉圆的圆心
指定旋转轴上的第二点：                            //将光标沿 Z 轴正方向移动并任取一点，
                                               结果如图 14-3 所示
```

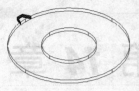

图 14-1 打开素材

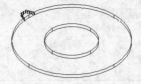

图 14-2 选择对象

图 14-3 阵列结果

03 选择菜单【修改】|【实体编辑】|【并集】命令，或使用"SU"激活【并集】命令，将图形中的轮齿进行合并，结果如图 14-4 所示。

04 选择菜单【视图】|【消隐】命令，对并集后的实体模型进行消隐着色，着色结果如图 14-5 所示。

05 选择菜单【视图】|【视觉样式】|【概念】命令，对并集后的实体模型进行着色，结果如图 14-6 所示。

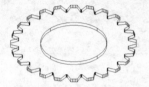

图 14-4 合并结果

图 14-5 消隐结果

图 14-6 最终结果

提 示

　　【三维阵列】命令用于创建三维空间中的矩形和环形阵列。与二维阵列相比，在三维矩形阵列中，增加了沿 z 轴方向的层数和层间距。

177 实体矩形阵列

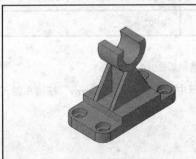

本例主要使用了【三维阵列】命令中的"矩形阵列"功能。三维矩形阵列除了指定行数和列数外，还需要指定层数，行数和列数的定义与二维阵列相同，层数是指在 Z 方向上的实例数量。

文件路径：	DVD\实例文件\第 14 章\实例 177.dwg
视频文件：	DVD\MP4\第 14 章\实例 177.MP4
播放时长：	0:00:54

01 打开随书光盘中的"\素材文件\第 14 章\实例 177.dwg"文件，如图 14-7 所示。

02 选择菜单【修改】|【三维操作】|【三维阵列】命令，将圆柱体进行阵列复制。命令行操作过程如下：

```
命令: _3darray
正在初始化...  已加载 3DARRAY。
选择对象:                        //选择如图 14-8 所示的圆柱体
选择对象:↙                      //按回车键，结束选择
输入阵列类型［矩形(R)/环形(P)］<矩形>: ↙    //按回车键，采用默认设置
输入行数（---）<1>: 2↙
```

```
输入列数 (|||) <1>: 2↙
输入层数 (...) <1>: 1↙
指定行间距 (---):60↙
指定列间距 (|||):160↙                          //阵列结果如图 14-9 所示
```

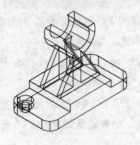

图 14-7　打开素材

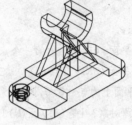

图 14-8　选择对象

03 使用【差集】命令将阵列后的实体进行差集处理。

04 选择菜单【视图】|【消隐】命令，对差集后的实体模型进行消隐，结果如图 14-10 所示。

05 选择菜单【视图】|【视觉样式】|【概念】命令，对实体模型进行着色，最终结果如图 14-11 所示。

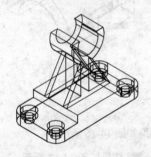

图 14-9　阵列结果

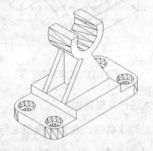

图 14-10　消隐结果

图 14-11　最终结果

（提 示）

　　三维阵列工具用于在三维操作空间内复制对象，当将三维轴测视图切换为正交视图或平面视图，就可以使用二维阵列工具对二维图形或三维图形进行阵列复制。

178　实体三维镜像

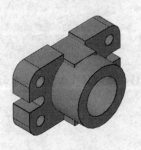

　　【三维镜像】命令用于在三维空间内，将三维模型关于某一平面进行对称复制。与二维镜像不同，它需要指定镜像平面，默认定义镜像面的方式为为选取三点定义一个平面。

	文件路径:	DVD\实例文件\第 14 章\实例 178.dwg
	视频文件:	DVD\MP4\第 14 章\实例 178.MP4
	播放时长:	0:00:50

01 打开随书光盘中的 "\素材文件\第 14 章\实例 178.dwg" 文件，结果如图 14-12 所示。

02 按下 **F3** 功能键打开状态栏上的【对象捕捉】功能。

03 选择菜单【修改】|【三维操作】|【三维镜像】命令，将实体模型镜像。命令行操作过程如下：

```
命令：_mirror3d
选择对象：                        //选择如图 14-13 所示的实体
选择对象：↵                      //按回车键，结束选择
指定镜像平面（三点）的第一个点或[对象(O)/最近的(L)/Z 轴(Z)/视图(V)/XY 平面(XY)/YZ
平面(YZ)/ZX 平面(ZX)/三点(3)] <三点>:XY↵   //激活"xy平面"功能
指定 XY 平面上的点 <0,0,0>：              //选择如图 14-14 所示的端点
是否删除源对象？[是(Y)/否(N)] <否>:N↵    //输入 N，镜像结果如图 14-15 所示
```

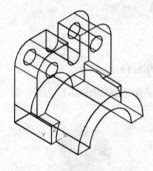

图 14-12　打开素材

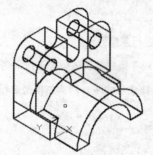

图 14-13　选择对象

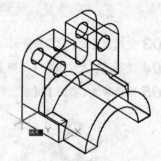

图 14-14　镜像结果

04 使用【并集】命令将镜像后的实体进行并集处理。

05 旋转实体并选择菜单【视图】|【消隐】命令，对实体模型进行消隐，结果如图 14-16 所示。

06 选择菜单【视图】|【视觉样式】|【概念】命令，对实体模型进行着色，最终结果如图 14-17 所示。

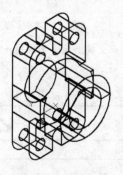

图 14-15　定位参照点

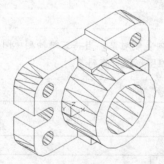

图 14-16　消隐结果

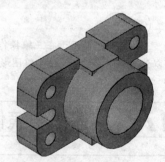

图 14-17　最终结果

提 示

　　用户不仅可以选取三点定义镜像面，还可以选择现有的标准平面 XY、YZ、ZX 平面作为参考面，然后指定镜像面上一点，使镜像面经过该点且与选择的标准平面平行。

179 实体三维旋转

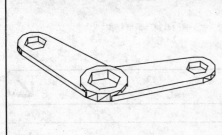

本例主要使用了【复制】和【三维旋转】等命令，将实体模型进行复制旋转。三维模型的旋转是指将三维对象绕三维空间中任意轴、视图、对象或两点旋转。

文件路径：	DVD\实例文件\第14章\实例179.dwg	
视频文件：	DVD\MP4\第14章\实例179.MP4	
播放时长：	0:01:06	

01 打开随书光盘"\素材文件\第14章\实例179.dwg"文件，如图14-18所示。

02 选择菜单【修改】|【复制】命令，选择要旋转的实体部分原位置复制。

03 选择菜单【修改】|【三维操作】|【三维旋转】命令，将复制后的实体模型进行旋转。命令行操作过程如下：

```
命令： 3DROTATE
UCS 当前的正角方向： ANGDIR=逆时针 ANGBASE=0
选择对象：                        //选择如图14-19所示的实体
选择对象：                        //按回车键，结束选择
指定基点：                        //选择如图14-20所示的圆心
```

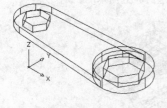

图14-18 打开素材

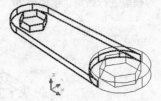

图14-19 选择对象

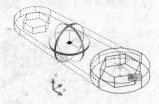

图14-20 指定基点

```
拾取旋转轴：                      //拾取Z轴，如图14-21所示
指定角的起点或键入角度：-120↙      //输入旋转角度，旋转结果如图14-22所示
```

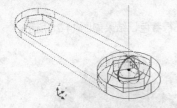

图14-21 定位旋转轴

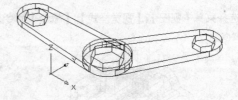

图14-22 旋转结果

04 选择菜单【视图】|【消隐】，对实体模型进行消隐，结果如图14-23所示。

05 选择菜单【视图】|【视觉样式】|【概念】命令，将实体模型进行着色，最终结果如图14-24所示。

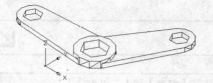

图 14-23　消隐结果

图 14-24　最终结果

180　实体圆角边

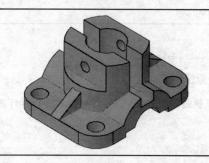

本例主要使用了【圆角】命令，对三维实体模型进行了圆角细化。

文件路径：	DVD\实例文件\第 14 章\实例 180.dwg	
视频文件：	DVD\MP4\第 14 章\实例 180.MP4	
播放时长：	0:01:08	

01 打开随书光盘中的 "\素材文件\第 14 章\实例 180.dwg"。

02 选择菜单【视图】|【视觉样式】|【二维线框】命令，将模型的着色方式设置为线框着色，结果如图 14-25 所示。

03 选择菜单【修改】|【圆角】命令，对模型进行圆角，半径为 20，结果如图 14-26 所示。

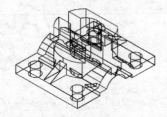

图 14-25　线框着色

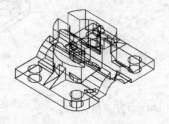

图 14-26　圆角结果

04 按回车键，重复执行【圆角】命令，采用当前的圆角半径，继续对实体模型的其他边进行圆角，结果如图 14-27 所示。

05 选择菜单【视图】|【视觉样式】|【概念】命令，对实体模型进行着色，结果如图 14-28 所示。

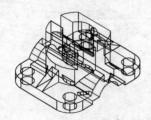

图 14-27　圆角结果

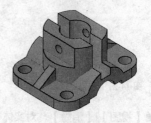

图 14-28　最终结果

提 示

【圆角】命令不仅能对二维图形进行圆角，也可以对三维实体的棱边进行圆角细化，使三维实体的棱角位置圆滑过渡。

181 实体综合建模

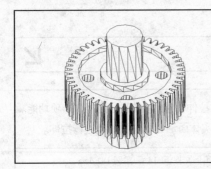

本例主要综合练习了【拉伸】、【差集】、【三维阵列】、【三维镜像】和【消隐】命令。在操作过程中，巧妙使用了【边界】创建面域等命令，创建实体模型。

文件路径：	DVD\实例文件\第 14 章\实例 181.dwg	
视频文件：	DVD\MP4\第 14 章\实例 181.MP4	
播放时长：	0:05:04	

01 启动 AutoCAD 2014，选择【文件】|【新建】命令，在【选择样板】对话框中选择 "acad.dwt" 模板，单击【打开】按钮创建一个图形文件。

02 绘制齿轮廓线。将视图切换为 "主视图" 方向，利用【圆弧】和【直线】等工具尺寸绘制轮廓线，如图 14-29 所示。单击【修改】工具栏【镜像】按钮，选取轮廓线进行镜像操作，然后利用【面域】工具将其创建成面域，结果如图 14-30 所示。

03 绘制轮廓线。利用【圆】工具如图 14-31 所示尺寸绘制轮廓线。然后利用【面域】以及【差集】工具如图 14-32 所示创建面域。

图 14-29 绘制轮廓线

图 14-30 镜像操作

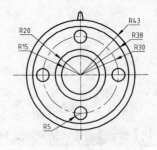

图 14-31 绘制轮廓线

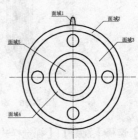

图 14-32 创建面域

04 创建实体。将视图切换为西南等轴测模式。单击 "建模" 工具栏中的 "拉伸" 按钮，将面域 1、面域 2 和面域 4 拉伸 15，面域 3 拉伸 10，面域 5 拉伸 50，结果如图 14-33 所示。

05 阵列轮齿。选择【修改】|【三维操作 3】|【三维阵列】命令，选取轮齿为阵列对象，设置环形阵列，阵列项目为 50，进行阵列操作，结果如图 14-34 所示。

06 选择【修改】|【三维操作】|【三维镜像】命令，将所创建的齿轮实体进行镜像操作，然后利用【并集】工具将各实体部分合并为一个整体，最后选择 "视图" | "消隐" 命令，结果如图 14-35 所示。至此，齿轮实体创建完成。

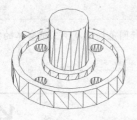

图 14-33　创建实体

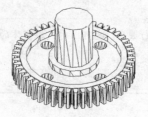

图 14-34　阵列轮齿

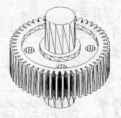

图 14-35　齿轮

182　拉伸实体面　

本例主要学习了【拉伸面】命令中的"路径"选项功能。使用此项功能，可以将实体面沿着指定的路径进行拉伸。

文件路径：	DVD\实例文件\第 14 章\实例 182.dwg	
视频文件：	DVD\MP4\第 14 章\实例 182.MP4	
播放时长：	0:01:03	

01 打开随书光盘中的"\素材文件\第 14 章\实例 182.dwg"，如图 14-36 所示。

02 选择菜单【绘图】|【多段线】命令，配合【捕捉中点】功能绘制如图 14-37 所示的多段线。

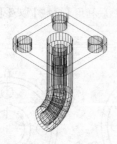

图 14-36　源文件

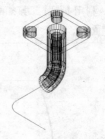

图 14-37　绘制多段线

03 选择【视图】|【视觉样式】|【概念】命令，结果如图 14-38 所示。

04 单击【实体编辑】工具栏上的圖按钮，激活【拉伸面】命令，根据命令行提示操作放样面。命令行操作过程如下：

```
命令: _solidedit
实体编辑自动检查: SOLIDCHECK=1
输入实体编辑选项 [面(F)/边(E)/体(B)/放弃(U)/退出(X)] <退出>: _face
输入面编辑选项[拉伸(E)/移动(M)/旋转(R)/偏移(O)/倾斜(T)/删除(D)/复制(C)/颜色(L)/材
质(A)/放弃(U)/退出(X)] <退出>:_extrude
选择面或 [放弃(U)/删除(R)]:                    //选择如图 14-39 所示的实体面
选择面或 [放弃(U)/删除(R)/全部(ALL)]:↙       //按回车键，结束面的选择
指定拉伸高度或 [路径(P)]:p↙                   //激活"路径"选项
p 选择拉伸路径:                                //选择多段线路径
```

已开始实体校验。

已完成实体校验。

输入面编辑选项[拉伸(E)/移动(M)/旋转(R)/偏移(O)/倾斜(T)/删除(D)/复制(C)/颜色(L)/材质(A)/放弃(U)/退出(X)] <退出>: ↙   //按回车键,退出实体编辑模式

实体编辑自动检查: SOLIDCHECK=1

输入实体编辑选项 [面(F)/边(E)/体(B)/放弃(U)/退出(X)] <退出>:↙

          //按回车键,结果如图14-40 所示

图 14-38 修改视觉样式   图 14-39 选择拉伸面   图 14-40 最终结果

提 示

拉伸路径的一个端点一般定位在拉伸的面内。否则,CAD 将把路径移至到面的轮廓的中心。在拉伸面时,面从初始位置开始沿路径拉伸,直至路径的终点结束。

183 移动实体面

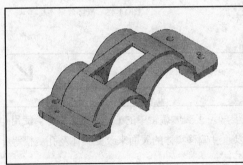

【移动面】命令可以通过移动实体的表面,修改实体的尺寸或改变孔和槽的位置,在移动面的过程中将保持面的法线方向不变。

文件路径:	DVD\实例文件\第 14 章\实例 183.dwg
视频文件:	DVD\MP4\第 14 章\实例 183.MP4
播放时长:	0:00:31

01 打开随书光盘中的 "\素材文件\第 14 章\实例 183.dwg" ,如图 14-41 所示。

02 选择菜单【视图】|【视觉样式】|【概念】命令,对模型进行着色显示,结果如图 14-42 所示。

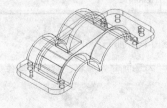

图 14-41 打开素材   图 14-42 着色效果

03 选择菜单【修改】|【实体编辑】|【移动面】命令，或单击【实体编辑】工具栏上的 按钮，激活【移动面】命令，进行实体面移动。命令行操作过程如下：

```
命令: _solidedit
实体编辑自动检查: SOLIDCHECK=1
输入实体编辑选项 [面(F)/边(E)/体(B)/放弃(U)/退出(X)] <退出>: _face
输入面编辑选项
[拉伸(E)/移动(M)/旋转(R)/偏移(O)/倾斜(T)/删除(D)/复制(C)/颜色(L)/材质(A)/放弃
(U)/退出(X)] <退出>: _move
   选择面或 [放弃(U)/删除(R)]: 找到 1 个面。      //选择要移动的面，如图14-43所示。
   选择面或 [放弃(U)/删除(R)/全部(ALL)]: ↙       //回车结束选择
   指定基点或位移:                               //选择基点，如图14-44所示。
   指定位移的第二点: @-50,0↙                     //指定位移第二点
   已开始实体校验。
   已完成实体校验。
   输入面编辑选项[拉伸(E)/移动(M)/旋转(R)/偏移(O)/倾斜(T)/删除(D)/复制(C)/颜色(L)/材
质(A)/放弃(U)/退出(X)] <退出>: *取消*             //按Esc键结束命令，结果如图14-45所示。
```

图 14-43 选择面

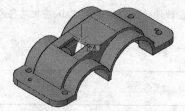
图 14-44 指定基点

图 14-45 最终效果

184 偏移实体面

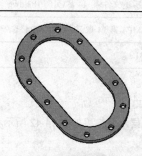

本例主要学习了实体编辑中的【偏移面】命令。使用此命令，可以通过偏移实体的表面来改变实体及孔、槽等特征的大小。

文件路径:	DVD\实例文件\第 14 章\实例 184.dwg
视频文件:	DVD\MP4\第 14 章\实例 184.MP4
播放时长:	0:00:41

01 打开光盘中的"素材文件\第 14 章\实例 184.dwg"文件，如图 14-46 所示。

02 选择菜单【修改】|【实体编辑】|【偏移面】命令，将法兰内环面向外偏移，命令行操作如下：

```
命令: _solidedit
实体编辑自动检查: SOLIDCHECK=1
输入实体编辑选项 [面(F)/边(E)/体(B)/放弃(U)/退出(X)] <退出>: _face
```

输入面编辑选项

[拉伸(E)/移动(M)/旋转(R)/偏移(O)/倾斜(T)/删除(D)/复制(C)/颜色(L)/材质(A)/放弃(U)/退出(X)] <退出>: _offset   //调用【偏移面】命令

 选择面或 [放弃(U)/删除(R)]: 找到一个面。

 选择面或 [放弃(U)/删除(R)/全部(ALL)]: 找到一个面。

 选择面或 [放弃(U)/删除(R)/全部(ALL)]: 找到一个面。

 选择面或 [放弃(U)/删除(R)/全部(ALL)]: 找到一个面。 //选择法兰内环面作为要偏移的面

 选择面或 [放弃(U)/删除(R)/全部(ALL)]:✓   //按 Enter 键完成选择

 指定偏移距离: -30   //输入偏移距离，完成偏移面，偏移

结果如图 14-47 所示。

图 14-46 偏移面之前的模型   图 14-47 偏移面的结果

185 旋转实体面

本例主要学习了实体编辑中的【旋转面】命令。使用此命令，可以通过旋转实体的表面来改变实体面的倾斜角度，或将一些孔、槽等旋转到新位置。

💿 文件路径:	DVD\实例文件\第 14 章\实例 185.dwg
🎬 视频文件:	DVD\MP4\第 14 章\实例 185.MP4
🎬 播放时长:	0:01:05

01 打开光盘中的"素材文件\第 14 章\实例 185.dwg"文件，如图 14-48 所示。

02 选择菜单【修改】|【实体编辑】|【旋转面】命令，将 U 形缺口的两侧面旋转，命令行操作如下:

 命令: _solidedit

 实体编辑自动检查: SOLIDCHECK=1

 输入实体编辑选项 [面(F)/边(E)/体(B)/放弃(U)/退出(X)] <退出>: _face

 输入面编辑选项

[拉伸(E)/移动(M)/旋转(R)/偏移(O)/倾斜(T)/删除(D)/复制(C)/颜色(L)/材质(A)/放弃(U)/退出(X)] <退出>: _rotate   //调用【旋转面】命令

 选择面或 [放弃(U)/删除(R)]: 找到一个面。 //选择如图 14-49 所示的内侧面作为旋转对象

 选择面或 [放弃(U)/删除(R)/全部(ALL)]: //按 Enter 键完成选择

 指定轴点或 [经过对象的轴(A)/视图(V)/X 轴(X)/Y 轴(Y)/Z 轴(Z)] <两点>:

在旋转轴上指定第二个点： //捕捉到如图 14-50 所示边线的两个端点，定义旋转轴

指定旋转角度或 [参照(R)]：15✓ //输入旋转角度，完成面的旋转。

03 重复上述操作，完成另一侧面的旋转，旋转面的结果如图 14-51 所示。

图 14-48　旋转面之前的模型　　　图 14-49　选择旋转面　　　图 14-50　定义旋转轴　　　图 14-51　旋转面的结果

186 倾斜实体面

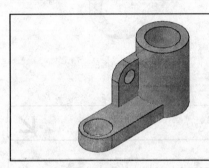

本例主要学习了实体编辑中的【倾斜面】命令。使用此命令，可以通过倾斜实体的表面，使实体表面产生一定的锥度。

	文件路径：	DVD\实例文件\第 14 章\实例 186.dwg
	视频文件：	DVD\MP4\第 14 章\实例 186.MP4
	播放时长：	0:00:35

01 打开随书光盘中的 "\素材文件\第 14 章\实例 186.dwg" 文件，如图 14-52 所示。

02 选择菜单【修改】|【实体编辑】|【倾斜面】命令，或单击【实体编辑】工具栏中的 按钮，激活【倾斜面】命令对实体表面进行倾斜。命令行操作过程如下：

命令：_solidedit

实体编辑自动检查：SOLIDCHECK=1

输入实体编辑选项 [面(F)/边(E)/体(B)/放弃(U)/退出(X)] <退出>：_face

输入面编辑选项 [拉伸(E)/移动(M)/旋转(R)/偏移(O)/倾斜(T)/删除(D)/复制(C)/颜色(L)/材质(A)/放弃(U)/退出(X)] <退出>：_taper

选择面或 [放弃(U)/删除(R)]： //选择如图 14-53 所示的面

选择面或 [放弃(U)/删除(R)/全部(ALL)]： //按回车键，结束选择

指定基点： //捕捉如图 14-54 所示的圆心

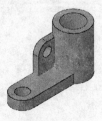  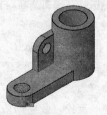

图 14-52　打开结果　　　　　　图 14-53　选择面　　　　　　图 14-54　捕捉圆心

指定沿倾斜轴的另一个点：　　　　　　　　　　　　　　　　//捕捉如图 14-55 所示的圆心

指定倾斜角度：15↙

已开始实体校验。

已完成实体校验。

输入面编辑选项 [拉伸 (E) /移动 (M) /旋转 (R) /偏移 (O) /倾斜 (T) /删除 (D) /复制 (C) /颜色 (L) /材质 (A) /放弃 (U) /退出 (X)] <退出>：

实体编辑自动检查：　SOLIDCHECK=1

输入实体编辑选项 [面 (F) /边 (E) /体 (B) /放弃 (U) /退出 (X)] <退出>：↙

　　　　　　　　　　　　　　　　　　　　　　　　　　//按回车键，结果如图 14-56 所示

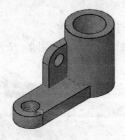

图 14-55　捕捉圆心

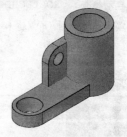

图 14-56　倾斜结果

注 意

　　在进行面的倾斜操作时，倾斜的方向是由锥角的正负号及定义矢量时的基点决定的。如果输入的倾角为正值，则 CAD 将已定义的矢量绕基点向实体内部倾斜面，反之，向实体外部倾斜。

187　删除实体面

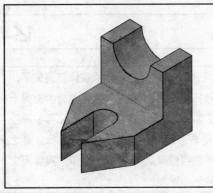

本例主要学习了实体编辑中的【删除面】命令。使用此命令，可以在实体表面上删除某些特征面，如倒圆角和倒斜角时形成的面。删除某个面之后，产生的缺口由实体上其他面延伸之后填补。

文件路径：	DVD\实例文件\第 14 章\实例 187.dwg
视频文件：	DVD\MP4\第 14 章\实例 187.MP4
播放时长：	0:00:26

01 打开随书光盘 "\素材文件\第 14 章\实例 187.dwg"，如图 14-57 所示。

02 选择菜单【修改】|【实体编辑】|【删除面】命令，或单击【实体编辑】工具栏上的 [%] 按钮，激活【删除面】命令将实体上表面删除。命令行操作过程如下：

　　命令：_solidedit

　　实体编辑自动检查：　SOLIDCHECK=1

　　输入实体编辑选项 [面 (F) /边 (E) /体 (B) /放弃 (U) /退出 (X)] <退出>：_face

输入面编辑选项[拉伸(E)/移动(M)/旋转(R)/偏移(O)/倾斜(T)/删除(D)/复制(C)/颜色(L)/材质(A)/放弃(U)/退出(X)] <退出>: _delete

选择面或 [放弃(U)/删除(R)]:   //选择实体面

选择面或 [放弃(U)/删除(R)]:   //选择如图 14-58 所示的实体面

选择面或 [放弃(U)/删除(R)/全部(ALL)]:↙   //按回车键结束选择

已开始实体校验。

已完成实体校验。

输入面编辑选项[拉伸(E)/移动(M)/旋转(R)/偏移(O)/倾斜(T)/删除(D)/复制(C)/颜色(L)/材质(A)/放弃(U)/退出(X)] <退出>:

实体编辑自动检查: SOLIDCHECK=1

输入实体编辑选项 [面(F)/边(E)/体(B)/放弃(U)/退出(X)] <退出>:↙

                                               //按回车键结果如图 14-59 所示

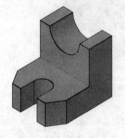
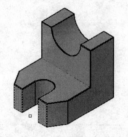
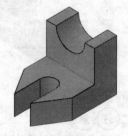

图 14-57 打开素材   图 14-58 选择面   图 14-59 删除结果

(注)(意)

如果删除面会导致其他面不能闭合生成实体，则该面不能被删除。例如一个长方体的任意一个面都不能被删除。

188 编辑实体历史记录

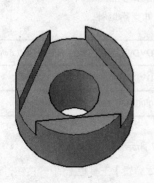

利用布尔操作创建组合实体之后，原实体就消失了，且新生成的特征位置完全固定，如果想再次修改就会变得十分困难，例如利用差集在实体上创建孔，孔的大小和位置就只能用偏移面和移动面来修改；而将两个实体进行并集之后，其相对位置就不能再修改。AutoCAD 提供的实体历史记录功能，可以解决这一难题。

	文件路径:	DVD\实例文件\第 14 章\实例 188.dwg
	视频文件:	DVD\MP4\第 14 章\实例 188.MP4
	播放时长:	0:02:30

01 打开随书光盘 "\素材文件\第 14 章\实例 188.dwg"，如图 14-60 所示。

02 选择菜单【工具】|【新建 UCS】|【原点】命令，然后捕捉到圆柱顶面的中心点，放置原点，如图

14-61 所示。

03 选择菜单【视图】|【三维视图】|【俯视】命令，将视图调整到俯视的方向，然后在 XY 平面内绘制一个矩形多段线轮廓，如图 14-62 所示。

04 选择菜单【绘图】|【建模】|【拉伸】命令，选择矩形多段线为拉伸的对象，拉伸方向向圆柱体内部，输入拉伸高度为 14，创建的拉伸体如图 14-63 所示。

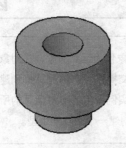

图 14-60 模型素材

图 14-61 捕捉圆心

图 14-62 长方形轮廓

05 单击选中拉伸创建的长方体，然后单击右键，在快捷菜单中选择【特性】命令，弹出该实体的特性选项板，在选项板中，将历史记录修改为"记录"，并显示历史记录，如图 14-64 所示。

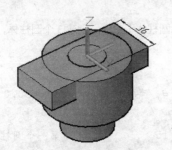

图 14-63 创建的长方体

图 14-64 设置实体历史记录

06 选择菜单【修改】|【实体编辑】|【差集】命令，从圆柱体中减去长方体，结果如图 14-65 所示，以线框显示的即为长方体的历史记录。

07 按住 Ctrl 键然后选择线框长方体，该历史记录呈夹点显示状态，将长方体两个顶点夹点合并，修改为三棱柱的形状，拖动夹点适当调整三角形形状，结果如图 14-66 所示。

08 选择圆柱体，用步骤 5 的方法打开实体的特性选项板，将【显示历史记录】选项修改为"否"，隐藏历史记录，最终结果如图 14-67 所示。

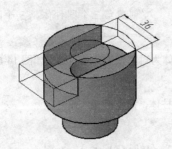

图 14-65 求差集的结果

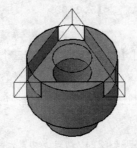

图 14-66 编辑历史记录的结果

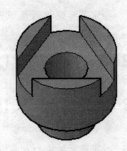

图 14-67 最终结果

189 布尔运算

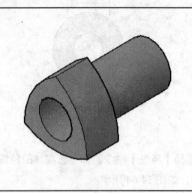

布尔运算是将面域或三维对象作为运算对象，在对象间进行类似于数学集合的并、差、交操作。布尔运算是创建实体上各种特征的最主要工具，本实例使用了布尔运算的所有三种方式：并集、差集和交集，创建一个凸轮的模型。

	文件路径：	DVD\实例文件\第 14 章\实例 189.dwg
	视频文件：	DVD\MP4\第 14 章\实例 189.MP4
	播放时长：	0:02:40

01 新建 AutoCAD 文件，选择菜单【绘图】|【建模】|【圆柱体】命令，创建 3 个圆柱体，命令行操作如下：

```
命令: _cylinder
指定底面的中心点或 [三点(3P)/两点(2P)/切点、切点、半径(T)/椭圆(E)]: 30,0
指定底面半径或 [直径(D)] <0.2891>: 30
指定高度或 [两点(2P)/轴端点(A)] <-14.0000>: 15          //创建第一个圆柱体，半径为
30，高度为 15
命令: _cylinder                                         //再次执行【圆柱体】命令
指定底面的中心点或 [三点(3P)/两点(2P)/切点、切点、半径(T)/椭圆(E)]: 0,0,0
指定底面半径或 [直径(D)] <30.0000>:
指定高度或 [两点(2P)/轴端点(A)] <15.0000>:              //创建第二个圆柱体
命令: _cylinder                                         //再次执行【圆柱体】命令
指定底面的中心点或 [三点(3P)/两点(2P)/切点、切点、半径(T)/椭圆(E)]: 30<60
                                                        //输入圆心的极坐标
指定底面半径或 [直径(D)] <30.0000>:
指定高度或 [两点(2P)/轴端点(A)] <15.0000>:              //创建第三个圆柱体，三个圆
柱体如图 14-68 所示。
```

02 选择菜单【修改】|【实体编辑】|【交集】命令，选择三个圆柱体为对象，求交集的结果如图 14-69 所示。

03 选择菜单【绘图】|【建模】|【圆柱体】命令，再次选择创建圆柱体，命令行操作如下：

```
命令: _cylinder
指定底面的中心点或 [三点(3P)/两点(2P)/切点、切点、半径(T)/椭圆(E)]:
                    //捕捉到如图 14-70 所示的顶面三维中心点
```

指定底面半径或 [直径(D)] <30.0000>: 10✓

指定高度或 [两点(2P)/轴端点(A)] <15.0000>: 30✓

　　　　　　　　　　　　　　//输入圆柱体的参数，创建的圆柱体如图14-71所示

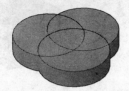

图 14-68　创建的三个圆柱体

图 14-69　求交集的结果

04 选择菜单【修改】|【实体编辑】|【并集】命令，将凸轮和圆柱体合并为单一实体。

05 选择菜单【绘图】|【建模】|【圆柱体】命令，再次选择创建圆柱体，命令行操作如下：

命令：_cylinder

指定底面的中心点或 [三点(3P)/两点(2P)/切点、切点、半径(T)/椭圆(E)]：

　　　　　　　　　　　　　　//捕捉到如图14-72所示圆柱体顶面中心

指定底面半径或 [直径(D)] <30.0000>: 8

　指定高度或 [两点(2P)/轴端点(A)] <15.0000>: -70

　　　　　　　　　　　　　　//输入圆柱体的参数，创建的圆柱体如图14-73所示

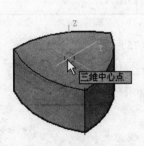

图 14-70　捕捉中心点

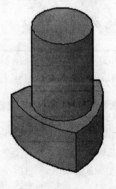

图 14-71　创建的圆柱体

（注）（意）

　　指定圆柱体高度的时候，如果动态输入功能是打开的，则高度的正负是相对于用户拉伸的方向而言的，即正值的高度与拉伸方向相同，负值相反。如果动态输入功能是关闭的，则高度的正负是相对于坐标系 Z 轴而言的，即正值的高度沿 Z 轴正向，负值相反。

06 选择菜单【修改】|【实体编辑】|【差集】命令，从组合实体中减去圆柱体，命令行操作如下：

命令：_subtract 选择要从中减去的实体、曲面和面域...

选择对象：找到 1 个　　　　　//选择组合实体

选择对象： 选择要减去的实体、曲面和面域...

选择对象：找到 1 个　　　　　//选择中间圆柱体

　选择对象：✓　　　　　　　//按 Enter 键完成差集操作，结果如图14-74所示。

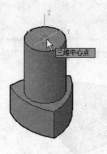

图 14-72　捕捉中心点

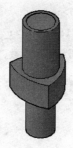

图 14-73　创建的圆柱体

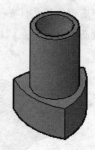

图 14-74　求差集的结果

190　倒角实体边

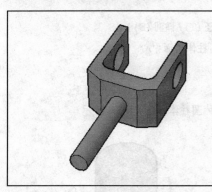

倒角边是在实体的边线处创建斜面的过渡。倒角边需要分别指定两个面上的倒角距离，AutoCAD 可以一次为多条边线倒角，但这些边线需在同一平面内。

	文件路径：	DVD\实例文件\第 14 章\实例 190.dwg
	视频文件：	DVD\MP4\第 14 章\实例 190.MP4
	播放时长：	0:00:43

01 打开随书光盘 "\素材文件\第 14 章\实例 190.dwg"，如图 14-75 所示。

02 选择菜单【修改】|【实体编辑】|【倒角边】命令，命令行操作如下：

```
命令：_CHAMFEREDGE 距离 1 = 1.0000, 距离 2 = 1.0000
选择一条边或 [环(L)/距离(D)]：D↙
指定距离 1 <1.0000>：30↙
指定距离 2 <1.0000>：15↙
选择一条边或 [环(L)/距离(D)]：
选择同一个面上的其他边或 [环(L)/距离(D)]：     //选择如图 14-76 所示的两条边线为倒角对象
```

图 14-75　模型素材

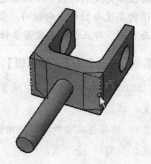

图 14-76　选择倒角边

　　选择同一个面上的其他边或 [环(L)/距离(D)]:✓　　　　//按 Enter 键结束选择，生成倒角预览如图 14-77 所示

　　按 Enter 键接受倒角或 [距离(D)]:✓　　//按 Enter 键接受倒角，创建的倒角如图 14-78 所示

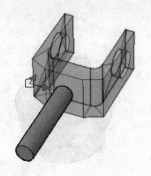
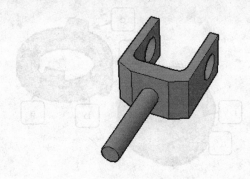

图 14-77　倒角预览　　　　　　　　　　　　　　　　　　　　图 14-78　倒角的结果

191　实体三维对齐

　　在实体装配组合的过程中，三维对齐是常用的功能，一些需移动和旋转多次才能完成的配合，利用三维对齐往往能够一步到位。本实例利用实体的三维对齐，将十字滑块装配到联轴器上。

文件路径:	DVD\实例文件\第 14 章\实例 191.dwg
视频文件:	DVD\MP4\第 14 章\实例 191.MP4
播放时长:	0:01:00

01 打开随书光盘 "\素材文件\第 14 章\实例 191.dwg"，如图 14-79 所示。

02 选择菜单【修改】|【三维操作】|【三维对齐】命令，将滑块装配到联轴器上，命令行操作如下:

　　命令: _3dalign
　　选择对象: 找到 1 个
　　选择对象:　　　　　　　　　　　　　　　//选择滑块作为对齐的对象
　　指定源平面和方向 ...
　　指定基点或 [复制(C)]:　　　　　　　　　//选择滑块上的端点 a
　　指定第二个点或 [继续(C)] <C>:　　　　//选择滑块上端点 b
　　指定第三个点或 [继续(C)] <C>:　　　　//选择滑块上端点 c
　　指定目标平面和方向 ...
　　指定第一个目标点:　　　　　　　　　　//选择联轴器上的点 a'
　　正在检查 1176 个交点...
　　指定第二个目标点或 [退出(X)] <X>:　　//选择联轴器上的点 b'

正在检查 595 个交点...

指定第三个目标点或 [退出(X)] <X>：　　　　　　//选择联轴器上的点 c′，完成对齐的结果如图
14-80 所示。

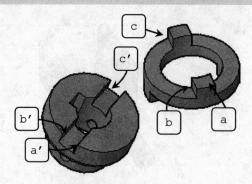

图 14-79　零件素材

图 14-80　对齐的结果

第 15 章

各类零件模型创建

通过前面几章的学习，我们对实体三维操作功能以及实体面、边的编辑功能有了一定的了解。本章结合机械零件实例，对之前学习的知识进行综合运用，以掌握常见零件模型的创建方法和编辑技巧。

192　绘制平键模型　↙

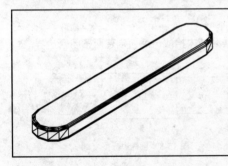

本例通过绘制平键模型，主要练习【拉伸】、【圆角】和【消隐】等命令。在具体操作过程中巧妙使用【圆角】命令中的"链"功能，可以一次性快速选择需要圆角的边。

文件路径：	DVD\实例文件\第 15 章\实例 192.dwg
视频文件：	DVD\MP4\第 15 章\实例 192.MP4
播放时长：	00:01:06

01 打开随书光盘中的 "\实例文件\第 15 章\实例 192.dwg" 文件，如图 15-1 所示。

02 选择【视图】菜单中的【三维视图】|【西南等轴测】命令，将当前视图切换为西南视图，同时删除主视图和俯视图内部轮廓线，结果如图 15-2 所示。

03 单击【建模】工具栏中的按钮，激活【拉伸】命令，将图形拉伸为三维实体，其拉伸的高度为 8，结果如图 15-3 所示。

图 15-1　打开素材　　　　图 15-2　切换视图　　　　图 15-3　拉伸

04 使用【圆角】命令，对拉伸的实体进行圆角，其圆角半径为 1.5，结果如图 15-4 所示。

05 选择菜单【视图】|【消隐】命令，对模型进行消隐显示，结果如图 15-5 所示。

06 选择菜单【视图】|【视觉样式】|【概念】命令，对模型进行着色，最终结果如图 15-6 所示。

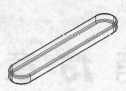

图 15-4 圆角

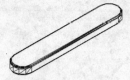

图 15-5 消隐效果

图 15-6 最终结果

193 绘制转轴模型

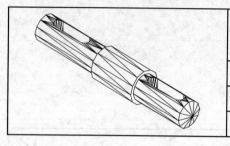

	本例通过绘制轴零件立体模型，主要练习【实体旋转】、【差集】和【概念视觉样式】等命令的使用方法和技巧。
文件路径：	DVD\实例文件\第 15 章\实例 193.dwg
视频文件：	DVD\MP4\第 15 章\实例 193.MP4
播放时长：	0:04:02

01 打开随书光盘中的 "\素材文件\第 15 章\实例 193.dwg" 文件，如图 15-7 所示。

02 使用【图层】命令，关闭 "点画线" 图层。

03 选择菜单【绘图】|【边界】命令，分别在图 15-8 所示的虚线区域内拾取一点，创建两条闭合边界。

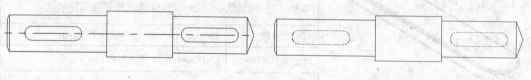

图 15-7 打开素材

图 15-8 创建边界

04 单击【视图】工具栏上的 ◇ 按钮，将当前视图切换为西南视图，结果如图 15-9 所示。

05 使用【拉伸】命令，将刚创建的两条闭合边界拉伸 20 个单位，然后将拉伸实体的图层修改为 "其他层"，并把此图层关闭。

06 打开 "点画线" 图层，并使用【修剪】和【删除】命令，将图形编辑为如图 15-10 所示的状态。

07 使用快捷键 BO 激活【边界】命令，在闭合的区域内拾取一点，创建闭合的边界。

08 选择菜单【绘图】|【建模】|【旋转】命令，将刚创建的闭合多段线旋转为三维实体，结果如图 15-11 所示。

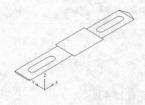

图 15-9 切换视图

图 15-10 编辑结果

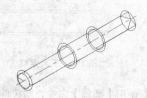

图 15-11 旋转结果

09 展开【图层】工具栏上的【图层控制】下拉列表，然后打开被关闭的"其他图层"，如图 15-12 所示。

10 选择菜单【修改】|【实体编辑】|【差集】命令，对 3 个实体模型进行差集运算，如图 15-13 所示。

11 删除内部的中心及轮廓线，然后将视图切换为东南视图，结果如图 15-14 所示。

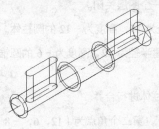
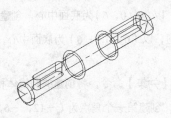
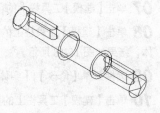

图 15-12　打开"其他图层"效果　　　　图 15-13　差集运算　　　　图 15-14　切换视图

12 设置系统变量"FACETRES"的值为 5。

13 选择菜单【视图】|【消隐】命令，对模型消隐显示，结果如图 15-15 所示。

14 选择菜单【视图】|【视觉样式】|【概念】命令，对模型进行着色显示，最终结果如图 15-16 所示。

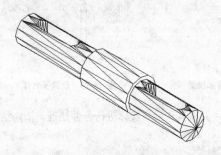
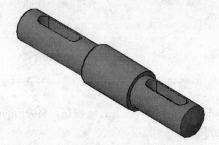

图 15-15　消隐结果　　　　　　　　　　图 15-16　最终结果

194　绘制吊环螺钉模型

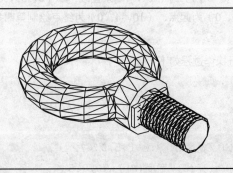

本例通过绘制吊环螺钉模型，主要练习了【图层】、【UCS】、【多段线】、【圆柱体】、【圆锥体】、【阵列】和【旋转】命令。在具体操作过程中还综合运用了【差集】和【并集】等命令。

文件路径：	DVD\实例文件\第 15 章\实例 194.dwg
视频文件：	DVD\MP4\第 15 章\实例 194.MP4
播放时长：	0:07:37

01 执行【新建】命令，创建一个空白文件。

02 单击【建模】工具栏上的 ◎ 按钮，以（0，0，0）为中心，创建圆环半径为 28，圆管半径为 8.7 的圆环模型，结果如图 15-17 所示。

03 单击【视图】工具栏上的 ◎ 按钮,将当前视图切换为西南视图。

04 选择菜单【工具】|【新建 UCS】|【原点】命令,以（0,−36,0）为新的坐标原点。

05 单击【UCS】工具栏上的 ⌐ 按钮,将 X 轴旋转 90°。

06 单击【图层】工具栏上的 ⬛ 按钮,新建名为"裙部"的图层,并将上一个图层关闭。

07 单击【建模】工具栏上的 ⬭ 按钮,以（0,0,6）为底面中心,创建半径为 15,高度为 −12 的圆柱体。

08 单击【建模】工具栏上的 △ 按钮,以（0,0,−6）为底面中心,创建半径为 12,高度为 −6 的圆锥体,结果如图 15-18 所示。

09 选择菜单【修改】|【实体编辑】|【并集】命令,将创建的圆锥体和圆柱体进行合并。

10 单击【建模】工具栏上的 ⬜ 按钮,创建第一个角点为（−12,−6,8）,第二个角点为（12,6,−8）的长方体,然后使用【并集】命令将其与刚创建的合并实体进行合并,结果如图 15-19 所示。

图 15-17 创建圆环体

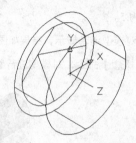

图 15-18 创建圆锥体模型

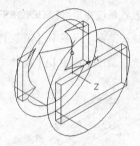

图 15-19 创建长方体

11 单击【图层】工具栏上的 ⬛ 按钮,将关闭的图层打开,并将其与另一实体进行合并处理,消隐结果如图 15-20 所示。

12 单击【UCS】工具栏上的 ⌐ 按钮,指定新的原点为（0,0,6）,并将 X 轴旋转 90°。

13 使用【图层】命令,新建名为"螺杆"的图层,将此图层设置为当前层,并将上面两个图层关闭。

14 单击【绘图】工具栏上的 ╱ 按钮,以（0,0,0）为起点、（0,35,0）为终点绘制一条直线作为螺杆中心轴线。

15 重复使用【直线】命令,以（0,0,0）为起点、（10,0,0）为终点绘制第二条直线；以（0,35,0）为起点、（10,35,0）为终点绘制第三条直线；以（10,0,0）为起点、（10,4,0）为终点绘制第四条直线,结果如图 15-21 所示。

16 单击【绘图】工具栏上的 ⊃ 按钮,绘制多段线,命令行操作过程如下:

```
命令: _pline
指定起点:                                          //10,4
当前线宽为 0.0000
指定下一个点或 [圆弧(A)/半宽(H)/长度(L)/放弃(U)/宽度(W)]:@-1.5,0.67↙
指定下一点或 [圆弧(A)/闭合(C)/半宽(H)/长度(L)/放弃(U)/宽度(W)]:@0,0.5↙
指定下一点或 [圆弧(A)/闭合(C)/半宽(H)/长度(L)/放弃(U)/宽度(W)]:@1.5,0.67↙
指定下一点或 [圆弧(A)/闭合(C)/半宽(H)/长度(L)/放弃(U)/宽度(W)]:@0,0.5↙
指定下一点或 [圆弧(A)/闭合(C)/半宽(H)/长度(L)/放弃(U)/宽度(W)]: ↙   //按回车键,结
束命令,结果如图 15-22 所示。
```

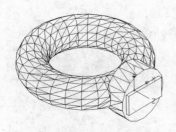
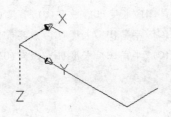
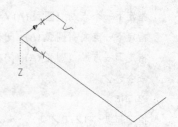

图 15-20　并集结果　　　　　　图 15-21　绘制直线　　　　　　图 15-22　绘制多段线

17 单击【修改】工具栏上的 ▦ 按钮，设置行数为 14、列为 1、行偏移为 2.34、列偏移为 0、阵列角度为 0，然后选择上步绘制的多段线进行矩形阵列，然后使用【修剪】命令将螺旋线最下面多余部分修剪掉，结果如图 15-23 所示。

18 单击【建模】工具栏上的 ▦ 按钮，将封闭的轮廓曲线沿 Y 轴旋转 360°，结果如图 15-24 所示。

19 单击【图层】工具栏上的 ▦ 按钮，将关闭的图层打开，然后选择菜单【视图】|【视觉样式】|【概念】命令，将图形进行着色，最终结果如图 15-25 所示。

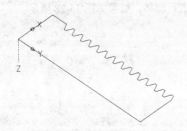
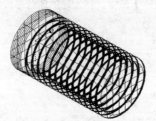

图 15-23　绘制螺旋线　　　　　图 15-24　旋转结果　　　　　　图 15-25　最终效果

195　绘制锥齿轮模型

通过绘制锥齿轮模型，主要练习了【多段线】、【圆椎体】和【旋转】命令，在具体操作过程中还使用了【视图】等命令。

文件路径	DVD\实例文件\第 15 章\实例 195.dwg	
视频文件	DVD\MP4\第 15 章\实例 195.MP4	
播放时长	0:04:27	

01 使用【新建】命令，快速创建空白文件。

02 设置 "ISOLINES" 的值设置为 12。

03 选择菜单【绘图】|【多段线】命令，绘制如图 15-26 所示的轮廓线。命令行操作过程如下：

```
命令: _pline
指定起点: 0,0
当前线宽为 0.0000
```

指定下一个点或 [圆弧(A)/半宽(H)/长度(L)/放弃(U)/宽度(W)]:@0,15✓

指定下一点或 [圆弧(A)/闭合(C)/半宽(H)/长度(L)/放弃(U)/宽度(W)]:@-1,1✓

指定下一点或 [圆弧(A)/闭合(C)/半宽(H)/长度(L)/放弃(U)/宽度(W)]:✓   //结束命令

命令: ✓   //按回车键，重复命令

PLINE

指定起点: 12,0✓

当前线宽为 0.0000

指定下一个点或 [圆弧(A)/半宽(H)/长度(L)/放弃(U)/宽度(W)]: @0,15✓

指定下一点或 [圆弧(A)/闭合(C)/半宽(H)/长度(L)/放弃(U)/宽度(W)]: @-2.5,0✓

指定下一点或 [圆弧(A)/闭合(C)/半宽(H)/长度(L)/放弃(U)/宽度(W)]: @0,6✓

指定下一点或 [圆弧(A)/闭合(C)/半宽(H)/长度(L)/放弃(U)/宽度(W)]: @-2,2✓

指定下一点或 [圆弧(A)/闭合(C)/半宽(H)/长度(L)/放弃(U)/宽度(W)]: ✓   //结束命令

04 选择【视图】工具栏中的 ⊘ 按钮，将当前视图切换为西南视图，并使用快捷键 "**PE**"，激活【编辑多段线】命令，对其合并处理，结果如图 15-27 所示。

05 选择菜单【绘图】|【建模】|【旋转】命令，将创建的闭合多段线进行旋转，结果如图 15-28 所示。

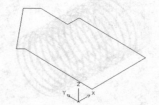

图 15-26 绘制轮廓线   图 15-27 切换视图   图 15-28 旋转结果

06 将视图切换为主视图，并使用【多段线】命令，配合点的精确输入功能，绘制如图 15-29 所示的多段线，并将其合并。

07 单击【视图】工具栏上的 ⊘ 按钮，将视图切换为西南视图。

08 选择菜单【绘图】|【建模】|【旋转】命令，将刚绘制的闭合多段线绕 X 轴旋转 18°，结果如图 15-30 所示。

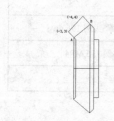

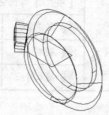

图 15-29 绘制多段线   图 15-30 旋转结果   图 15-31 消隐着色

09 选择菜单【视图】|【消隐】命令，对实体进行消隐着色，结果如图 15-31 所示。

10 选择菜单【修改】|【三维操作】|【三维阵列】，将刚旋转的实体以圆心为阵列中心，阵列数目为 10，进行环形阵列，结果如图 15-32 所示。

11 单击【实体编辑】工具栏中的 ⊚ 按钮，对视图中所有的图形进行并集处理。

12 单击【建模】工具栏中的□按钮，绘制半径为 7，高度为 -12 的圆柱体，结果如图 15-33 所示。

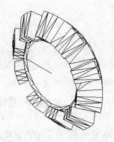

图 15-32　环形阵列

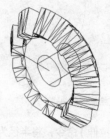

图 15-33　绘制圆柱体

13 单击【实体编辑】工具栏中的◎按钮，分别对绘制的齿轮与圆柱体进行差集处理，消隐结果如图 15-34 所示。

14 删除内部轮廓线，并将视图切换为东北等轴测视图，结果如图 15-35 所示。

15 选择菜单【视图】|【视觉样式】|【概念】命令，对模型进行着色，最终结果如图 15-36 所示。

图 15-34　差集运算

图 15-35　切换视图

图 15-36　最终结果

196 盘形凸轮建模

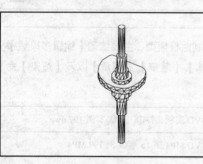

通过创建盘形凸轮模型，主要练习【样条曲线】、【圆】、【拉伸】和【镜像】命令，在操作过程中还综合使用了【差集】和【并集】等命令。

文件路径：	DVD\实例文件\第 15 章\实例 196.dwg	
视频文件：	DVD\MP4\第 15 章\实例 196.MP4	
播放时长：	0:02:30	

01 使用【文件】|【新建】命令，快速创建空白文件。

02 单击【绘图】工具栏上的～按钮，绘制如图 15-37 所示的闭合曲线。

03 单击【绘图】工具栏上的◎按钮，以原点为圆心绘制半径分别为 10、15、20 和 30 的圆，结果如图 15-38 所示。

04 使用【视图】命令，将当前视图切换为西南等轴侧视图，然后单击【建模】工具栏上的□按钮，将闭合的样条曲线拉伸 20 个高度，结果如图 15-39 所示。

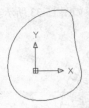
图 15-37　绘制样条曲线

图 15-38　绘制圆

图 15-39　拉伸样条曲线

05 继续使用【拉伸】命令，将半径为 10、15、20 和 30 的圆，设定高度分别为 200、100、50 和 30，如图 15-40 所示。

06 单击【修改】工具栏上的 ⚑ 按钮，对图形进行镜像处理，结果如图 15-41 所示。

07 单击【实体编辑】工具栏上的 ◎ 按钮，将所有拉伸实体进行合并，消隐结果如图 15-42 所示。

08 选择菜单【视图】|【视觉样式】|【概念】命令，对模型进行着色，最终结果如图 15-43 所示。

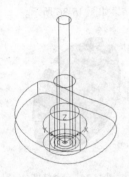
图 15-40　拉伸圆

图 15-41　镜像

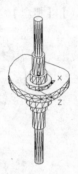
图 15-42　消隐处理

图 15-43　最终结果

197　绘制曲杆模型

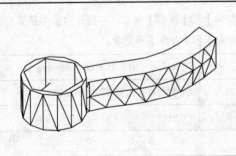

本例通过绘制曲杆模型，主要练习【编辑多段线】、【拉伸】、【圆柱体】、【差集】、【圆角】以及【渲染】命令的操作方法。

文件路径：	DVD\实例文件\第 15 章\实例 197.dwg
视频文件：	DVD\MP4\第 15 章\实例 197.MP4
播放时长：	0:03:40

01 使用【新建】命令，新建空白文件。

02 选择菜单【视图】|【三维视图】|【西南等轴测】命令，将视图切换为西南视图。

03 使用快捷键 PL，激活【多段线】命令，配合坐标输入功能绘制如图 15-44 所示的多段线。

04 选择菜单【修改】|【对象】|【多段线】命令，对刚绘制的多段线进行拟合，结果如图 15-45 所示。

05 在命令行输入 UCS，将当前坐标系统 Y 轴旋转 270°，创建如图 15-46 所示的新坐标系。

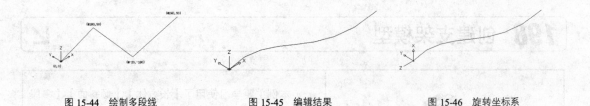

图 15-44　绘制多段线　　　　　图 15-45　编辑结果　　　　　图 15-46　旋转坐标系

06 执行【矩形】命令，以当前坐标系的原点为中心点，绘制长为 74，宽为 56 的矩形，结果如图 15-47 所示。

07 选择菜单【绘图】|【建模】|【拉伸】命令，将矩形拉伸放样为如图 15-48 所示的三维实体。

08 执行【UCS】命令，将系统坐标绕 Y 旋转 90°，结果如图 15-49 所示。

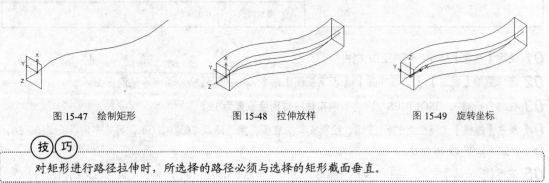

图 15-47　绘制矩形　　　　　图 15-48　拉伸放样　　　　　图 15-49　旋转坐标

（技）（巧）
对矩形进行路径拉伸时，所选择的路径必须与选择的矩形截面垂直。

09 选择菜单【绘图】|【建模】|【圆柱体】，分别在矩形实体上创建半径为 70，高度为 90 的圆柱体，结果如图 15-50 所示。

10 单击【绘图】工具栏上的 按钮，以圆柱体上表面圆心为中心，绘制半径为 55 的正六边形，结果如图 15-51 所示。

11 单击【建模】工具栏上的 按钮，将六边形拉伸成实体，高度为-90，结果如图 15-52 所示。

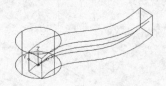

图 15-50　创建圆柱体

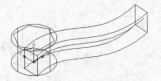

图 15-51　绘制六边形

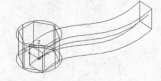

图 15-52　拉伸多边形

12 选择菜单【视图】|【消隐】命令，对实体进行消隐着色，结果如图 15-53 所示。

13 使用【差集】和【并集】命令，对图形进行布尔运算，结果如图 15-54 所示。

14 选择菜单【视图】|【视觉样式】|【概念】命令，对模型进行着色，结果如图 15-55 所示。

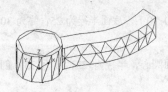

图 15-53　消隐结果

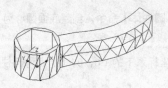

图 15-54　差集结果

图 15-55　最终结果

198 创建支架模型

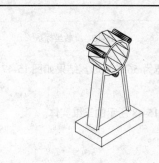

本例主要学习使用了【长方体】、【倾斜面】、【多段线】、【偏移】、【修剪】和【三维阵列】等命令创建支架模型的方法和技巧。

文件路径:	DVD\实例文件\第 15 章\实例 198.dwg	
视频文件:	DVD\MP4\第 15 章\实例 198.MP4	
播放时长:	0:07:42	

01 使用【新建】命令，创建空白文件。

02 选择菜单【视图】|【三维视图】|【西南视图】命令，将视图转换为西南等轴测视图。

03 在命令行输入"ISOLINES"，将当前实体线框密度设置为 12。

04 单击【建模】工具栏上的 □ 按钮，绘制支架的底板，第一角点（0，0，0），另一个角点（@80，50，15），效果如图 15-56 所示。

05 使用【长方体】命令，绘制支架的支撑体，第一个角点（5，16，0），另一个角点（@70，18，120），效果如图 15-57 所示。

06 单击【实体编辑】工具栏上的 按钮，将刚创建的长方体的一侧面倾斜 8 个角度，结果如图 15-58 所示。

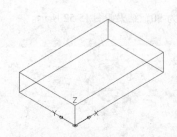

图 15-56 绘制底板

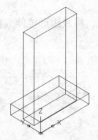

图 15-57 绘制支撑体

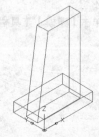

图 15-58 倾斜面效果

07 使用【倾斜面】命令，根据第 5 步的方法创建另一侧面的倾斜面，效果如图 15-59 所示。

08 在命令行中输入"UCS"，将当前 UCS 坐标原点移动到（40，40，120），并绕 X 轴旋转 90°，然后将视图切换为东南等轴测视图。

09 选择菜单【绘图】|【建模】|【圆柱体】命令，创建底面圆心为（0，0，0），底面半径为 25，高为 30 的圆柱体，效果如图 15-60 所示。

10 使用【圆柱体】命令，以当前坐标系下的（0，0，0）点为圆柱体底面圆心，半径为 22，高为 35，创建轴孔圆柱体，效果如图 15-61 所示。

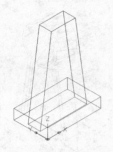

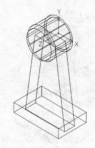

图 15-59 创建倾斜面   图 15-60 创建半径为 25 圆柱体   图 15-61 绘制半径 22 圆柱体

11 单击【实体编辑】工具栏上的 ◎ 按钮，将上面所创建的长方体、斜面体、半径为 25 的圆柱体合并。

12 单击【实体编辑】工具栏上的 ◎ 按钮，将刚合并的实体和半径为 22 的圆柱体进行差集运算，结果如图 15-62 所示。

13 将视图转换为主视图，单击【绘图】工具栏上的 ✏ 按钮，利用对象捕捉功能捕捉支撑体的端点，然后再使用【圆弧】命令，利用捕捉功能绘制圆弧。

14 使用快捷键 O 激活【偏移】命令，对刚绘制的曲线向内偏移 4 个单位，结果如图 15-63 所示。

15 单击【修改】工具栏上的 ✂ 按钮，对刚偏移的曲线进行修剪，并删除多余的部分，结果如图 15-64 所示。

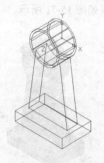

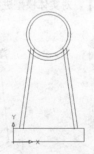

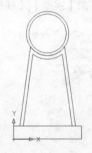

图 15-62 差集结果   图 15-63 偏移   图 15-64 修剪

16 使用快捷键 PE 激活【多段线】命令，将刚修剪的轮廓进行合并。

17 将视图切换为西南等轴测视图，并单击【建模】工具栏上的 ▣ 按钮，对刚合并的多段线进行拉伸操作，拉伸高度为-4，结果如图 15-65 所示。

18 在命令行输入 "UCS"，将 UCS 坐标系移动到当前坐标系下的（0，0，-25）点。

19 选择菜单【修改】|【三维操作】|【三维镜像】命令，将刚创建的拉伸实体沿 XY 平面镜像，结果如图 15-66 所示。

20 单击【实体编辑】编辑工具栏上的 ◎ 按钮，将创建的实体模型进行差集处理，消隐结果如图 15-67 所示。

21 在命令行中输入 "UCS"，将坐标系移至轴孔圆柱体以侧面的中心点处。

技 巧

巧妙使用【移动 UCS】命令更换当前坐标系的原点位置，可以避免点的错误定位，这种技巧无论是三维空间或是二维操作空间内，都是非常适用的。

图 15-65 拉伸

图 15-66 镜像

图 15-67 差集运算

22 选择菜单【绘图】|【建模】|【圆柱体】命令，以当前坐标系下（0，-28，0）为圆柱体底面圆心，创建半径为分别为 4 和 3，高为-30 的两个圆柱体，结果如图 15-68 所示。

23 选择菜单【修改】|【三维操作】|【三维阵列】命令，将刚创建的圆柱体进行环形阵列，设置阵列数目为 3，角度为 360°，中心点为（0，0，0），第二点为（0，0，5），结果如图 15-69 所示。

24 单击【实体编辑】工具栏上的 ⓜ 按钮，将主体部分和半径为 4 的三个圆柱体合并。

25 单击【实体编辑】工具栏上的 ⓜ 按钮，将主体部分和半径 3 的三个圆柱体进行差集处理，消隐结果如图 15-70 所示。

26 选择菜单【视图】|【视觉样式】|【概念】，对实体模型进行着色，最终结果如图 15-71 所示。

图 15-68 绘制圆柱体

图 15-69 阵列圆柱体

图 15-70 差集结果

图 15-71 最终结果

199 绘制连杆模型

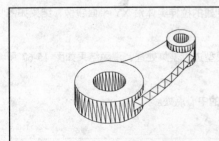

本例主要学习使用【面域】、【拉伸】和【差集】等命令绘制连杆立体模型的方法和技巧。在具体操作过程中使用了先平面后立体的建模方法。

文件路径：	DVD\实例文件\第 15 章\实例 199.dwg	
视频文件：	DVD\MP4\第 15 章\实例 199.MP4	
播放时长：	0:03:33	

01 使用【新建】命令，创建空白文件。

02 使用快捷键 C 激活【圆】命令，配合【捕捉自】和【捕捉圆心】功能绘制如图 15-72 所示的两组同心圆。

03 选择菜单【绘图】|【圆】|【相切、相切、半径】命令，绘制外切圆和内接圆，并使用【修剪】命令修剪多余的线段，结果如图 15-73 所示。

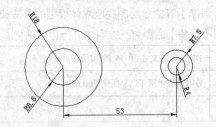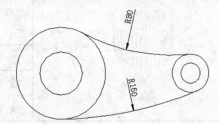

图 15-72 绘制结果　　　　　　　　　　　　　　　图 15-73 绘制相切圆

（技 巧）
　　用户可按住 Ctrl 键单击右键，从弹出的对象临时捕捉快捷菜单上选择相应的功能。

04 选择菜单【绘图】|【边界】命令，在如图 15-74 所示的 A 点里面拾取一点，创建一个闭合的面域。

05 选择菜单【视图】|【西南等轴测】命令，将视图切换为西南视图，结果如图 15-75 所示。

06 设置变量 "ISOLINES" 的值为 20，设置变量 "FACETRES" 的值为 6.

07 选择菜单【绘图】|【建模】|【拉伸】命令，将两端的圆图形拉伸 13 个绘图单位，将中间的连接体面域拉伸 6 个绘图单位，结果如图 15-76 所示。

08 使用【移动】命令，将中间的连接体模型沿 Z 轴移动 3.5 个绘图单位，结果如图 15-77 所示。

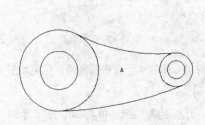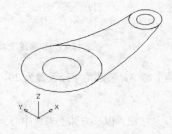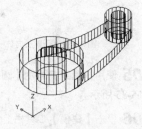

图 15-74 指定位置　　　　　　　　図 15-75 切换视图　　　　　　　　图 15-76 拉伸

09 使用快捷键 SU 激活【差集】命令，创建连杆两端的圆孔，并进行消隐显示，结果如图 15-78 所示。

10 选择菜单【视图】|【视觉样式】|【概念】命令，对模型进行概念着色，最终结果如图 15-79 所示。

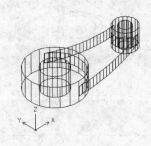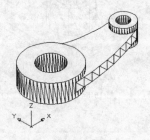

图 15-77 位移　　　　　　　　　　図 15-78 差集结果　　　　　　　　図 15-79 最终结果

200 绘制底座模型

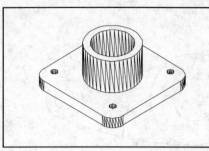

本例主要学习使用【长方体】、【圆柱体】、【差集】、【三维阵列】以及【消隐】等命令绘制底座立体模型的方法和技巧。而且，使用【圆角】命令为三维实体进行边角细化。

文件路径：	DVD\实例文件\第 15 章\实例 200.dwg	
视频文件：	DVD\MP4\第 15 章\实例 200.MP4	
播放时长：	0:03:20	

01 新建空白文件，并启用【对象捕捉】和【对象追踪】功能。

02 将当前视图切换到西南视图，然后使用【长方体】命令，以坐标（0，0，0）为中心，创建长宽分别为 150，高为 15 的长方体，结果如图 15-80 所示。

03 选择菜单【绘图】|【建模】|【圆柱体】命令，创建半径为 5，高度为 -15 的圆柱体，结果如图 15-81 所示。

04 选择菜单【修改】|【三维操作】|【三维阵列】命令，对圆柱体进行矩形阵列，行数和列数为 2，层数为 1，行间距和列间距分别为 110，结果如图 15-82 所示。

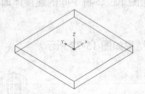

图 15-80　创建长方体　　　　图 15-81　创建圆柱体　　　　图 15-82　三维阵列

05 使用快捷键 F 激活【圆角】命令，将圆角半径设置为 20，分别对长方体的 4 个角进行圆角，结果如图 15-85 所示。

06 单击【建模】工具栏上的⬜按钮，以长方体上表面中心为圆心，分别创建半径为 40 和 30，高度为 50 的圆柱体，结果如图 15-83 所示。

07 选择菜单【修改】|【实体编辑】|【差集】命令，对实体进行差集运算，消隐结果如图 15-84 所示。

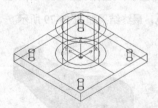
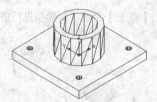
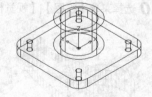

图 15-83　创建圆柱　　　　图 15-84　差集结果　　　　图 15-85　圆角结果

技 巧

　　巧妙使用【圆角】命令中的"修剪"选项，可以将圆角的修剪模式更改为"不修剪"以确保圆角对象不发生变化。

08 在命令行输入系统变量 "FACETRES"，设置值为 5。

09 选择菜单【视图】|【消隐】命令，结果如图 15-86 所示。

10 选择菜单【视图】|【视觉样式】|【概念】命令，对模型进行概念着色，结果如图 15-87 所示。

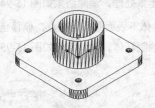
图 15-86　消隐结果

图 15-87　着色效果

201 绘制轴承圈模型 ↙

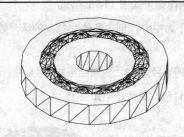

本例主要学习使用【圆柱体】、【圆环体】、【球体】和【拉伸】等命令绘制轴承圈模型。在操作过程中综合使用了【视图】、【差集】和【三维阵列】等命令。

💿	文件路径：	DVD\实例文件\第 15 章\实例 201.dwg
🎬	视频文件：	DVD\MP4\第 15 章\实例 201.MP4
🎬	播放时长：	0:04:07

01 使用【文件】|【新建】命令，创建空白文件。

02 选择菜单【格式】|【图层】命令，新建 "滚子"、"轴承内圈" 和 "轴承外圈" 三个图层，并将 "轴承外圈" 设置为当前图层。

03 将当前视图切换为东南等轴测视图，然后单击【建模】工具栏上的 按钮，创建以坐标原点为底面中心，半径为 80，高度为 25 的圆柱体，结果如图 15-88 所示。

04 使用【圆柱体】命令，创建一个与刚绘制的圆柱体同心等高半径为 60 的圆柱体，消隐结果如图 15-89 所示。

05 单击【实体编辑】工具栏上的 按钮，对实体进行差集处理，消隐结果如图 15-90 所示。

06 将 "轴承内圈" 设置为当前层，并将视图切换为俯视图，结果如图 15-91 所示。

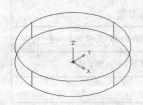
图 15-88　创建圆柱体

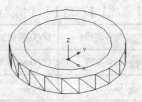
图 15-89　创建圆柱体

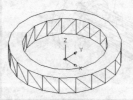
图 15-90　差集运算

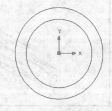
图 15-91　切换视图

07 单击【绘图】工具栏上 按钮，以同心圆的圆心为圆心，绘制半径分别为 45 和 20 的同心圆，结果如

图 15-92 所示。

08 将视图切换为东南等轴测视图，并单击【建模】工具栏上的 🔲 按钮，对刚绘制的同心圆进行拉伸，高度为 25，结果如图 15-93 所示。

09 单击【实体编辑】工具栏的 🔲 按钮，对刚拉伸的圆柱体进行差集处理，消隐结果如图 15-94 所示。

10 单击【建模】工具栏上的 🔘 按钮，配合【捕捉自】功能以圆柱体下表面圆心为基点，偏移坐标为（0，0，12.5）为中心点，创建圆环内侧半径为 52.5，圆管半径为 12.5 的圆环体，消隐结果如图 15-95 所示。

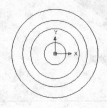 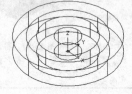 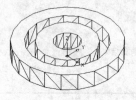 

图 15-92 绘制同心圆　　　　图 15-93 拉伸结果　　　　图 15-94 差集结果　　　　图 15-95 创建圆环体

11 综合使用【差集】和【并集】命令，对实体进行布尔运算，消隐结果如图 15-96 所示。

12 单击【建模】工具栏上的的 ⭕ 按钮，以坐标（52.5，0，12.5）为中心，创建半径为 12.5 的球，结果如图 15-97 所示。

13 单击【建模】工具栏上的 🔲 按钮，对球体进行环形阵列，阵列数目为 12，消隐结果如图 15-98 所示。

14 选择菜单【视图】|【视觉样式】|【概念】命令，对模型进行着色，最终结果如图 15-99 所示。

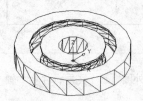 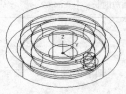 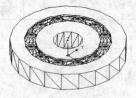 

图 15-96 差集处理　　　　图 15-97 创建球体　　　　图 15-98 阵列结果　　　　图 15-99 最终结果

202 创建法兰轴模型 ↙

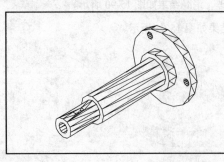

本例主要学习使用【多段线】、【圆】、【旋转】、【三维阵列】等命令创建法兰轴。在具体的操作中还使用了【修剪】、【移动】和【捕捉自】功能。

	文件路径：	DVD\实例文件\第 15 章\实例 202.dwg
	视频文件：	DVD\MP4\第 15 章\实例 202.MP4
	播放时长：	0:04:49

01 使用【文件】|【新建】命令，创建空白文件。

02 使用【多段线】命令，配合【正交】功能绘制如图 15-100 所示的多段线轮廓。

03 将视图切换为西南等轴测视图，然后单击【建模】工具栏上的 按钮，对闭合多段线进行旋转，结果如图 15-101 所示。

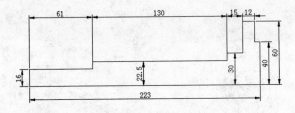

图 15-100　绘制轮廓线

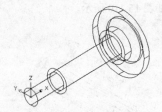

图 15-101　旋转轮廓

04 将视图切换为左视图，然后使用【圆】命令，配合【捕捉象限点】和【捕捉圆心】功能，绘制如图 15-102 所示的圆。

05 将视图切换为西南等轴测视图，并单击【建模】工具栏中的 按钮，对刚绘制的小圆进行拉伸，高度为-30，结果如图 15-103 所示。

06 选择菜单【修改】|【三维操作】|【三维阵列】命令，对刚拉伸的实体进行环形阵列，阵列数目为 3，结果如图 15-104 所示。

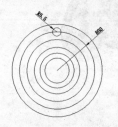

图 15-102　绘制圆

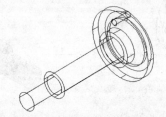

图 15-103　拉伸结果

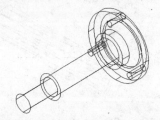

图 15-104　环形阵列

07 单击【实体编辑】工具栏上的 按钮，对图形进行差集处理，消隐结果如图 15-105 所示。

08 将视图切换为俯视图，使用【直线】、【圆】和【修剪】命令，创建如图 15-106 所示的半圆键槽，并将其创建为面域。

09 将视图切换为西南等轴测图，并使用【拉伸】命令，对刚创建的面域沿 z 轴方向拉伸 6 个绘图单位，结果如图 15-107 所示。

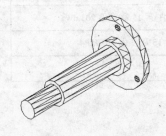

图 15-105　差集运算

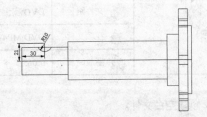

图 15-106　创建半圆键槽

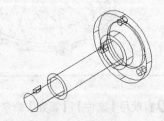

图 15-107　拉伸

10 使用【移动】命令，将键槽实体向下移动 3 个绘图单位，并单击【实体编辑】工具栏上的 按钮，创建出键槽特征。

11 使用【三维旋转】工具将轴体旋转 90°，消隐结果如图 15-108 所示。

12 将视图切换为左视图，使用【圆】命令，绘制如图 15-109 所示的圆。

13 将视图切换为西南等轴测视图，并使用【拉伸】命令，将刚绘制的圆沿 z 轴反方向拉伸 223 个绘图单位，结果如图 15-110 所示。

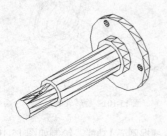
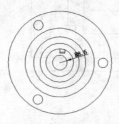
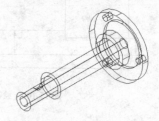

图 15-108　旋转结果　　　　图 15-109　绘制圆　　　　图 15-110　拉伸圆

14 单击【实体编辑】工具栏上的 ⊚ 按钮，对实体进行差集处理，消隐结果如图 15-111 所示。

15 选择菜单【视图】|【视觉样式】|【概念】命令，对模型进行着色，最终结果如图 15-112 所示。

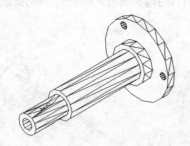

图 15-111　差集运算　　　　　　　图 15-112　最终结果

203　创建密封盖模型

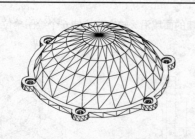	本例通过创建密封盖模型，主要综合练习了【圆】、【构造线】、【拉伸】、【三维阵列】、【面域】以及【旋转】等命令。

文件路径：	DVD\实例文件\第 15 章\实例 203.dwg
视频文件：	DVD\MP4\第 15 章\实例 203.MP4
播放时长：	0:06:35

01 使用【文件】|【新建】命令，创建空白文件。

02 单击【绘图】工具栏上的 ⊘ 按钮，绘制如图 15-113 所示的圆轮廓线。

03 单击【修改】工具栏上的 品 按钮，将半径为 12 的圆进行环形阵列，阵列总数为 6，结果如图 15-114 所示。

04 使用【修剪】命令，修剪图形中多余的线段，并使用【面域】命令，创建外轮廓面域，结果如图 15-115 所示。

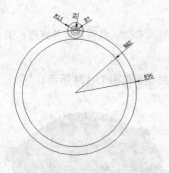

图 15-113　绘制圆轮廓线

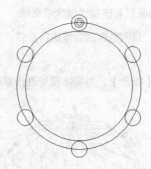

图 15-114　阵列圆

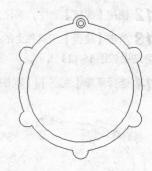

图 15-115　创建面域

05 将视图切换为西南等轴测视图，并单击【建模】工具栏上的按钮，选取刚创建的那个面域和半径为 82 的的圆，沿 Z 轴方向拉伸 8 个绘图单位，结果如图 15-116 所示。

06 使用【移动】命令，选取半径为 7 的圆轮廓线向上移动 6，然后使用【拉伸】命令，选取半径为 4 的圆为拉伸对象，沿 Z 轴正方向拉伸 6，接着选取移动后的圆为拉伸对象沿同方向拉伸 2，结果如图 15-117 所示。

07 选择菜单【修改】|【三维操作】|【三维阵列】选项，分别将半径为 4 和 7 的圆柱体绕中心点进行环形阵列操作，圆周阵列总数为 6，结果如图 15-118 所示。

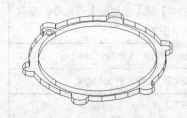

图 15-116　拉伸面域

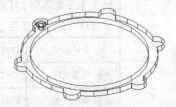

图 15-117　拉伸圆

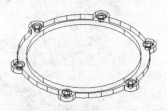

图 15-118　阵列圆柱体

08 单击【实体编辑】工具栏上的按钮，将其他小圆柱实体从大圆柱实体中去除，并将实体进行消隐处理，结果如图 15-119 所示。

09 使用【构造线】命令，绘制如图 15-120 所示的中心线。

10 使用【直线】命令，沿中心交点向下绘制长度为 37.08 的线段，然后使用【圆】命令，以该线段中点为圆心，分别绘制半径为 95 和 90 的圆轮廓线，结果如图 15-121 所示。

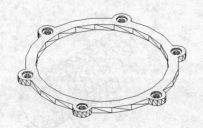

图 15-119　差集运算

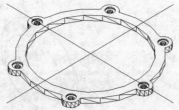

图 15-120　绘制中心线

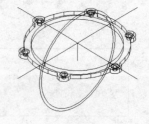

图 15-121　绘制轮廓线

11 使用【修剪】和【删除】命令，修剪和删除多余线段，并使用【直线】命令，连接两圆弧线，结果如图 15-122 所示。

12 使用【面域】命令，将刚绘制的圆弧线和连接线创建成面域。

13 单击【建模】工具栏上的 按钮，对刚创建的面域进行旋转，创建出球面实体，并将其合并处理，消隐结果如图 15-123 所示。

14 选择菜单【视图】|【视图样式】|【概念】，对实体模型进行着色，最终结果如图 15-124 所示。

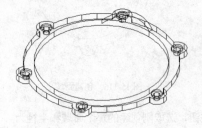
图 15-122 操作结果

图 15-123 旋转面域

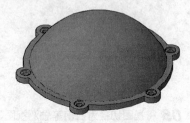
图 15-124 最终结果

204 创建螺栓模型 ↙

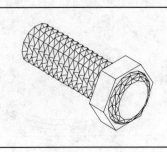

本例通过创建螺栓模型，主要练习了【多段线】、【旋转】、【三维阵列】、【圆柱体】和【多边形】等命令。在具体操作中还灵活运用了布尔运算。

文件路径：	DVD\实例文件\第 15 章\实例 204.dwg
视频文件：	DVD\MP4\第 15 章\实例 204.MP4
播放时长：	0:03:31

01 使用【新建】命令，创建空白文件。

02 使用【多段线】命令，根据坐标点的输入功能，绘制如图 15-125 所示的多段线，结果如图 15-125 所示。

03 将视图切换为西南等轴测视图，并单击【建模】工具栏中的 按钮，以 Y 轴为旋转轴，对刚绘制的闭合多段线进行旋转，结果如图 15-126 所示。

04 选择菜单【修改】|【三维操作】|【三维阵列】命令，对刚旋转的实体进行矩形阵列，行数为 16，其他为默认，消隐结果如图 15-127 所示。

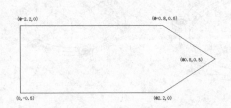
图 15-125 绘制多段线

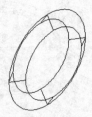
图 15-126 旋转轮廓

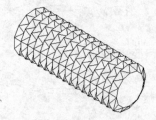
图 15-127 阵列实体

05 单击【实体编辑】工具栏上的 按钮，对图中所有的图形作并集处理。

06 单击【建模】工具栏上的 🔾 按钮，以图 15-128 所示的圆心为中心绘制半径为 4 高度为 − 4 的圆柱体，消隐结果如图 15-129 所示。

07 单击【绘图】工具栏上的 ⬡ 按钮，以刚绘制的圆柱体底面圆心为中心，绘制半径为 5 的正六边形，结果如图 15-130 所示。

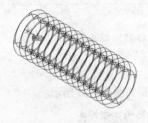

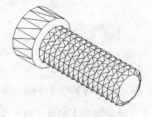

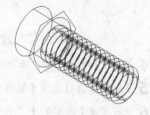

图 15-128　指定圆心　　　　　　　　图 15-129　创建圆柱体　　　　　　　图 15-130　绘制正六边形

08 单击【建模】工具栏上的 🔾 按钮，对刚绘制的正六边形拉伸 -3 个绘图单位，消隐结果如图 15-131 所示。

09 单击【实体编辑】工具栏中的 ◎ 按钮，将图中的实体进行并集处理。

10 将视图切换为东北等轴测视图，并使用【圆角】命令，对圆柱体圆角，半径为 1，消隐结果如图 15-132 所示。

11 选择菜单【视图】|【视图样式】|【概念】，对实体模型进行着色，最终结果如图 15-133 所示。

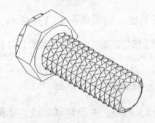

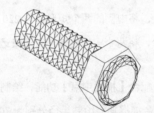

图 15-131　拉伸　　　　　　　　　　图 15-132　圆角　　　　　　　　　　图 15-133　最终结果

205　绘制箱体模型

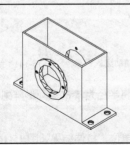	本例通过绘制箱体模型，主要练习了【矩形】、【圆】、【偏移】、【拉伸】、【阵列】、【三维镜像】等命令。在操作过程中还灵活使用了对象捕捉功能捕捉各点。	
	文件路径：	DVD\实例文件\第 15 章\实例 205.dwg
	视频文件：	DVD\MP4\第 15 章\实例 205.MP4
	播放时长：	0:07:28

01 新建文件，并启用【对象捕捉】功能。

02 选择菜单【绘图】|【矩形】命令，绘制长为 350，宽度为 115 的矩形，结果如图 15-134 所示。

03 使用快捷键 C 激活【圆】命令，在矩形上分别绘制如图 15-135 所示的 4 个圆。

图 15-134 绘制矩形

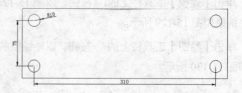

图 15-135 绘制圆

04 使用【矩形】命令，绘制如图 15-136 所示的内部矩形。

05 使用快捷键 O 激活【偏移】命令，将矩形向内偏移 5 个绘图单位，结果如图 15-137 所示。

06 选择菜单【视图】|【三维视图】|【东南等轴测】命令，将当前视图切换为东南视图。

图 15-136 绘制矩形

图 15-137 偏移矩形

07 在命令行设置系统变量 "ISOLINES" 的值为 30。

08 使用快捷键 EXT 激活【拉伸】命令，将内侧的两个矩形拉伸 220 个绘图单位，结果如图 15-138 所示。

09 使用快捷键 SU 激活【差集】命令，将两个实体拉伸进行差集运算，然后对其消隐，结果如图 15-139 所示。

10 使用快捷键 L 激活【直线】命令，配合【捕捉中点】功能，绘制如图 15-140 所示的辅助线。

11 使用快捷键 C 激活【圆】命令，配合捕捉功能绘制半径分别为 70、50 和 5 的圆，并删除辅助线，结果如图 15-141 所示。

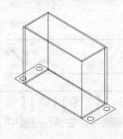

图 15-138 拉伸矩形

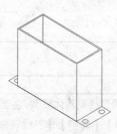

图 15-139 差集运算

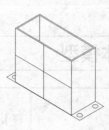

图 15-140 绘制辅助线

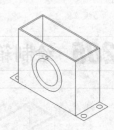

图 15-141 绘制圆

12 选择菜单【修改】|【阵列】命令，以刚绘制的同心圆作为中心点，将半径为 5 的圆环形阵列 4 份，结果如图 15-142 所示。

13 使用快捷键 EXT 激活【拉伸】命令，分别将 6 个圆形拉伸 15 个绘图单位，拉伸结果如图 15-143 所示。

14 使用【移动】命令，将拉伸后的圆柱体模型沿 Y 轴移动 5 个绘图单位。

15 选择菜单【修改】|【三维操作】|【三维镜像】命令，将移动后的模型镜像复制，镜像面为当前 ZX 坐标平面，镜像结果如图 15-144 所示。

16 综合使用【并集】和【差集】命令，对个实体模型进行布尔运算，消隐结果如图 15-145 所示。

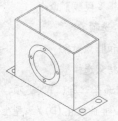

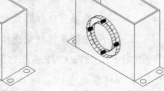

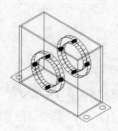

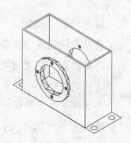

图 15-142 阵列圆　　　　图 15-143 拉伸圆　　　　图 15-144 镜像　　　　图 15-145 布尔运算

17 将当前视图恢复为二维线框着色，然后使用快捷键 EXT 激活【拉伸】命令，将底板矩形和圆拉伸 7 个绘图单位，结果如图 15-146 所示。

18 使用【并集】和【差集】命令，对实体模型进行布尔运算，然后对其消隐显示，结果如图 15-147 所示。

19 选择菜单【视图】|【视觉样式】|【概念】，对实体模型进行着色，最终结果如图 15-148 所示。

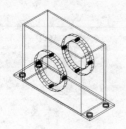

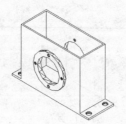

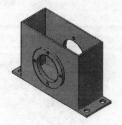

图 15-146 拉伸矩形和圆　　　　图 15-147 操作结果　　　　图 15-148 最终结果

206 绘制弯管模型

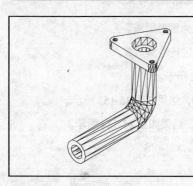

本例主要学习使用了【三维多段线】、【分解】、【编辑多段线】、【拉伸】和【视觉样式】等多种命令绘制弯管零件立体模型的方法和技巧。在柱体建模过程中使用【拉伸】和【拉伸面】命令中的【路径】功能创建三维模型。

文件路径:	DVD\实例文件\第 15 章\实例 206.dwg	
视频文件:	DVD\MP4\第 15 章\实例 206MP4	
播放时长:	0:04:29	

01 新建文件，并激活【对象捕捉】功能。

02 选择菜单【视图】|【三维视图】|【东南等轴测】命令，将视图切换为东南视图。

03 选择菜单【绘图】|【三维多段线】命令，使用坐标输入法绘制弯管中心线，结果如图 15-149 所示。

04 选择菜单【修改】|【分解】命令，将绘制的三维多段线分解。

05 选择菜单【修改】|【圆角】命令，将分解的多段线进行圆角，半径为 40，结果如图 15-150 所示。

06 使用快捷键 PE 激活【编辑多段线】命令，将图 15-150 所示的各对象编辑为多段线，命令行提示如下：

命令：Pe PEDIT   //调用【编辑多段线】命令

选择多段线或 [多条(M)]：M↙   //输入 "M" 选项

选择对象：指定对角点：找到 3 个   //选择直线和圆弧对象

选择对象：↙   //按回车键结束选择

是否将直线、圆弧和样条曲线转换为多段线？[是(Y)/否(N)]？<Y>↙   //选择 "是(Y)" 选项

输入选项 [闭合(C)/打开(O)/合并(J)/宽度(W)/拟合(F)/样条曲线(S)/非曲线化(D)/线型生成
(L)/反转(R)/放弃(U)]：J↙   //选择 "合并(J)" 选项

合并类型 = 延伸

输入选项 [闭合(C)/打开(O)/合并(J)/宽度(W)/拟合(F)/样条曲线(S)/非曲线化(D)/线型生成
(L)/反转(R)/放弃(U)]：   //回车退出命令

07 使用快捷键 C 激活【圆】命令，以中心线最上侧的端点为圆心，绘制半径为 15 和 25 的同心圆，结果如图 15-151 所示。

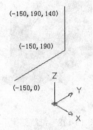

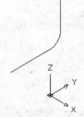

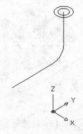

图 15-149　绘制中心线　　　　图 15-150　圆角结果　　　　图 15-151　绘制同心圆

　　技 巧：在对分解后的三段线进行圆角时，需要从下向上，依次选择圆角对象。

08 使用快捷键 REG 激活【面域】命令，将刚绘制的两个同心圆转化为圆形面域。

09 选择菜单【修改】|【实体编辑】|【差集】命令，将两个圆形面域进行差集运算。

10 使用【多边形】命令，绘制半径为 80 的三角形，结果如图 15-152 所示。

11 选择菜单【修改】|【圆角】命令，对三角形进行圆角，半径为 10，结果如图 15-153 所示。

12 使用快捷键 C 激活【圆】命令，在三角形各角绘制半径为 5 的圆，结果如图 15-154 所示。

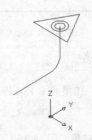

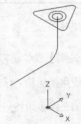

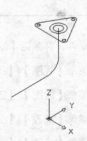

图 15-152　绘制三角形　　　　图 15-153　圆角　　　　　　图 15-154　绘制圆

13 在命令行输入 "ISOLINES" 将当前实体线框密度设置为 25。

14 使用快捷键 EXT 激活【拉伸】命令，将圆角三角形和 3 个圆孔拉伸 18 个单位，结果如图 15-155 所示。

15 使用【拉伸】命令，使用命令中的"路径"功能，将弯曲截面进行拉伸，消隐结果所示。

16 选择菜单【修改】|【实体编辑】|【拉伸面】命令，继续创建弯管的实体模型，结果如图 15-157 所示。

17 使用【构造线】命令，绘制如图 15-158 所示的辅助线。

 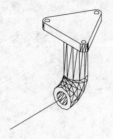 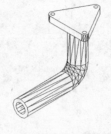 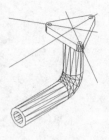

图 15-155 拉伸　　　　　图 15-156 路径拉伸　　　　　图 15-157 拉伸面　　　　　图 15-158 绘制辅助线

18 使用快捷键 CYL 激活【圆柱体】命令，以刚绘制的辅助线的交点为圆心，创建底面半径为 25，高度为 −18 的圆柱体，消隐结果如图 15-159 所示。

19 使用【删除】命令，将辅助线删除，并使用【差集】命令，对个别实体进行差集处理，消隐结果如图 15-160 所示。

20 选择菜单【视图】|【视觉样式】|【概念】，对实体模型进行着色，最终结果如图 15-161 所示。

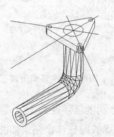 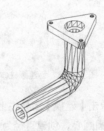 

图 15-159 创建圆柱体　　　　　图 15-160 差集运算　　　　　图 15-161 最终结果

207 创建定位支座

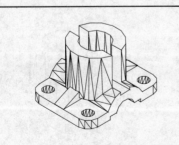

	本例主要学习使用了【圆】、【直线】、【面域】、【拉伸】、【圆柱体】、【锲体】、【交集】、【并集】和【三维镜像】等命令绘制定位支座立体模型的方法和技巧。	
文件路径：	DVD\实例文件\第 15 章\实例 207.dwg	
视频文件：	DVD\MP4\第 15 章\实例 207.MP4	
播放时长：	0:06:07	

01 使用【新建】命令，创建空白文件。

02 将视图切换为前视图，使用【直线】和【圆】命令，绘制轮廓线；并使用【修剪】命令，修剪多余的线段，并将其切换为西南视图，结果如图 15-162 所示。

03 单击【绘图】工具栏中的 按钮，将所有的轮廓线创建为面域。

04 单击【建模】工具栏上的 按钮，选取刚创建的面域向前拉伸 95 个绘图单位，结果如图 15-163 所示。

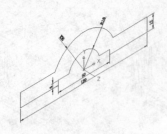

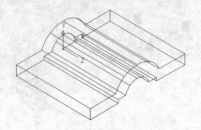

图 15-162 绘制轮廓线　　　　　　　　　　　　　　图 15-163 拉伸

05 单击【修改】工具栏中的 按钮，将实体的各棱边创建半径为 15 的圆角，结果如图 15-164 所示。

06 切换俯视图为当前视图方向，单击【建模】工具栏上的 按钮，在实体上连续创建 4 个直径为 15，高度为 – 12 的圆柱体，结果如图 15-165 所示。

07 单击【实体编辑】工具栏上的 按钮，将实体进行差集运算，结果如图 15-166 所示。

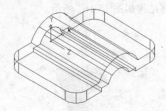

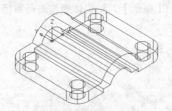

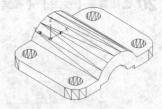

图 15-164 创建圆角　　　　　　　图 15-165 创建圆柱体　　　　　　　图 15-166 差集运算

08 使用【直线】命令，绘制辅助线，并单击【建模】工具栏上的 按钮，分别创建半径为 35、高度为 58 的圆柱体，以半径为 15 的半圆弧圆心为底圆圆心，创建直径为 30、高度为 – 95 的圆柱体，结果如图 15-167 所示。

09 单击【实体编辑】工具栏中的 按钮，将上一步创建的圆柱体从与之相交的实体中去除，消隐结果如图 15-168 所示。

10 选择菜单【绘图】|【建模】|【圆柱体】命令，创建底面半径为 20，高度为 – 70 的圆柱体，结果如图 15-169 所示。

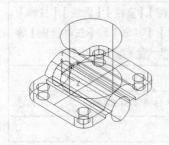

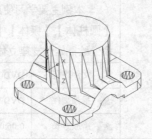

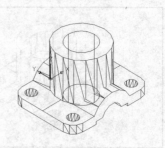

图 15-167 创建圆柱体　　　　　　图 15-168 差集运算　　　　　　图 15-169 创建圆柱体

11 综合使用【差集】和【并集】命令，对实体进行布尔运算，消隐结果如图 15-170 所示。

12 单击【建模】工具栏上的□按钮，创建长为 95，宽为 15，高为 96 的长方体，结果如图 15-171 所示。

13 使用【差集】命令，将实体进行差集处理，消隐结果如图 15-172 所示。

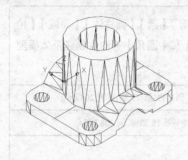
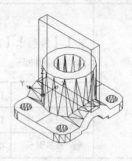
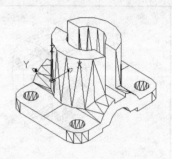

图 15-170　布尔运算　　　　　　图 15-171　创建长方体　　　　　　图 15-172　差集运算

14 单击【建模】工具栏上的⊿，在绘图区空白处，绘制长度为 24，宽度为 15，厚度为 10 的肋板实体，结果如图 15-173 所示。

15 将【视觉样式】切换为二维线框，并使用快捷键 "M" 将刚创建的肋板移至如图 15-174 所示的位置。

16 选择菜单【修改】|【三维操作】|【三维镜像】命令，将刚移动的肋板在 YZ 平面中镜像，消隐结果如图 15-175 所示。

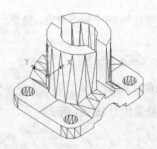
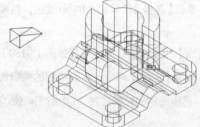
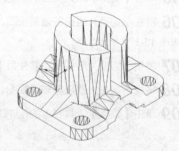

图 15-173　创建肋板　　　　　　图 15-174　移动结果　　　　　　图 15-175　三维镜像

17 使用【并集】命令，对实体进行并集处理，消隐结果如图 15-176 所示。

18 选择菜单【视图】|【视觉样式】|【概念】，对实体模型进行着色，最终结果如图 15-177 所示。

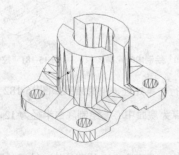
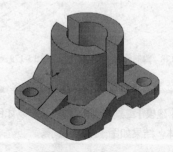

图 15-176　并集结果　　　　　　图 15-177　最终结果

208 绘制泵体模型

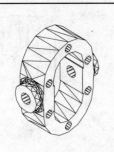

本例主要学习使用了【圆】、【圆柱体】、【面域】、【拉伸】、【修剪】、【复制】和【圆角】等命令创建泵体模型的方法和技巧。

文件路径:	DVD\实例文件\第 15 章\实例 208.dwg
视频文件:	DVD\MP4\第 15 章\实例 208.MP4
播放时长:	0:04:49

01 使用【新建】命令，创建空白文件。

02 在命令行输入"ISOLINES"，将当前实体线框密度设置为 10。

03 单击【视图】工具栏上的■按钮，将当前视图设置为主视图方向。

04 使用【直线】和【圆】命令，绘制轮廓线，并使用【修剪】命令，对图形进行修剪，结果如图 15-178 所示。

05 单击【绘图】工具栏上的◎按钮，将刚绘制的闭合轮廓创建成一个面域。

06 将视图切换为西南等轴测视图，并单击【建模】工具栏上的▣按钮，将面域拉伸 26 个绘图单位，结果如图 15-179 所示。

07 将视图切换为前视图，并使用【直线】和【圆】命令，绘制如图 15-180 所示的内部轮廓线。

08 将视图切换为西南等轴测视图，并使用【面域】命令，将刚绘制的轮廓创建为面域。

09 单击【建模】工具栏上的▣按钮，将刚绘制的轮廓拉伸 26 个绘图单位，结果如图 15-181 所示。

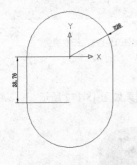

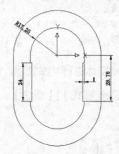

图 15-178 绘制轮廓线　　　图 15-179 拉伸　　　图 15-180 绘制内外轮廓　　　图 15-181 拉伸

10 选择菜单【修改】|【实体编辑】|【差集】命令，对实体进行差集处理，消隐结果如图 15-182 所示。

11 单击【建模】工具栏上的▣按钮，以如图 15-183 所示的交点为底面中心，绘制底面半径为 12，高度为 -7 的圆柱体，结果如图 15-184 所示。

12 重复使用【圆柱体】命令，根据以上步骤，绘制底面半径为 12，高度为 7 的圆柱体，结果如图 15-185 所示。

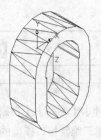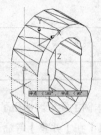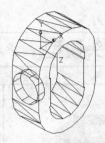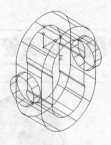

图 15-182 差集运算　　　图 15-183 指定中心　　　图 15-184 创建圆柱体　　　图 15-185 创建圆柱体

13 使用【并集】命令，将图中的实体进行并集处理。

14 单击【修改】工具栏中的□按钮，对图形进行圆角，圆角半径为3，消隐结果如图 15-189 所示。

15 将视图切换为主视图，单击【绘图】工具栏中的⊘按钮，绘制圆心为（-22，0），半径为3.5的圆，结果如图 15-186 所示。

16 选择菜单【修改】|【复制】命令，以刚绘制的圆的圆心为基点，复制至坐标（0，-28.76）、（0，-50.76）、（22，-28.76）、（22，0）和（0，22）的点，结果如图 15-187 所示。

17 将当前视图切换为西南等轴测视图，并单击【建模】工具栏上的□按钮，对上步的6个圆进行拉伸处理，拉伸高度为26，消隐结果如图 15-188 所示。

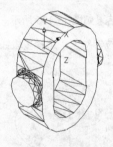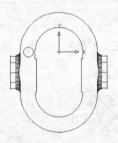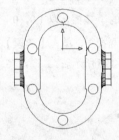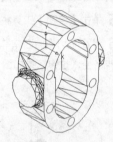

图 15-186 绘制圆　　　图 15-187 复制结果　　　图 15-188 拉伸圆　　　图 15-189 圆角

18 使用【差集】命令，将刚拉伸的6个圆柱体进行差集处理，消隐结果如图 15-190 所示。

19 选择菜单【绘图】|【建模】|【圆柱体】命令，创建半径为5，拉伸高度为-70的圆柱体，结果如图 15-191 所示。

20 使用【差集】命令，对刚创建的圆柱体进行差集处理，消隐效果如图 15-192 所示。

21 选择菜单【视图】|【视图样式】|【概念】，对实体模型进行着色，最终结果如图 15-193 所示。

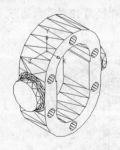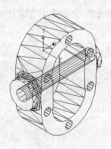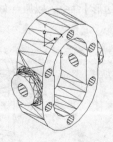

图 15-190 差集运算　　　图 15-191 创建圆柱体　　　图 15-192 差集运算　　　图 15-193 最终效果

209 创建管接头模型

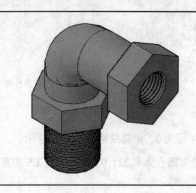

本例主要学习使用了【拉伸】、【螺纹】、【扫掠】、【差集】和【并集】等命令创建三维管接口模型的方法和技巧。

	文件路径:	DVD\实例文件\第 15 章\实例 209.dwg
	视频文件:	DVD\MP4\第 15 章\实例 209.MP4
	播放时长:	0:06:56

01 使用【新建】命令，创建空白图形文件。

02 选择菜单【视图】|【三维视图】|【西南等轴测】命令，将视图切换为西南等轴测视图。

03 单击【绘图】工具栏上的⊙按钮，以原点（0，0，0）为圆心，绘制半径为 8 的圆，如图 15-194 所示。

04 选择菜单【视图】|【三维视图】|【左视】命令，将视图切换为左视图。

05 单击【绘图】工具栏上的┗按钮，以（0，0）为起始端点，创建拉伸路径，结果如图 15-195 所示。

06 将视图切换回西南等轴测视图，单击【建模】工具栏上的┏按钮，选择圆为拉伸对象，选择多段线为拉伸路径，拉伸结果如图 15-196 所示。

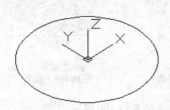

图 15-194　绘制圆

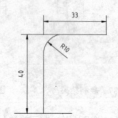

图 15-195　绘制拉伸路径

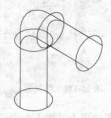

图 15-196　路径拉伸

07 单击【实体编辑】工具栏上的┓按钮，删除两个端面，设置抽壳距离为 3 个绘图单位，对图形进行抽壳，消隐结果如图 15-197 所示。

08 移动旋转坐标系，以管道端面圆心为坐标系原点，结果如图 15-198 所示。

09 选择菜单【绘图】|【多边形】命令，以原点（0，0，0）为中心点，绘制内接圆半径为 12 的正六边形，结果如图 15-199 所示。

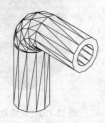

图 15-197　抽壳

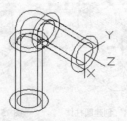

图 15-198　调整坐标系

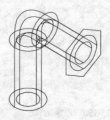

图 15-199　绘制六边形

10 单击【建模】工具栏上的 按钮，激活【按住并拖动】命令，对六边形与管体之间的部位进行拉伸处理，拉伸高度为-8，结果如图 15-200 所示。

11 单击【实体编辑】工具栏上的 按钮，激活【并集】命令，将两个图形合并一起，并删除正六边形，消隐结果如图 15-201 所示。

12 移动旋转坐标系，结果如图 15-202 所示。

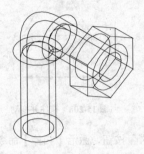

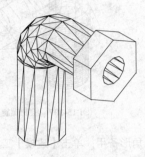
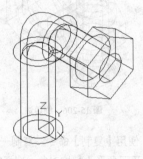

图 15-200 按住并拖动   图 15-201 并集运算   图 15-202 移动坐标系

13 选择菜单【绘图】|【多边形】命令，以原点（0,0,0）为中心点，绘制内接圆半径为 12 的正六边形，结果如图 15-203 所示。

14 单击【建模】工具栏上的 按钮，激活【按住并拖动】命令，对六边形与管体之间的部位进行拉伸处理，拉伸高度为 8，结果如图 15-204 所示。

15 调用 M【移动】命令，将拉伸的图形向上移动 16 个绘图单位，选择菜单【修改】|【实体编辑】|【并集】，合并图形，消隐结果如图 15-205 所示。

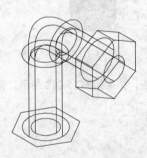
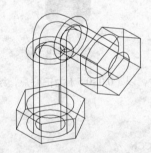
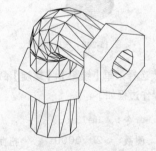

图 15-203 绘制正六边形   图 15-204 按住并拖动   图 15-205 并集运算

16 选择菜单【修改】|【实体编辑】|【倒角边】，对实体模型进行倒角处理，倒角距离为 0.5，结果如图 15-206 所示。

17 选择菜单【绘图】|【螺旋】为鬼为蜮，以（0,0,0.5）为中心点，绘制螺旋线，结果如图 15-207 所示。
命令行操作过程如下：

```
命令：_Helix                                        //调用【螺旋】命令
圈数 = 3.0000        扭曲=CCW
指定底面的中心点：0,0,0.5↵                          //指定中心点
指定底面半径或 [直径(D)] <2.0000>: 8↵              //输入底面圆半径
指定顶面半径或 [直径(D)] <2.0000>: 8↵              //输入顶面圆半径
指定螺旋高度或 [轴端点(A)/圈数(T)/圈高(H)/扭曲(W)] <0.0000>: t↵    //选择圈数
```

输入圈数 <3.0000>: 20↙   //输入圈数

指定螺旋高度或 [轴端点(A)/圈数(T)/圈高(H)/扭曲(W)] <0.0000>:18↙   //输入高度回车

18 选择菜单【绘图】|【多边形】命令，绘制内接圆半径为 0.375 的正三角形，结果如图 15-208 所示。

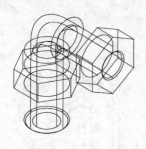
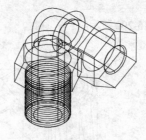
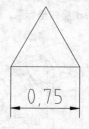

| 图 15-206 倒角边 | 图 15-207 绘制螺旋 | 图 15-208 按住并拖动 |

19 使用【复制】命令，复制一份正三角形备用；单击【建模】工具栏上的 按钮，激活【扫掠】命令，选择正三角形为扫掠对象，选择螺旋为扫掠路径，进行扫掠，结果如图 15-209 所示。

20 选择菜单【修改】|【实体编辑】|【差集】，绘制出螺纹效果，结果如图 15-210 所示。

21 移动旋转坐标系，如图 15-211 所示。

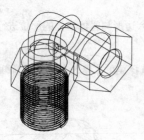
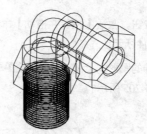
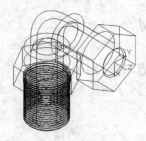

| 图 15-209 扫掠图形 | 图 15-210 差集 | 图 15-211 移动坐标系 |

22 选择菜单【绘图】|【螺旋】命令，以（0,0,-0.5）为中心点，绘制螺旋线，结果如图 15-212 所示。命令行操作过程如下：

```
命令: _Helix
圈数 = 20.0000        扭曲=CCW
指定底面的中心点:0, 0, -0.5                                          //指定中心点
指定底面半径或 [直径(D)] <8.0000>: 5                                //输入底面圆半径
指定顶面半径或 [直径(D)] <8.0000>: 5                                //输入顶面圆半径
指定螺旋高度或 [轴端点(A)/圈数(T)/圈高(H)/扭曲(W)] <18.0000>: t    //选择圈数
输入圈数 <20.0000>: 7                                               //输入圈数
指定螺旋高度或 [轴端点(A)/圈数(T)/圈高(H)/扭曲(W)] <18.0000>:-8    //输入高度回车
```

23 单击【建模】工具栏上的 按钮，激活【扫掠】命令，选择正三角形为扫掠对象，选择螺旋为扫掠路径，进行扫掠，结果如图 15-213 所示。

24 单击【实体编辑】工具栏上的 按钮，激活【差集】命令，对实体进行差集处理，消隐结果如图 15-214 所示。

25 选择菜单【视图】|【视觉样式】|【概念】，对实体模型进行着色，最终结果如图 15-215 所示。

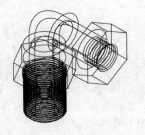

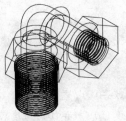
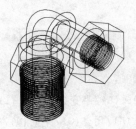

图 15-212 绘制螺旋　　图 15-213 扫掠螺旋　　图 15-214 差集运算　　图 15-215 概念视觉样式

210 创建风扇叶片模型

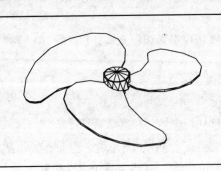

本例主要学习使用了【图层】、【圆柱体】、【球体】、【多段线】、【拉伸】、【三维旋转】和【三维阵列】等命令创建风扇叶片模型的方法和技巧。

文件路径：	DVD\实例文件\第 15 章\实例 210.dwg	
视频文件：	DVD\MP4\第 15 章\实例 210.MP4	
播放时长：	0:03:56	

01 使用【新建】命令，创建空白文件。

02 选择菜单【格式】|【图层】命令，新建"转轴"和"叶片"两个图层，并将"转轴"设置为当前图层。

03 选择菜单【视图】|【三维视图】|【西南等轴测】命令，将视图切换为西南等轴测视图。

04 在命令行输入"ISOLINES"，将当前实体线框密度设置为8。

05 单击【建模】工具栏上的◻按钮，以（0，0，0）为底面中心，创建半径为80，高度为200的圆柱体，结果如图 15-216 所示。

06 单击【建模】工具栏上的○按钮，以（0，0，-50）为中心点，创建半径为150的球体，结果如图 15-217 所示。

07 单击【实体编辑】工具栏上的◉按钮，对创建的实体进行交集处理，消隐结果如图 15-218 所示。

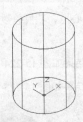
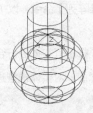

图 15-216 创建圆柱体　　　　图 15-217 创建球体　　　　图 15-218 交集运算

08 单击【建模】工具栏上的◻按钮，以（0，0，0）为底面中心，创建半径为50、高度为-50的圆柱体，消隐结果如图 15-219 所示。

09 将"叶片"图层设置为当前图层，单击【绘图】工具栏上的◡按钮，，绘制多段线。命令行操作过程

如下:

```
命令: _pline
指定起点: -50,50↙
当前线宽为 0.0000
指定下一个点或 [圆弧(A)/半宽(H)/长度(L)/放弃(U)/宽度(W)]:@100,0↙
指定下一点或 [圆弧(A)/闭合(C)/半宽(H)/长度(L)/放弃(U)/宽度(W)]:a↙
指定圆弧的端点或[角度(A)/圆心(CE)/闭合(CL)/方向(D)/半宽(H)/直线(L)/半径(R)/第二个
点(S)/放弃(U)/宽度(W)]: @160,360↙
指定圆弧的端点或[角度(A)/圆心(CE)/闭合(CL)/方向(D)/半宽(H)/直线(L)/半径(R)/第二个
点(S)/放弃(U)/宽度(W)]: @-600,0↙
指定圆弧的端点或[角度(A)/圆心(CE)/闭合(CL)/方向(D)/半宽(H)/直线(L)/半径(R)/第二个
点(S)/放弃(U)/宽度(W)]: @20,-120↙
指定圆弧的端点或[角度(A)/圆心(CE)/闭合(CL)/方向(D)/半宽(H)/直线(L)/半径(R)/第二个
点(S)/放弃(U)/宽度(W)]:d↙
指定圆弧的起点切向: @1,0↙
指定圆弧的端点: -50,50↙
指定圆弧的端点或[角度(A)/圆心(CE)/闭合(CL)/方向(D)/半宽(H)/直线(L)/半径(R)/第二个
点(S)/放弃(U)/宽度(W)] ↙                    //按回车键,结果如图 15-220 所示
```

10 单击【建模】工具栏上的 按钮,对刚绘制的多段线拉伸 10 个单位,结果如图 15-221 所示。

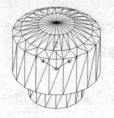

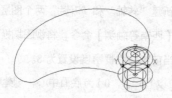

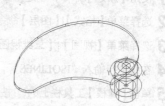

图 15-219 创建圆柱体　　　　图 15-220 绘制叶片轮廓　　　　图 15-221 拉伸多段线

11 选择菜单【修改】|【三维操作】|【三维旋转】命令,以(-50,50,0)为基点,将叶片沿 Y 轴旋转 15°,结果如图 15-222 所示。

12 选择菜单【修改】|【三维操作】|【三维阵列】命令,以(0,0,0)为中心点,项目总数为 3,对叶片进行环形阵列,结果如图 15-223 所示。

13 单击【实体编辑】工具栏上的 按钮,将所有实体进行合并处理,消隐结果如图 15-224 所示。

14 选择菜单【视图】|【视觉样式】|【概念】,对实体模型进行着色,最终结果如图 15-225 所示。

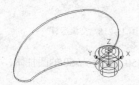

图 15-222 旋转叶片　　　　图 15-223 环形阵列　　　　图 15-224 并集运算　　　　图 15-225 最终结果

211 创建螺钉旋具柄模型

	本例通过使用【圆】、【多段线】、【阵列】、【旋转】和【边界】等命令创建螺钉旋具柄模型。在具体的操作过程中还使用了【视图】和【新建 UCS】命令定位。
文件路径:	DVD\实例文件\第 15 章\实例 211.dwg
视频文件:	DVD\MP4\第 15 章\实例 211.MP4
播放时长:	0:03:53

01 使用【新建】命令，创建空白文件。

02 单击【绘图】工具栏上的 ⊙ 按钮，绘制直径为 180 的大圆，然后再以大圆的象限点为圆心，绘制一个直径为 40 的小圆，绘制结果如图 15-226 所示。选择菜单【修改】|【阵列】命令，以大圆的圆心作为中心点，将小圆阵列复制 8 份，结果如图 15-227 所示。

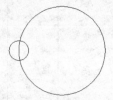

图 15-226　绘制圆

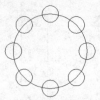

图 15-227　环形阵列

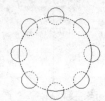

图 15-228　创建闭合边界

03 选择菜单【绘图】|【边界】命令，在【边界创建】对话框中设置对象类型为"多段线"，创建如图 15-228 所示的闭合多段线。

04 使用快捷键 M 激活【移动】命令，将创建的闭合多段线进行位移，结果如图 15-229 所示。

05 单击【视图】工具栏上的 ⚙ 按钮，激活【西南等轴测视图】命令，将当前视图切换为西南视图。

06 在命令行中输入"UCS"，激活【新建 UCS】命令，将当前坐标系绕 X 轴旋转 90°，结果如图 15-230 所示。

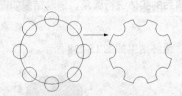

图 15-229　移动边界

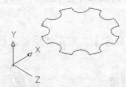

图 15-230　创建用户坐标系

图 15-231　捕捉追踪虚线的交点

07 激活状态栏上的对象追踪和极轴追踪功能，并设置极轴角为 30°。

08 使用快捷键 PL 激活【多段线】命令，以大圆的圆心作为起点，绘制螺钉旋具柄的侧面轮廓线。命令行操作过程如下：

```
命令: _pline
指定起点:                              //捕捉大圆的圆心
```

当前线宽为 0.0000
指定下一个点或 [圆弧(A)/半宽(H)/长度(L)/放弃(U)/宽度(W)]:a↙
//输入 a，激活【圆弧】选项

指定圆弧的端点或[角度(A)/圆心(CE)/方向(D)/半宽(H)/直线(L)/半径(R)/第二个点(S)/放弃(U)/宽度(W)]: //捕捉如图 15-231 所示的追踪虚线的交点

指定圆弧的端点或[角度(A)/圆心(CE)/闭合(CL)/方向(D)/半宽(H)/直线(L)/半径(R)/第二个点(S)/放弃(U)/宽度(W)]:L↙ //输入 L，激活【直线】选项

指定下一点或 [圆弧(A)/闭合(C)/半宽(H)/长度(L)/放弃(U)/宽度(W)]:@0,300↙

指定下一点或 [圆弧(A)/闭合(C)/半宽(H)/长度(L)/放弃(U)/宽度(W)]: //捕捉如图 15-232 所示的追踪虚线交点

指定下一点或 [圆弧(A)/闭合(C)/半宽(H)/长度(L)/放弃(U)/宽度(W)]:C↙ //输入 c，闭合对象，绘制结果如图 15-233 所示

09 选择菜单【绘图】|【建模】|【旋转】命令，将刚绘制的轮廓线旋转 360° 创建为实体，结果如图 15-234 所示。

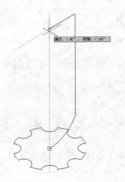 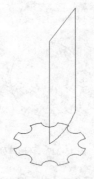 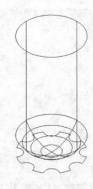

图 15-232 捕捉追踪虚线的交点　　图 15-233 绘制结果　　图 15-234 旋转多段线

10 使用快捷键 EXT 激活【拉伸】命令，选择俯视图轮廓线将其拉伸至旋转实体上顶面圆心，结果如图 15-235 所示。

11 单击【实体编辑】工具栏上的⑩按钮，激活【交集】命令，将所创建的两个实体模型进行交集运算，创建如图 15-236 所示的组合对象。

12 使用快捷键 F 激活【圆角】命令，将圆角半径设置为 10，对交集后的实体进行圆角，消隐结果如图 15-237 所示。

13 选择菜单【视图】|【视图样式】|【概念】，对实体模型进行着色，最终结果如图 15-238 所示。

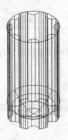 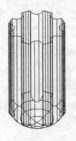  

图 15-235 拉伸　　图 15-236 交集运算　　图 15-237 圆角　　图 15-238 最终结果

212 创建手轮模型

手轮是使用人力控制各种阀门开关的零件，以较小的力实现较大的转矩。本节通过创建手轮模型，综合运用了【阵列】、【放样】、【拉伸】、【镜像】、【加厚】和【拉伸面】等命令。

	文件路径:	DVD\实例文件\第 15 章\实例 212.dwg
	视频文件:	DVD\MP4\第 15 章\实例 212.MP4
	播放时长:	0:07:38

01 新建 AutoCAD 文件，选择菜单【视图】|【三维视图】|【俯视】命令，在 XY 平面内绘制一个构造圆，圆心在坐标原点，如图 15-239 所示。

02 选择菜单【视图】|【三维视图】|【东南等轴测】命令，将视图调整到东南等轴测的方向。选择菜单【工具】|【新建 UCS】|【Z 轴矢量】命令，新建 UCS，坐标原点捕捉到圆的象限点，Z 轴方向沿圆切线方向，X 轴方向指向圆心，如图 15-240 所示。

03 使用 ViewCube 将视图调整到上视的方向，在 XY 平面内绘制两个圆，如图 15-241 所示。

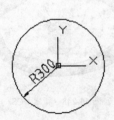

图 15-239　绘制的构造圆

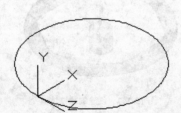

图 15-240　新建 UCS

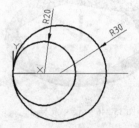

图 15-241　绘制的两个圆

04 选择菜单【工具】|【新建 UCS】|【世界】命令，将 UCS 恢复到世界坐标系的位置。

05 使用 ViewCube 将视图调整到东南等轴测方向，选择菜单【修改】|【阵列】|【环形阵列】命令，选择小圆为阵列的对象，输入阵列中心坐标(0,0)，在命令行修改阵列数量为 12，创建的 12 个小圆如图 15-242 所示。

06 同样的方法，环形阵列大圆，阵列数量为 6，阵列的结果如图 15-243 所示。

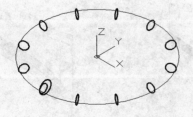

图 15-242　阵列小圆的结果

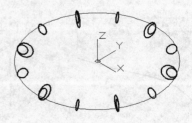

图 15-243　阵列大圆的结果

07 将大圆内的小圆删除，结果是大小圆在圆周上交替分布，如图 15-244 所示。

08 选择菜单【绘图】||【建模】||【放样】命令，或者在命令行输入"LOF"快捷命令，选择 X 轴正向正对的圆作为第一个放样轮廓，然后依次选择环形路径上的各个圆形轮廓，如图 15-245 所示，然后选择【导向】选项，拾取圆周构造线为导向线，完成放样。

09 选择菜单【视图】||【视觉样式】||【概念】命令，模型视觉效果图 15-246 所示。

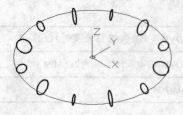

图 15-244　删除大圆内的小圆

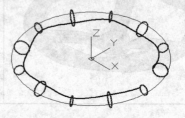

图 15-245　选择放样截面

10 选择菜单【绘图】||【建模】||【圆柱体】命令，输入底面中心坐标为（0,0,0），圆柱半径为 45，向 Z 轴负向拉伸圆柱，输入圆柱体高度为 90，创建的圆柱体如图 15-247 所示。

11 选择菜单【工具】||【新建 UCS】||【Z 轴矢量】命令，新建 UCS，坐标系原点位置不变，使 Y 轴方向垂直于圆柱端面，新 UCS 如图 15-248 所示。

图 15-246　概念视觉样式

图 15-247　创建的圆柱体

图 15-248　新建 UCS

12 在绘图区空白位置单击右键，在快捷菜单中选择【隔离】||【隐藏对象】命令，选择已有实体，将其隐藏。

13 使用 ViewCube 将视图调整到上视方向，然后在 XY 平面内绘制一段样条曲线，如图 15-249 所示。

14 选择菜单【绘图】||【建模】||【拉伸】命令，选择样条曲线为拉伸的对象，输入拉伸高度为 25，创建的拉伸曲面如图 15-250 所示。

15 选择【修改】||【三维操作】||【三维镜像】命令，选择拉伸曲面为镜像的对象，选择 XY 平面为镜像平面，镜像的结果如图 15-251 所示。

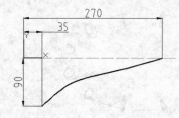

图 15-249　绘制的样条曲线

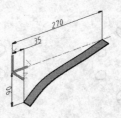

图 15-250　创建的拉伸曲面

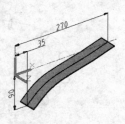

图 15-251　镜像曲面的结果

16 选择菜单【修改】|【实体编辑】|【并集】命令，将镜像曲面和源曲面合并。

17 选择菜单【修改】|【三维操作】|【加厚】命令，选择曲面为加厚的对象，输入加厚的厚度为 16，创建的加厚实体如图 15-252 所示。

18 在绘图区空白位置单击右键，在快捷菜单中选择【隔离】|【结束对象隔离】命令，将隐藏的对象恢复显示。

19 选择菜单【工具】|【新建 UCS】|【世界】命令，将 UCS 恢复到世界坐标系的位置。

20 选择菜单【修改】|【阵列】|【环形阵列】命令，选择肋板为阵列的对象，输入阵列中心坐标为（0，0，0），设置阵列项目数为 3，阵列的结果如图 15-253 所示。

21 使用 ViewCube 将视图调整到上视方向，在 XY 平面内绘制一个正六边形，如图 15-254 所示。

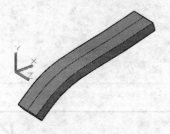
图 15-252　曲面加厚的结果

图 15-253　阵列肋板的结果

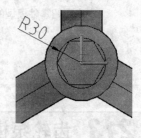
图 15-254　绘制的正六边形

22 选择菜单【绘图】|【建模】|【拉伸】命令，或在命令行输入"EXT"快捷命令，激活【拉伸】命令，选择正六边形为拉伸的对象，沿 Z 轴负向拉伸，输入拉伸高度为 170，创建的拉伸体如图 15-255 所示。

23 选择菜单【修改】|【实体编辑】|【差集】命令，选择中间圆柱体为被减的实体，选择六棱柱为减去的实体，求差集的结果如图 15-256 所示。

24 选择菜单【修改】|【实体编辑】|【拉伸面】命令，选择圆柱顶面为拉伸的面，输入拉伸高度为-50，拉伸面的结果如图 15-257 所示。

图 15-255　拉伸六边形的结果

图 15-256　求差集的结果

图 15-257　拉伸面的结果

第 16 章
零件模型的装配、分解与标注

由于三维立体图比二维平面图更加形象和直观，因此，三维绘制和装配在机械设计领域的运用越来越广泛。比较复杂的实体可以通过先绘制三维实体再转换为二维工程图，这种绘制工程图的方式可以减少工作量、提高绘图速度与精度。

本章介绍零件模型的装配、分解与标注的方法。

213 齿轮泵模型的装配 ↙

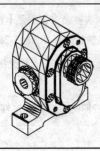

	本例主要综合使用【设计中心】、【对齐】、【三维旋转】、【复制】、【剖切】、【视口】、【三维视图】以及【概念着色】等命令，学习了零件立体装配的方法和技巧。
文件路径：	DVD\实例文件\第 16 章\实例 213.dwg
视频文件：	DVD\MP4\第 16 章\实例 213.MP4
播放时长：	0:02:33

01 新建文件，并开启【对象捕捉】功能。

02 使用快捷键 Ctrl+2 激活【设计中心】命令，在打开的资源管理器窗口中定位随书光盘中的"\素材文件\第 16 章\实例 213"文件夹，如图 16-1 所示。

03 在【设计中心】右侧窗口中定位"泵体.dwg"文件，然后单击鼠标右键，选择快捷键菜单上的"插入为块"选项，如图 16-2 所示。

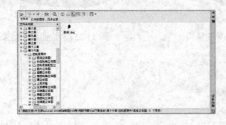

图 16-1 设计中心窗口

图 16-2 选择"插入为块"选项

04 在弹出的【插入】对话框中，采用默认参数设置，将图形以块的形式插入到当前文档中，结果如图 16-3 所示。

05 参照第 3 步和第 4 步操作，分别将左端盖、右端盖文件，以块的形式插入到当前文档中，并将视图切换为西南等轴测视图，结果如图 16-4 所示。

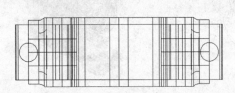

图 16-3 插入泵体块

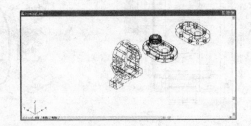

图 16-4 切换西南等轴测视图

06 选择菜单【视图】|【三维视图】|【左视图】命令，将当前视图切换为左视图方向。

07 选择菜单【修改】|【旋转】命令，将右端盖旋转-90°，结果如图 16-5 所示。

08 使用【移动】命令，将右端盖移动到如图 16-6 所示的位置，并为装配后的图形切换为西南等测轴视图，消隐结果如图 16-7 所示。

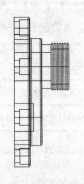

图 16-5 旋转右端盖

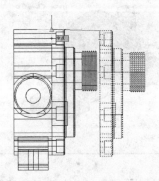

图 16-6 指定位置

09 选择菜单【视图】|【三维视图】|【左视图】命令，将当前视图切换为左视图方向。

10 选择菜单【修改】|【旋转】命令，将左端盖旋转90°，结果如图 16-8 所示。

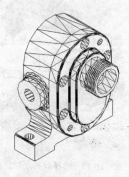

图 16-7 移动结果

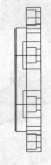

图 16-8 旋转左端盖

11 使用【移动】命令，将左端盖移动到如图 16-9 所示的位置，并为装配后的图形切换为西南等测轴视图，消隐结果如图 16-10 所示。

12 选择菜单【视图】|【视觉样式】|【概念】命令，对模型进行着色显示，最终结果如图 16-11 所示。

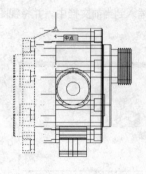

图 16-9 指定位置

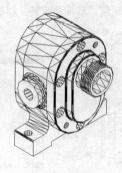

图 16-10 移动结果

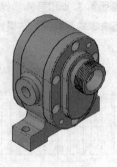

图 16-11 最终结果

214 轴承模型的装配

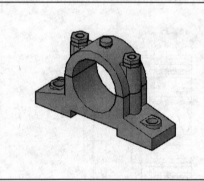

装配即将多个实体组合成为具有一定功能的机械结构，在 AutoCAD 中装配零件需要使【三维移动】、【三维旋转】、【三维对齐】等命令。本实例装配一个滑动轴承组件，除了以上操作命令，还灵活运用了三维镜像和三维阵列命令，快速生成相同的零部件。

文件路径：	DVD\实例文件\第 16 章\实例 214.dwg	
视频文件：	DVD\MP4\第 16 章\实例 214.MP4	
播放时长：	0:03:47	

01 打开素材文件 "\素材文件\第 16 章\实例 214"，模型空间包含滑动轴承的 5 零部件，如图 16-12 所示。

02 选择菜单【修改】|【三维操作】|【三维对齐】命令，选择轴承盖为对齐的对象，然后依次选择三个基准点 a、b、c，如图 16-13 所示，接着选择三个对齐点 a'、b'、c'，对齐的结果如图 16-14 所示。

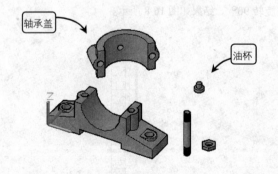

图 16-12 轴承零件

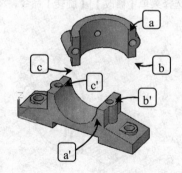

图 16-13 选择对齐点和目标点

03 选择菜单【修改】|【三维操作】|【三维旋转】命令，选择油杯为旋转的对象，捕捉到如图 16-15 所示的圆心为旋转基点，旋转控件移动到该点。然后选择控件上的 X 轴（红色）为旋转轴，输入旋转角度 90°，旋转的结果如图 16-16 所示。

04 选择菜单【修改】|【三维操作】|【三维移动】命令，选择油杯为移动的对象，捕捉到如图 16-16

所示的圆心位置作为移动基点，注意不要捕捉到方向轴，然后捕捉到油杯孔圆心作为目标点，移动的结果如图 16-17 所示。

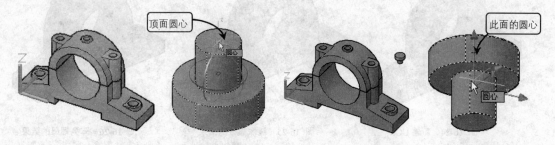

图 16-14　对齐的结果　　图 16-15　选择旋转基点　　图 16-16　旋转油杯的结果　　图 16-17　选择移动的基点

05 将模型的视觉样式修改为"二维线框"样式，选择菜单【修改】|【三维操作】|【三维移动】命令，选择螺柱为移动的对象，捕捉到螺柱底面圆心为移动基点，然后捕捉到圆柱孔的底面圆心，作为移动目标，如图 16-18 所示。移动的结果如图 16-19 所示。

06 再次使用【三维移动】命令，选择六角螺母为移动的对象，捕捉到螺母底面圆心为移动基点，然后捕捉到螺柱顶面圆心为目标点，移动的结果如图 16-20 所示。

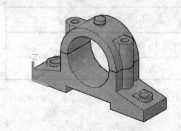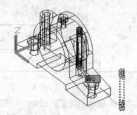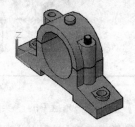

图 16-18　移动油杯的结果　　　　　图 16-19　捕捉移动目标点　　　　　图 16-20　移动螺柱的结果

07 再次使用【三维移动】命令，选择六角螺母为移动的对象，捕捉到螺母底面一个顶点为移动基点，然后捕捉到如图 16-21 所示的圆弧中点作为目标点，移动的结果如图 16-23 所示。

08 选择菜单【工具】|【新建 UCS】|【Z 轴矢量】命令，在轴承座圆心位置新建 UCS，使 Z 轴方向沿轴向，如图 16-24 所示.

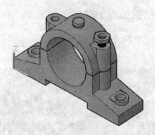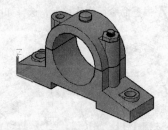

图 16-21　移动螺母的结果　　　　　图 16-22　捕捉移动目标点　　　　　图 16-23　再次移动螺母的结果

09 选择菜单【修改】|【三维操作】|【三维镜像】命令，选择螺柱为镜像对象，在命令行选择 YZ 平面为镜像平面，然后输入镜像平面上点的坐标为（0,0,0），镜像的结果如图 16-25 所示。

10 选择菜单【修改】|【阵列】|【矩形阵列】命令，选择六角螺母为阵列对象，将列数设置为 2，列间距设置为-90，将行数设置为 2，行间距为 5，阵列的结果如图 16-26 所示。

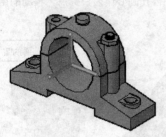

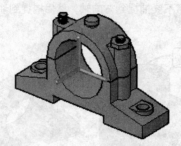
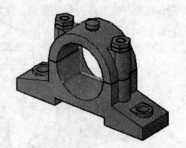

| 图 16-24 新建 UCS | 图 16-25 镜像螺柱的结果 | 图 16-26 阵列螺母的结果 |

215 零件模型的分解 ↙

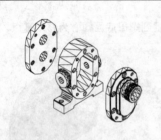

本例主要学习使用【构造线】、【移动】、【消隐】和【体着色】等命令分解三维装配图的方法和技巧。

	文件路径:	DVD\实例文件\第 16 章\实例 215.dwg
	视频文件:	DVD\MP4\第 16 章\实例 215.MP4
	播放时长:	0:01:10

01 打开随书光盘中的 "\实例文件\第 16 章\实例 213.dwg" 文件。

02 选择菜单【视图】|【视觉样式】|【二维线框】命令，对模型进行着色。

03 选择菜单【视图】|【消隐】命令，对模型进行着色，结果如图 16-27 所示。

04 选择菜单【绘图】|【构造线】命令，以右端盖的圆心作为通过点，绘制如图 16-28 所示的水平构造线作为定位辅助线。

05 选择菜单【视图】|【视觉样式】|【二维线框】命令，对模型进行着色。

06 选择菜单【修改】|【移动】命令，对如图 16-29 所示的壳体进行外移。

07 根据命令行操作提示，选择如图 16-30 所示的最近点作为基点，移动结果如图 16-31 所示。

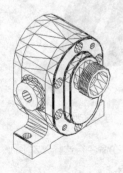
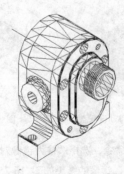
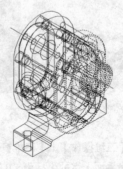
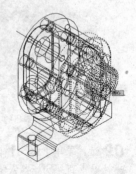

| 图 16-27 消隐效果 | 图 16-28 绘制水平构造线 | 图 16-29 选择壳体模型 | 图 16-30 定位基点 |

08 选择菜单【修改】|【移动】命令，对左端盖进行外移，结果如图 16-32 所示。

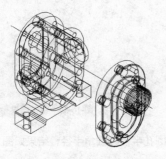

图 16-31　移动壳体

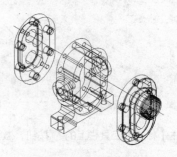

图 16-32　移动左端盖

09 选择菜单【视图】|【消隐】，对分解的模型进行着色，结果如图 16-33 所示。

10 选择菜单【视图】|【视觉样式】|【概念】，对分解的模型进行概念着色，最终结果如图 16-34 所示。

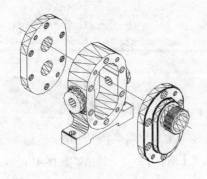

图 16-33　消隐结果

图 16-34　最终结果

216　零件模型的标注

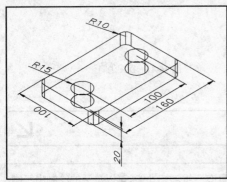

本例主要学习了零件立体图尺寸的标注方法和标注技巧。对三维模型进行尺寸标注时，【UCS】命令的应用是标注的关键，在不同的三维面上标注尺寸，要将坐标系的 **XY** 平面调整到与该面平行，这样才能标注出正确的零件图尺寸。

	文件路径：	DVD\实例文件\第 16 章\实例 216.dwg
	视频文件：	DVD\MP4\第 16 章\实例 216.MP4
	播放时长：	0:01:15

01 打开随书光盘中的 "\素材文件\第 16 章\实例 216.dwg" 文件，将图形进行二维着色，结果如图 16-35 所示。

02 将 "defpoints" 设置为当前层，然后单击【标注】工具栏上的 按钮，标注如图 16-36 所示的尺寸。

03 重复执行【线性标注】命令，配合端点和捕捉圆心功能，标注其他位置的尺寸，结果如图 16-37 所示。

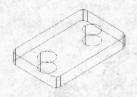

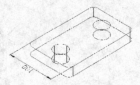

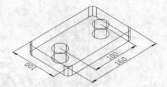

图 16-35 线框显示   图 16-36 标注结果   图 16-37 标注结果

04 单击【标注】工具栏上的 ⊙ 按钮，激活【半径】命令，标注圆孔半径和圆角半径，结果如图 16-38 所示。

05 使用【UCS】命令中的【三点】功能，创建如图 16-39 所示的坐标系。

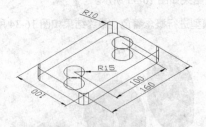

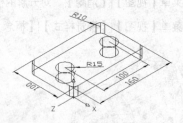

图 16-38 标注半径尺寸   图 16-39 新建坐标系

06 使用【线性】命令，配合【捕捉端点】功能，标注模型的厚度，结果如图 16-40 所示。

07 将世界坐标系设置为当前坐标系，然后使用快捷键 HI 激活【消隐】命令，结果如图 16-41 所示。

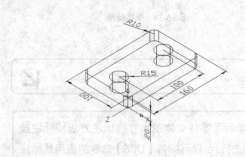

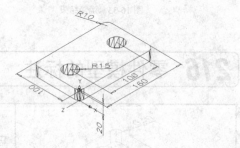

图 16-40 标注结果   图 16-41 视图消隐

217 零件模型的剖视图

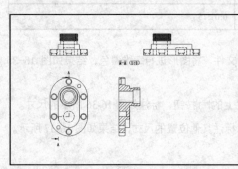

AutoCAD 具有三维剖切功能，可以灵活的绘制出三维实体的半剖、全剖及阶梯剖等剖视图，本例将在草图与注释空间来生成三维实体剖视图。

	文件路径：	DVD\实例文件\第 16 章\实例 217.dwg
	视频文件：	DVD\MP4\第 16 章\实例 217.MP4
	播放时长：	0:05:56

01 打开随书光盘 "\素材文件\第 16 章\实例 217.dwg"，如图 16-42 所示。

02 鼠标右键单击绘图区左下角 布局1 标签，在弹出的如图 16-43 所示的快捷菜单中选择"新建布局"，新建三个布局空间。

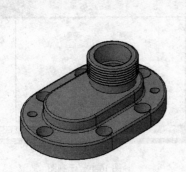

图 16-42 打开素材   图 16-43 新建布局

03 单击绘图区左下角 布局1 标签，进入如图 16-44 所示的"布局 1"空间。

04 使用快捷键 E 激活【删除】命令，删除系统自动产生的矩形视口，结果如图 16-45 所示。

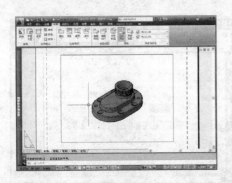

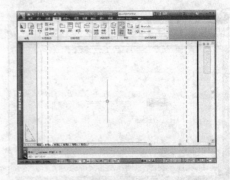

图 16-44 布局 1   图 16-45 删除视口

05 选择【布局】选项卡，在【创建视图】面板中，单击【基点】下拉按钮，选择【从模型空间】，如图 16-46 所示。

06 此时可以向布局窗口中插入三维图形的三视图，结果如图 16-47 所示。

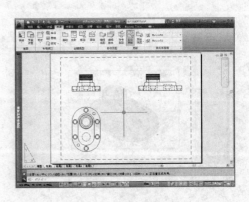

图 16-46 从模型空间   图 16-47 创建零件三视图

07 单击绘图区左下角 布局2 标签，进入如图 16-48 所示的"布局 2"空间。

08 使用前面介绍的方法，生成三视图，结果如图 16-49 所示。

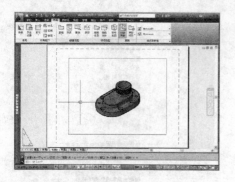

图 16-48　布局 2

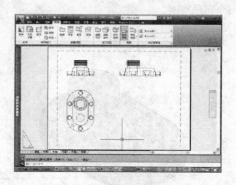

图 16-49　三视图

09 使用快捷键 E 激活【删除】命令，删除俯视图及左视图，结果如图 16-50 所示。

10 选择【布局】选项卡，在【创建视图】面板中，单击【截面】下拉式按钮，选择【全剖】，结合【对象捕捉】功能，对图形进行剖切，结果如图 16-51 所示，至此，全剖视图绘制完成。

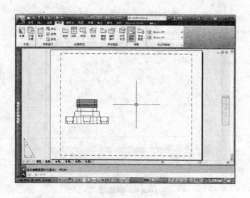

图 16-50　删除视口

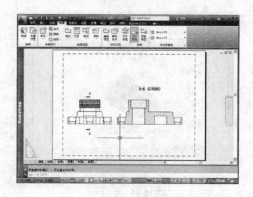

图 16-51　创建全剖视图

11 单击绘图区左下角 布局3 标签，进入如图 16-52 所示的"布局 3"空间。

12 使用前面介绍的方法，生成三视图，结果如图 16-53 所示。

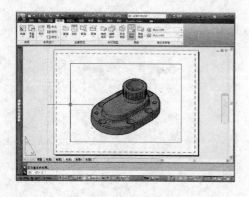

图 16-52　进入布局 3

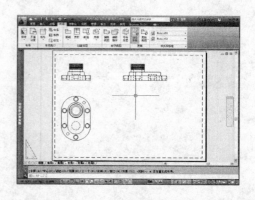

图 16-53　创建三视图

13 使用快捷键 E 激活【删除】命令，删除前视图及俯视图，结果如图 16-54 所示。

14 选择【布局】选项卡，在【创建视图】面板中，单击【截面】下拉按钮，选择【半剖】，结合【对象捕捉】功能，对图形进行剖切，结果如图 16-55 所示，至此，半剖视图绘制完成。

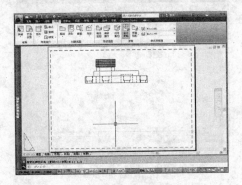

图 16-54　删除视口

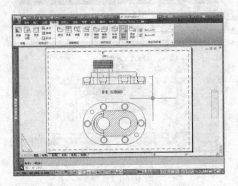

图 16-55　创建半剖视图

15 单击绘图区左下角 布局4 标签，进入如图 16-56 所示的"布局 4"空间。

16 使用前面介绍的方法，生成三视图，结果如图 16-57 所示。

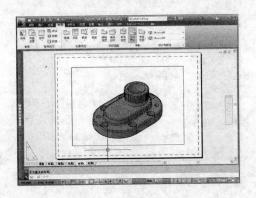

图 16-56　布局 4

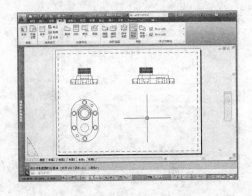

图 16-57　创建三视图

17 使用快捷键 E 激活【删除】命令，删除前视图及左视图，结果如图 16-58 所示。

18 选择【布局】选项卡，在【创建视图】面板中，单击【截面】下拉按钮，选择【偏移】，结合【对象捕捉】功能，对图形进行阶梯剖切，结果如图 16-59 所示，至此，阶梯剖视图绘制完成。

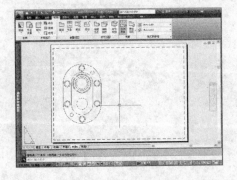

图 16-58　删除视口

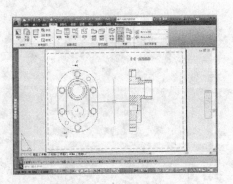

图 16-59　创建阶梯剖

19 单击绘图区左下角 布局5 标签，进入如图 16-60 所示的"布局 5"空间。

20 使用前面介绍的方法，生成三视图，结果如图 16-61 所示。

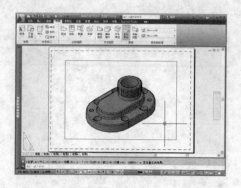

图 16-60 布局 5

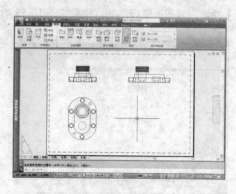

图 16-61 创建三视图

21 使用快捷键 E 激活【删除】命令，删除前视图及左视图，结果如图 16-62 所示。

22 选择【布局】选项卡，在【创建视图】面板中，单击【截面】下拉按钮，选择【对齐】，结合【对象捕捉】功能，对图形进行旋转剖，结果如图 16-63 所示，至此，旋转剖视图绘制完成。

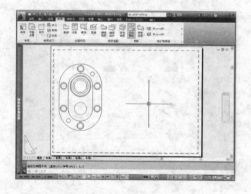

图 16-62 删除视口

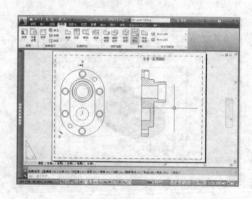

图 16-63 创建旋转剖

第 17 章
曲面模型与工业产品设计

通过前面几章的学习，对三维模型的创建和编辑功能有了一定的了解。本章以常见的生活用品、工业产品造型建模为例，实战演练 AutoCAD 的三维曲面建模功能，以掌握常见曲面模型的创建方法和编辑技巧。

218 创建手柄网络曲面 ↙

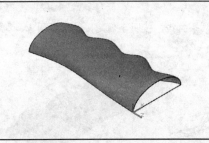

本例通过创建手柄曲面模型，重点练习【样条曲线】、【椭圆】和【网络曲面】等命令。

文件路径:	DVD\实例文件\第 17 章\实例 218.dwg
视频文件:	DVD\MP4\第 17 章\实例 218.MP4
播放时长:	0:02:43

01 按 Ctrl+N 快捷键新建文件，利用【直线】、【样条曲线】等命令在 XY 平面上绘制如图 17-1 所示的二维轮廓曲线。

02 将视图切换到东南等轴测图，选择菜单【工具】|【新建 UCS】|【X】命令，将坐标系统 X 轴旋转 90°。

03 单击【绘图】工具栏中的按钮，激活【椭圆】命令，在绘图区指定椭圆轴的端点，绘制样条曲线两端的椭圆。命令行操作过程如下：

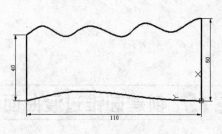

图 17-1　绘制轮廓曲线

```
命令：_ellipse
指定椭圆的轴端点或 [圆弧(A)/中心点(C)]:          //选择长度 50 直线的端点
指定轴的端点：                                    //选择长度 50 直线的另一端点
指定另一条半轴长度或 [旋转(R)]: 20↙             //结果如图 17-2 所示
命令：ellipse                                    //按回车键再次启动绘制椭圆命令
指定椭圆的轴端点或 [圆弧(A)/中心点(C)]:          //选择长度 40 直线的端点
```

指定轴的端点：   //选择该直线另一端点

指定另一条半轴长度或〔旋转(R)〕：15↙   //结果如图 17-3 所示

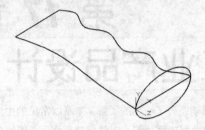

图 17-2 绘制椭圆 1

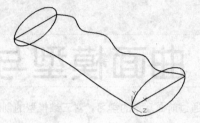

图 17-3 绘制椭圆 2

04 单击【修改】工具栏中的 ⼀ 按钮，激活【修剪】命令，在绘图区将两个椭圆的下半部分修剪掉，如图 17-4 所示。

05 选择菜单【绘图】|【建模】|【曲面】|【网络】命令，在绘图区选择两个椭圆弧为第一个方向的曲线，选择两条样条曲线为第二个方向的曲线。命令行操作过程如下：

命令：_SURFNETWORK

沿第一个方向选择曲线或曲面边：找到 1 个，总计 两个

沿第一个方向选择曲线或曲面边：↙   //选择两个椭圆弧，按回车确定

沿第二个方向选择曲线或曲面边：找到 1 个，总计 两个

沿第二个方向选择曲线或曲面边：↙   //选择两条曲线，按回车确定，结果如图 17-5 所示

06 图 17-6 所示为手柄曲面模型概念视觉样式显示结果。

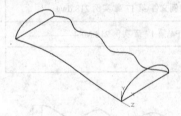

图 17-4 修剪椭圆

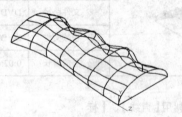

图 17-5 创建网络曲面

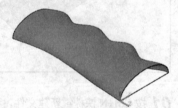

图 17-6 概念视觉样式显示效果

219 创建圆锥过渡曲面

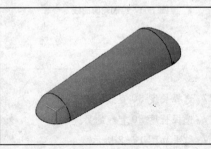

本例通过创建圆锥手柄模型，重点练习【圆】、【网络】和【曲面过渡】等命令。

文件路径：	DVD\实例文件\第 17 章\实例 219.dwg	
视频文件：	DVD\MP4\第 17 章\实例 219.MP4	
播放时长：	0:03:58	

01 新建文件，利用【直线】、【圆】等命令在 XY 平面上绘制如图 17-7 所示的二维轮廓曲线。

02 将视图切换到西南等轴测图，选择菜单【工具】|【新建 UCS】|【Y】命令，将坐标系绕 Y 轴旋转 90°，如图 17-8 所示。

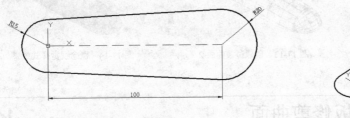

图 17-7 绘制轮廓线

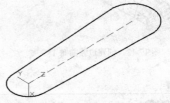

图 17-8 旋转坐标系

03 选择菜单【绘图】|【圆弧】|【起点，端点，半径】命令，在绘图区绘制两个半径分别为 15 和 20 的圆弧，如图 17-9 所示。

04 选择菜单【绘图】|【建模】|【曲面】|【网络】命令，在绘图区选择两条圆弧为第一个方向的曲线，选择两根直线为第二个方向的曲线，创建网格曲面如图 17-10 所示。

05 选择菜单【绘图】|【建模】|【拉伸】命令，在绘图区选择底端的两个圆弧，创建拉伸距离为 5 的曲面，如图 17-11 所示。

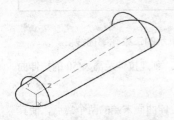

图 17-9 绘制圆弧

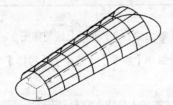

图 17-10 创建网络曲面

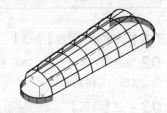

图 17-11 创建拉伸曲面

06 选择菜单【绘图】|【建模】|【曲面】|【过渡】命令，在绘图区分别选择两个过渡曲面的边缘线，并设置与相邻曲线的连续性为 G2。命令行操作过程如下：

```
命令：_SURFBLEND
连续性 = G1 – 相切，凸度幅值 = 0.5
选择要过渡的第一个曲面的边：找到 1 个
选择要过渡的第一个曲面的边：↙                  //选择网络曲面的圆弧线，按回车确定
选择要过渡的第二个曲面的边：找到 1 个
选择要过渡的第二个曲面的边：↙                  //选择拉伸曲面的圆弧线，按回车确定
按 Enter 键接受过渡曲面或 [连续性(CON)/凸度幅值(B)]：con↙
第一条边的连续性 [G0(G0)/G1(G1)/G2(G2)] <G1>：g2↙
第二条边的连续性 [G0(G0)/G1(G1)/G2(G2)] <G1>：g2↙
    按 Enter 键接受过渡曲面或 [连续性(CON)/凸度幅值(B)]：↙//按回车确定，结果如图 17-12
所示。按同样方法创建另一端过渡曲面，结果如图 17-13 所示
```

07 隐藏两个拉伸曲面，选择菜单【修改】|【实体编辑】|【并集】命令，将绘图区的全部曲面合并为一个曲面。

08 圆锥手柄概念视觉样式显示效果如图 17-14 所示。

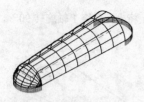

图 17-12 创建过渡曲面 1

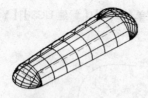

图 17-13 创建过渡曲面 2

图 17-14 概念视觉样式效果

220 创建音箱面板修剪曲面

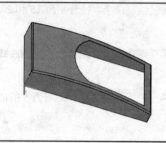

本例通过创建音箱面板曲面，重点练习【拉伸】、【平面】、【修剪】和【圆角边】等命令。

文件路径：	DVD\实例文件\第 17 章\实例 220.dwg	
视频文件：	DVD\MP4\第 17 章\实例 220.MP4	
播放时长：	0:04:53	

01 新建文件，利用【直线】、【圆】等命令在 XY 平面上绘制如图 17-15 所示的二维轮廓曲线。

02 将视图切换到西南等轴测图，选择菜单【绘图】|【建模】|【拉伸】命令，创建拉伸距离为 50 的拉伸曲面，如图 17-16 所示。

03 单击【绘图】工具栏中的 ✏ 按钮，激活【直线】命令，在绘图区连接拉伸曲面末端的两个端点，使其成为一个封闭的面，如图 17-17 所示。

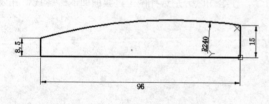

图 17-15 绘制轮廓曲线

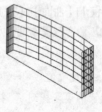

图 17-16 创建拉伸曲面

图 17-17 绘制直线

04 选择菜单【修改】|【三维操作】|【提取边】命令，在绘图区选择步骤 3 创建的拉伸面，抽取曲面的边缘线。

05 选择菜单【绘图】|【建模】|【曲面】|【平面】命令，依次在工作区中选择拉伸曲面端面的封闭线，创建有界平面，如图 17-18 所示。

06 选择菜单【工具】|【新建 UCS】|【Y】命令，将坐标系绕 Y 轴旋转 90° 。并选择菜单【视图】|【三维视图】|【平面视图】|【当前 UCS】命令，将视图切换到当前的 XY 基准平面。绘制如图 17-19 所示的修剪线轮廓。命令行操作过程如下：

```
命令：_SURFTRIM
延伸曲面 = 是，投影 = 自动
选择要修剪的曲面或面域或者 [延伸(E)/投影方向(PRO)]：找到 1 个 //在绘图区选择拉伸曲面
```

选择剪切曲线、曲面或面域：找到 1 个   //在绘图区选择修剪轮廓线

选择要修剪的区域 [放弃(U)]：↙   //用鼠标单击模型中要修剪的区域，结果如图 17-20 所示

图 17-18 创建平面

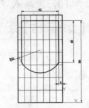

图 17-19 绘制修剪线轮廓

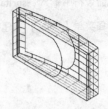

图 17-20 修剪曲面

07 选择菜单【修改】|【对象】|【多线段】命令，将绘图区上步骤绘制的轮廓线合并为一条曲线。

08 选择菜单【修改】|【曲面编辑】|【修剪】命令，选择绘图区的拉伸曲面为要修剪的面，选择上步骤绘制的轮廓线为剪切线。

09 选择菜单【修改】|【实体编辑】|【并集】命令，将绘图区的全部曲面合并为一个曲面。

10 选择菜单【修改】|【实体编辑】|【圆角边】命令，在绘图区选择面板的边缘线，创建半径为 2 的圆角，结果如图 17-21 所示。其概念显示样式如图 17-22 所示。

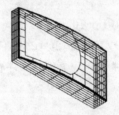

图 17-21 创建圆角边

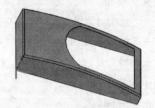

图 17-22 概念显示样式

221 创建雨伞模型

通过创建雨伞模型，主要练习【直线】、【多段线】、【旋转网格】等命令。在操作过程中使用【UCS】命令来定位新的坐标系。

文件路径：	DVD\实例文件\第 17 章\实例 221.dwg	
视频文件：	DVD\MP4\第 17 章\实例 221.MP4	
播放时长：	0:03:01	

01 使用【文件】|【新建】命令，创建空白文件。

02 选择菜单【视图】|【三维视图】|【西南等轴测】命令，将当前视图调整为西南等轴测图。

03 单击【绘图】工具栏上的 ╱ 按钮，以（0，0，0）为起点，绘制长度为 30 的垂直线段。

04 在命令行中输入 "UCS"，绕 X 轴旋转 90°，结果如图 17-23 所示。

05 选择菜单【绘图】|【圆弧】|【起点、圆心、半径】命令，以直线上端点为起点，下端点为圆心，绘制弦长为 20 的圆弧，结果如图 17-24 所示。

06 在命令行中输入"surftabl"，设置其值为 10，再输入"surftab2"设置其值为 10。

07 选择菜单【绘图】|【建模】|【网格】|【旋转网格】命令，创建如图 17-25 所示的旋转曲面。

图 17-23 设置坐标系   图 17-24 绘制圆弧   图 17-25 旋转网格

08 单击【绘图】工具栏上的 ⌒ 按钮，激活【多段线】命令，绘制的多段线。命令行操作过程如下：

```
命令：PLINE
指定起点:0, 0, 0✓
当前线宽为 0.0000
指定下一个点或 [圆弧(A)/半宽(H)/长度(L)/放弃(U)/宽度(W)]:@0,-2✓
指定下一点或 [圆弧(A)/闭合(C)/半宽(H)/长度(L)/放弃(U)/宽度(W)]:a✓
指定圆弧的端点或[角度(A)/圆心(CE)/闭合(CL)/方向(D)/半宽(H)/直线(L)/半径(R)/第二个
点(S)/放弃(U)/宽度(W)]:a✓
指定包含角:-180✓
指定圆弧的端点或 [圆心(CE)/半径(R)]: @-5, 0✓
指定圆弧的端点或[角度(A)/圆心(CE)/闭合(CL)/方向(D)/半宽(H)/直线(L)/半径(R)/第二个
点(S)/放弃(U)/宽度(W)]: ✓          //按回车键，结束命令，结果如图 17-26 所示
```

09 使用快捷键 PE 激活【多段线】命令，将绘制的线段和绘制的多段线合并。

10 在命令输入"UCS"，将坐标返回世界坐标系。

11 单击【绘图】工具栏上的 ⊘ 按钮，以刚闭合的多段线的端点为圆心，绘制半径为 0.4 的圆，结果如图 17-27 所示。

12 单击【建模】工具栏上的 ⬚ 按钮，将刚绘制的圆沿刚多段线拉伸，结果如图 17-28 所示。

图 17-26 绘制结果   图 17-27 绘制圆   图 17-28 拉伸

13 使用【文件】|【保存】命令，将图形命名存储为"实例 201.dwg"。

222 创建花瓶模型

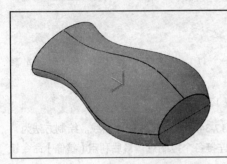

本例主要综合使用【直线】、【样条曲线】、【镜像】、【椭圆】、【三维旋转】、【新建 UCS】、【放样】、【平面】以及【并集】等命令，重点学习放样曲面的创建方法和技巧。

	文件路径:	DVD\实例文件\第 17 章\实例 222.dwg
	视频文件:	DVD\MP4\第 17 章\实例 222.MP4
	播放时长:	0:04:55

01 新建文件，利用【直线】、【样条曲线】、【镜像】等命令在 *XY* 平面上绘制如图 17-29 所示的二维轮廓曲线。绘制方法为：先创建样条曲线的各个控制点，然后利用【样条曲线】命令依次连接各个控制点，最后利用【镜像】命令镜像另一侧轮廓。

02 将视图切换到西南等轴测图，单击【绘图】工具栏中的 ⬭ 按钮，激活【椭圆】命令，在绘图区中指定椭圆中心点和轴的端点，绘制花瓶两端的椭圆。命令行操作过程如下：

```
命令: _ellipse
指定椭圆的轴端点或 [圆弧(A)/中心点(C)]: c↙
指定椭圆的中心点: 0,-190,0↙
指定轴的端点: ↙                        //在绘图区中选择样条曲线 X 轴下面的端点
指定另一条半轴长度或 [旋转(R)]: 55↙     //结果如图 17-30 所示
命令: ellipse                          //按空格键重复绘制椭圆命令
指定椭圆的轴端点或 [圆弧(A)/中心点(C)]: c↙
指定椭圆的中心点: 0,190,0↙
指定轴的端点: ↙                        //在绘图区中选择样条曲线 X 轴上面的端点
指定另一条半轴长度或 [旋转(R)]: 50↙     //结果如图 17-31 所示
```

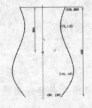

图 17-29　绘制轮廓曲线

图 17-30　绘制椭圆 1

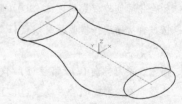

图 17-31　绘制椭圆 2

03 选择菜单【修改】|【三维操作】|【三维旋转】命令，将上步骤绘制的椭圆绕其长轴旋转 90°。命令行操作过程如下：

```
命令: _3drotate
UCS 当前的正角方向:  ANGDIR=逆时针  ANGBASE=0
选择对象: 找到 1 个                    //在绘图区中选择椭圆
指定基点: ↙                           //指定椭圆中心为基点
```

```
拾取旋转轴：↙                        //指定椭圆长轴为旋转轴
指定角的起点或键入角度：90↙         //按照同样的方法旋转另一个椭圆，结果如图17-32所示
```

04 选择菜单【工具】|【新建UCS】|【Y】命令，将坐标系绕Y轴旋转−90°，命令行操作过程如下：

```
命令：_ucs
当前 UCS 名称：*世界*
指定 UCS 的原点或 [面(F)/命名(NA)/对象(OB)/上一个(P)/视图(V)/世界(W)/X/Y/Z/Z 轴
(ZA)] <世界>：_y
指定绕 Y 轴的旋转角度 <90>：-90↙    //旋转结果如图17-33所示
```

05 利用【样条曲线】、【镜像】等命令在XY平面上绘制如图17-34所示的二维轮廓曲线。绘制方法为：先创建样条曲线的各个控制点，然后利用【样条曲线】命令依次连接各个控制点，最后利用【镜像】命令镜像另一侧轮廓。

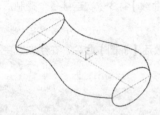
图 17-32　三维旋转椭圆

图 17-33　旋转坐标系

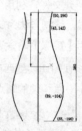
图 17-34　绘制侧面轮廓

06 选择菜单【绘图】|【建模】|【放样】命令，依次选择工作区中的两条截面曲线和4条导向曲线，创建放样曲面。命令行操作过程如下：

```
命令：_loft
当前线框密度：ISOLINES=4，闭合轮廓创建模式 = 实体
按放样次序选择横截面或 [点(PO)/合并多条边(J)/模式(MO)]：_MO 闭合轮廓创建模式 [实体
(SO)/曲面(SU)] <实体>：_SO↙
按放样次序选择横截面或 [点(PO)/合并多条边(J)/模式(MO)]：mo↙
闭合轮廓创建模式 [实体(SO)/曲面(SU)] <实体>：su↙
按放样次序选择横截面或 [点(PO)/合并多条边(J)/模式(MO)]：找到 1 个，总计两 个
选中了 2 个横截面              //在绘图区中依次选择两个椭圆
输入选项 [导向(G)/路径(P)/仅横截面(C)/设置(S)] <仅横截面>：G↙
选择导向轮廓或 [合并多条边(J)]：找到 1 个，总计 4 个//在工作区中依次选择4条样条曲线
选择导向轮廓或 [合并多条边(J)]：↙        //放样结果如图17-35所示
```

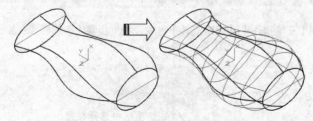
图 17-35　创建放样曲面

07 选择菜单【修改】|【三维操作】|【提取边】命令，在绘图区中选择上步骤创建的放样曲面，抽取放样曲面的边缘线。

08 选择菜单【绘图】|【建模】|【曲面】|【平面】命令，依次在工作区中选择放样曲面内侧的边缘线，创建有界平面。命令行操作过程如下：

```
命令：_Planesurf
指定第一个角点或 [对象(O)] <对象>：o↙
选择对象：找到 1 个                      //在绘图区中选择花瓶底面椭圆，结果如图 17-36 所示
```

09 选择菜单【修改】|【实体编辑】|【并集】命令，将绘图区中花瓶的全部曲面合并为一个曲面。其概念显示样式如图 17-37 所示。

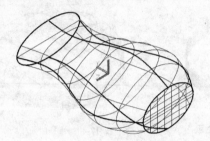

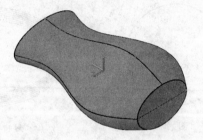

图 17-36 创建底面平面   图 17-37 概念样式显示效果

223 创建扣盖修补曲面

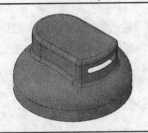

	本例通过创建扣盖曲面模型，重点练习【拉伸】、【并集】、【差集】、【圆角边】和【修补】等命令。
文件路径：	DVD\实例文件\第 17 章\实例 223.dwg
视频文件：	DVD\MP4\第 17 章\实例 223.MP4
播放时长：	0:07:42

01 新建文件，利用【圆】命令在 *XY* 平面上绘制如图 17-38 所示的圆。

02 将视图切换到西南等轴测图，选择菜单【绘图】|【建模】|【拉伸】命令，创建拉伸曲面，拉伸距离为6。命令行操作过程如下：

```
命令：_extrude
当前线框密度：ISOLINES=4，闭合轮廓创建模式 = 曲面
选择要拉伸的对象或 [模式(MO)]：_MO 闭合轮廓创建模式 [实体(SO)/曲面(SU)] <实体>：_SO
选择要拉伸的对象或 [模式(MO)]：找到 1 个               //选择上步骤绘制的圆
选择要拉伸的对象或 [模式(MO)]：mo↙
闭合轮廓创建模式 [实体(SO)/曲面(SU)] <实体>：su↙
指定拉伸的高度或 [方向(D)/路径(P)/倾斜角(T)]：6↙       //结果如图 17-39 所示
```

03 选择菜单【绘图】|【建模】|【修补】命令，在绘图区选择拉伸曲面的上面的边缘线，创建连续性为 G1

的修补面。命令行操作过程如下：

命令：_SURFPATCH

连续性 = G0 - 位置，凸度幅值 = 0.5

选择要修补的曲面边或 <选择曲线>：找到 1 个

选择要修补的曲面边或 <选择曲线>：↙   //选择拉伸曲面边　线，按回车确定

按 Enter 键接受修补面或 [连续性(CON)/凸度幅值(B)/   图 (CONS)]：con↙

修补曲面连续性 [G0(G0)/G1(G1)/G2(G2)] <G0>：g1↙

按 Enter 键接受修补曲面或 [连续性(CON)/凸度幅值(B)/   图 (CONS)]：↙

//结果如图 17-40 所示

图 17-38 绘制圆

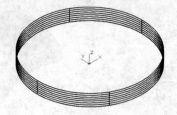

图 17-39 创建拉伸曲面

图 17-40 修补曲面 1

04 选择菜单【视图】|【三维视图】|【平面视图】|【当前 UCS】命令，将视图切换到当前的 *XY* 基准平面。利用【直线】、【圆】、【圆角】等命令在 *XY* 平面上绘制如图 17-41 所示的二维轮廓曲线。

05 选择菜单【修改】|【对象】|【多线段】命令，将上步骤绘制的轮廓线合并为一条曲线。

06 将视图切换到西南等轴测图，选择菜单【绘图】|【建模】|【拉伸】命令，创建拉伸曲面，拉伸距离为 28，如图 17-42 所示。

07 选择菜单【绘图】|【建模】|【修补】命令，在绘图区选择拉伸曲面的上面的边缘线，创建连续性为 G0 的修补面。命令行操作过程如下：

命令：_SURFPATCH

连续性 = G0 - 位置，凸度幅值 = 0.5

选择要修补的曲面边或 <选择曲线>：找到 1 个

选择要修补的曲面边或 <选择曲线>：↙   //选择   创建拉伸曲面边　线

按 Enter 键接受修补曲面或 [连续性(CON)/凸度幅值(B)/   图 (CONS)]：con↙

修补曲面连续性 [G0(G0)/G1(G1)/G2(G2)] <G0>：g0↙

按 Enter 键接受修补曲面或 [连续性(CON)/凸度幅值(B)/   图 (CONS)]：↙

//结果如图 17-43 所示

图 17-41 绘制凸台轮廓

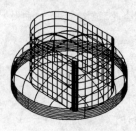

图 17-42 创建拉伸曲面

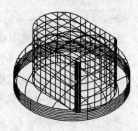

图 17-43 修补曲面 2

08 选择菜单【修改】|【曲面编辑】|【修剪】命令，重复利用两次该命令，将拉伸曲面和修补曲面交合处多余的曲面修剪掉，结果如图 17-44 所示。

09 选择菜单【修改】|【实体编辑】|【并集】命令，将绘图区的全部曲面合并为一个曲面。

10 选择菜单【修改】|【实体编辑】|【圆角边】命令，在绘图区选择拉伸曲面和修补曲面相交的边缘线，以及凸台顶端的边缘线，创建半径为 2 的圆角，结果如图 17-45 所示。

11 选择菜单【工具】|【新建 UCS】|【X】命令，将坐标系统 X 轴旋转 90° 。并选择菜单【视图】|【三维视图】|【平面视图】|【当前 UCS】命令，将视图切换到当前的 XY 基准平面，绘制如图 17-46 所示的截面轮廓线。

图 17-44　修剪曲面

图 17-45　创建圆角边

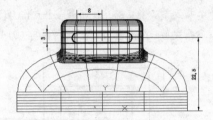

图 17-46　绘制轮廓线

12 选择菜单【修改】|【对象】|【多线段】命令，在绘图区将上步骤绘制的截面合并为一条曲线。

13 将视图切换到西南等轴测图，选择菜单【绘图】|【建模】|【拉伸】命令，创建拉伸距离为 30 的实体，结果如图 17-47 所示。

14 选择菜单【修改】|【实体编辑】|【差集】命令，在绘图区选择拉伸曲面为要减去的曲面，选择拉伸实体为剪切实体，结果如图 17-48 所示。其概念显示样式如图 17-49 所示。

图 17-47　创建拉伸实体

图 17-48　差集

图 17-49　概念显示样式

224　创建笔筒圆角曲面　

本例通过创建笔筒曲面模型，重点练习【三维移动】、【复制】、【放样】、【修补】、【修剪】和【圆角】等命令。

文件路径：	DVD\实例文件\第 17 章\实例 224.dwg	
视频文件：	DVD\MP4\第 17 章\实例 224.MP4	
播放时长：	0:04:37	

01 新建文件，利用【直线】、【矩形】等命令在 *XY* 平面上绘制如图 17-50 所示的二维轮廓曲线。

02 将视图切换到西南等轴测图，选择菜单【修改】|【三维操作】|【三维移动】命令，选择上步骤绘制的小矩形，将其向 *Z* 轴方向移动 150，如图 17-51 所示。

03 选择菜单【修改】|【复制】命令，将大的矩形向 *Z* 轴方向移动 300。命令行操作过程如下：

```
命令：_copy
选择对象：找到 1 个                           //在绘图区选择大矩形
当前设置：复制模式 = 多个
指定基点或 [位移(D)/模式(O)] <位移>：0,0,0↙
指定第二个点或 <使用第一个点作为位移>：0,0,300↙
指定第二个点或 [退出(E)/放弃(U)] <退出>：↙       //结果如图 17-52 所示
```

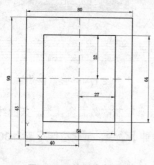

图 17-50　绘制轮廓线

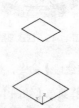

图 17-51　三维移动矩形

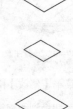

图 17-52　复制矩形

04 选择菜单【绘图】|【建模】|【放样】命令，依次选择工作区中的三个矩形，创建放样曲面。命令行操作过程如下：

```
命令：_loft
当前线框密度：ISOLINES=4，闭合轮廓创建模式 = 曲面
按放样次序选择横截面或 [点(PO)/合并多条边(J)/模式(MO)]：_MO 闭合轮廓创建模式 [实体
(SO)/曲面(SU)] <实体>：_SO
按放样次序选择横截面或 [点(PO)/合并多条边(J)/模式(MO)]：mo↙
闭合轮廓创建模式 [实体(SO)/曲面(SU)] <实体>：su↙
按放样次序选择横截面或 [点(PO)/合并多条边(J)/模式(MO)]：找到 1 个，总计 3 个
                    //在绘图区选择 3 个矩形，结果如图 17-53 所示
```

05 选择菜单【绘图】|【建模】|【曲面】|【圆角】命令，在绘图区分别选择相邻的两个放样曲面，创建 4 个圆角，结果如图 17-54 所示。

06 选择菜单【绘图】|【建模】|【修补】命令，在绘图区选择放样曲面底端的边缘线，创建连续性为 G0 的修补面。命令行操作过程如下：

```
命令：_SURFPATCH
连续性 = G0 - 位置，凸度幅值 = 0.5
选择要修补的曲面边或 <选择曲线>：找到 4 个
选择要修补的曲面边或 <选择曲线>：↙       //选择上步骤创建放样曲面的边  线
按 Enter 键接受修补曲面或 [连续性(CON)/凸度幅值(B)/       图形(CONS)]：con↙
修补曲面连续性 [G0(G0)/G1(G1)/G2(G2)] <G0>：g0↙
```

按 Enter 键接受修补曲面或 [连续性(CON)/凸度幅值(B)/约束几何图形(CONS)]：↙//结果如图 17-55 所示

07 选择菜单【修改】|【实体编辑】|【并集】命令，将绘图区的全部曲面合并为一个曲面。

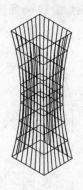  

图 17-53　创建放样曲面　　　　图 17-54　圆角曲面　　　　图 17-55　修补曲面

08 选择菜单【工具】|【新建 UCS】|【X】命令，将坐标系绕 X 轴旋转 90°。并选择菜单【视图】|【三维视图】|【平面视图】|【当前 UCS】命令，将视图切换到当前的 XY 基准平面。绘制如图 17-56 所示的圆弧。

09 选择菜单【修改】|【曲面编辑】|【修剪】命令，利用投影修剪的方式，将放样曲面上端多余的曲面修剪掉，如图 17-57 所示。其概念显示样式如图 17-58 所示。

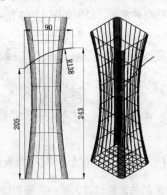 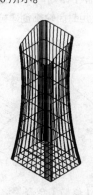 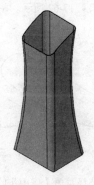

图 17-56　绘制圆弧　　　　图 17-57　修剪曲面　　　　图 17-58　概念显示样式

225　创建灯罩偏移曲面

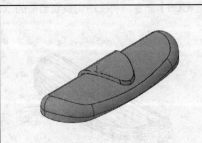

本例通过创建台灯罩曲面模型，重点学习【圆】、【圆弧】、【修剪】、【偏移】和【过渡】等命令。

文件路径：	DVD\实例文件\第 17 章\实例 225.dwg	
视频文件：	DVD\MP4\第 17 章\实例 225.MP4	
播放时长：	0:11:19	

01 新建文件，利用【直线】、【圆弧】等命令在 XY 平面上绘制如图 17-59 所示的二维轮廓曲线。并选择菜单【修改】|【对象】|【多线段】命令，将绘制的曲线合并为一条多段线。

02 选择菜单【工具】|【新建 UCS】|【Y】命令，将坐标系绕 Y 轴旋转 90°。并选择菜单【视图】|【三维视图】|【平面视图】|【当前 UCS】命令，将视图切换到当前的 XY 基准平面，绘制如图 17-60 所示的圆弧轮廓。

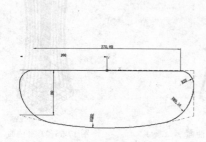

图 17-59 绘制轮廓曲线

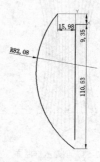

图 17-60 绘制圆弧轮廓

03 将视图切换到西南等轴测图，选择菜单【修改】|【三维操作】|【三维移动】命令，选择上步骤绘制的圆弧，将其向 Z 轴方向移动 180，如图 17-61 所示。

04 选择菜单【绘图】|【建模】|【拉伸】命令，选择上步骤移动的圆弧为截面，创建拉伸距离为 360 的曲面，如图 17-62 所示。按同样的方法，用封闭轮廓创建拉伸距离为 60 的拉伸曲面，结果如图 17-63 所示。

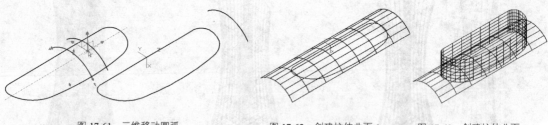

图 17-61 三维移动圆弧　　图 17-62 创建拉伸曲面 1　　图 17-63 创建拉伸曲面 2

05 选择菜单【修改】|【曲面编辑】|【修剪】命令，将两曲面交线之外的曲面修剪掉，第一次修剪结果如图 17-64 所示。第二次修剪结果如图 17-65 所示。

06 选择菜单【修改】|【实体编辑】|【并集】命令，将绘图区的全部曲面合并为一个曲面。

07 选择菜单【修改】|【实体编辑】|【圆角边】命令，在绘图区中选择两个拉伸曲面相交的边缘线，创建半径为 20 的圆角，结果如图 17-66 所示。选择菜单【工具】|【新建 UCS】|【Y】命令，将坐标系绕 Y 轴旋转 −90°。并选择菜单【视图】|【三维视图】|【平面视图】|【当前 UCS】命令，将视图切换到当前的 XY 基准平面。

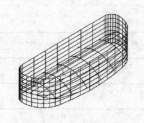

图 17-64 修剪曲面 1

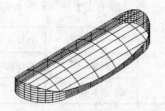

图 17-65 修剪曲面 2

图 17-66 创建圆角边

08 在当前 *XY* 基准平面上绘制如图 17-67 所示的剪切轮廓。并选择菜单【修改】|【对象】|【多线段】命令，在绘图区将该曲线合并为一条多段线。

09 将视图切换到当前的 *XY* 基准平面，选择菜单【修改】|【偏移】命令，选择剪切轮廓曲线将其向内偏置 3，如图 17-68 所示。并选择偏移曲线左端的直线，将其移动到原轮廓曲线外，结果如图 17-69 所示。

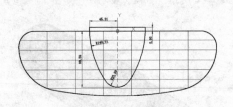

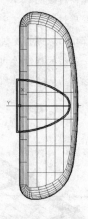

图 17-67　绘制剪切轮廓　　　　　　　　　　　　　　　　　　图 17-68　偏置曲线

10 选择菜单【绘图】|【建模】|【曲面】|【偏移】命令，依次在工作区中选择拉伸曲面端面的封闭线，创建有界平面。命令行操作过程如下：

```
命令：_SURFOFFSET
连接相邻边 = 否
选择要偏移的曲面或面域：找到 1 个
选择要偏移的曲面或面域：↙                          //在绘图区选择曲面
指定偏移距离或 〔反转方向(F)/两侧(B)/实体(S)/连接(C)〕 <0.0000>：6↙
                                                  //结果如图 17-70 所示
```

11 选择菜单【修改】|【曲面编辑】|【修剪】命令，选择偏置曲线为修剪曲线，将偏移曲面外侧修剪掉。选择原来的轮廓线为修剪曲线，将原曲面内侧修剪掉，结果如图 17-71 所示。

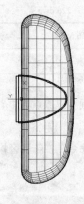

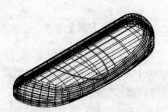

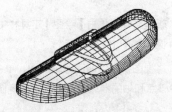

图 17-69　移动曲线　　　　　　　　　图 17-70　偏移曲面　　　　　　　　　图 17-71　修剪曲面

12 选择菜单【绘图】|【建模】|【曲面】|【过渡】命令，在绘图区分别选择两个过渡曲面的边缘线，并设置与相邻曲线的连续性为 G2。命令行操作过程如下：

```
命令: _SURFBLEND
连续性 = G1 - 相切, 凸度幅值 = 0.5
选择要过渡的第一个曲面的边: 找到 1 个, 总计 8 个
选择要过渡的第一个曲面的边: ↙    //在绘图区选择偏移曲面的边  线
选择要过渡的第二个曲面的边: 找到 1 个, 总计 8 个
选择要过渡的第二个曲面的边: ↙    //在绘图区选择修剪曲面边      的曲线
按 Enter 键接受过渡曲面或 [连续性(CON)/凸度幅值(B)]: con↙
第一条边的连续性 [G0(G0)/G1(G1)/G2(G2)] <G1>: g1↙
第二条边的连续性 [G0(G0)/G1(G1)/G2(G2)] <G1>: g1↙
                    //结果如图 17-72 所示。   概念显示样   如图 17-73 所示
```

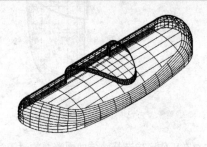

图 17-72　创建过渡曲面

图 17-73　概念显示样式

226　创建耳机曲面模型

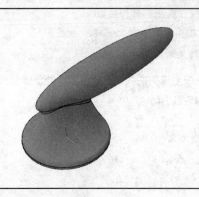

本例主要综合使用【直线】、【样条曲线】、【镜像】、【椭圆】、【三维旋转】、【新建 UCS】、【放样】、【平面】以及【并集】等命令，综合学习各种曲面的创建方法和技巧。

📀 文件路径:	DVD\实例文件\第 17 章\实例 226.dwg
🐾 视频文件:	DVD\MP4\第 17 章\实例 226.MP4
🐾 播放时长:	0:05:58

01 新建文件，单击【绘图】工具栏中的⊘按钮，激活【圆】命令，在绘图区 *XY* 平面上以原点为中心绘制 *φ*14 圆，如图 17-74 所示。

02 将视图切换到西南等轴测图，单击【绘图】工具栏中的⊙按钮，激活【椭圆】命令，在绘图区指定椭圆中心点和轴的端点绘制圆上端的椭圆。命令行操作过程如下:

```
命令: _ellipse
指定椭圆的轴端点或 [圆弧(A)/中心点(C)]: c↙
指定椭圆的中心点: 0,0,8↙
指定轴的端点: 4,0↙
指定另一条半轴长度或 [旋转(R)]: 2↙              //结果如图 17-75 所示
```

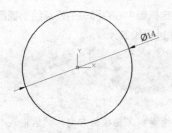

图 17-74　绘制 φ14 圆

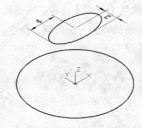

图 17-75　绘制椭圆

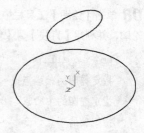

图 17-76　旋转坐标系 1

03 选择菜单【工具】|【新建 UCS】|【Y】命令，将坐标系统 Y 轴旋转-90°，如图 17-76 所示。并选择菜单【视图】|【三维视图】|【平面视图】|【当前 UCS】命令，将视图切换到当前的 XY 基准平面。

04 在当前的 XY 基准平面上，利用【直线】、【圆弧】、【标注约束】、【镜像】等命令绘制如图 17-77 所示的二维轮廓线。

05 选择菜单【修改】|【对象】|【多线段】命令，将绘图区上步骤创建的一侧曲线合并为一条曲线，按同样方法合并另一侧曲线。

06 选择菜单【绘图】|【建模】|【放样】命令，依次选择工作区中的两条截面曲线和两条导向曲线，创建放样曲面。命令行操作过程如下：

```
命令：_loft
当前线框密度：ISOLINES=4，闭合轮廓创建模式 = 曲面
按放样次序选择横截面或 [点(PO)/合并多条边(J)/模式(MO)]：_MO 闭合轮廓创建模式 [实体
(SO)/曲面(SU)] <实体>：_SO
按放样次序选择横截面或 [点(PO)/合并多条边(J)/模式(MO)]：mo↙
闭合轮廓创建模式 [实体(SO)/曲面(SU)] <实体>：su↙
按放样次序选择横截面或 [点(PO)/合并多条边(J)/模式(MO)]：找到 1 个
按放样次序选择横截面或 [点(PO)/合并多条边(J)/模式(MO)]：找到 1 个，总计 两 个
选中了 两个横截面                           //在绘图区分别选择圆和椭圆曲线
输入选项 [导向(G)/路径(P)/仅横截面(C)/设置(S)] <仅横截面>：G↙
选择导向轮廓或 [合并多条边(J)]：找到 1 个，总计 两 个 //在绘图区选择轮廓线，放样结果如
图 17-78 所示
```

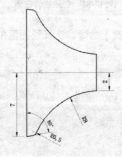

图 17-77　绘制轮廓线

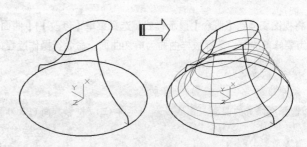

图 17-78　创建放样曲面

07 选择菜单【工具】|【新建 UCS】|【X】命令，将坐标系统 X 轴旋转 90°，如图 17-79 所示。选择菜单【视图】|【三维视图】|【平面视图】|【当前 UCS】命令，将视图切换到当前的 XY 基准平面。

08 单击【绘图】工具栏中的 按钮，激活【椭圆】命令，在绘图区指定椭圆中心点和轴的端点绘制椭圆轮廓，并利用【直线】、【修剪】等命令修剪掉另一侧轮廓。命令行操作过程如下：

命令：_ellipse

指定椭圆的轴端点或 [圆弧(A)/中心点(C)]：c↙

指定椭圆的中心点：8.4,-10↙

指定轴的端点：3↙   //捕捉到 X 轴极轴方向，然后输入半轴长度 3

指定另一条半轴长度或 [旋转(R)]：15↙   //结果如图 17-80 所示

09 选择菜单【绘图】|【建模】|【旋转】命令，在绘图区选择半个椭圆线为要旋转的对象，创建旋转曲面。命令行操作过程如下：

命令：_revolve

当前线框密度：ISOLINES=4，闭合轮廓创建模式 = 实体

选择要旋转的对象或 [模式(MO)]：_MO 闭合轮廓创建模式 [实体(SO)/曲面(SU)] <实体>：_SO

选择要旋转的对象或 [模式(MO)]：mo↙

闭合轮廓创建模式 [实体(SO)/曲面(SU)] <实体>：su↙

选择要旋转的对象或 [模式(MO)]：找到 1 个   //在绘图区选择半个椭圆线

指定轴起点或根据以下选项之一定义轴 [对象(O)/X/Y/Z] <对象>：o↙

选择对象：   //在绘图区选择旋转中心线

指定旋转角度或 [起点角度(ST)/反转(R)] <360>：↙   //按默认角度，结果如图 17-81 所示

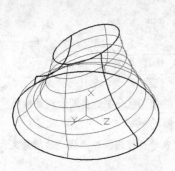

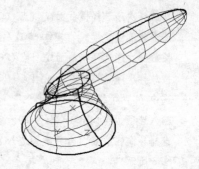

图 17-79　旋转坐标系 2　　　　　　　图 17-80　绘制柄部轮廓　　　　　　　图 17-81　创建旋转曲面

10 将视图切换到【概念】显示样式，选择菜单【修改】|【曲面编辑】|【修剪】命令，选择绘图区的旋转曲面为要修剪的面，选择放样曲面为剪切曲面。命令行操作过程如下：

命令：_SURFTRIM

延伸曲面 = 是，投影 = 自动

选择要修剪的曲面或面域或者 [延伸(E)/投影方向(PRO)]：找到 1 个
                                //在绘图区选择放样曲面

选择剪切曲线、曲面或面域：找到 1 个   //在绘图区选择旋转曲面

选择要修剪的区域 [放弃(U)]：↙   //单击曲面上要修剪的区域，结果如图 17-82 所示

11 按同样方法选择放样曲面为要修剪的曲面，选择旋转曲面为修剪面，结果如图 17-83 所示。

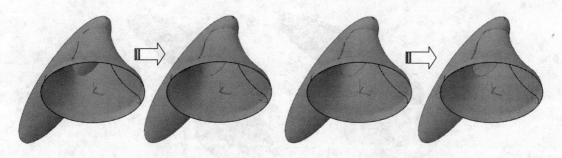

図 17-82　修剪曲面 1　　　　　　　　　　　図 17-83　修剪曲面 2

12 选择菜单【视图】|【三维视图】|【平面视图】|【当前 UCS】命令，利用【直线】、【圆弧】等命令在 *XY* 基准平面上绘制如图 17-84 所示的圆弧。

13 选择菜单【绘图】|【建模】|【旋转】命令，在绘图区选择上步骤绘制的圆弧为旋转的对象，创建旋转曲面。命令行操作过程如下：

```
命令: _revolve
当前线框密度：ISOLINES=4，闭合轮廓创建模式 = 曲面
选择要旋转的对象或 [模式(MO)]：_MO 闭合轮廓创建模式 [实体(SO)/曲面(SU)] <实体>：_SO
选择要旋转的对象或 [模式(MO)]：mo↙
闭合轮廓创建模式 [实体(SO)/曲面(SU)] <实体>：su↙
选择要旋转的对象或 [模式(MO)]：找到 1 个选择对象：            //在绘图区选择圆弧
指定轴起点或根据以下选项之一定义轴 [对象(O)/X/Y/Z] <对象>：X↙    //选择 X 轴作为旋转
轴，结果如图 17-85 所示
```

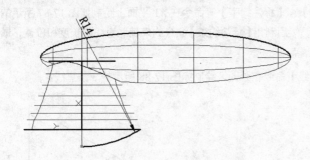

図 17-84　绘制机盖轮廓

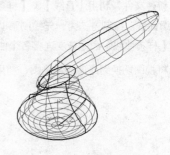

図 17-85　创建旋转曲面

14 选择菜单【修改】|【实体编辑】|【并集】命令，将绘图区的全部曲面合并为一个曲面。

15 选择菜单【修改】|【实体编辑】|【圆角边】命令，在绘图区选择 3 个曲面的交线，创建半径为 0.5 的圆角。命令行操作过程如下：

```
命令: _FILLETEDGE
半径 = 1.0000
选择边或 [链(C)/半径(R)]：r↙
输入圆角半径 <1.0000>：0.5↙
选择边或 [链(C)/半径(R)]：↙                           //在绘图区选择曲面
的交线，圆角结果如图 17-86 所示
```

图 17-86 创建圆角

227 创建照相机外壳模型

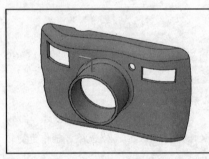	本例主要综合使用【直线】、【样条曲线】、【圆弧】、【多线段】、【三维镜像】、【加厚】、【圆角边】、【修剪】以及【差集】等命令，学习曲面和实体综合建模的创建方法和技巧。
文件路径:	DVD\实例文件\第 17 章\实例 227.dwg
视频文件:	DVD\MP4\第 17 章\实例 227.MP4
播放时长:	0:17:04

01 新建文件，利用【直线】、【样条曲线】、【标注约束】等命令在 *XY* 平面上绘制如图 17-87 所示的二维轮廓曲线。绘制方法为：先绘制辅助直线，然后利用【标注约束】命令约束辅助直线的长度和位置，最后利用【样条曲线】命令依次连接各个曲线的端点。

02 将视图切换到西南等轴测图，利用【直线】命令在绘图区绘制如图 17-88 所示的 3 条直线。

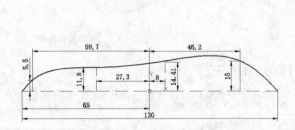

图 17-87 绘制下轮廓曲线

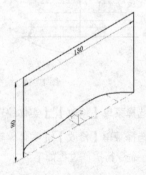

图 17-88 绘制直线

03 选择菜单【工具】|【新建 UCS】|【原点】命令，将坐标系沿 *Z* 轴向上偏移 80，如图 17-89 所示。选择菜单【视图】|【三维视图】|【平面视图】|【当前 UCS】命令，将视图切换到当前的 **XY** 基准平面。

04 在当前的 *XY* 基准平面上，利用【直线】、【样条曲线】、【标注约束】等命令绘制如图 17-90 所示的二维轮廓曲线。绘制方法为：先绘制辅助直线，然后利用【标注约束】命令约束辅助直线的长度和位置，最

后利用【样条曲线】命令依次连接各个曲线的端点。

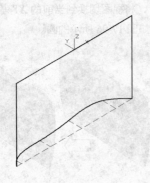

图 17-89　移动坐标系 1

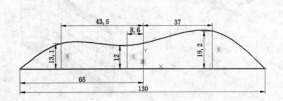

图 17-90　绘制上轮廓曲线

05 选择菜单【工具】|【新建 UCS】|【X】命令，将坐标系绕 *X* 轴旋转 90°。并选择菜单【视图】|【三维视图】|【平面视图】|【当前 UCS】命令，将视图切换到当前的 *XY* 基准平面。在当前的 *XY* 基准平面上，利用【圆弧】命令绘制如图 17-91 所示的两条圆弧。

06 选择菜单【绘图】|【建模】|【曲面】|【网络】命令，在绘图区选择两个圆弧为第一个方向的曲线，选择两个样条曲线为第二个方向的曲线，如图 17-92 所示。

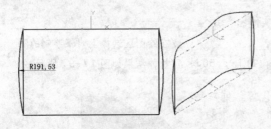

图 17-91　绘制圆弧

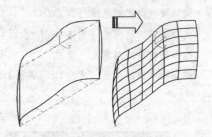

图 17-92　创建网络曲面

07 选择菜单【绘图】|【建模】|【曲面】|【平面】命令，选择网络曲面两端的封闭线，创建有界平面。命令行操作过程如下：

```
命令：_Planesurf
指定第一个角点或 [对象(O)] <对象>：o↙
选择对象：找到 1 个                  //在绘图区选择底面的轮廓线，然后重复平面命令，
创建另一个平面，结果如图 17-93 所示
```

08 选择菜单【修改】|【实体编辑】|【并集】命令，将绘图区的全部曲面合并为一个曲面。

09 选择菜单【修改】|【实体编辑】|【圆角边】命令，在工作区中分别选择平面与网络曲面交界处的曲线，创建半径为 5 的圆角。命令行操作过程如下：

```
命令：_FILLETEDGE
选择边或 [链(C)/半径(R)]：r
指定半径 : 5↙
选择边或 [链(C)/半径(R)]：↙
已选定 两个边用于圆角。
按 Enter 键接受圆角或 [半径(R)]：↙        //结果如图 17-94 所示
```

10 选择菜单【工具】|【新建 UCS】|【原点】命令，将坐标系沿 Z 轴向下偏移－40，如图 17-95 所示。并选择菜单【视图】|【三维视图】|【平面视图】|【当前 UCS】命令，将视图切换到当前的 XY 基准平面。在当前的 XY 基准平面上，利用【圆弧】、【标注约束】等命令绘制如图 17-96 所示的圆。

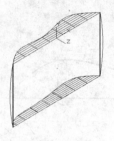

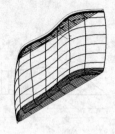

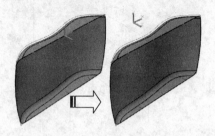

图 17-93　创建平面　　　　　图 17-94　创建圆角 1　　　　　　　图 17-95　移动坐标系 2

11 选择菜单【绘图】|【建模】|【拉伸】命令，选择上步骤绘制的圆为截面，创建向 Z 轴方向拉伸距离为 50 的曲面。命令行操作过程如下：

```
命令：_extrude
当前线框密度：ISOLINES=4，闭合轮廓创建模式 = 曲面
选择要拉伸的对象或 [模式(MO)]：_MO 闭合轮廓创建模式 [实体(SO)/曲面(SU)] <实体>：_SO
选择要拉伸的对象或 [模式(MO)]：mo↙
闭合轮廓创建模式 [实体(SO)/曲面(SU)] <实体>：su↙
选择要拉伸的对象或 [模式(MO)]：找到 1 个          //在绘图区选择上步骤绘制的圆
指定拉伸的高度或 [方向(D)/路径(P)/倾斜角(T)]：50↙  //拉伸结果如图 17-97 所示
```

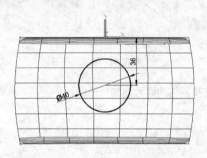

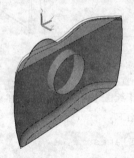

图 17-96　绘制圆　　　　　　　　　　　　　图 17-97　创建拉伸曲面

12 选择菜单【修改】|【曲面编辑】|【修剪】命令，选择绘图区的网络曲面为要修剪的面，选择拉伸曲面为剪切曲面。命令行操作过程如下：

```
命令：_SURFTRIM
延伸曲面 = 是，投影 = 自动
选择要修剪的曲面或面域或者 [延伸(E)/投影方向(PRO)]：找到 1 个  //在绘图区选择网络曲面
选择剪切曲线、曲面或面域：找到 1 个                        //在绘图区选择拉伸曲面
选择要修剪的区域 [放弃(U)]：↙                          //单击要修剪的区域，结
```
果如图 17-98 所示。

13 按同样方法选择拉伸曲面为要修剪的曲面，选择网络曲面为剪切曲面，再次修剪曲面，结果如图 17-99 所示。

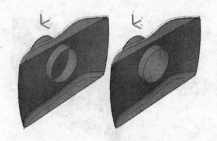

图 17-98 修剪曲面 1

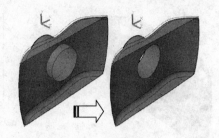

图 17-99 修剪曲面 2

14 选择菜单【修改】|【实体编辑】|【并集】命令，将绘图区的全部曲面合并为一个曲面。

15 选择菜单【修改】|【实体编辑】|【圆角边】命令，在工作区中分别选择平面与网络曲面交界处的曲线，创建半径为 5 的圆角，如图 17-100 所示。

16 选择菜单【视图】|【三维视图】|【平面视图】|【当前 UCS】命令，利用【矩形】、【圆】、【标注约束】等命令在当前 XY 平面上绘制如图 17-101 所示的二维轮廓曲线。

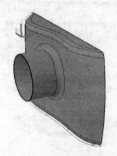

图 17-100 创建圆角 2

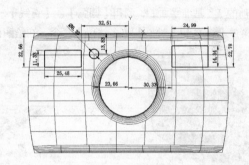

图 17-101 绘制矩形和圆

17 选择菜单【修改】|【曲面编辑】|【修剪】命令，选择绘图区的网络曲面为要修剪的面，选择矩形和圆为剪切曲线，修剪出网络曲面上的孔，如图 17-102 所示。

18 选择菜单【工具】|【新建 UCS】|【Y】命令，将坐标系绕 Y 轴旋转 $-90°$。并选择菜单【视图】|【三维视图】|【平面视图】|【当前 UCS】命令，将视图切换到当前的 XY 基准平面。

19 在当前的 XY 基准平面上，利用【圆弧】、【直线】、【标注约束】等命令绘制如图 17-103 所示的截面。

20 选择菜单【修改】|【对象】|【多线段】命令，在绘图区将上步骤绘制的截面合并为一条曲线。命令行操作过程如下：

```
命令: _pedit 选择多段线或 [多条(M)]:          //在绘图区选择上步骤绘制的任意一条曲线
是否将其转换为多段线？<Y>↙
输入选项 [闭合(C)/合并(J)/宽度(W)/编辑顶点(E)/拟合(F)/样条曲线(S)/非曲线化(D)/线型
生成(L)/反转(R)/放弃(U)]: J↙
选择对象: 找到 8 个                            //在绘图区选择上步骤绘制的所有曲线
选择对象: ↙                                   //单击回车键完成合并曲线操作
```

21 选择菜单【绘图】|【建模】|【拉伸】命令，选择上步骤合并的曲线为截面，创建向 Z 轴方向拉伸距离为 72 的实体，结果如图 17-104 所示。

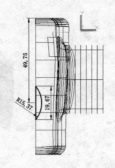

图 17-102　修剪曲面 3　　　　　图 17-103　绘制圆弧截面　　　　　图 17-104　创建拉伸体 1

22 选择菜单【修改】|【实体编辑】|【差集】命令，在绘图区选择网络曲面为要减去的曲面，选择拉伸实体为剪切实体，结果如图 17-105 所示。

23 选择菜单【工具】|【新建 UCS】|【X】命令，将坐标系统 *X* 轴旋转 90°。并选择菜单【视图】|【三维视图】|【平面视图】|【当前 UCS】命令，将视图切换到当前的 *XY* 基准平面。

24 在当前的 *XY* 基准平面上，利用【圆弧】、【直线】、【标注约束】等命令绘制如图 17-106 所示的截面。选择菜单【修改】|【对象】|【多线段】命令，在绘图区将上步骤绘制的截面合并为一条曲线。

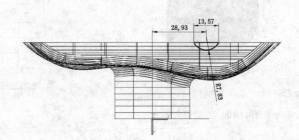

图 17-105　差集 1　　　　　　　　　　　　图 17-106　绘制截面

25 选择菜单【绘图】|【建模】|【拉伸】命令，选择上步骤合并的曲线为截面，创建向 *Z* 轴方向拉伸距离为 30 的实体，结果如图 17-107 所示。

26 选择菜单【修改】|【实体编辑】|【差集】命令，选择照相机上表面为要减去的曲面，选择拉伸实体为剪切实体，结果如图 17-108 所示。

27 选择菜单【修改】|【三维操作】|【加厚】命令，在绘图区选择网络曲面为要加厚的曲面，创建厚度为 2 的壳体，结果如图 17-109 所示。

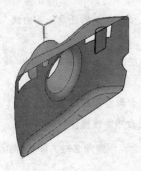

图 17-107　创建拉伸体 2　　　　　图 17-108　差集 2　　　　　图 17-109　加厚曲面

228 创建轿车方向盘曲面模型

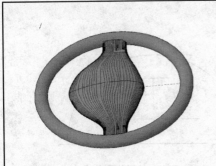

本例主要综合使用【直线】、【样条曲线】、【多线段】、【复制】、【三维镜像】、【新建 UCS】、【放样】、【扫掠】以及【并集】等命令，综合学习各种曲面的创建方法和技巧。

文件路径:	DVD\实例文件\第 17 章\实例 228.dwg	
视频文件:	DVD\MP4\第 17 章\实例 228.MP4	
播放时长:	0:11:45	

01 新建文件，利用【直线】、【样条曲线】、【圆】、【标注约束】、【镜像】等命令在 *XY* 平面上绘制如图 17-110 所示的二维轮廓曲线。样条曲线的绘制方法为：先绘制样条曲线辅助直线，然后利用【标注约束】命令约束辅助直线的长度和位置，最后利用【样条曲线】命令依次连接各个曲线的端点，并编辑样条曲线与辅助直线相切。

02 选择菜单【修改】|【对象】|【多线段】命令，在绘图区将上步骤绘制的样条曲线合并为一条曲线。

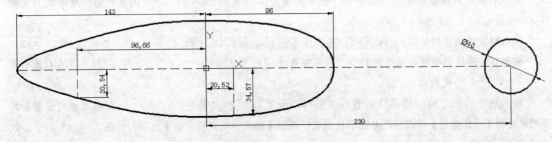

图 17-110　绘制截面 1

03 隐藏上步骤绘制的截面，选择菜单【工具】|【新建 UCS】|【原点】命令，将坐标系沿 *Z* 轴向上移动 64。并选择菜单【视图】|【三维视图】|【平面视图】|【当前 UCS】命令，将视图切换到当前的 *XY* 基准平面。在当前 *XY* 基准平面上绘制如图 17-111 所示的截面，并利用【多线段】命令将曲线合并。

04 隐藏上步骤绘制的截面，按同样的方法将坐标系沿 *Z* 轴向上移动 110。在当前 *XY* 基准平面上绘制如图 17-112 所示的截面，并利用【多线段】命令将曲线合并。

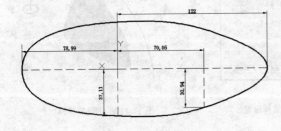

图 17-111　绘制截面 2

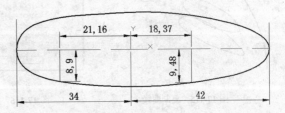

图 17-112　绘制截面 3

05 选择菜单【工具】|【新建 UCS】|【X】命令，将坐标系绕 *X* 轴旋转 90°，结果如图 17-113 所示。选择菜单【视图】|【三维视图】|【平面视图】|【当前 UCS】命令，将视图切换到当前的 XY 基准平面。

06 使用【圆】和【修剪】命令，在当前 *XY* 基准平面上绘制如图 17-114 所示的引导线。

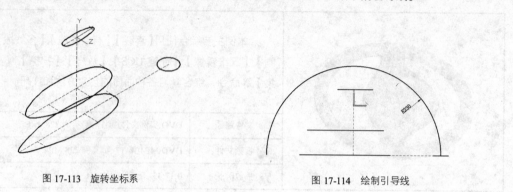

图 17-113 旋转坐标系　　　　　　　　　　图 17-114 绘制引导线

07 选择菜单【修改】|【复制】命令，将步骤 4 合并的轮廓曲线向 *Y* 轴正方向移动 56，如图 17-115 所示。

08 选择菜单【绘图】|【建模】|【放样】命令，依次选择工作区中的 4 条截面曲线，创建放样实体。命令行操作过程如下：

```
命令: _loft
当前线框密度:  ISOLINES=4，闭合轮廓创建模式 = 实体
按放样次序选择横截面或 [点(PO)/合并多条边(J)/模式(MO)]: _MO 闭合轮廓创建模式 [实体
(SO)/曲面(SU)] <实体>: _SO
按放样次序选择横截面或 [点(PO)/合并多条边(J)/模式(MO)]: 找到 1 个，总计 4 个
按放样次序选择横截面或 [点(PO)/合并多条边(J)/模式(MO)]: ↙          //选择 4 条截面曲线
  选中了 4 个横截面
输入选项 [导向(G)/路径(P)/仅横截面(C)/设置(S)] <仅横截面>: S↙      //在【放样设置】对
```
话框中选择【法线指向】单选框，并在下拉列表中选择【起点和端点横截面】选项，如图 17-116 所示。放样创建结果如图 17-117 所示

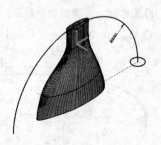

图 17-115 复制曲线　　　　　　图 17-116 放样设置　　　　　　图 17-117 创建放样体

09 选择菜单【绘图】|【建模】|【扫掠】命令，依次选择绘图区的圆和导向曲线，创建扫掠实体，如图 17-118 所示。

10 选择菜单【修改】|【三维操作】|【三维镜像】命令，将绘图区的扫掠体和放样体镜像到另一侧，如图 17-119 所示。

11 选择菜单【修改】|【实体编辑】|【并集】命令，将绘图区的全部实体合并为一个实体，其最终效果如图 17-119 所示。

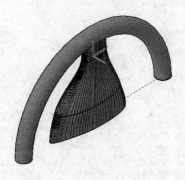

图 17-118　创建扫掠体

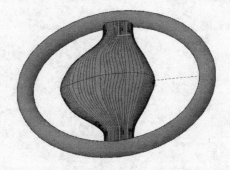

图 17-119　最终效果